2025年版

共通テスト

過去問研究

物理基礎
化学基礎
生物基礎
地学基礎

教学社

受験勉強の5か条

受験勉強は過去問に始まり，過去問に終わる。

入試において，過去問は最大の手がかりであり，情報の宝庫です。

次の5か条を参考に，過去問をしっかり活用しましょう。

- **出題傾向を把握**

  まずは「共通テスト対策講座」を読んでみましょう。

- **いったん試験1セット分を解いてみる**

  最初は時間切れになっても，またすべて解けなくても構いません。

- **自分の実力を知り，目標を立てる**

  答え合わせをして，得意・不得意を分析しておきましょう。

- **苦手も克服！**

  分野や形式ごとに重点学習してみましょう。

- **とことん演習**

  一度解いて終わりにせず，繰り返し取り組んでおくと効果アップ！

  直前期には時間を計って本番形式のシミュレーションをしておくと万全です。

はじめに

共通テストってどんな試験？

大学入学共通テスト（以下，共通テスト）は，大学への入学志願者を対象に，高校の段階における基礎的な学習の達成の程度を判定し，大学教育を受けるために必要な能力について把握することを目的とする試験です。一般選抜で国公立大学を目指す場合は，原則的に，一次試験として共通テストを受験し，二次試験として各大学の個別試験を受験することになります。また，私立大学も 9 割近くが共通テストを利用します。そのことから，共通テストは 50 万人近くが受験する，大学入試最大の試験になっています。

新課程の共通テストの特徴は？

2025 年度から新課程入試が始まり，共通テストにおいては教科・科目が再編成され，新教科「情報」が導入されます。2022 年に高校に進学した人が学んできた内容に即して出題されますが，重視されるのは，従来の共通テストと同様，「思考力」です。単に知識があるかどうかではなく，知識を使って考えることができるかどうかが問われます。新課程の問題作成方針を見ると，問題の構成や場面設定など，これまでの共通テストの出題傾向を引き継いでおり，作問の方向性は変わりません。

どうやって対策すればいいの？

共通テストで問われるのは，高校で学ぶべき内容をきちんと理解しているかどうかですから，まずは普段の授業を大切にし，教科書に載っている基本事項をしっかりと身につけておくことが重要です。そのうえで過去問を解いて共通テストで特徴的な出題に慣れておきましょう。共通テストは問題文の分量が多いので，必要とされるスピード感や難易度の振れ幅を事前に知っておくと安心です。過去問を解いて間違えた問題をチェックし，苦手分野の克服に役立てましょう。問題作成方針では「これまで良質な問題作成を行う中で蓄積した知見や，問題の評価・分析の結果を問題作成に生かす」とされており，過去問の研究は有用です。本書は，大学入試センターから公表された資料等を詳細に分析し，課程をまたいでも過去問を最大限に活用できるよう編集しています。

本書が十分に活用され，志望校合格の一助になることを願ってやみません。

Contents

※ 2021年度の共通テストは，新型コロナウイルス感染症の影響に伴う学業の遅れに対応する選択肢を確保するため，本試験が2日程で実施されました。

＊ 学習指導要領の違いにより，問題に現在使われていない表現が見られることがありますが，出題当時のまま収載しています。解答・解説編の内容につきましても，出題当時の教科書の内容に沿ったものとなっています。

共通テストについてのお問い合わせは…

独立行政法人 大学入試センター
志願者問い合わせ専用（志願者本人がお問い合わせください）03-3465-8600
9：30〜17：00（土・日曜，祝日，12月29日〜1月3日を除く）
https://www.dnc.ac.jp/

共通テストの 基礎知識

本書編集段階において，2025年度共通テストの詳細については正式に発表されていませんので，ここで紹介する内容は，2024年3月時点で文部科学省や大学入試センターから公表されている情報，および2024年度共通テストの「受験案内」に基づいて作成しています。変更等も考えられますので，各人で入手した2025年度共通テストの「受験案内」や，大学入試センターのウェブサイト（https://www.dnc.ac.jp/）で必ず確認してください。

共通テストのスケジュールは？

A　2025年度共通テストの本試験は，1月18日(土)・19日(日)に実施される予定です。

「受験案内」の配布開始時期や出願期間は未定ですが，共通テストのスケジュールは，例年，次のようになっています。1月なかばの試験実施日に対して出願が10月上旬とかなり早いので，十分注意しましょう。

9月初旬　「受験案内」配布開始
　└志願票や検定料等の払込書等が添付されています。

10月上旬　**出願**（現役生は在籍する高校経由で行います。）

1月なかば　共通テスト　2025年度本試験は1月18日(土)・19日(日)に実施される予定です。

自己採点

1月下旬　国公立大学一般選抜の個別試験出願

私立大学の出願時期は大学によってまちまちです。
各人で必ず確認してください。

共通テストの出願書類はどうやって入手するの？

A 「受験案内」という試験の案内冊子を入手しましょう。

「受験案内」には，志願票，検定料等の払込書，個人直接出願用封筒等が添付されており，出願の方法等も記載されています。主な入手経路は次のとおりです。

現役生	高校で一括入手するケースがほとんどです。出願も学校経由で行います。
過年度生	共通テストを利用する全国の各大学の入試担当窓口で入手できます。 予備校に通っている場合は，そこで入手できる場合もあります。

個別試験への出願はいつすればいいの？

A 国公立大学一般選抜は「共通テスト後」の出願です。

国公立大学一般選抜の個別試験（二次試験）の出願は共通テストの後になります。受験生は，共通テストの受験中に自分の解答を問題冊子に書きとめておいて持ち帰ることができますので，翌日，新聞や大学入試センターのウェブサイトで発表される正解と照らし合わせて**自己採点**し，その結果に基づいて，予備校などの合格判定資料を参考にしながら，出願大学を決定することができます。

私立大学の共通テスト利用入試の場合は，出願時期が大学によってまちまちです。大学や試験の日程によっては**出願の締め切りが共通テストより前**ということもあります。志望大学の入試日程は早めに調べておくようにしましょう。

受験する科目の決め方は？『情報Ⅰ』の受験も必要？

A 志望大学の入試に必要な教科・科目を受験します。

次ページに掲載の7教科21科目のうちから，受験生は最大9科目を受験することができます。どの科目が課されるかは大学・学部・日程によって異なりますので，受験生は志望大学の入試に必要な科目を選択して受験することになります。

すべての国立大学では，原則として『情報Ⅰ』を加えた6教科8科目が課されます。公立大学でも『情報Ⅰ』を課す大学が多くあります。

共通テストの受験科目が足りないと，大学の個別試験に出願できなくなります。第一志望に限らず，**出願する可能性のある大学の入試に必要な教科・科目は早めに調べて**おきましょう。

● 2025 年度の共通テストの出題教科・科目

教　科	出題科目	出題方法（出題範囲・選択方法）	試験時間 （配点）
国　語	『国語』	「現代の国語」及び「言語文化」を出題範囲とし，近代以降の文章及び古典（古文，漢文）を出題する。	90 分 （200 点）＊1
地理歴史 公　民	(b) 『地理総合，地理探究』 『歴史総合，日本史探究』 『歴史総合，世界史探究』 『公共，倫理』 『公共，政治・経済』 (a) 『地理総合／歴史総合／公共』 (a)：必履修科目を組み合わせた出題科目 (b)：必履修科目と選択科目を組み合わせた出題科目	6 科目から最大 2 科目を選択解答（受験科目数は出願時に申請）。 2 科目を選択する場合，以下の組合せを選択することはできない。 (b) のうちから 2 科目を選択する場合 『公共，倫理』と『公共，政治・経済』の組合せを選択することはできない。 (b) のうちから 1 科目及び (a) を選択する場合 (b) については，(a) で選択解答するものと同一名称を含む科目を選択することはできない。＊2 (a) の『地理総合／歴史総合／公共』は，「地理総合」，「歴史総合」及び「公共」の 3 つを出題範囲とし，そのうち 2 つを選択解答する（配点は各 50 点）。	1 科目選択 60 分（100 点） 2 科目選択＊3 解答時間 120 分 （200 点）
数学 ①	『数学Ⅰ，数学Ａ』 『数学Ⅰ』	2 科目から 1 科目を選択解答。 「数学Ａ」は 2 項目（図形の性質，場合の数と確率）に対応した出題とし，全てを解答する。	70 分 （100 点）
数学 ②	『数学Ⅱ，数学Ｂ，数学Ｃ』	「数学Ｂ」「数学Ｃ」は 4 項目（数列，統計的な推測，ベクトル，平面上の曲線と複素数平面）に対応した出題とし，そのうち 3 項目を選択解答する。	70 分 （100 点）
理　科	『物理基礎／化学基礎／生物基礎／地学基礎』 『物理』 『化学』 『生物』 『地学』	5 科目から最大 2 科目を選択解答（受験科目数は出願時に申請）。 『物理基礎／化学基礎／生物基礎／地学基礎』は，「物理基礎」，「化学基礎」，「生物基礎」及び「地学基礎」の 4 つを出題範囲とし，そのうち 2 つを選択解答する（配点は各 50 点）。	1 科目選択 60 分（100 点） 2 科目選択＊3 解答時間 120 分 （200 点）
外国語	『英語』 『ドイツ語』 『フランス語』 『中国語』 『韓国語』	5 科目から 1 科目を選択解答。 『英語』は，「英語コミュニケーションⅠ」，「英語コミュニケーションⅡ」及び「論理・表現Ⅰ」を出題範囲とし，【リーディング】及び【リスニング】を出題する。 受験者は，原則としてその両方を受験する。	『英語』 【リーディング】 80 分（100 点） 【リスニング】 解答時間 30 分＊4 （100 点） 『英語』以外 【筆記】 80 分（200 点）
情　報	『情報Ⅰ』		60 分（100 点）

＊1　『国語』の分野別の大問数及び配点は，近代以降の文章が 3 問 110 点，古典が 2 問 90 点（古文・漢文各 45 点）とする。

＊2　地理歴史及び公民で2科目を選択する受験者が，(b)のうちから1科目及び(a)を選択する場合において，選択可能な組合せは以下のとおり。　○：選択可能　×：選択不可

		(a)		
		「地理総合」「歴史総合」	「地理総合」「公共」	「歴史総合」「公共」
(b)	『地理総合，地理探究』	×	×	○
	『歴史総合，日本史探究』	×	○	×
	『歴史総合，世界史探究』	×	○	×
	『公共，倫理』	○	×	×
	『公共，政治・経済』	○	×	×

＊3　「地理歴史及び公民」と「理科」で2科目を選択する場合は，解答順に「第1解答科目」及び「第2解答科目」に区分し各60分間で解答を行うが，第1解答科目と第2解答科目の間に答案回収等を行うために必要な時間を加えた時間を試験時間（130分）とする。

＊4　リスニングは，音声問題を用い30分間で解答を行うが，解答開始前に受験者に配付したICプレーヤーの作動確認・音量調節を受験者本人が行うために必要な時間を加えた時間を試験時間(60分）とする。

科目選択によって有利不利はあるの？

A　得点調整の対象となった各科目間で，次のいずれかが生じ，これが試験問題の難易差に基づくものと認められる場合には，得点調整が行われます。

・20点以上の平均点差が生じた場合
・15点以上の平均点差が生じ，かつ，段階表示の区分点差が20点以上生じた場合

旧課程で学んだ過年度生のための経過措置はあるの？

A　あります。

2025年1月の共通テストは新教育課程での実施となるため，旧教育課程を履修した入学志願者など，新教育課程を履修していない入学志願者に対しては，出題する教科・科目の内容に応じて経過措置を講じることとされ，「地理歴史・公民」「数学」「情報」の3教科については旧課程科目で受験することもできます。

「受験案内」の配布時期や入手方法，出願期間，経過措置科目などの情報は，大学入試センターから公表される最新情報を，各人で必ず確認するようにしてください。

試験データ

2021～2024 年度の共通テストについて，志願者数や平均点の推移，科目別の受験状況などを掲載しています。

志願者数・受験者数等の推移

	2024 年度	2023 年度	2022 年度	2021 年度
志願者数	491,914 人	512,581 人	530,367 人	535,245 人
内，高等学校等卒業見込者	419,534 人	436,873 人	449,369 人	449,795 人
現役志願率	45.2%	45.1%	45.1%	44.3%
受験者数	457,608 人	474,051 人	488,384 人	484,114 人
本試験のみ	456,173 人	470,580 人	486,848 人	482,624 人
追試験のみ	1,085 人	2,737 人	915 人	1,021 人
再試験のみ	—	—	—	10 人
本試験＋追試験	344 人	707 人	438 人	407 人
本試験＋再試験	6 人	26 人	182 人	51 人
追試験＋再試験	—	1 人	—	—
本試験＋追試験＋再試験	—	—	1 人	—
受験率	93.03%	92.48%	92.08%	90.45%

・2021 年度の受験者数は特例追試験（1 人）を含む。
・やむを得ない事情で受験できなかった人を対象に追試験が実施される。また，災害，試験上の事故などにより本試験が実施・完了できなかった場合に再試験が実施される。

志願者数の推移

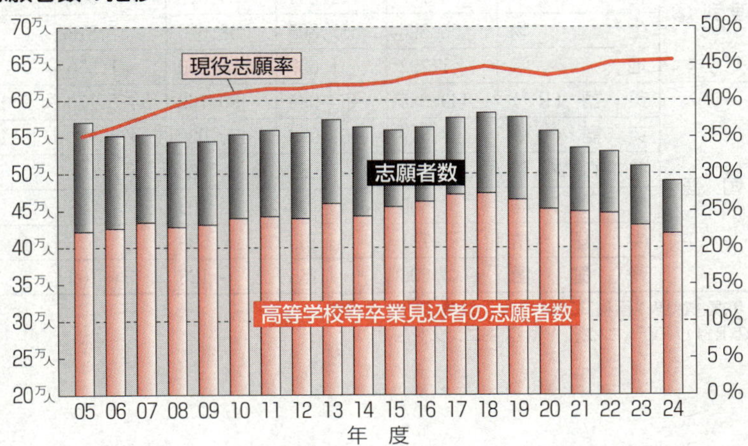

科目ごとの受験者数の推移（2021～2024 年度本試験）

（人）

教科		科目	2024 年度	2023 年度	2022 年度	2021 年度①	2021 年度②
国語		国語	433,173	445,358	460,967	457,304	1,587
地理歴史		世界史A	1,214	1,271	1,408	1,544	14
		世界史B	75,866	78,185	82,986	85,690	305
		日本史A	2,452	2,411	2,173	2,363	16
		日本史B	131,309	137,017	147,300	143,363	410
		地理A	2,070	2,062	2,187	1,952	16
		地理B	136,948	139,012	141,375	138,615	395
公民		現代社会	71,988	64,676	63,604	68,983	215
		倫理	18,199	19,878	21,843	19,954	88
		政治・経済	39,482	44,707	45,722	45,324	118
		倫理, 政治・経済	43,839	45,578	43,831	42,948	221
数学	数学①	数学Ⅰ	5,346	5,153	5,258	5,750	44
		数学Ⅰ・A	339,152	346,628	357,357	356,492	1,354
	数学②	数学Ⅱ	4,499	4,845	4,960	5,198	35
		数学Ⅱ・B	312,255	316,728	321,691	319,697	1,238
		簿記・会計	1,323	1,408	1,434	1,298	4
		情報関係基礎	381	410	362	344	4
理科	理科①	物理基礎	17,949	17,978	19,395	19,094	120
		化学基礎	92,894	95,515	100,461	103,073	301
		生物基礎	115,318	119,730	125,498	127,924	353
		地学基礎	43,372	43,070	43,943	44,319	141
	理科②	物理	142,525	144,914	148,585	146,041	656
		化学	180,779	182,224	184,028	182,359	800
		生物	56,596	57,895	58,676	57,878	283
		地学	1,792	1,659	1,350	1,356	30
外国語		英語（R※）	449,328	463,985	480,762	476,173	1,693
		英語（L※）	447,519	461,993	479,039	474,483	1,682
		ドイツ語	101	82	108	109	4
		フランス語	90	93	102	88	3
		中国語	781	735	599	625	14
		韓国語	206	185	123	109	3

・2021 年度①は第 1 日程，2021 年度②は第 2 日程を表す。
※英語のＲはリーディング，Ｌはリスニングを表す。

科目ごとの平均点の推移（2021〜2024 年度本試験）

（点）

教科		科目	2024 年度	2023 年度	2022 年度	2021 年度①	2021 年度②
国語		国語	58.25	52.87	55.13	58.75	55.74
地理歴史		世界史Ａ	42.16	36.32	48.10	46.14	43.07
		世界史Ｂ	60.28	58.43	65.83	63.49	54.72
		日本史Ａ	42.04	45.38	40.97	49.57	45.56
		日本史Ｂ	56.27	59.75	52.81	64.26	62.29
		地理Ａ	55.75	55.19	51.62	59.98	61.75
		地理Ｂ	65.74	60.46	58.99	60.06	62.72
公民		現代社会	55.94	59.46	60.84	58.40	58.81
		倫理	56.44	59.02	63.29	71.96	63.57
		政治・経済	44.35	50.96	56.77	57.03	52.80
		倫理, 政治・経済	61.26	60.59	69.73	69.26	61.02
数学	数学①	数学Ⅰ	34.62	37.84	21.89	39.11	26.11
		数学Ⅰ・Ａ	51.38	55.65	37.96	57.68	39.62
	数学②	数学Ⅱ	35.43	37.65	34.41	39.51	24.63
		数学Ⅱ・Ｂ	57.74	61.48	43.06	59.93	37.40
		簿記・会計	51.84	50.80	51.83	49.90	—
		情報関係基礎	59.11	60.68	57.61	61.19	—
理科	理科①	物理基礎	57.44	56.38	60.80	75.10	49.82
		化学基礎	54.62	58.84	55.46	49.30	47.24
		生物基礎	63.14	49.32	47.80	58.34	45.94
		地学基礎	71.12	70.06	70.94	67.04	60.78
	理科②	物理	62.97	63.39	60.72	62.36	53.51
		化学	54.77	54.01	47.63	57.59	39.28
		生物	54.82	48.46	48.81	72.64	48.66
		地学	56.62	49.85	52.72	46.65	43.53
外国語		英語（R※）	51.54	53.81	61.80	58.80	56.68
		英語（L※）	67.24	62.35	59.45	56.16	55.01
		ドイツ語	65.47	61.90	62.13	59.62	—
		フランス語	62.68	65.86	56.87	64.84	—
		中国語	86.04	81.38	82.39	80.17	80.57
		韓国語	72.83	79.25	72.33	72.43	—

- 各科目の平均点は 100 点満点に換算した点数。
- 2023 年度の「理科②」，2021 年度①の「公民」および「理科②」の科目の数値は，得点調整後のものである。
  得点調整の詳細については大学入試センターのウェブサイトで確認のこと。
- 2021 年度②の「－」は，受験者数が少ないため非公表。

地理歴史と公民の受験状況（2024年度）

（人）

受験科目数	地理歴史						公民				実受験者
	世界史A	世界史B	日本史A	日本史B	地理A	地理B	現代社会	倫理	政治・経済	倫理, 政経	
1科目	646	31,853	1,431	64,361	1,297	111,097	23,752	5,983	15,095	15,651	271,166
2科目	576	44,193	1,023	67,240	775	26,168	48,398	12,259	24,479	28,349	126,730
計	1,222	76,046	2,454	131,601	2,072	137,265	72,150	18,242	39,574	44,000	397,896

数学①と数学②の受験状況（2024年度）

（人）

受験科目数	数学①		数学②				実受験者
	数学Ⅰ	数学Ⅰ・数学A	数学Ⅱ	数学Ⅱ・数学B	簿記・会計	情報関係基礎	
1科目	2,778	24,392	85	401	547	69	28,272
2科目	2,583	315,744	4,430	312,807	777	313	318,327
計	5,361	340,136	4,515	313,208	1,324	382	346,599

理科①の受験状況（2024年度）

区分	物理基礎	化学基礎	生物基礎	地学基礎	延受験者計
受験者数	18,019人	93,102人	115,563人	43,481人	270,165人
科目選択率*	6.7%	34.5%	42.8%	16.1%	―

・2科目のうち一方の解答科目が特定できなかった場合も含む。
・科目選択率＝各科目受験者数／理科①延受験者計×100（*端数切り上げ）

理科②の受験状況（2024年度）

（人）

受験科目数	物理	化学	生物	地学	実受験者
1科目	13,866	11,195	13,460	523	39,044
2科目	129,169	170,187	43,284	1,292	171,966
計	143,035	181,382	56,744	1,815	211,010

平均受験科目数（2024年度）

（人）

受験科目数	8科目	7科目	6科目	5科目	4科目	3科目	2科目	1科目
受験者数	6,008	266,837	19,804	20,781	38,789	91,129	12,312	1,948

平均受験科目数
5.67

・理科①（基礎の付された科目）は，2科目で1科目と数えている。

・上記の数値は本試験・追試験・再試験の総計。

共通テスト

対策講座

ここでは，大学入試センターから公表されている資料と，これまでに実施された試験をもとに，共通テストについてわかりやすく解説し，具体的にどのような対策をすればよいかを考えます。

共通テスト「理科基礎」とは？

　まずは共通テストにおける理科基礎※ 全体の出題の特徴を確認しておきましょう。

※本書では，2024 年度以前の試験で『理科①』，2025 年度の試験で『物理基礎／化学基礎／生物基礎／地学基礎』とされている科目を，便宜上「理科基礎」と呼称しています。

「理科基礎」出題の特徴

共通テストにおける理科基礎の問題作成方針には，次の点が示されている。

- 科学の基本的な概念や原理・法則に関する理解を基に，理科の見方・考え方を働かせ，見通しをもって観察，実験を行うことなどを通して，自然の事物・現象を科学的に探究する過程を重視する。
- 問題の作成に当たっては，基本的な概念や原理・法則の理解を問う問題とともに，日常生活や社会の身近な課題等について科学的に探究する問題や，得られたデータを整理する過程などにおいて数学的な手法等を用いる問題などを含めて検討する。

すなわち，共通テスト「理科基礎」の特徴は

①基本事項の理解と，それをもとにした考察・探究の過程を重視した問題
②複数の知識を組み合わせた思考力問題
③実験や観察などの場面を想定した考察問題や，仮説の設定，表・グラフの読み取り，計算など数理的・論理的な解決力が要求される問題
④日常の中で見られる身近な物質・現象などを考察する問題

といえるだろう。

出題科目・解答方法・試験時間・配点

大学入試センターの発表によると，2025 年度共通テストにおける理科基礎の試験時間・配点などは次の通りとされている。

出題科目・選択方法	「物理基礎」「化学基礎」「生物基礎」「地学基礎」の 4 つの中から 2 つの出題範囲を選択解答
解答方法	全問マーク式
試験時間	60 分（＝出題範囲 1 つあたり 30 分程度）
配点	100 点（＝出題範囲 1 つあたり 50 点）

解答の順番と時間配分

理科基礎は，試験時間 60 分の中で 2 つの出題範囲を選択し解答する必要があるが，旧課程までと変わらなければ，選択方法として「解答する科目の順番」は問われず，「解答時間（60 分）の配分は自由」である。

そのため，たとえば，得意な生物基礎を先に 25 分で解いて，苦手な化学基礎は後で 35 分あててゆっくり取り組むといった配分も考えられる。

過去問演習の際は，時間を計りながら 2 つの出題範囲を続けて解き，自分に合った順番と時間配分を見つけておけば，本番で慌てなくてすむだろう。

どんな問題が出るの？

ここからは出題範囲ごとに，共通テストの問題を詳しく分析してみましょう。

『物理基礎』

大問構成

これまでに行われた共通テスト本試験について，それぞれの大問別の出題分野をまとめると，次の表のようになる。

年度	大問	分野	設問数	配点
2024 年度	1	総合問題	4	16
	2	力学	5	18
	3	波	6	16
2023 年度	1	総合問題	4	16
	2	力学	5	18
	3	電磁気	4	16
2022 年度	1	総合問題	4	16
	2	電磁気	4	16
	3	熱・力学・電磁気	3	18
2021 年度 第 1 日程	1	総合問題	4	16
	2	波・電磁気	5	18
	3	力学	5	16
2021 年度 第 2 日程	1	総合問題	4	16
	2	波・電磁気	5	19
	3	力学・電磁気	4	15

大問 3 題の構成で，第 1 問は設問ごとに分野の異なる小問集合，第 2 問と第 3 問が分野別の大問（中問で分野が分かれることもある）である。大問での出題はない分野

についても，小問集合では出題されているので，**全分野を通して**抜かりなく対策を行うことが重要である。

設問形式

すべてマーク式であるが，計算結果の数値を直接マークする形式の問題が出題されることがある。

設問数（すべて正しくマークした場合のみ正解となる組を1つと数えたマーク数）は，2024年度で15個，2023年度では13個，2022年度では12個であった。ただし，計算結果の数値を直接マークする形式の問題や，部分点が設定された問題が出題されたことで満点を取るために必要なマーク数はそれよりも多く，2024年度で17個，2023年度は16個，2022年度では17個であった。

会話文を扱った問題や，**実験・観察**に関する考察問題は，問題文が長く，解答に必要な情報を得るために読まなければならない文章量が多い傾向にある。さらに，複数の空所に当てはまる数値や語句を1つのマーク欄で問う設問が増えている傾向も見られる。そのため，設問1個あたりに要する時間が長い問題が多いといえる。試験時間の配分に注意するなどの対策が必要であろう。

難易度

これまでに行われた共通テスト本試験の平均点は次の通りである。

年度	2024	2023	2022	2021 （第1日程）	2021 （第2日程）
平均点	28.72	28.19	30.40	37.55	24.91

平均点のブレが大きいが，これは受験生の間で出来不出来の差が大きいことを意味するので，対策が十分であればしっかりと得点できるが，不十分なところが残っていると，点数が急落してしまう可能性があるといえる。共通テストでは，実質的な問題の分量が多く，数値を用いた計算問題が多いことから，十分に対策をしておきたい。

対策

計算結果の数値を直接マークする形式の問題では，なんとなくマークしたり，勘に頼ったりすると，まず得点は期待できない。演習の時から，計算問題では最後まで自力で計算し，解答の形まで得るよう，心がけよう。会話文を扱った問題，具体的な実験設定を想定した問題の対策としては，日頃から**実験・観察や探究活動に積極的に参加する**ことや，**日常生活に見られる自然現象を物理的に説明してみる**ことなどが挙げられる。また，教科書に記載された探究活動や実験については，ノートなどにまとめておくとよい。

『化学基礎』

大問構成

これまでに行われた共通テスト本試験について，それぞれの大問別の出題分野をまとめると，次の表のようになる。

年度	大問	分野	設問数	配点
2024年度	1	単体，典型元素，状態変化，電池，ケイ素，気体の性質，化学反応の量的関係，酸と塩基，酸化数，混合気体の組成	10	30
	2	宇宙ステーションの空気制御システム	7	20
2023年度	1	中性子の数，無極性分子，ハロゲン，三態変化，二酸化炭素とメタン，混合気体の組成，アルミニウム，イオン化傾向，中和滴定	9	30
	2	しょうゆに含まれるNaClの定量	7	20
2022年度	1	オキソニウムイオン，貴ガス，同位体，洗剤，酸の定義，酸の電離と中和，中和滴定，酸化の防止，化学反応の量的関係，電池の原理	10	30
	2	エタノール水溶液の蒸留	5	20
2021年度 第1日程	1	物質の分類，物質量，原子の構造，結晶の電気伝導性，金属の反応性，酸化剤，溶液の濃度，燃料電池	12	30
	2	陽イオン交換樹脂を用いた実験	5	20
2021年度 第2日程	1	電子配置と電子の性質，混合物の分離操作，結晶と結合，熱運動と温度，配位結合，逆滴定，鉄の酸化，金属の性質，ケイ素の定量	11	30
	2	イオン結晶の性質	5	20

共通テストは大問2題の出題で，大問1が小問集合形式となっており，「化学基礎」の全範囲の内容から幅広く出題されている。大問2は1つのテーマが与えられ，それに関する様々な分野の内容を問う総合問題となっている。

全体としての設問数は16問前後となっており，試験時間に対して1問2分程度で解くことになるが，計算問題や問題文が長いものもあるので，時間的には少し厳しいといえる。

設問形式

大問 1 は小問集合形式，大問 2 は 1 つのテーマについてリード文を読んで答える問題だが，それぞれの小問は正誤判定問題，組合せ問題，計算問題，実験問題などとなっている。また，共通テストの問題作成方針によると連動型の問題（連続する複数の問いにおいて，前問の答えとその後の問いの答えを組み合わせて解答させ，正答となる組合せが複数ある形式）を出題する場合があるとされている。これまでのところはそのような問題は見られなかったが，今後出題される可能性があるので注意が必要だろう。

難易度

これまでに行われた共通テスト本試験の平均点は次の通りである。

年度	2024	2023	2022	2021 （第 1 日程）	2021 （第 2 日程）
平均点	27.31	29.32	27.73	24.65	23.62

年度によって多少ばらつきはあるが，これまでの平均点は 25 点前後となっている。共通テストは 1 問あたりの配点が 2 ～ 4 点となっており，油断して失点が重なるとすぐに点数が下がってしまうので，取りこぼしのないように，十分な対策が必要である。

対策

第 1 問は例年，化学基礎の全分野から小問で 10 問前後が出題されている。その内容は「物質の構成」，「物質の変化」からだけでなく，学習が手薄になりがちな**「化学と人間生活」**からも出題されているので，教科書のすみずみまで抜けがないように学習しておきたい。また，第 2 問では 1 つのテーマが与えられ，それに関する様々な分野の内容を問う総合問題が出題されている。与えられたリード文や反応式，グラフから得られる情報をもとに解答を導く思考力，読解力などが試される問題となっており，暗記だけに頼る学習では太刀打ちできないので，問題集などでしっかりと演習を積んでおこう。

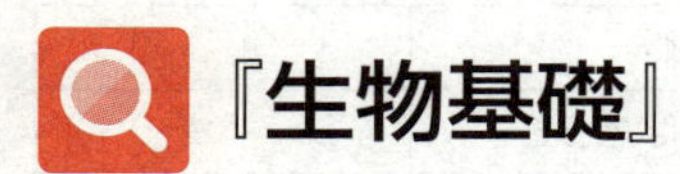

『生物基礎』

大問構成

　これまでに行われた共通テスト本試験について，それぞれの大問別の出題分野をまとめると，次の表のようになる。

年度	大問	分野	内容		マーク数	配点
2024 年度	1	生物の特徴と遺伝子	A	生物の特徴	3	11
			B	細胞周期	2	6
	2	生物の体内環境の維持	A	血液のはたらき	3	9
			B	腎臓の構造とはたらき	3	9
	3	生物の多様性と生態系	A	生態系	3	9
			B	外来生物	2	6
2023 年度	1	生物の特徴と遺伝子	A	生物の特徴	2	6
			B	細胞周期	3	10
	2	生物の体内環境の維持	A	胆汁のはたらき	4	7
			B	免疫	3	10／部分点あり
	3	生物の多様性と生態系	A	窒素循環	3	10／部分点あり
			B	バイオーム	3	7
2022 年度	1	生物の特徴と遺伝子	A	生物の特徴	3	9
			B	遺伝子のはたらき	3	10
	2	生物の体内環境の維持	A	酸素乖離曲線	3	7
			B	免疫	3	9
	3	生物の多様性と生態系	A	バイオーム	3	9
			B	生態系の保全	2	6

<table>
<tr><td rowspan="6">2021 年度
第 1 日程</td><td rowspan="2">1</td><td rowspan="2">生物の特徴と遺伝子</td><td>A</td><td>生物の特徴</td><td>3</td><td>9</td></tr>
<tr><td>B</td><td>遺伝子のはたらき</td><td>3</td><td>9</td></tr>
<tr><td rowspan="2">2</td><td rowspan="2">生物の体内環境の維持</td><td>A</td><td>塩類濃度の調節</td><td>2</td><td>7</td></tr>
<tr><td>B</td><td>免疫</td><td>3</td><td>9</td></tr>
<tr><td rowspan="2">3</td><td rowspan="2">生物の多様性と生態系</td><td>A</td><td>バイオーム</td><td>3</td><td>9</td></tr>
<tr><td>B</td><td>生態系の保全</td><td>2</td><td>7／部分点あり</td></tr>
<tr><td rowspan="6">2021 年度
第 2 日程</td><td rowspan="2">1</td><td rowspan="2">生物の特徴と遺伝子</td><td>A</td><td>生物の特徴</td><td>3</td><td>9</td></tr>
<tr><td>B</td><td>遺伝子のはたらき</td><td>3</td><td>9</td></tr>
<tr><td rowspan="2">2</td><td rowspan="2">生物の体内環境の維持</td><td>A</td><td>腎臓のはたらき</td><td>3</td><td>9</td></tr>
<tr><td>B</td><td>血液循環</td><td>3</td><td>7</td></tr>
<tr><td rowspan="2">3</td><td rowspan="2">生物の多様性と生態系</td><td>A</td><td>遷移</td><td>3</td><td>9</td></tr>
<tr><td>B</td><td>生態系の保全</td><td>3</td><td>7</td></tr>
</table>

2021～2024 年度の共通テストでは，大問数 3，マーク数 16～18 個の出題であった。

設問形式

2024 年度の共通テストも，これまでと同様に，「語句や数値などの単純選択問題」，「正文・誤文選択問題」，「語句や正誤などの組合せ選択問題」の 3 パターンを中心に構成されていた。

また，これらに加え，2021～2024 年度の共通テストでは，該当する記号を**「過不足なく含む」**選択肢を選ぶ問題が出題された。実験考察問題においては**「検証のプロセス」**を重視する傾向が強い。2024 年度本試験では，検証のプロセスに関する出題はなく，考察問題が減少して知識問題が増加したものの，この傾向に変化はないと考えられる。今後も知識問題と考察問題，検証プロセスを重視した探究問題が同程度の割合で，あるいは組み合わせて出題されると考えられる。

難易度

これまでに行われた共通テスト本試験の平均点は次の通りである。

年度	2024	2023	2022	2021 （第 1 日程）	2021 （第 2 日程）
平均点	31.57	24.66	23.90	29.17	22.97

共通テストは科目間のバランスを取るために得点率が 60％（30 点）前後になるように作られている。なお，2015～2020 年度におけるセンター試験本試験の平均点は 26.66～39.47 点であった。共通テストになってから（特に 2022 年度以降）は平均点が低い状態が続いたが，2024 年度には 30 点台になったため，今後もこのレベルの出題が続く可能性がある。

対策

特に前述の「過不足なく含む」選択肢を選ぶ問題に対応するためには，教科書の知識を正確に理解しておく必要がある。

また，共通テストでは生徒同士の会話文をベースにした探究活動を意識した出題が見られる。そのため日頃から**実験・観察や探究活動に積極的に参加すること**，**日常生活に見られる自然現象を説明してみる**ことなどを心がけておくと，より理解が深まり，点数にも結び付きやすくなるだろう。

『地学基礎』

大問構成

これまでに行われた共通テスト本試験について，それぞれの大問別の出題分野をまとめると，次の表のようになる。

年度	大問	分野	設問数	配点
2024 年度	1	地球，鉱物・岩石，地質・地史	6	20
	2	大気・海洋	3	10
	3	宇宙	3	10
	4	自然環境	3	10
2023 年度	1	地球，地質・地史，鉱物・岩石	6	19
	2	大気・海洋	2	7
	3	宇宙	4	14
	4	自然環境	3	10
2022 年度	1	地球，地質・地史，鉱物・岩石	6	20
	2	大気・海洋	3	10
	3	宇宙	3	10
	4	自然環境	3	10
2021 年度 第 1 日程	1	地球，地質・地史，鉱物・岩石	7	24
	2	大気・海洋	4	13
	3	宇宙	4	13
2021 年度 第 2 日程	1	地球，地質・地史，鉱物・岩石	8	27
	2	大気・海洋	4	13
	3	宇宙	3	10

2024 年度の共通テスト本試験では，大問が 4 題，小問が 15 問であった。出題範囲の全分野からまんべんなく出題されている。第 4 問は，火山噴火による災害をテーマに，「自然環境」に関する複数の分野を組み合わせた複合問題であった。

設問形式

すべてマーク式である。

設問数，マーク数ともに 2022～2024 年度では 15 個であった。

単純な知識を問う問題はあまり出題されず，複数の知識の組合せや図の読み取り，複数の図表の比較，計算を要する問題など，思考力が必要となる問題が出題されている。

難易度

これまでに行われた共通テスト本試験の平均点は次の通りである。

年度	2024	2023	2022	2021 （第 1 日程）	2021 （第 2 日程）
平均点	35.56	35.03	35.47	33.52	30.39

平均点は比較的高い点数で安定している。基本的な内容の理解を問うものが多く，難易度も標準的なものが多い。

対策

複数の図や表，問題文などに示された情報を整理して，思考力を活用することが求められる。問題文が長く，設問 1 個あたりに要する時間が長い問題もあるので，試験時間の配分に注意する必要がある。また，題意に適した解答をするために，問題文をよく読み，問題の設定や条件などをよく確認することが重要である。さまざまなパターンの問題演習で十分に対策をしておきたい。問われている内容は，教科書の基本事項にもとづくものが多いので，教科書の図表とその説明をよく読んでおくこと。さらに，やや難度が高い問題に対応するために，一つ一つのことがらについて，特徴や性質，関連事項などの詳細な情報にも注意を払っておくとよい。また，身近に見られる地学現象がテーマとなることもあるので，**日常的に地学にかかわる物事に目を向けて，その現象・事象について考える**習慣を持っておきたい。

ねらいめはココ！

共通テストの問題は，各分野から偏りなく出題されています。今後もこの傾向が続く可能性が高いので，すべての分野をバランスよく学習しておくことが大切です。特に，各分野の頻出項目については，重点的に学習しておきましょう。

物理基礎

力学

物理学を理解する上で最も基本的な内容であり，公式が比較的多いので，計算を含めた十分な演習が必要である。

力学の基本である**等加速度直線運動**，**x-t グラフ**，**v-t グラフ**，**運動方程式**，**運動エネルギーと仕事との関係**，**力学的エネルギー保存則**が中心である。近年は，**ばねの弾性力**，**摩擦力**，**圧力を含む力のつり合いと運動方程式**なども頻出項目である。**浮力**，**空気抵抗のある運動**，**質量と重さ**などの定性的な扱いにも注意が必要である。

また，2024 年度本試験第 2 問，2022 年度本試験第 3 問，2021 年度本試験第 1 日程の第 3 問，第 2 日程の第 3 問に見られるように，実験・観察の考察問題や探究活動に関する問題にも注意したい。

● 出題内容一覧（共通テスト本試験）

年度	運動の表し方			様々な力とその働き				力学的エネルギー	
	物理量の測定と扱い方	運動の表し方	直線運動の加速度	様々な力	力のつり合い	運動の法則	物体の落下運動	運動エネルギーと位置エネルギー	力学的エネルギーの保存
2024				Ⅱ 1	Ⅱ 2〜5			Ⅰ 2	
2023					Ⅰ 2	Ⅰ 1	Ⅱ 1〜5	Ⅰ 2	Ⅱ 5
2022		Ⅰ 1		Ⅲ 2	Ⅲ 2	Ⅰ 2	Ⅰ 3	Ⅰ 3	Ⅰ 3
2021(1)		Ⅲ 1〜4	Ⅲ 2･4		Ⅰ 1	Ⅲ 2･3		Ⅲ 5	
2021(2)	Ⅱ 5	Ⅲ 2	Ⅲ 1	Ⅰ 1				Ⅲ 4	Ⅲ 4

Ⅰ，Ⅱ，…は大問番号を，1，2，…は小問番号を表す。
(1)は第 1 日程，(2)は第 2 日程を表す。

☑ 熱・波・電磁気・エネルギー

熱の分野は，**熱量保存則**，**熱力学第一法則**，**熱効率**の計算問題や，**熱現象における不可逆変化**などで，文章を選択させる問題，正文・誤文選択問題が出題されている。

波の分野は，**波の基本式**，**波の固定端反射と自由端反射**，**縦波と横波**，**定在波（定常波）**，**音の性質**，**うなり**，**気柱と弦の固有振動**などが出題されている。

電磁気の分野は，**オームの法則**，**ジュール熱**，**電力**，**変圧器や送電**の計算問題や，**モーターや発電機の原理**，**電流による磁界**，**電流が磁界から受ける力**，**電磁誘導**，**家庭用電源としての交流**などが，いずれも実験・観察を通して身につけた基本的な概念と法則，定性的な知識と理解，それを用いた考察力を求める問題として，出題されている。日常生活に密着したテーマに対しては，教科書本文を丁寧に読むだけでなく，コラムや図解などのサブテキストも活用したい。

また，2024 年度本試験第 3 問，2023 年度本試験第 3 問，2022 年度本試験第 3 問，2021 年度本試験第 2 日程の第 2 問Ａに見られるように，実験・観察の考察問題や探究活動に関する問題にも注意したい。

● 出題内容一覧（共通テスト本試験）

年度	熱		波		電磁気		エネルギーとその利用	物理学が拓く世界
	熱と温度	熱の利用	波の性質	音と振動	物質と電気抵抗	電気の利用	エネルギーとその利用	物理学が拓く世界
2024	Ⅰ 1		Ⅲ 1	Ⅲ 2〜6		Ⅰ 3·4		
2023		Ⅰ 3		Ⅰ 4	Ⅲ 2·3	Ⅲ 4	Ⅲ 1	
2022	Ⅲ 1		Ⅰ 4		Ⅱ 1〜4，Ⅲ 3			
2021(1)	Ⅰ 4	Ⅰ 4		Ⅱ 1·2	Ⅰ 2，Ⅱ 5	Ⅰ 3，Ⅱ 3·4		
2021(2)		Ⅰ 4	Ⅰ 3	Ⅱ 1·2	Ⅰ 2，Ⅱ 3〜5，Ⅲ 3			

Ⅰ，Ⅱ，…は大問番号を，１，２，…は小問番号を表す。
(1)は第１日程，(2)は第２日程を表す。

化学基礎

化学と人間生活

●基本的な知識問題が中心

「化学と人間生活」は「化学と人間生活とのかかわり」(⇨新課程では一部を「化学が拓く世界」で履修)と「物質の探究」を学習する分野である。「化学と人間生活とのかかわり」では，身近な化学物質，特に金属，プラスチック，繊維，洗剤などの製法や性質，役割について問われることがある。また，化学に関連する最近の話題，リサイクルなどが問われることもある。「物質の探究」では，混合物と純物質の違い，混合物の分離方法，元素と単体と化合物の違い，成分元素の確認方法，物質の三態変化と熱運動の関係などが扱われている。

●基礎・基本の整理および身近な物質に幅広い関心を

化学の基礎・基本の分野なので，物質の分類や成分元素についてきちんと整理することが大切である。また，身近な物質や最近話題になった物質については，その性質や役割について関心を持ち，調べておくとよい。

●対策のポイント

- 単体と化合物の違いを元素の概念を用いて理解し，具体的な物質について識別できる。
- 純物質と混合物の性質の違いを理解し，具体的な物質について識別できる。
- 混合物の分離方法としての，ろ過，蒸留，抽出，再結晶，クロマトグラフィーなどについて具体的な操作や器具について理解し説明できる。
- 元素の確認方法としての炎色反応，沈殿反応について説明できる。
- 分子の熱運動について理解し，それがもたらす具体的現象としての圧力，拡散，状態変化について説明できる。
- 物質の三態とその変化における熱の出入りについて説明できる。
- 金属の製錬や合金，プラスチックやセラミックス，繊維，洗剤など身近な化学物質について説明できる。

● 出題内容一覧（共通テスト本試験）

年度	化学と人間生活とのかかわり		物質の探究	
	人間生活の中の化学	化学とその役割	単体・化合物・混合物	熱運動と物質の三態
2024			Ⅰ 1	Ⅰ 3
2023	Ⅰ 7			Ⅰ 4
2022	Ⅰ 4，Ⅱ 1		Ⅱ 2	Ⅱ 2
2021(1)	Ⅱ 2		Ⅰ 1	
2021(2)	Ⅰ 8			Ⅰ 4

Ⅰ，Ⅱ，…は大問番号を，1，2，…は小問番号を表す。
(1)は第１日程，(2)は第２日程を表す。
項目は旧課程に基づく。

物質の構成

●基本事項が問われる

「物質の構成」は化学の基礎にあたる部分であり，反復学習の成果が問われる分野である。

原子の構成，電子配置と元素の周期律・周期表，同位体，イオンの生成とイオン化エネルギー・電子親和力，イオン結合と組成式，共有結合と分子式，分子の形，電気陰性度と結合の極性，極性分子，分子結晶，共有結合の結晶，配位結合と錯イオン，金属結合，結合の種類と物質の性質などからまんべんなく出題される。

また，内容的にはこの分野以降の展開の基礎になっているので，理解が不確かな状態であると全体に影響することになる。

●日ごろの学習の積み重ねが大切

出題頻度にかかわらず，すべての項目についてあいまいな箇所がないように，日ごろから整理して基本事項を確認しておくことが大切である。イオン，分子，金属についての学習は，人間生活と関連する物質をより詳しく知ることにつながるので，そのような観点も養っておきたい。

●対策のポイント

- 原子を構成する粒子の数的な関係と性質の違いを説明できる。
- 同位体の定義とその性質を説明できる。
- 原子の電子配置と元素の周期律の関係を理解する。
- イオン化エネルギー，電子親和力の定義とその周期性を説明できる。

- 結合の種類とその仕組みを説明できる。
- 電気陰性度を用いて結合や分子の極性を理解する。
- 結合と結晶の分類を理解し，身近な物質にあてはめることができる。
- 配位結合と錯イオンについて説明できる。
- 化学式による物質の表示方法について理解する。

● 出題内容一覧（共通テスト本試験）

年度	物質の構成粒子		物質と化学結合		
	原子の構造	電子配置と周期表	イオンとイオン結合	金属と金属結合	分子と共有結合
2024		Ⅰ 2			Ⅰ 5，Ⅱ 2c
2023	Ⅰ 1	Ⅰ 3			Ⅰ 2·5
2022		Ⅰ 2			Ⅰ 1，Ⅱ 1
2021(1)	Ⅰ 3		Ⅰ 4	Ⅰ 4	Ⅰ 4
2021(2)		Ⅰ 1	Ⅱ 1		Ⅰ 3·5

Ⅰ，Ⅱ，…は大問番号を，1，2，…は小問番号を表す。
(1)は第 1 日程，(2)は第 2 日程を表す。
項目は旧課程に基づく。

物質の変化

※新課程では「物質の変化とその利用」に変更。

●総合問題として出題されることが多い

「物質の変化」は理論化学の柱の１つで，他の分野と関連づけて出題されたり，総合問題として出題されることも多く，思考力が必要とされる分野である。

原子量，分子量，アボガドロ定数，物質量の概念が化学反応式を扱う上で必須であり，アボガドロの法則や溶液の濃度も関係してくる。そして，化学反応式の具体的な書き方とその意味について，物質量，質量，気体の体積などとの関係を理解する必要がある。その上で，酸と塩基の定義，中和反応や塩の生成の量的関係，pH，中和滴定，滴定曲線，酸化数と酸化剤・還元剤，電子の授受と酸化還元反応，酸化還元滴定，電池の原理，金属の製錬などが具体的反応や量的関係の事例として扱われることになる。

化学の基本法則の歴史についても，原子や分子の考え方との関係で扱われている。

●計算を中心にした問題演習を

「計算問題」「グラフ問題」の出題率が高いので，それらに慣れておくために，徹底して演習を積んでおく必要がある。グラフについては，資料集などを活用し，そのグラフが何を表しているかが読み取れるようにしておきたい。

●対策のポイント

- 原子量，分子量の定義を理解する。
- アボガドロ定数の意味を理解し，質量・物質量・気体の体積との関係を説明できる。
- 酸と塩基の定義を整理し，中和反応の量的関係について計算ができる。
- 中和滴定とその実験操作・器具の扱いについて理解する。
- 滴定曲線の意味と中和点，指示薬などの関係を説明できる。
- 塩の水溶液の性質を整理し理解する。
- 酸化数の計算に習熟する。
- 酸化剤・還元剤の判定が確実にできる。
- 電子を含む反応式を用いて酸化還元の反応式を書くことができる。
- 酸化還元滴定の量的関係について計算ができる。
- イオン化列にもとづいて金属の性質の違いを整理し理解する。
- 電池の原理について理解する。
- 金属の製錬について理解する。

● 出題内容一覧（共通テスト本試験）

年度	物質量と化学反応式		化学反応	
	物質量	化学反応式	酸・塩基と中和	酸化と還元
2024	Ⅰ 6·10	Ⅰ 7，Ⅱ 2b Ⅱ 3abc	Ⅰ 8	Ⅰ 4·9 Ⅱ 1·2a
2023	Ⅰ 6	Ⅱ 1·3～5	Ⅰ 9，Ⅱ 2·3	Ⅰ 3·7·8，Ⅱ 1
2022	Ⅰ 3，Ⅱ 3		Ⅰ 5～7	Ⅰ 8～10
2021(1)	Ⅰ 2·7	Ⅱ 2	Ⅱ 1·2	Ⅰ 5·6·8
2021(2)	Ⅱ 1	Ⅰ 9，Ⅱ 2	Ⅰ 6	Ⅰ 7

Ⅰ，Ⅱ，…は大問番号を，1，2，…は小問番号を表す。
(1)は第1日程，(2)は第2日程を表す。
項目は旧課程に基づく。

生物基礎

生物と遺伝子

※新課程では「生物の特徴」に変更。

2021～2024 年度の共通テストでは第 1 問で出題されている。

ア．生物の特徴

毎年，真核生物の細胞小器官について出題される。特に，光合成を行う葉緑体と，呼吸を行うミトコンドリアがよく出題されている。エネルギーの出入りや，酸素，二酸化炭素，水，有機物の出入りなどをまとめて整理しておこう。また，核，細胞膜，細胞壁，液胞などについても，はたらきや特徴をまとめておこう。2024 年度は，真核生物と原核生物の共通性と違いについて知識問題が出題された。他の分野では，基本的な知識をもとに簡単な考察を組み合わせた問題が出題されている。この分野でも単に暗記するだけでなく，それぞれの特徴を説明できるように練習しておこう。

真核細胞と原核細胞の代表的な生物を選ばせる問題もよく出題されている。特に酵母菌は真核生物であるにもかかわらず，大腸菌などの原核生物と名前が似ていて間違えやすいので注意しよう。シアノバクテリアの代表的な生物であるネンジュモも覚えておこう。

イ．遺伝子とそのはたらき

（A）遺伝子と DNA・（C）遺伝情報とタンパク質の合成

2022 年度以降，DNA の構造に関しては出題がなかった。過去には DNA の塩基配列と mRNA の塩基配列の関係についての問題や，DNA の二重らせん構造で A と T，G と C が対になって結合していることを問うような問題，塩基の数の割合を計算させるような問題が多く出題されており，今後，出題される可能性が高いので注意しよう。

2024 年度では，DNA についての研究成果の内容理解が問われた。教科書に載っている研究成果については，研究者の名前やその目的，手法，結果を理解しておこう。

（B）遺伝情報の分配

2023・2024 年度では実験考察問題として出題された。今後も出題される可能性はあるので，各時期の役割を正確に覚えておこう。また，ゲノムや細胞分裂と関連させた，探究的な実験問題も考えられるので，DNA の変化とともに整理して理解しておこう。

ポイント

全生物に共通な点，真核細胞と原核細胞の違いを整理して覚えよう。
DNA の複製，タンパク質合成のしくみについて，きちんと理解しよう。

● 出題内容一覧（共通テスト本試験）

年度	ア．生物の特徴		イ．遺伝子とそのはたらき		
	(A)生物の共通性と多様性	(B)細胞とエネルギー	(A)遺伝子とDNA	(B)遺伝情報の分配	(C)遺伝情報とタンパク質の合成
2024	Ⅰ 1		Ⅰ 2·3	Ⅰ 4·5	
2023	Ⅰ 1·2	Ⅰ 1·2，Ⅲ 1		Ⅰ 3〜5	
2022		Ⅰ 1〜3	Ⅰ 4〜6		
2021(1)	Ⅰ 1·2	Ⅰ 3			Ⅰ 4〜6
2021(2)	Ⅰ 1·2	Ⅰ 3	Ⅰ 4·5		Ⅰ 6

Ⅰ，Ⅱ，…は大問番号を，1，2，…は小問番号を表す。
(1)は第１日程，(2)は第２日程を表す。
項目は旧課程に基づく。

生物の体内環境の維持

※新課程では「ヒトの体の調節」に変更。

2021〜2024 年度の共通テストでは第２問で出題されている。

ア．生物の体内環境

(A) 体内環境

2024 年度では，血液に関してと，止血のしくみに関する基本的な知識問題が出題された。体液と体内環境については，血しょう，組織液，リンパ液の関係や血液の循環，止血のしくみなどをきちんと押さえておこう。2022 年度には，実験をもとにしたグラフの読み取り・考察問題と酸素解離曲線の読み取り問題が出題された。以前に見られたような細かい数値などの出題よりも，基本的な知識と簡単な考察を組み合わせた問題が増加すると考えられる。

(B) 体内環境の維持のしくみ

自律神経系と内分泌系に関する出題では，ホルモンのはたらき，内分泌腺の名称やその位置まで出題されている。教科書で扱われているホルモンに関してはしっかりと覚えておこう。また，放出ホルモンや刺激ホルモンなど，ホルモンの分泌調節のしくみについては何度も問われている。フィードバックや自律神経との関わり合いも含めて，整理して覚えておこう。

2024 年度には，腎臓の構造と尿生成のしくみに関する基本的な知識と考察を組み合わせた問題が，2023 年度には，胆汁のはたらきに関して会話文を含む探究的な問題が出題された。今後もこのような問題が出題されると考えられる。基本的な内容をきちんと理解した上で過去問を研究して思考力を磨いておこう。

（C）免疫

2024 年度には，各白血球のはたらきに関する基本的な知識問題が，2023 年度には，獲得免疫のしくみについて知識にもとづいた思考問題が，2021・2022 年度は，白血球のはたらきに関する知識問題とグラフを使った思考問題が出題された。予防接種やアレルギーに関する実験をもとにした問題が出題される可能性もあるので，基本的な内容をまとめるとともに，過去問で実戦的な練習を重ねておこう。

基本事項の理解を確実にしておこう。
過去問を使って実験考察問題を練習しよう。

● 出題内容一覧（共通テスト本試験）

年度	ア．生物の体内環境		
	（A）体内環境	（B）体内環境の維持のしくみ	（C）免疫
2024	Ⅱ 1·2	Ⅱ 4〜6	Ⅱ 3
2023		Ⅱ 1·2	Ⅱ 3〜5
2022	Ⅱ 1·2		Ⅱ 3〜5
2021⑴		Ⅱ 1·2	Ⅱ 3〜5，Ⅲ 4
2021⑵	Ⅱ 1·2·4·5	Ⅱ 3	

Ⅰ，Ⅱ，…は大問番号を，1，2，…は小問番号を表す。
⑴は第 1 日程，⑵は第 2 日程を表す。
項目は旧課程に基づく。

生物の多様性と生態系

2021〜2024 年度の共通テストでは第 3 問で出題されている。

ア．植生の多様性と分布

（A）植生と遷移

2024 年度には，湖沼の植生と湿性遷移に関する知識と考察を組み合わせた問題が出題された。遷移が進行するしくみを，土壌の形成や光の量の変化と関連づけて理解するとともに，極相に達するまでの流れを，典型的な植物とともに確認しておこう。2022 年度は，陽葉と陰葉の二酸化炭素吸収速度のグラフを用いた考察問題が出題された。陽生植物（あるいは陽葉）と陰生植物（あるいは陰葉）の特徴の違いが，グラフの読み取り問題も含めてよく出題されているので，しっかり理解しておきたい。

（B）気候とバイオーム

2024 年度には，バイオームや森林限界について基本的な知識と考察を組み合わせた問題が出題された。また，2023 年度は，世界の各バイオームの特徴に関する知識問題と考察問題が，2022 年度は，日本の植生における垂直分布が出題された。基本的な知識問題と考察を組み合わせた出題が頻出している。教科書に出ているバイオームのグラフと代表的な植物を覚えるとともに，バイオームの特徴について整理して理解しておこう。

イ．生態系とその保全

（A）生態系の物質循環，（B）生態系のバランスと保全

2024 年度には，人為的なかく乱と種多様性に関するグラフの読み取り・考察問題と外来生物に関する知識と考察を組み合わせた問題が出題された。今後もこのような考察を含む出題は続くと考えられる。基本的な知識を単に暗記するだけでなく，その内容をしっかりと理解することが大切である。過去問を使って練習しておこう。また，2021 年度では免疫と関連させて，考察問題が出題された。このような他の項目と関連させた出題については，特に過去問をよく研究し，備えておきたい。かく乱と多様性の関係なども出題されることが考えられるので，教科書の内容についてしっかり説明できるように学習しておこう。（⇨新課程では，「物質循環」は「生物」で履修）

ポイント

教科書に載っているグラフや図を含めてしっかり覚えること。
遷移の過程やバイオームで特徴的な植物については名前を覚えておくこと。

● 出題内容一覧（共通テスト本試験）

年度	ア．植生の多様性と分布		イ．生態系とその保全	
	（A）植生と遷移	（B）気候とバイオーム	（A）生態系の物質循環	（B）生態系のバランスと保全
2024	Ⅲ 2	Ⅲ 1	Ⅲ 2	Ⅲ 3～5
2023		Ⅲ 4･5	Ⅲ 2･3	
2022	Ⅲ 2	Ⅲ 1	Ⅲ 3～5	
2021⑴		Ⅲ 1～3		Ⅲ 5
2021⑵	Ⅲ 1･3			Ⅲ 2･4･5

Ⅰ，Ⅱ，…は大問番号を，1，2，…は小問番号を表す。
⑴は第 1 日程，⑵は第 2 日程を表す。
項目は旧課程に基づく。

地学基礎

地球（概観）

●地球の形と大きさ

エラトステネスの測定方法と計算方法は必ず学習しておく必要がある。地球の形については，回転楕円体とその偏平率について出題されている。

●地球内部の層構造

地球の内部構造は，よく出題されている内容である。岩石の性質や地震波の性質とともに理解を深めておきたい。計算問題や，内部の状態を表す図の読み取りも出題されやすいので，対策をしておきたい。

● 出題内容一覧（共通テスト本試験）

年度	地球（概観）	
	地球の形と大きさ	地球内部の層構造
2024		Ⅰ 1
2023	Ⅰ 1	
2022		Ⅰ 2
2021(1)	Ⅰ 2	
2021(2)		

Ⅰ，Ⅱ，…は大問番号を，1，2，…は小問番号を表す。
(1)は第 1 日程，(2)は第 2 日程を表す。
項目は旧課程に基づく。

地球（活動），鉱物・岩石

●プレートテクトニクス

プレートの動きとその測定，プレートの境界と地震・火山の関係，マントルの運動などの出題が多い。

●地震

地震波の性質などは，地球内部との関連でも出題されている。地震発生のしくみ，断層の種類なども重要である。

●火山活動

マグマの粘性とマグマの温度・化学組成の関係，マグマの粘性と火山活動の性質などがよく出題されている。火成岩との関連で理解することが重要である。火山の分布や島弧-海溝系の火山，海嶺の火山，ホットスポットの火山の特徴もよく出題されている。

●火成岩と造岩鉱物

かんらん岩，デイサイトを含む火成岩とその特徴，火成岩を構成する造岩鉱物の種類や化学組成，結晶構造などの出題が多い。岩石の写真，顕微鏡観察のスケッチ図もよく見ておく必要がある。

●変成岩

広域変成作用，接触変成作用とそれによってできる変成岩の特徴が出題されることが多い。造山運動と変成作用を関連させた学習も重要である。

●堆積岩

この分野で堆積岩が単独で出題されることは比較的少なく，地質分野と関連させての出題が多い。堆積岩の分類とそれぞれの岩石の特徴は重要である。

● 出題内容一覧（共通テスト本試験）

年度	地球（活動），鉱物・岩石		
	プレートの運動	火山活動と地震	鉱物・岩石
2024		Ⅰ 2·4，Ⅳ 1·2	Ⅰ 3
2023	Ⅰ 2	Ⅰ 6	Ⅰ 5，Ⅳ 2
2022		Ⅰ 1，Ⅳ 1·2	Ⅰ 5·6
2021⑴		Ⅰ 1·7	Ⅰ 5·6
2021⑵	Ⅰ 2	Ⅰ 3	Ⅰ 7·8

Ⅰ，Ⅱ，…は大問番号を，1，2，…は小問番号を表す。
⑴は第1日程，⑵は第2日程を表す。
項目は旧課程に基づく。

 地質・地史

●地表の変化

岩石の風化，河川・氷河・海水・地下水などによる侵食・運搬・堆積作用などがよく出題されている。特に河川のはたらきと海水のはたらきは重要である。流水のはたらきなどによってできる地形も合わせて学習しておく必要がある。

●堆積構造

堆積構造からわかる堆積環境，地層の上下関係などはよく出題されている。級化構造，斜交葉理（クロスラミナ），リプルマーク（れん痕）は重要である。それぞれの

構造の写真，図はよく見ておくこと。

●地質構造

褶曲，断層，不整合は頻出である。地質・地史の総合問題の一部としてよく出題されている。さまざまな地質図，地質断面図，柱状図から，地質構造を立体的につかみ，形成の順序を考える練習を積んでおきたい。

●化石

示相化石，示準化石は頻出である。代表的な化石は，その時代を覚えておくとともに，写真，図を必ず見ておくこと。

●地質時代

地質時代の区分の方法，その時代の特徴などが頻出である。地質時代の名称，時代の区切りの年数は覚えておこう。

● 出題内容一覧（共通テスト本試験）

年度	地質・地史	
	地層の形成と地質構造	古生物の変遷と地球環境
2024	Ⅳ 2	Ⅰ 5·6
2023	Ⅰ 3·4	
2022	Ⅰ 3	Ⅰ 4
2021⑴	Ⅰ 3·4	
2021⑵	Ⅰ 4〜6	Ⅰ 1

Ⅰ，Ⅱ，…は大問番号を，1，2，…は小問番号を表す。
⑴は第１日程，⑵は第２日程を表す。
項目は旧課程に基づく。

✔ 大気・海洋

●大気の構造

大気の組成，大気圏の層構造が主な内容である。層構造では各圏の性質，境界面の高さなどをしっかり押さえておきたい。

●雲と水

地球表層の水とその循環，大気中の水蒸気圧，断熱変化，雲の発生と降水などが出題されることが多い。潜熱についてもよく出題されている。

●地球の熱収支

太陽放射と地球放射，温室効果などが頻出である。エネルギー収支の計算もよく出題されている。

●大気の運動

大気の大循環，高気圧・低気圧の特徴，偏西風と季節風の影響などが頻出である。また，日本の一年間の天気について，天気図や雲画像の特徴，さらには災害とも関連させて理解しておくこと。

●海水の運動

海水の層構造，海流，深層循環などが主に出題される。海水が運動する原因とその様子について，図などをよく見て十分理解しておきたい。

●大気と海洋の相互作用

地球環境と関連して，エルニーニョ現象，ラニーニャ現象などの大規模な気候の変動や大気と海水の循環について出題される。どのような影響があるか確認しておきたい。

● 出題内容一覧（共通テスト本試験）

年度	大気・海洋			
	地球の熱収支	大気と海水の運動	地球環境の科学	日本の自然環境
2024	Ⅱ 3	Ⅳ 3		Ⅱ 1･2
2023		Ⅱ 1･2		Ⅳ 1･3
2022		Ⅱ 2･3	Ⅳ 3	Ⅱ 1
2021(1)	Ⅱ 3･4	Ⅱ 1･2		
2021(2)	Ⅱ 1･2	Ⅱ 3･4		

Ⅰ，Ⅱ，…は大問番号を，1，2，…は小問番号を表す。
(1)は第1日程，(2)は第2日程を表す。
項目は旧課程に基づく。新課程では「地球環境の科学」と「日本の自然環境」は，「地球の環境」で履修する。

☑ 宇 宙

●太陽の周りを回る天体

太陽系の誕生や創成期の地球，地球型惑星や木星型惑星と地球との比較，太陽系の小天体の特徴などがよく出題されている。

●太陽

太陽の概観，太陽活動と地球への影響，太陽のエネルギー源，主系列星としての太陽の誕生に関する内容などがよく出題されている。写真や図をよく見ておくこと。

●銀河と銀河系

銀河系の構造に関する理解が重要である。ビッグバンや宇宙の晴れ上がりなどの宇宙のはじまりについても，きちんと意味を理解した上で覚えておこう。

● 出題内容一覧（共通テスト本試験）

年度	宇宙		
	宇宙のすがた	太陽と恒星	太陽系の中の地球
2024	Ⅲ 3	Ⅲ 2	Ⅲ 1
2023	Ⅲ 4	Ⅲ 1〜3	
2022		Ⅲ 1・2	Ⅲ 3
2021⑴	Ⅲ 2・3	Ⅲ 1・4	
2021⑵	Ⅲ 2		Ⅲ 1・3

Ⅰ，Ⅱ，…は大問番号を，1，2，…は小問番号を表す。
⑴は第１日程，⑵は第２日程を表す。
項目は旧課程に基づく。

共通テスト
攻略アドバイス

2025 年度から新課程入試となりますが，先輩方が共通テスト攻略のために編み出した「秘訣」の中には，引き続き活用できそうなものがたくさんあります。これらをヒントに，あなたも攻略ポイントを見つけ出してください！

教科書の理解を大切に！

すべての科目について言えることですが，共通テストで出題の基礎となるのは教科書です。試験問題は各社の教科書を比較・検討した上で作られますから，「大事なことはすべて教科書に書いてある」と心得てじっくり取り組みましょう。

まずは教科書に記載されている基本事項を隈なく理解することが重要だと思います。その上で，過去問などを繰り返し解き，インプットの穴を埋めることを推奨します。　R. T. さん・早稲田大学（人間科学部）

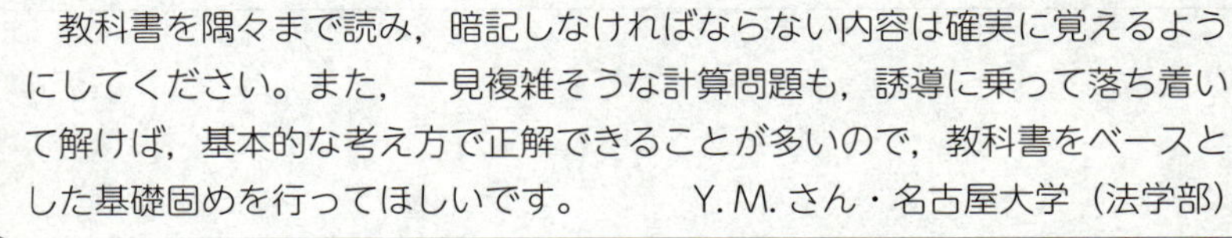

教科書を隅々まで読み，暗記しなければならない内容は確実に覚えるようにしてください。また，一見複雑そうな計算問題も，誘導に乗って落ち着いて解けば，基本的な考え方で正解できることが多いので，教科書をベースとした基礎固めを行ってほしいです。　Y. M. さん・名古屋大学（法学部）

思考力アップのコツ

理科基礎では，資料や実験結果から考察させて思考力を問う問題が出題されます。思考力は一朝一夕には身につかないので，早いうちからコツコツと努力を続けることが大切です。また理科基礎はどの分野を選んでも，必ずと言ってよいほど計算問題が出題されます。しっかり対策しておきましょう。

物理基礎

実験や会話文，日常生活に結びついた問題が多く，公式の暗記に加え読解力が必要です。解ける問題を優先し，後からわからなかったものを吟味する流れを意識しました。　M. M. さん・千葉大学（教育学部）

化学基礎

過去問などを活用し，多くの問題にあたって知識の定着に努めるとよい。また，実験の用具や装置の操作方法も確認しておくとよいと思う。

Y. T. さん・金沢大学（人間社会学域）

化学基礎

面倒くさがらずに図やグラフを描いて mol 計算をすると間違いが減りました。滴定して反応させる実験の話がたくさん出てくるので，必ずできるようにしてください！　K. M. さん・国際教養大学（国際教養学部）

生物基礎

実験にもとづいた問題が多く出題されますが，焦らずに文章を読めば，基本的な知識で解ける問題が多いです。状況を速く理解できるようにしましょう。　N. K. さん・三重大学（人文学部）

地学基礎

時間・空間のスケール感がとても大きいので，そのスケール感を正しく理解することが重要だと思います。　R. M. さん・一橋大学（経済学部）

問題演習で実力アップ！

知識を定着させ，理解を深めるために，問題演習が必須です。実際に問題を解くことで，自分の苦手な分野や，勉強が足りない部分の確認ができます。また，問題をたくさん解くことで自信をつけることも大切です。

物理基礎

力学・波・電磁気をバランスよくやりましょう。力学は力の向き，波は定常波，電磁気はオームの法則を意識して取り組んでいけば伸びると思います。知識問題は一問も落とさないようにしましょう。

K. K. さん・弘前大学（理工学部）

化学基礎

問題文を焦らずによく読む。問題文中に意外なヒントがあったり，条件があったりする。焦ってしまうと見落とすことがあるので注意する必要があると思う。

M. I. さん・大阪大学（外国語学部）

化学基礎

前半の知識問題を素早く処理して後半の計算や考察が必要になる問題に時間を割くべきです。計算問題は酸の価数など忘れやすいポイントが多いので問題集で練習しておくとよいと思います。

Y. M. さん・東京大学（文科三類）

生物基礎

グラフや表を読み取る力が必要なので，暗記だけでは対応できません。一問一答だけでなく，実戦的な過去問や予想問題集をやるのがおすすめです。ホルモンや植物などは覚えるものがたくさんありますが，捨てずにきちんとすべて覚えましょう。

S. H. さん・静岡大学（人文社会科学部）

地学基礎

理科基礎は問題数が少ないので，一つ一つの配点が大きくなります。そのため，教科書を隅々まで読んで，あとはとにかく過去問演習をすることが大切です。どうしても覚えられないものは紙に書いてトイレのドアに貼って覚えました。

H. N. さん・茨城大学（教育学部）

準備は直前まで万全に

過去問にしっかり取り組んでおけば，全く手が出せない問題が出ることは少ないでしょう。とはいえ，いろいろな状況を想定して準備すれば，より余裕をもって試験に臨むことができます。先輩方の見つけた，演習効果を高めるコツを紹介します。

化学基礎

ひたすらに予想問題，過去問をやると，自分の間違えやすい問題や解法に詰まる問題が大体わかるようになってくるので，そのような問題を自分なりに噛み砕いて解法の手順をノートに書き込むことで，記憶に残りやすくなりました。　H. N. さん・金沢大学（人間社会学域）

生物基礎

直前まで伸ばせる教科です。私は試験前に見直した計算問題と全く同じ計算方法の問題が出たおかげで８点稼げました。当日の試験前でも復習できると思うので，直前まで諦めないでください。R. Y. さん・新潟大学（法学部）

生物基礎

教科書を読んで単元ごとにルーズリーフにまとめる作業を夏にやったことで基礎的な知識は身についた。捻った問題が出題されやすいが，間違えたら教科書に戻ることを繰り返すと対応しやすい。

M. I. さん・一橋大学（商学部）

地学基礎

学校の授業を聞きながらまとめプリントを作り，冬休みにそれを見て暗記を進めつつ，過去問を解いた。授業を聞いたり，早めに参考書を一周したりして概観をつかんで，冬休みにどれくらい時間をかければよいか把握しておくといいと思う。　T. I. さん・東京大学（文科二類）

地学基礎

３年の冬からの演習を解く→復習→次の演習を解く…のループでかなり解けるようになりました（もちろんそれまでの積み重ねも重要です）。苦手な問題に印をつけて解き直したり，直前期には問題集に直接解説を書き込んで自分だけの参考書にしたりするのも良いと思います。

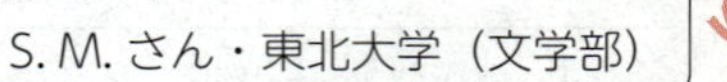

S. M. さん・東北大学（文学部）

解答・解説編

Keys & Answers

解答・解説編

物理基礎／化学基礎／生物基礎／地学基礎

物理基礎（5回）
化学基礎（5回）
生物基礎（5回）
地学基礎（5回）

- 2024年度　本試験
- 2023年度　本試験
- 2022年度　本試験
- 2021年度　本試験（第1日程）
- 2021年度　本試験（第2日程）

凡　例

POINT：受験生が誤解しやすい事項をポイントとして示しています。
CHECK：設問に関連する内容で，よくねらわれる事項をチェックとして示しています。
NOTE：設問に関連する内容で，よくねらわれる重要事項をまとめています。

解答・配点に関する注意

本書に掲載している正解および配点は，大学入試センターから公表されたものをそのまま掲載しています。

物理基礎　本試験

問題番号（配点）	設　問	解答番号	正　解	配　点	チェック
第1問（16）	問1	1	⑤	4	
	問2	2	④	4	
	問3	3	⑥	4	
	問4	4	①	4	
第2問（18）	問1	5	①	3	
	問2	6	⑧	4	
	問3	7	④	4	
	問4	8	②	4	
	問5	9	⑥	3	
第3問（16）	問1	10	①	3	
	問2	11	③	3*	
		12	③		
		13	②		
	問3	14	③	2	
	問4	15	④	2	
	問5	16	⑧	3	
	問6	17	②	3	

（注）

＊は，全部正解の場合のみ点を与える。

自己採点欄
50点

（平均点：28.72点）

第1問 標準 《総合問題》

問1　1　正解は⑤

器とスープの温度がしばらくして等しくなったときの全体の温度を t〔℃〕とする。熱量の保存より

$$160\times4.0\times(80-t)=160\times(t-20)$$

よって　$t=68$〔℃〕

CHECK ○温度変化に必要な熱量　$Q=mc\Delta T=C\Delta T$

Q〔J〕：熱量　m〔g〕：質量　c〔J/(g·K)〕：比熱（比熱容量）

ΔT〔K〕：温度変化　C〔J/K〕：熱容量

○高温物体と低温物体を接触させると，熱は高温物体から低温物体に移動し，やがて同じ温度になる。このとき，高温物体が放出した熱量を Q_1，低温物体が吸収した熱量を Q_2 とすると，$Q_1=Q_2$ である。これを「熱量の保存」という。

問2　2　正解は④

静止している小物体に，大きさ F の一定の力で鉛直上向きに床からの高さ h の位置まで持ち上げて仕事をした。その結果，重力による位置エネルギーの基準を床とした場合，小物体は運動エネルギーと重力による位置エネルギーが増加する。このときの小物体の運動エネルギーを K とすると，仕事とエネルギーの関係より

$$Fh=K+mgh$$

よって

$$K=(F-mg)h$$

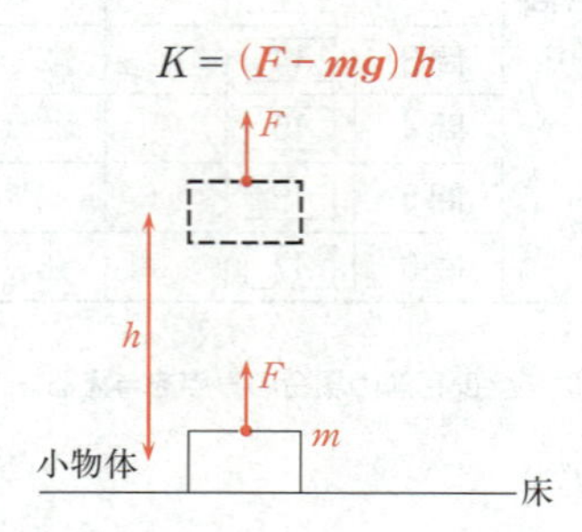

CHECK ○仕事　$W=Fs\cos\theta$

W：仕事　F：力の大きさ　s：移動距離　θ：力と移動の向きがなす角

○重力による位置エネルギー　$U=mgh$

U：重力による位置エネルギー　m：質量

g：重力加速度の大きさ　h：基準面からの高さ

○運動エネルギー　$K=\frac{1}{2}mv^2$

K：運動エネルギー　m：質量　v：速さ

○保存力以外の力（非保存力）が物体にした仕事は，物体の力学的エネルギーの変化に等しい。

保存力：重力，ばねの弾性力など
非保存力：摩擦力，垂直抗力など

問3 3 正解は⑥

電流の大きさは，ある断面を単位時間あたりに通過する電気量である。直流電流1.0A（=1.0C/s）を160秒間流し続けたので，この間に電流計を通過した電気量Q〔C〕は

$$Q=1.0\times160=1.6\times10^{2}〔\mathrm{C}〕$$

電子1個あたりの電気量の大きさは1.6×10^{-19}Cなので，電流計を通過した電子の個数をn〔個〕とすると

$$n=\frac{1.6\times10^{2}}{1.6\times10^{-19}}=1.0\times10^{21}\text{個}$$

CHECK 電流の大きさと電気量の大きさとの関係 $I=\dfrac{Q}{t}$

I〔A〕：電流の大きさ　Q〔C〕：時間t〔s〕の間に断面を通過する電気量の大きさ

問4 4 正解は①

ア　消費電力60Wの白熱電球を1時間点灯させるときの電力量は60Whである。このとき，放出される光エネルギーq〔Wh〕は，そのうちの10％なので

$$q=60\times\frac{10}{100}=6.0〔\mathrm{Wh}〕$$

イ　消費電力15WのLED電球を1時間点灯させるときの電力量は15Whである。白熱電球が点灯している間に，白熱電球と同じ大きさの光エネルギーをLED電球から放出させるには，LED電球の効率eは

$$e=\frac{6.0}{15}=0.40\quad\text{よって}\quad 40\,\%$$

CHECK 電力 $P=VI=RI^{2}=\dfrac{V^{2}}{R}$

P〔W〕：電力　V〔V〕：電圧　I〔A〕：電流　R〔Ω〕：抵抗値

第2問 やや難 《浮力に関する探究活動》

問1 5 正解は①

質量1.0kgの物体の密度は$2.0\times10^{3}\,\mathrm{kg/m^{3}}$なので，物体の体積を$V$〔$\mathrm{m^{3}}$〕として

$$V=\frac{1.0}{2.0\times10^{3}}=5.0\times10^{-4}〔\mathrm{m^{3}}〕$$

物体が水中に完全に沈んでいるとき，物体にはたらく浮力の大きさをF〔N〕とし

て，アルキメデスの原理より

$$F=1.0\times10^3\times5.0\times10^{-4}\times9.8=\mathbf{4.9}\,[\mathrm{N}]$$

CHECK　流体中の物体にはたらく浮力の大きさは，物体が排除した流体の重さ（重力の大きさ）に等しい。これを「アルキメデスの原理」という。

浮力　$F=\rho_0 Vg$

F〔N〕：浮力の大きさ　　ρ_0〔kg/m^3〕：流体の密度　　V〔m^3〕：物体の流体中の体積

g〔m/s^2〕：重力加速度の大きさ

問2　6　正解は⑧

ア　ジャガイモにはたらく力は，浮力と重力と糸の張力である。鉛直下向きを正として，ジャガイモにはたらく力のつりあいより

$$W-F-T=0$$

よって　　$F=W-T$

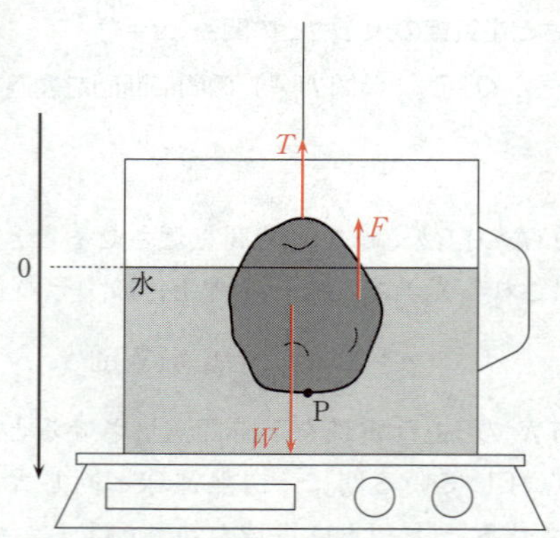

CHECK　静止し続けている物体にはたらく力はつりあっている。

力のつりあい　$\vec{F_1}+\vec{F_2}+\vec{F_3}+\cdots=\vec{0}$

$\vec{F_1}$，$\vec{F_2}$，$\vec{F_3}$，…：物体にはたらく力

イ　点Pが水面より上にあるとき，ジャガイモにはたらく力は重力と糸の張力のみで，ジャガイモにはたらく力はつりあっている。このとき，図2の上のグラフより，ばねはかりの値は，1.1Nである。ジャガイモが水に沈んでいくと，点Pは水面より下になり，ばねはかりの値はしだいに小さくなる。このとき，重力と糸の張力と浮力は常につりあっている。浮力の大きさが大きくなるにつれて，ばねはかりの値は小さくなる。ジャガイモ全体が水に沈んだとき，ばねはかりの値は0.1Nで一定となり，水に沈んだときの浮力の大きさは，1.1−0.1=**1.0**〔N〕である。

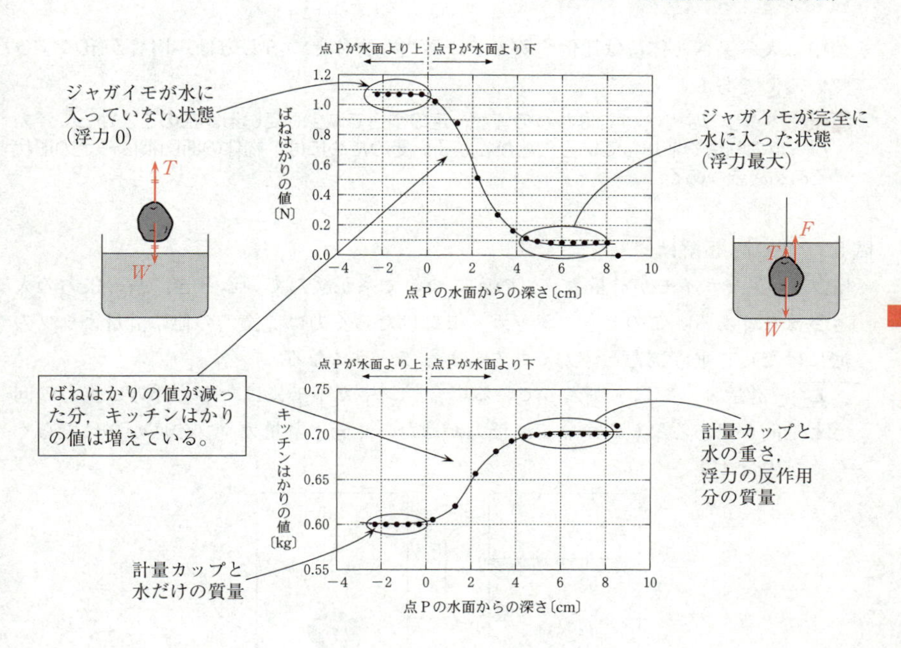

問3 7 正解は④

図2の2つのグラフより，ばねはかりの値が1.1Nのとき，キッチンはかりの値は0.60kgで，重力加速度の大きさを$9.8\mathrm{m/s^2}$とすると，重さに換算して$0.60\times9.8=5.88\fallingdotseq5.9$〔N〕である。また，ばねはかりの値が0.1Nのとき，キッチンはかりの値は0.70kgで，重さに換算して$0.70\times9.8=6.86\fallingdotseq6.9$〔N〕である。さらに，ばねはかりの値が0.5Nのとき，キッチンはかりの値は0.66kgで，重さに換算して$0.66\times9.8=6.46\fallingdotseq6.5$〔N〕である。これらより，ばねはかりの値とキッチンはかりの値を重さに換算した値の和は常にほぼ一定であることがわかる。したがって，ばねはかりの値とキッチンはかりの値の関係を表すグラフは右下がりの直線になると考えられる。よって適当なグラフは④である。

POINT 水，ジャガイモ，計量カップを一体とみなすと，ばねはかりの値とキッチンはかりの値を重さに換算した値の合計は一定である。浮力の反作用として，水と計量カップがジャガイモから受ける力に注意してキッチンはかりが受ける垂直抗力を考えればよい。

問4 8 正解は②

ばねはかりの値は，物体にはたらく浮力の大きさで変化する。ジャガイモのような形状では，ばねはかりの値の変化のグラフが曲線になるが，図3では，ばねはかりの値の変化のグラフは直線になっている。また，物体が水に沈んでいく間，沈んだ深さに比例して浮力が大きくなっている。よって，物体を水に沈めていくとき，水の中に入る深さと体積は比例するので，適当な物体とつるし方は，円柱が縦になっている②である。

POINT　グラフより，ばねはかりの値が一定の割合で減少している。このことから，浮力が一定の割合で増加していることがわかる。そのためには，物体の断面積は一定の形状である必要がある。

問5　[9]　正解は⑥

[ウ]　ジャガイモが計量カップの底について糸が緩んでいるとき，糸の張力の大きさは0である。このとき，ジャガイモにはたらく力は，重力の他に計量カップの底にはたらく垂直抗力と浮力である。よって，(b)になる。

[エ]　計量カップに水が入っている場合，ジャガイモにはたらく浮力は重力の向きと逆向きである。したがって，浮力がはたらく分，計量カップの底からはたらく垂直抗力は(f)小さくなる。

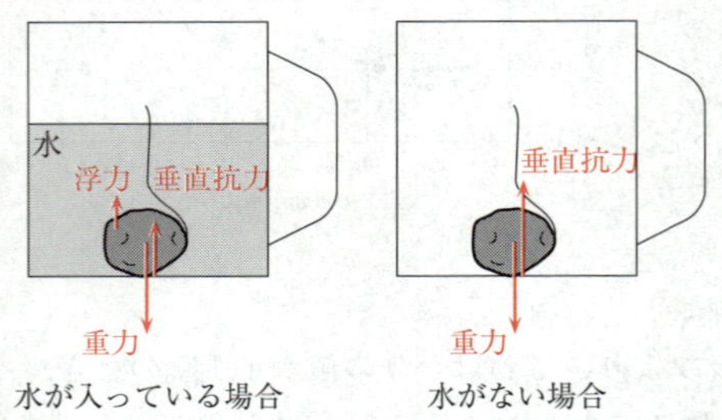

水が入っている場合　　水がない場合

第3問　標準　《音波の知識・音波の実験と考察》

問1　[10]　正解は①

音の速さは，温度が高いほど大きい。また，振動数が一定の場合，音の速さは音の波長に比例する。よって，気温が0℃のときより30℃のときの方が，音の速さは大きくなるので波長も長くなる。

CHECK　○波の基本式　$v=f\lambda=\frac{\lambda}{T}$

v〔m/s〕：速さ　f〔Hz〕：振動数　λ〔m〕：波長　T〔s〕：周期

○音の速さは，媒質や温度によって異なる。乾燥した空気の温度 t〔℃〕とその温度での音の速さ V〔m/s〕との間には，次の関係が成り立つ。

音の速さ　$V=331.5+0.6t$

V〔m/s〕：空気中の音の速さ　t〔℃〕：温度

問2　[11]　正解は③　[12]　正解は③　[13]　正解は②

AさんとBさんは140m離れている。Bさんは，Aさんが発した音を0.42s後に

聞いたことになる。よって，音の速さを V_1〔m/s〕とすると

$$V_1=\frac{距離}{経過時間}=\frac{140}{0.42}=333\fallingdotseq 3.3\times10^2〔\mathrm{m/s}〕$$

問3 14 正解は③

問2で求めた音の速さが，教科書に書かれている式から求めた値よりも小さくなるには，音の速さ$=\dfrac{距離}{経過時間}$から，経過時間が実際の時間より長くなる必要がある。

よって，経過時間を長く測定したと考えられるのは，(a)と(d)である。

POINT 測定した値に誤差が生じた原因を，ストップウォッチの操作から考える。測定時間が長くなる可能性のあるストップウォッチの操作を選べばよい。

問4 15 正解は④

メトロノームが出す音をパルス波と考え，その振動数と波長を考える。メトロノームは1分間（60秒）に300回の音を出すので，メトロノームの振動数を f_2〔Hz〕とすると

$$f_2=\frac{300}{60}=5.0〔\mathrm{Hz}〕$$

はじめ，AさんとBさんはメトロノームから出る音が同時に聞こえていた。その後，AさんはBさんから遠ざかり，メトロノームの音がずれて聞こえ，70m離れたときにBさんには再び同時に聞こえた。このとき，二つのメトロノームの音波は重なりあうので，70m離れたことで1波長ずれたことになる。よって，音波の波長を λ_2〔m〕とすると $\lambda_2=70$〔m〕であるから，音の速さ V_2〔m/s〕は，$V_2=f_2\lambda_2$ より

$$V_2=5.0\times70=350〔\mathrm{m/s}〕$$

別解 メトロノームの音の周期は，$T_2=\dfrac{60}{300}=0.2$〔s〕

よって，$V_2=\dfrac{\lambda_2}{T_2}$ より

$$V_2=\frac{70}{0.2}=350〔\mathrm{m/s}〕$$

問5 16 正解は⑧

おんさの振動数を $f_3=500$〔Hz〕とする。はじめて共鳴したときと2回目に共鳴したときの気柱内に生じた定在波（定常波）の様子を図示すると，次のようになる。

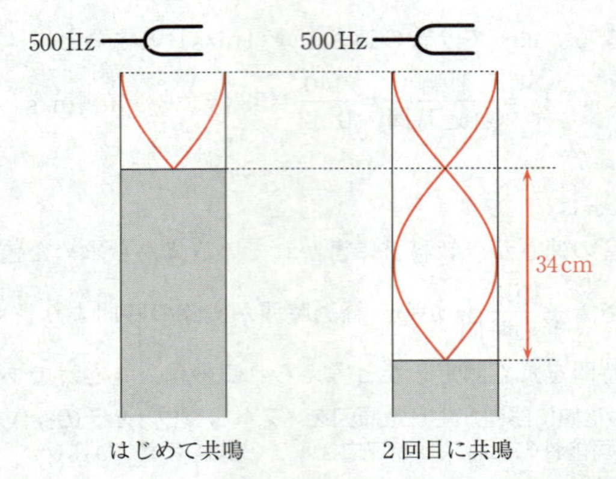

定在波の節から節までの長さは 0.34 m で，これは半波長に相当する。波長を λ_3〔m〕とすると

$$\frac{\lambda_3}{2}=0.34 \qquad \lambda_3=0.68\text{〔m〕}$$

また，音の速さ V_3〔m/s〕は，$V_3=f_3\lambda_3$ より

$$V_3=500\times0.68=340\text{〔m/s〕}$$

問6　17　正解は②

音の速さが一定の場合，$V=f\lambda$ より，音の振動数 f と音の波長 λ は反比例する。超音波の振動数はヒトの聴くことができる音の振動数よりも大きいので，超音波の波長はヒトの聴くことのできる音の波長より短い。

また，問5より，室温での音の速さはおよそ 340 m/s なので，求める音の波長 λ は

$$\lambda=\frac{340}{34000}=0.01\text{〔m〕}=1\text{〔cm〕}$$

化学基礎 本試験

問題番号(配点)	設　問	解答番号	正 解	配 点	チェック
第1問(30)	問1	1	③	2	
	問2	2	④	3	
	問3	3	⑦	3	
	問4	4	①	3	
	問5	5	③	3	
	問6	6	④	3	
	問7	7	②	3	
	問8	8	②	3	
	問9	9	①	3	
	問10	10	②	4	

問題番号(配点)	設　問	解答番号	正 解	配 点	チェック
第2問(20)	問1	11	④	3	
	問2	12	⑥	3	
		13	②	3	
		14-15	①-⑤	3*	
	問3	16	⑤	2	
		17	③	2	
		18	③	4	

（注）
1　*は，両方正解の場合のみ点を与える。
2　-(ハイフン)でつながれた正解は，順序を問わない。

自己採点欄
50点

（平均点：27.31点）

第1問 やや易

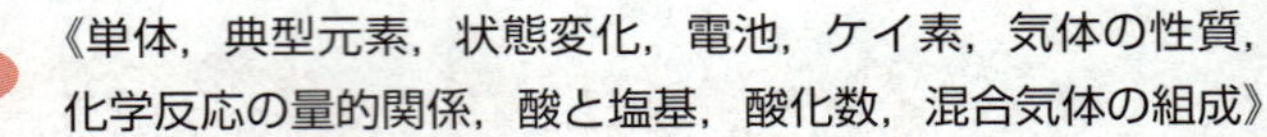
《単体，典型元素，状態変化，電池，ケイ素，気体の性質，化学反応の量的関係，酸と塩基，酸化数，混合気体の組成》

問1　1　正解は③

常温・常圧で単体が気体なのは③塩素である。リチウム，ベリリウムは金属結晶，ヨウ素は分子結晶の固体で存在する。

NOTE　常温・常圧での物質の状態

常温・常圧で単体が気体で存在する元素は水素，窒素，酸素，フッ素，塩素と貴ガス（希ガス）元素，液体で存在する元素は臭素と水銀，他はすべて固体。

問2　2　正解は④

①（正）　アルカリ金属元素を含む物質は炎色反応を示し，Li は赤色，Na は黄色，K は赤紫色の炎色反応を示す。

②（正）　2 族元素，アルカリ土類金属元素の原子は 2 個の価電子をもつ。

③（正）　17 族元素，ハロゲン元素の原子の電気陰性度は原子番号が小さいほど大きい。

④（誤）　ヘリウムは貴ガス元素であるが，**最外殻電子は 2 個**である。

NOTE　貴ガス元素の特徴

貴ガス元素の最外殻電子の数は He で 2 個，その他の Ne，Ar，Xe などで 8 個であるが，価電子（化学結合に関与する最外殻電子）は 0 個なので注意。

問3　3　正解は⑦

ア「蒸留」は，液体と固体の混合物から液体成分を取り出す分離操作であり，液体→気体の状態変化「**蒸発（沸騰）**」と，気体→液体の状態変化「**凝縮**」が含まれている。

イ　雪が融けて水になる現象には固体→液体の状態変化「**融解**」が含まれている。

ウ　ドライアイスが小さくなる現象には固体→気体の状態変化「**昇華**」が含まれている。

問4　4　正解は①

①（正）　充電により繰り返し利用できる電池を二次電池，充電できない電池を一次電池という。

②（誤）　燃料電池は**水素と酸素**を利用して発電する電池であり，燃焼によって生じた気体を利用するものではない。

③（誤）　正極は電子が流れ込み**還元反応**が起こる電極である。

④（誤）　鉛蓄電池の電解質は希硝酸ではなく**希硫酸**である。

問5 5 正解は③

① （正） ケイ素の結晶は共有結合の結晶であり，ケイ素原子が正四面体構造を形成して配列している。

② （正） ケイ素は非金属元素である。

③ （誤） 二酸化ケイ素の結晶には半導体の性質はない。半導体の性質を示すのは**ケイ素の単体**である。

④ （正） ケイ素の結晶と同様に，二酸化ケイ素の結晶も共有結合の結晶であり，ケイ素原子と酸素原子が交互に共有結合し，正四面体構造を形成して配列している。

問6 6 正解は④

ア アンモニア NH_3 は刺激臭をもつため不適である。

イ 酸素 O_2 が入っている容器の中に線香を入れると激しく燃焼するので，酸素 O_2 は不適である。

ウ 空気を N_2 (28g/mol)：O_2 (32g/mol)＝4：1（物質量比）の混合気体とすると，空気の見かけのモル質量（空気1molの質量）は

$$28\times\frac{4}{5}+32\times\frac{1}{5}=28.8\,[\mathrm{g/mol}]$$

窒素 N_2 のモル質量は28g/molで空気よりも密度（単位体積あたりの質量）が小さいため不適，アルゴン Ar のモル質量は40g/molで空気より密度が大きいので適当である。

したがって，**ア～ウ**をすべて満たす気体は④ **Ar** である。

問7 7 正解は②

メタンが完全燃焼するときの化学反応式は以下の通り。

$$CH_4+2O_2 \longrightarrow CO_2+2H_2O$$

反応式の係数より，生じる CO_2 (44g/mol) の物質量は H_2O (18g/mol) の物質量の $\frac{1}{2}$ なので

$$\frac{18}{18}\times\frac{1}{2}\times44=22\,[\mathrm{g}]$$

問8 8 正解は②

① （正） 水は反応する相手により，酸としてはたらくことも，塩基としてはたらくこともある。

NOTE　酸と塩基

ブレンステッドとローリーは酸・塩基を以下のように定義した。

酸　：相手に水素イオンを与える物質

塩基：相手から水素イオンを受け取る物質

アンモニアと水の反応では水は酸としてはたらいている。

$$NH_3 + H_2O \rightleftarrows NH_4{}^+ + OH^-$$

（H^+）

酢酸と水の反応では水は塩基としてはたらいている。

$$CH_3COOH + H_2O \rightleftarrows CH_3COO^- + H_3O^+$$

（H^+）

② （誤）　酸の価数と物質量が同じであれば，酸の強弱に関係なく中和に必要な塩基の物質量は等しい。

NOTE　中和

中和点では

（価数）×（酸の物質量）＝（価数）×（塩基の物質量）

の関係が成り立つ。電離度は中和の量的関係には無関係である。

③ （正）　25℃では水素イオン濃度が 1×10^{-7} mol/L で中性である。これより大きくなるほど酸性が強くなり，小さくなるほど塩基性が強くなる。

④ （正）　酸の水溶液をどれだけ薄めても塩基性を示す水溶液になることはない。

問9　［9］　正解は①

①～④で求める酸化数をそれぞれ a～d とすると

① $SO_4{}^{2-}$ の S：$a+(-2)\times4=-2$　　$a=+6$

② HNO_3 の N：$(+1)+b+(-2)\times3=0$　　$b=+5$

③ MnO_2 の Mn：$c+(-2)\times2=0$　　$c=+4$

④ $NH_4{}^+$ の N：$d+(+1)\times4=+1$　　$d=-3$

よって酸化数が最も大きいものは①である。

問10　［10］　正解は②

図1から気体アの割合が0％と100％のときの混合気体のモル質量を読み取ると，気体アが0％のときは40g/mol，気体アが100％のときは16g/molである（次図）。気体アが0％のときは気体イが100％なので，気体アのモル質量は16g/mol，気体イのモル質量は40g/molとわかる。

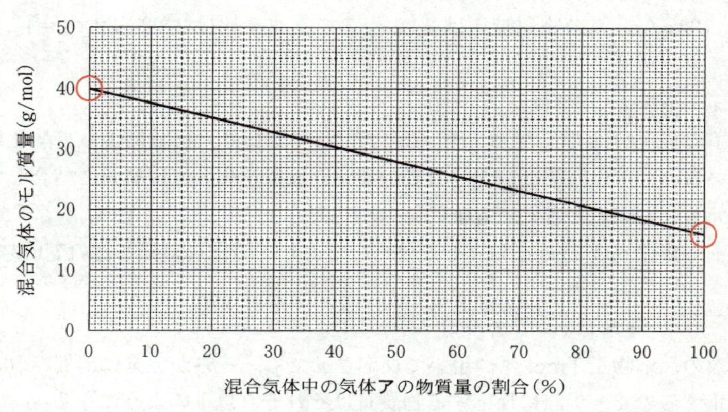

気体アのみを封入した容器とア，イの混合気体を封入した容器は同体積なので物質量も等しい。ア，イの混合気体の見かけのモル質量をM〔g/mol〕とすると

$$\frac{0.64}{16}=\frac{1.36}{M} \qquad M=34\,\text{〔g/mol〕}$$

混合気体に含まれるアの物質量の割合をx〔%〕とすると

$$16\times\frac{x}{100}+40\times\frac{100-x}{100}=34\,\text{〔g/mol〕} \qquad x=25\,\text{〔%〕}$$

第2問 標準 《宇宙ステーションの空気制御システム》

問1 11 正解は④

① （正） 水を電気分解すると陽極では酸素が発生する。

NOTE 電気分解において，電池の正極につながる電極を陽極，電池の負極につながる電極を陰極という。陽極では電子を失う酸化反応，陰極では電子を受け取る還元反応が起こる。水の電気分解では陽極で酸素が，陰極で水素が発生する。

陽極：$2H_2O \longrightarrow O_2+4H^++4e^-$

陰極：$2H_2O+2e^- \longrightarrow H_2+2OH^-$

用いる水溶液の液性によっては

陽極：$4OH^- \longrightarrow O_2+2H_2O+4e^-$

陰極：$2H^++2e^- \longrightarrow H_2$

の反応が起こる場合もある。

② （正） 酸素 O_2 は水に溶けにくい気体なので水上置換法で捕集できる。

③ （正） 水の電気分解は酸化還元反応であり，H_2O 中の H 原子が還元され，O 原子が酸化されている。

$$2\underset{+1}{\underline{H}}_2\underset{-2}{\underline{O}} \longrightarrow 2\underset{0}{\underline{H}}_2+\underset{0}{\underline{O}}_2$$

④ （誤） 式(1)で示されている通り，水の電気分解で発生する H_2 (2 g/mol) と

O_2（32 g/mol）の物質量比は 2：1 なので，質量比は 2×2：32×1＝**1：8** である。

問2　a　12　正解は⑥

C 原子の酸化数は CO_2 では＋4，CH_4 では－4 であり，反応によって酸化数は減少しているので，C 原子は**還元されている**（O 原子を失い，H 原子と結合しているので還元されていると考えてもよい）。

O 原子の酸化数は CO_2 でも H_2O でも－2 であり，**酸化も還元もされていない**。

b　13　正解は②

2 種類の反応物を 1 mol ずつ用いて反応させても，一方が完全に消費されると反応は停止するので，実際に反応する物質量はそれぞれ以下のようになる。

ア　$CaCO_3 + 2HCl \longrightarrow CaCl_2 + H_2O + CO_2$
　0.5 mol　1 mol　　　　　　　　0.5 mol

イ　$(COOH)_2 + H_2O_2 \longrightarrow 2H_2O + 2CO_2$
　1 mol　1 mol　　　　　2 mol

ウ　$Fe_2O_3 + 3CO \longrightarrow 2Fe + 3CO_2$
　$\frac{1}{3}$ mol　1 mol　　　　1 mol

エ　$2CO + O_2 \longrightarrow 2CO_2$
　1 mol　0.5 mol　1 mol

よって，生成する CO_2 の物質量が最も多い反応は**イ**である。

c　14 ・ 15　正解は①・⑤

正四面体形の 4 つの頂点にすべて同じ原子が結合しているメタン CH_4 と四塩化炭素 CCl_4 は C－H 結合，C－Cl 結合に極性はあるが，分子全体では極性が打ち消しあう無極性分子である。CH_3Cl，CH_2Cl_2，$CHCl_3$ は，分子全体で極性が打ち消されない極性分子である。

問3　a　16　正解は⑤

式(1)の係数より，O_2（32 g/mol）の物質量の 2 倍の H_2O（18 g/mol）が必要なので

$$\frac{3.2\times10^3}{32}\times2\times18\times10^{-3}=3.6\,[\mathrm{kg}]$$

b　17　正解は③

式(2)の係数より，1 mol の CO_2 が消費されたとき，使用した H_2 の物質量は 4 mol，生成した H_2O の物質量は 2 mol なのでグラフ③が適当である。

$$\underset{1\,mol}{CO_2} + \underset{4\,mol}{4H_2} \longrightarrow CH_4 + \underset{2\,mol}{2H_2O}$$

c 18 正解は③

式(1)の係数より，3.2 kg の O_2（32 g/mol）と同時に生成している H_2 の物質量は

$$\frac{3.2\times10^3}{32}\times2=200\,〔mol〕$$

200 mol の H_2 を式(2)で用いたときに得られる H_2O の物質量は，反応させた H_2 の物質量の $\frac{1}{2}$ 倍であり 100 mol とわかる。式(1)，(2)の反応量の流れをまとめると以下の通り。

$$2H_2O \longrightarrow \underset{\boxed{200\,mol}}{2H_2} + \underset{100\,mol}{O_2}$$

$$CO_2 + \underset{\boxed{200\,mol}}{4H_2} \longrightarrow CH_4 + \underset{100\,mol}{2H_2O}$$

よって得られる H_2O（18 g/mol）の質量〔kg〕は

$$100\times18\times10^{-3}=1.8\,〔kg〕$$

生物基礎 本試験

問題番号(配点)	設問		解答番号	正解	配点	チェック
第1問(17)	A	問1	1	⑤	3	
		問2	2	②	4	
		問3	3	④	4	
	B	問4	4	①	3	
		問5	5	④	3	
第2問(18)	A	問1	6	④	3	
		問2	7	⑤	3	
		問3	8	③	3	
	B	問4	9	⑤	3	
		問5	10	②	3	
		問6	11	③	3	

問題番号(配点)	設問		解答番号	正解	配点	チェック
第3問(15)	A	問1	12	④	3	
		問2	13	⑤	3	
		問3	14	③	3	
	B	問4	15	②	3	
		問5	16	①	3	

自己採点欄
50点

（平均点：31.57点）

第1問 ―― 生物の特徴と遺伝子のはたらき

A 標準 《生物の特徴》

問1 [1] 正解は⑤

原核細胞と真核細胞に関する知識問題である。

①③適当。全ての生物は異化の仕組みを持ち，その化学エネルギーの受け渡しにはATPが利用される。

②適当。生物の活動のほとんどが酵素反応によって進められている。

④適当。全ての生物は細胞膜を持ち，外界との物質のやりとりは細胞膜を介して行われる。

⑤不適。真核細胞はミトコンドリアを持ち，植物細胞はさらに葉緑体を持つが，原核細胞はミトコンドリアや葉緑体などの細胞小器官を持たない。

問2 [2] 正解は②

ゲノムに関する知識問題である。

①不適。二重らせん構造を持つDNAでは，常にアデニンとチミン，グアニンとシトシンの数がそれぞれ等しい。

②適当。特に真核生物のゲノムのDNAでは，むしろRNAに転写されて，タンパク質に翻訳される領域の方が少ない。

③不適。同一個体の全ての体細胞は，ゲノムの情報が同じである。皮膚やすい臓の細胞に分化するのは，使われている遺伝子が異なるからである。

④不適。単細胞生物が2個体になるのは，体細胞分裂による。体細胞分裂によって生じる2つの細胞（単細胞生物では個体）が持つ遺伝子の種類は全て同じである。

⑤不適。細胞が持つ遺伝子は，卵と精子が形成されるとき（中学で学んだ減数分裂をするとき）に数が半分に減少するが，種類には変化がない。

問3 [3] 正解は④

エイブリーの実験に関する知識および考察問題である。

この実験では，遺伝物質の本体であるDNAが分解されず，S型菌の抽出液に残っていれば，R型菌からS型菌への形質転換が起こり，S型菌が見つかると考えられる。よって，ⓐ，ⓑの処理ではDNAは分解されずに残っているため，形質転換が起こり，S型菌が見つかるが，ⓒの処理ではDNAは分解されてしまうため，形質転換が起こらず，S型菌は見つからない。

B 標準 《細胞周期》

問4 [4] 正解は①

細胞周期に関する考察問題である。

CHECK 細胞周期とDNA量のグラフ

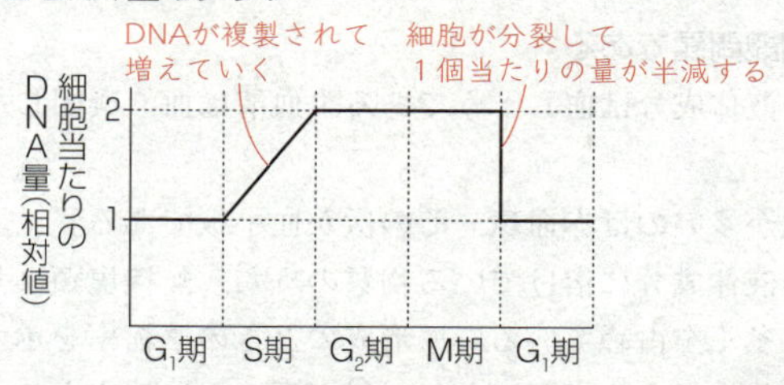

細胞周期の問題を考える上でとても重要なグラフである。必ず覚えておこう。

細胞周期は，…G_1 期→S期→G_2 期→M期→G_1 期…の順に進行していき，それに伴って細胞1個当たりのDNA量（相対値）も変化していく。図2より，紫外線照射後の細胞1個当たりのDNA量は1のまま変化していないため，細胞周期の時期は **G_1 期**であるとわかる。

問5 [5] 正解は④

細胞周期に関する考察問題である。

①不適。図3で，化合物Zが加えられたのは，細胞1個当たりのDNA量（相対値）が1のとき，つまり G_1 期である。その後DNA量が増加するS期に進んでいるので，G_1 期の進行は妨げられていない。

②不適。図4の，化合物Zを加えてから26時間後と40時間後の細胞は，凝縮した染色体があることから，M期の細胞であることがわかる。M期まで進行したのだから G_2 期の進行は妨げられていない。

③不適。図3で，DNA量は増加している。このことからDNAの合成，つまりDNAの複製は妨げられていない。

④適当。図4の，化合物Zを加えてから26時間後と40時間後の細胞は，複製された染色体が結合したままであり，分離していない。このことから，化合物Zは染色体の分離，つまり染色体の分配を妨げていると考えられる。

⑤不適。図4の，化合物Zを加えてから26時間後と40時間後の細胞は，染色体が凝縮した様子を示している。つまり染色体の凝縮は妨げられていない。

生物基礎

第2問 ── 生物の体内環境の維持

A 標準 《血液のはたらき》

問1 　6 　正解は④

血液に関する知識問題である。

①不適。血液の液体成分は血しょうである。血清は血液凝固した後の液体成分のことである。

②不適。最も数が多いのは赤血球，その次が血小板である。

③不適。血液の液体成分に溶けている物質のうち，無機塩類よりもタンパク質の方が質量として多くを占めている。尿形成のときの濃縮率を示す表の中に載っているが，知識として覚える必要はない。④が明らかに適当なので，これを覚えていなくても正答できる。

④適当。酸素は主に赤血球中のヘモグロビンによって運ばれている。

⑤不適。白血球は免疫を担うが，老廃物の運搬は行わない。

問2 　7 　正解は⑤

血液凝固に関する知識問題である。

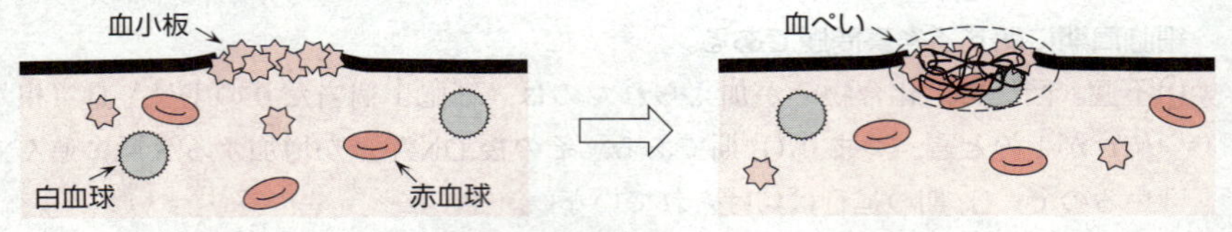

血管が傷つくと，まずⓒ血小板が集合して止血する（上図左）。その後血小板などから放出される物質により，ⓐフィブリンという繊維状のタンパク質が作られ，これがⓑ赤血球などを絡めて血ぺいという塊を作り，より完全に止血する（上図右）。

問3 　8 　正解は③

免疫に関する知識問題である。

①不適・③適当。侵入してきた病原体を取り込むのは，血小板ではなく，好中球やマクロファージなどの白血球である。

②不適。傷口を塞ぐために形成されるのは血ぺいである。角質層とは皮膚の表面に形成される硬い層のことである。

④不適。ナチュラルキラー（NK）細胞は，異常を起こした自分の体の細胞を殺す細胞であり，病原体を直接は攻撃しない。

⑤不適。抗体産生細胞（形質細胞）は，侵入してきた病原体に対する抗体を放出するが，主にリンパ節などではたらき，傷口の組織に集まることはない。

B 標準 《腎臓の構造とはたらき》

問4 9 正解は⑤

腎臓の構造に関する知識問題である。

問題文より，管Aと管Bが血管であり，管Aの血管壁が管Bの血管壁よりも厚いことが示されている。血管壁の厚い方が動脈，薄い方が静脈なので，(ア) 管Bを模型の静脈に接続する。また，腎臓の位置は (イ) 部位Yである。部位Xは横隔膜の上部なので，ここにある器官は肺と心臓と食道である。部位Zには，ぼうこうや大腸の一部などがある。

問5 10 正解は②

尿生成に関する知識問題である。

管Cは輸尿管であり，ここを流れる液体は尿である。ⓔ糖とⓖアミノ酸は尿中には出ないため，ここを流れる液体に含まれるのは，ⓓ無機塩類とⓕ尿素である。

問6 11 正解は③

腎臓の構造と尿生成に関する知識および考察問題である。

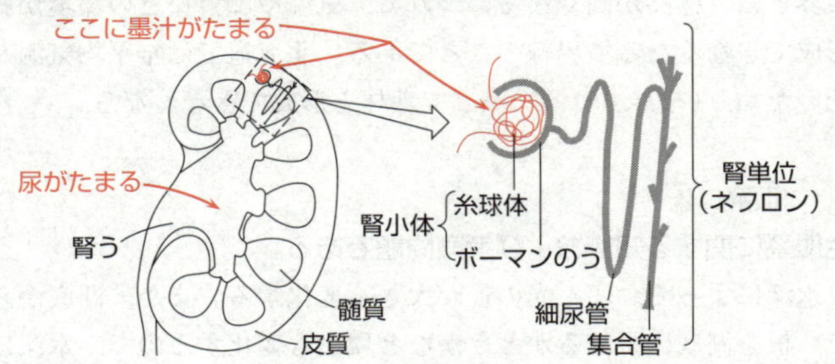

問題文に，墨汁の黒い成分はタンパク質であることが示されている。タンパク質は腎臓でろ過されないため，墨汁の黒い成分は糸球体内にとどまり，尿中には含まれないと考えられる。よって，尿がたまる部位である腎うには黒い成分が分布しないため，①と④は誤りである。また，糸球体は，腎臓の皮質部分に多く集まっているため，③が正しい。

第3問 ―― 生物の多様性と生態系

A 標準 《生態系》

問1 12 正解は④

日本のバイオームに関する知識および考察問題である。

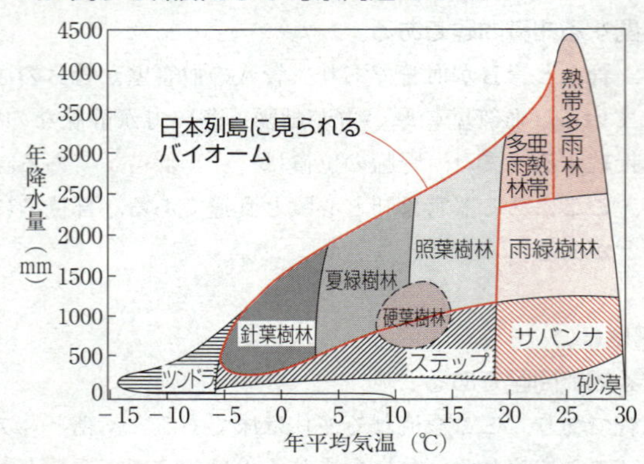

森林は，降水量の多い地域に見られるバイオームである。日本列島には，亜熱帯多雨林，照葉樹林，夏緑樹林，針葉樹林が見られる。これらの分布は主に（ア）年平均気温によって決まる。

森林限界とは，標高が高くなるにつれて，気温や風雪などの環境が厳しくなり，森林を形成できなくなる境界線のことである。北海道では年平均気温が本州中部に比べて低いため，（イ）より低い標高で森林を形成できなくなる。

問2 13 正解は⑤

湖沼の生態系に関する知識および考察問題である。

ⓐ適当。水深によって，届く光の量が大きく変化する。また，湖底から水面までの距離で，根を湖底に張れるかどうかなど環境も変化するので，水深によって植生は変化する。

ⓑ不適。植物プランクトンは光合成をするので生産者であるが，動物プランクトンは光合成をしないので生産者ではない。

ⓒ適当。日本の場合，陸地になれば，多くの場合森林へと遷移する。これを湿性遷移という。

問3 14 正解は③

生態系と多様性に関する考察問題である。

選択肢①と④で問われている「全ての植物の種数における希少な草本の種数の割合」は，次の式で求められる。

$$全ての植物の種数における希少な草本の種数の割合=\frac{希少な草本の種数}{全ての植物の種数}$$

①不適。毎年火入れと刈取りを両方行う（Ⅱ）の割合 $\frac{3.8}{28}≒0.14$ は，毎年刈取りのみを行う（Ⅲ）の割合 $\frac{5}{25}=0.2$，および毎年火入れのみを行う（Ⅳ）の割合 $\frac{4}{25}=0.16$ よりも小さくなっている。

②不適。火入れを毎年行うこと（ⅡおよびⅣ）は，管理を放棄すること（Ⅴ）に比べて，全ての植物の種数は多く保っているが，希少な草本の種数はより少なくなっている。

③適当。伝統的管理（Ⅰ）は，毎年火入れと刈取りを両方行う（Ⅱ）に比べて，全ての植物の種数と，希少な草本の種数の両方とも多くなっている。

④不適。管理を放棄すること（Ⅴ）の割合 $\frac{4.5}{22.5}=0.2$ は，伝統的管理（Ⅰ）の割合 $\frac{8.1}{36}≒0.23$ よりも小さい。

生物基礎

B 標準 《外来生物》

問4 15 正解は②

外来生物に関する知識問題である。

リード文に示されているように，外来生物とは「人間活動によって本来の生息場所から別の場所へ移動させられ，その地域に棲み着いた生物」のことである。選択肢の中で②だけは，もとの場所に戻され，別の場所には移動させられていないので，外来生物ではない。

問5 16 正解は①

外来生物に関する知識と考察問題である。

①適当。低密度になるほど外来生物の影響は小さくなるので，低密度に保つことは有効である。

②不適。例えばイヌやネコも家畜であるが自然の生態系に放たれても死滅するとは限らず，生態系に悪影響を及ぼす場合もあるので，人間の管理下に戻す必要がある。

③不適。別の種の動物を導入することで，生態系のバランスにさらなる悪影響を与

えることがあるので，有効とはいえない。

④不適。外来生物は，数が増える前に駆除した方が根絶には有効である。また，時間が経つほど環境に与える影響が大きくなるので，できるだけ早く駆除する方が望ましい。

地学基礎 本試験

問題番号(配点)	設問		解答番号	正解	配点	チェック
第1問 (20)	A	問1	1	①	4	
		問2	2	②	3	
	B	問3	3	④	3	
		問4	4	④	4	
	C	問5	5	④	3	
		問6	6	①	3	
第2問 (10)	A	問1	7	④	3	
		問2	8	②	3	
	B	問3	9	②	4	

問題番号(配点)	設問		解答番号	正解	配点	チェック
第3問 (10)	A	問1	10	④	4	
		問2	11	①	3	
	B	問3	12	④	3	
第4問 (10)		問1	13	②	3	
		問2	14	③	4	
		問3	15	③	3	

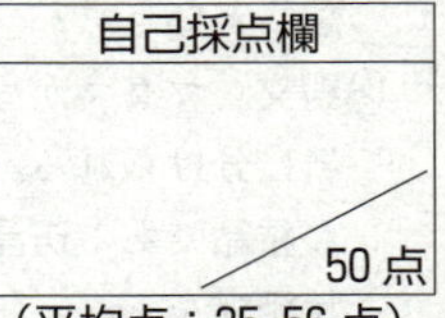

（平均点：35.56点）

第1問 ―― 地球，鉱物・岩石，地質・地史

A やや易 《地球の構造，緊急地震速報》

問1 [1] 正解は①

地球の表面は，かたい岩盤であるプレートで覆われている。プレートは，地殻とマントル最上部からなる。かたいプレートの層（**リソスフェアと呼ばれる**）の下には，やわらかくて流動しやすい層（**アセノスフェアと呼ばれる**）があり，リソスフェアとアセノスフェアは，かたさ（流動しにくさ）の違いで区分される。なお，地殻とその下のマントルは，岩石（構成物質）の違いで区分される。やわらかいアセノスフェアが流動することによって，その上にあるかたいプレートが年間数センチの速さで互いに異なる向きに移動する。海洋プレートは，中央海嶺で生成され，海嶺を軸にして両側に離れていく。海洋プレートは，海嶺から離れるにつれて徐々に冷えていき，下のアセノスフェアが冷えて固まりプレートに付け加わることで，海洋プレートの厚さが増加していく。

問2 [2] 正解は②

S波の速度が4km/秒であることから，震源からの距離が200kmの大阪市にS波が到着するのに要する時間は

$$\frac{200}{4}=50\text{秒}$$

つまり，地震発生の50秒後に大阪市にS波が到着する。緊急地震速報は，地震発生の15秒後に出されていることから

$$50-15=35$$

大阪市では，緊急地震速報を受信してから35秒後にS波が到着することになる。

B 標準 《火成岩，鉱物》

問3 [3] 正解は④

①**誤文**。造岩鉱物は，原子やイオンが規則正しく配列した固体である**結晶**からなる。火成岩の造岩鉱物の大部分は，SiO_4四面体を基本構造とする結晶で，ケイ酸塩鉱物という。

②**誤文**。マグマが固結した火成岩は，冷却のしかたの違いによって，火山岩と深成岩に分けられる。**火山岩**は，マグマが地表付近で急冷して固まったもので，大きな結晶である**斑晶**のまわりを，細かい結晶やガラスからなる**石基**が取り囲んだ**斑状組織**をもつ。一方，**深成岩**は，マグマが地下深くでゆっくり冷えて固まったも

ので，マグマだまりなどで十分に成長し，**大きさがほぼそろった複数の種類の鉱物の結晶からなる等粒状組織**をもつ。ガラスは，マグマが急冷した際に原子やイオンが不規則な配置のまま固結したもので，火山岩には多く見られるが，深成岩にはほとんど見られない。

③**誤文**。安山岩と閃緑岩は，どちらも安山岩質マグマが固結したものである。両者の違いは，**冷却のしかたの違い**を反映しており，安山岩は火山岩，閃緑岩は深成岩に分類される。

④**正文**。苦鉄質岩（塩基性岩）は，SiO_2 の質量％が 45〜52％で，有色鉱物（苦鉄質鉱物）の量が比較的多く，黒っぽい色を呈する。造岩鉱物として，斜長石，輝石，かんらん石が含まれていることが多い。

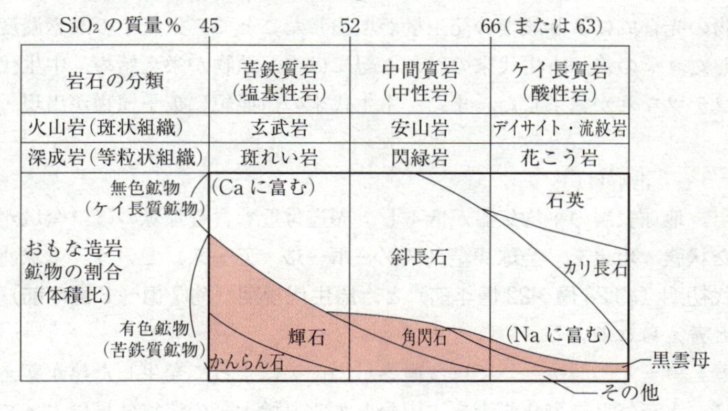

図　火成岩の分類

問4 4 正解は④

マグマは，地殻の割れ目などに入り込み，さまざまな形状の貫入岩体を形成する。図1のAのように，地層面を切るように貫入したものを「**岩脈**」といい，Bのように，地層面に平行に貫入したものを「**岩床**」という。また，Cのように，地下深くに形成される大規模な貫入岩体を「**底盤（バソリス）**」という。

C 標準 《生物進化，原生代初期の地球》

問5 5 正解は④

先カンブリア時代は，約 46 億〜40 億年前までの冥王代，約 40 億〜25 億年前までの太古代（始生代），約 25 億〜5.4 億年前までの原生代に区分される。太古代末までに，酸素発生型の光合成を行う原核生物である**シアノバクテリア**が現れて，酸素がつくられ始めた。約 27 億〜20 億年前，シアノバクテリアによって海中に放出された酸素は，当時の海水中に溶けていた鉄イオンと結合して大量の酸化鉄を生じ，海底に酸化鉄が沈殿して，縞状鉄鉱層が形成された。海中や大気中の酸素濃度の増加に伴い，原生代初期には，活発な酸素呼吸により酸素から効率的にエネルギー生成を行うことができる真核生物が出現した。約 19 億年前の地層から，真核生物であるグリパニアが見つかっている。

古生代に大気中の酸素濃度が増加すると，大気の上層にオゾン層が形成され，生物にとって有害な紫外線が吸収されるようになった。古生代オルドビス紀ごろから，陸上に植物が進出するようになり，シルル紀には，根・茎・葉の構造をもち，維管束が発達したシダ植物が現れた。古生代後半の石炭紀になると，ロボク，リンボク，フウインボクなどの大型のシダ植物が繁栄し，大森林を形成した。この時代は，シダ植物の光合成により酸素の発生量が増加したことで，大気中の酸素濃度がピークに達した。その後，古生代末のペルム紀には裸子植物が栄え始め，中生代にイチョウやソテツなどが繁栄した。また，中生代末の白亜紀に被子植物が出現・繁栄した。

問6　6　正解は①

①適当。地球表層の平均気温が低下し，赤道付近も含む地球のほぼ全域が氷に覆われた状態・現象を，**全球凍結（スノーボール・アース）**という。全球凍結は，**原生代初期（約 23 億～22 億年前）**と，**原生代後期（約 7 億～ 6 億年前）**に起こったと考えられている。

②不適。冥王代の原始地球では，微惑星の衝突によって発生した熱が蓄えられ，さらに，水蒸気と二酸化炭素を主成分とする原始大気の温室効果によって原始地球の表面の岩石がとけ，地表全体がマグマで覆われた。この状態をマグマオーシャン（マグマの海）という。

③不適。原生代後期の全球凍結が終わった後の，約 5.8 億～5.4 億年前の地層からは，多様な大型の多細胞生物の化石が見つかっており，多細胞生物の爆発的な多様化が起こったと考えられる。この時代の生物は，硬い殻や骨格をもたないもので，やわらかくて扁平な形をしたものが特徴的である。これらの生物群は，南オーストラリアのエディアカラ丘陵で発見されたことから，エディアカラ生物群と呼ばれている。

④不適。古生代カンブリア紀に，硬い殻や骨格をもつ生物が爆発的に増加し，節足動物の三葉虫など多様な無脊椎動物のほか，原始的な魚類（無顎類）も現れた。この時代の多様な動物群は，カナダのロッキー山脈にあるバージェス山や中国の雲南省（うんなん）澄江（チェンジャン）から見つかっていることから，バージェス動物群や澄江動物群と呼ばれる。

第2問 ―― 大気・海洋

A 標準 《台風，地上天気図》

問1　7　正解は④

図1の各天気図の台風の中心の位置に注目するとよい。台風は，海面水温が高い北太平洋西部の熱帯海域で発生した熱帯低気圧のうち，10分間の平均風速の最大が17m/s以上になったものを指す。台風の中心付近では，まわりから風が吹き込み，激しい上昇気流が生じて水蒸気が凝結し，活発な積乱雲が形成される。この水蒸気が凝結するときに放出される潜熱が，台風のエネルギー源となっている。台風は，低緯度側から高緯度側へと移動しながら，暖かい海から蒸発した大量の水蒸気とともに，熱を高緯度側へと輸送する役割をもつ。図1の天気図において，台風の中心の位置が低緯度側から高緯度側へと移動している順に並べると，d→c→b→a となる。

問2　8　正解は②

①正文。台風には，南の海上から暖かく湿った空気が集まってくる。停滞している前線に台風が接近すると，前線に多量の水蒸気が供給され，前線の活動，つまり，上昇気流による雲の発生が活発になり，大雨が降ることがある。

②誤文。台風内部の地表付近では，風が反時計回りに吹いている。台風の進行方向の右側では，風が吹く方向と台風が進む方向とがおおむね同じ向きとなるため，風が強められる。それに対して，台風の進行方向の左側では，風が吹く方向と台風が進む方向とがおおむね逆の向きとなるため，風が弱められる。

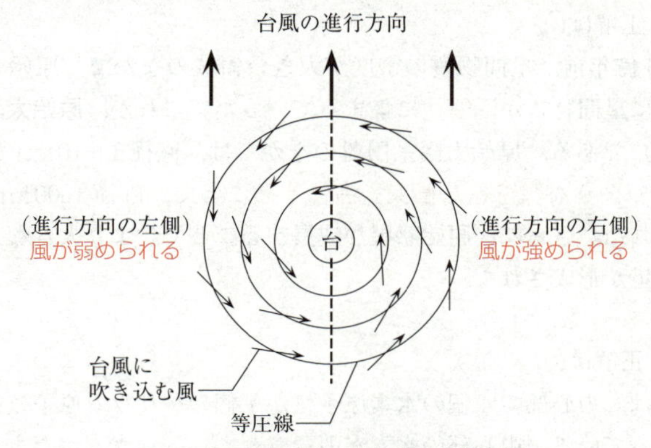

図　台風の進行方向と台風に吹き込む風

③正文。風は，等圧線の間隔が狭い領域ほど強く吹く。台風の中心近くでは等圧線

の間隔が狭く，風がより強く吹くことが多い。

④正文。台風の内部は気圧が低く，強い風が吹いている。台風が沿岸近くを通過すると，気圧の低下による海面上昇や強風による海水の吹き寄せが生じ，海岸付近の海面が著しく上昇して高潮が発生することがある。

B 標準 《海洋の熱収支と海面水温》

問3 9 正解は②

水が蒸発（液体の水から水蒸気へ状態変化）するときは，周囲から熱（潜熱）を奪う。一方，水蒸気が凝結（水蒸気から液体の水へ状態変化）するときは，熱（潜熱）を周囲に放出する。よって，海面から海水が蒸発するときには，海水が海面から潜熱を奪うため，熱を奪われた海面は，温度（海面水温）が下がる。

電磁波には，紫外線，可視光線，赤外線などがある。太陽からは，可視光線が最も強く放射されており，膨大なエネルギーを宇宙空間に放出している。地球の表面からは，海面も含めて，昼夜を問わず赤外線が放射されている。昼間は，海面から放出される赤外線のエネルギーよりも，太陽から受け取る可視光線などのエネルギーの方が大きいため，海面水温が上がるが，太陽光が当たらない夜間になると，海面からの赤外線の放射のみとなるため，海面水温が下がる。

第3問 —— 宇　宙

A 標準 《太陽系，太陽の進化》

問1 10 正解は④

今から約46億年前，星間物質の密度が大きい領域のなかで，原始太陽が誕生し，そのまわりに星間物質が円盤状に集まっていった。これが，**原始太陽系円盤**（原始太陽系星雲）である。原始太陽系円盤のなかでは，直径1～10km 程度の**微惑星**が誕生し，そのような微惑星が衝突・合体することで，直径1000km 程度の**原始惑星**が形成された。さらに，**原始惑星が成長する**ことで，より大きな天体である地球のような惑星が形成された。

問2 11 正解は①

主系列星では，中心部で4個の水素原子核が1個のヘリウム原子核に変わる核融合反応が起こっている。中心部の水素が消費されて，ヘリウムがたまると，中心部のヘリウムのまわりで水素の核融合が起こるようになる。このとき，外層が膨張して，太陽の半径は現在の150～200倍にも達し，**赤色巨星**となる。したがって，赤色巨星でも，内部で水素の核融合が起こっている。
赤色巨星の中心部では，ヘリウムの核融合反応が起こり，炭素や酸素がつくられる。ヘリウムが消費しつくされると，外層のガスは宇宙空間に飛散し，中心部には炭素や酸素を中心とする**白色矮星**が残る。白色矮星の内部では核融合は停止しており，しだいに冷えていく。したがって，白色矮星の内部では水素の核融合は起こっていない。

B やや難 《宇宙の構造》

問3 12 正解は④

図1中の領域Aは，天の川や黄道から離れたところを示していることに注目しよう。

①**不適**。火星軌道と木星軌道の間にある小惑星の多くは，太陽のまわりを地球の公転と同じ向きに公転しており，その公転面は，他の惑星と同様に地球の公転面にほぼ重なる。このことから，夜空（天球）における小惑星は，他の惑星と同じように黄道上に観測される。なお，黄道とは，天球上における太陽の通り道を示したものであり，地球が太陽のまわりを公転するときの軌道面と天球との交線とも言える。そのため，地球と同じ公転面上にある天体は，黄道に沿って観測されることになる。

②**不適**。太陽系が位置する銀河系（天の川銀河）の円盤の厚さは2000～3000光年程度であり，太陽から3000光年以内の恒星の多くは，銀河系の円盤部に属する。このことから，太陽から3000光年以内にある恒星は，天の川の領域に多く観測されるはずである。なお，銀河系の円盤部には，1000億個以上の恒星が分布しており，夜空で帯状に見える天の川は，銀河系の円盤部の方向を見たものである。

③**不適**。銀河系内の星間雲は，円盤部に多く分布している。このことから，銀河系内にある星間雲は，天の川の周辺領域に多く観測される。また，星間雲は，主に水素からなる星間ガスが濃い部分であり，星間雲そのものから光が出ているわけではない。そのため，図1の領域A内に見られるように，集団をつくる点のように観測されることはない。

④**適当**。恒星の大集団である**銀河**は，宇宙空間に無数に存在しており，非常に遠い距離にあるため，夜空では点のように見える。銀河は，宇宙のなかに一様に分布しているのではなく，複数の銀河の集団である銀河群や銀河団が形成され，さらに銀河団が集まって超銀河団が形成されるという階層構造をもつ。問題の天体は，「集団をつくり，より大きな天体構造を形成する」とあることから，この天体は，銀河系から1億光年以内にある銀河が該当する。なお，銀河系から約5900万光年の距離には，暗いものまで含めると3000個以上の銀河が分布しており，この銀河の集団はおとめ座銀河団と呼ばれている。

第４問  ── 自然環境《火山の噴火，火山灰層の柱状図，海流》

問１　13　正解は②

おおむね１万年以内に噴火した火山，および現在活発な噴気活動のある火山のことを活火山という。

噴火様式は，マグマの粘性や揮発性（ガス）成分の割合と関係が深い。低温で SiO_2 成分の割合が大きいマグマは，粘性が高く，揮発性（ガス）成分が抜けにくい。そのため，マグマ中の揮発性（ガス）成分の含有量が多くなり，爆発的な噴火を起こしやすい。粘性が高いマグマによる噴火では，高温の火山ガスと軽石や火山灰などの火山砕屑物が一団となって高速で山腹を流れ下る火砕流が発生することがある。

一方，高温で SiO_2 成分の割合が小さいマグマは，粘性が低くて揮発性（ガス）成分が抜けやすく，穏やかな噴火となる。粘性が低いマグマによる噴火では，火口から溶岩流が流れ出ることが多い。

マグマの性質	玄武岩質	←──安山岩質──→	デイサイト質 流紋岩質
SiO_2 の割合	小さい	←──────→	大きい
噴出時の粘性	低　い	←──────→	高　い
揮発性（ガス）成分の含有量	少ない	←──────→	多　い
噴火活動の様子	穏やか 溶岩流	←──────→	爆発的 火砕流

図　マグマの性質と噴火活動

問２　14　正解は③

ａ．誤文。火山灰層に含まれる鉱物の組合せは，火山灰の噴出を伴う火山活動を引き起こしたマグマの性質を反映し，そのマグマが冷却・固結して形成される火成岩の造岩鉱物と同じ種類の鉱物が含まれると考えてよい。たとえば，石英や黒雲母が含まれる火山灰層Ｘ・Ｚは，流紋岩質マグマの火山活動によってもたらされたもので，輝石と角閃石が含まれる火山灰層Ｙは，玄武岩質～安山岩質マグマの火山活動によってもたらされたものだと推定することができる。しかし造岩鉱物のうち，斜長石はほぼすべての火成岩に含まれており，異なる火山の噴火による火山灰にも共通して含まれることが多いことから，斜長石が含まれることを根拠にして，火山灰層Ｘ～Ｚがすべて同一の火山からもたらされたとは言えない。

ｂ．正文。火山灰層は，いずれも火山灰が湖に降って，湖底に堆積したものであり，堆積後に侵食を受けていないことから，堆積後に厚さが変化するようなことはなかったと考えられる。したがって，火山灰層の厚さは，湖に降った火山灰の量をおおむね反映していると言える。

問3 15 正解は③

軽石は，マグマが噴火した際にガスが抜けてできた無数の空隙をもち，密度が小さく軽いので，水に浮いて漂うことがある。

北太平洋の亜熱帯では，貿易風と偏西風によって**時計回り**の海水の循環が形成されている。赤道付近では，北赤道海流と呼ばれる東から西に向かう流れが見られ，海洋の西側で北上すると，黒潮と呼ばれる流れとなる。黒潮は，本州の沖合で東へと向かう北太平洋海流へと続き，海洋の東側でカリフォルニア海流として南下する。この一連の循環を環流（亜熱帯循環）という。

黒潮は，南西諸島北部で枝分かれして，一部が日本海側へと流れ込む。これを対馬海流という。図2のS1〜S2は黒潮に乗って移動する軽石の経路を，N1〜N2は対馬海流に乗って移動する軽石の経路を示している。

黒潮による軽石の移動経路（S1〜S2）について，4月1日（S1）から5月30日（S2）のおよそ60日間で，約1200km移動したことから，黒潮の平均的な速さは

$$\frac{1200}{60}=20〔\mathrm{km}/日〕$$

と表される。

また，対馬海流による移動経路（N1〜N2）について，5月25日（N1）から6月24日（N2）のおよそ30日間で，約300km移動したことから，対馬海流の平均的な速さは

$$\frac{300}{30}=10〔\mathrm{km}/日〕$$

と表される。

よって，黒潮の平均的な速さは，対馬海流の平均的な速さの**約2倍**と推定できる。

物理基礎 本試験

問題番号(配点)	設問	解答番号	正解	配点	チェック
第1問 (16)	問1	1	②	4	
	問2	2	⑤	4	
	問3	3	③	4	
	問4	4	④	4	
第2問 (18)	問1	5	④	3	
	問2	6	①	3	
	問3	7	④	3	
		8	②	3	
	問4	9	⑥	3	
	問5	10	⑦	3	
第3問 (16)	問1	11	①	2	
		12	④	2	
	問2	13	⑥	4	
	問3	14	②	2	
		15	③	2	
	問4	16	⑥	4	

自己採点欄
50点

（平均点：28.19点）

第1問　標準　《総　合　題》

問1　[1]　正解は②

箱Bに着目すると，箱Bには水平方向にf_1，f_2の力がはたらいて，右向きに一定の加速度で運動している。箱Bの質量をm_B，加速度をaとすると，水平方向の運動方程式より

$$m_Ba=f_1-f_2$$

ここで，$a>0$であるから

$$f_1-f_2>0$$

$$\therefore\quad f_1>f_2$$

すなわち，**f_1の大きさは，f_2の大きさよりも大きい**。

したがって，説明として最も適当なものは②である。

CHECK　箱Aの水平方向にはたらく力は，右向きに押す力（これをFとする）とf_1の反作用で左向きにf_1と同じ大きさの力，箱Cの水平方向にはたらく力は，f_2の反作用で右向きにf_2と同じ大きさの力である。箱A，Cの質量をそれぞれm_A，m_Cとすると，水平方向の運動方程式より

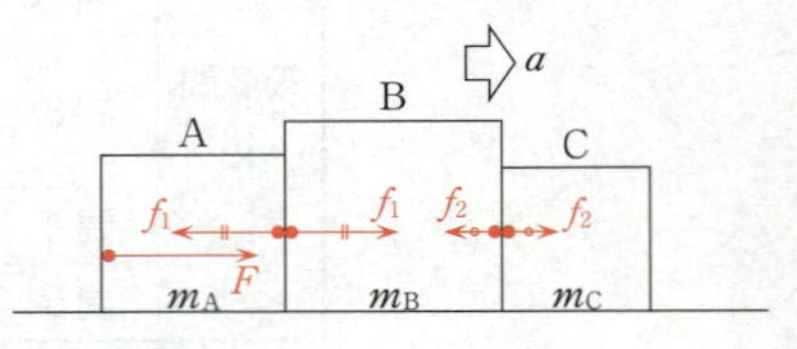

$$m_Aa=F-f_1$$
$$m_Ca=f_2$$

よって，$F>f_1>f_2$であることがわかる。

また，箱A，B，Cをまとめて考えると

$$(m_A+m_B+m_C)a=F$$

問2　[2]　正解は⑤

ばねA，Bのばね定数をそれぞれk_A，k_B，重力加速度の大きさをgとする。それぞれで，おもりにはたらく弾性力と重力のつりあいの式より

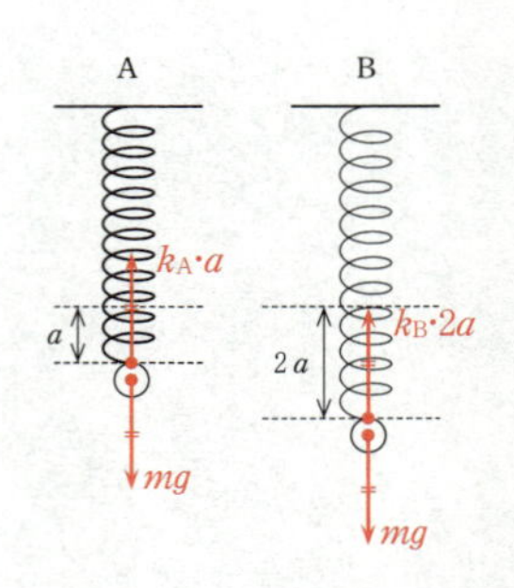

$$\text{A}：k_A\cdot a=mg\qquad\therefore\quad k_A=\frac{mg}{a}$$

$$\text{B}：k_B\cdot 2a=mg\qquad\therefore\quad k_B=\frac{mg}{2a}$$

ばねA，Bの弾性力による位置エネルギーをそれぞれU_A，U_Bとすると

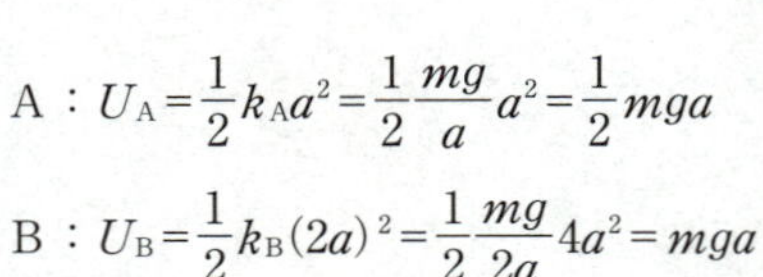

$$\text{A}：U_A=\frac{1}{2}k_Aa^2=\frac{1}{2}\frac{mg}{a}a^2=\frac{1}{2}mga$$

$$\text{B}：U_B=\frac{1}{2}k_B(2a)^2=\frac{1}{2}\frac{mg}{2a}4a^2=mga$$

よって

$$\frac{U_B}{U_A}=2\ 倍$$

問3 [3] 正解は③

[ア]・[イ] 外部の気圧が一定の状態で，容器内の気体が膨張し，ピストンが押し上げられたので，気体はピストンに仕事をする。よって $W'>0$

容器内の気体の内部エネルギーの増加を ΔU とする。容器内の気体は，お湯から熱量を受け取って温度が上がるので，気体の内部エネルギーは増加する。よって $\Delta U>0$

気体が受け取った熱量 Q，気体がピストンにした仕事 W'，気体の内部エネルギーの増加 ΔU の間には，熱力学第1法則より

$$Q=\Delta U+W'$$

の関係がある。ここで，$\Delta U>0$ であるから

$$Q>W'$$

したがって，式と語の組合せとして最も適当なものは③である。

問4 [4] 正解は④

[ウ] 「おんさの発生する440Hzの音と比べると，ギターの音の高さの方が少し低かった」ので，ギターの音の振動数は440Hzより小さい。

「ギターの音とおんさの音を同時に鳴らすと，1秒あたり2回のうなりが聞こえた」とき，1秒あたりのうなりの回数（うなりの振動数）は，2つの音の振動数の差であるから，ギターの音の振動数は440Hz ± 2Hz，すなわち438Hzまたは442Hzである。

よって，ギターの音の振動数は438Hzである。

[エ] 弦の張力を調節して，1秒あたりのうなりの回数が減っていくようにすると，ギターの音の振動数は438Hzから大きくなり，うなりが聞こえなくなったときに，ギターの音の振動数はおんさの音の振動数に等しく440Hzになる。

弦を伝わる波の速さを v，振動数を f，波長を λ とすると，波の式より $v=f\lambda$ の関係がある。弦の長さは一定であるので，弦に生じる定常波の波長 λ は一定である。波長 λ が一定の状態で，振動数 f を大きくするためには，波の速さ v を大きくする必要がある。「弦の張力の大きさが大きいほど，弦を伝わる波の速さは大きくなる」ので，波の速さを大きくするためには，弦の張力の大きさを大きくしていけばよい。

したがって，数値と語の組合せとして最も適当なものは④である。

POINT 振動数 f_1，f_2 がわずかに異なる2つの波が重なるとき，音の大小が繰り返されて聞こえる現象をうなりという。2つの音源から出る波の数が1個ずれる時間をうなりの

周期といい，T とすると，波の数の差$=|f_1T-f_2T|=1$ であるから

$$T=\frac{1}{|f_1-f_2|}$$

1秒間のうなりの回数をうなりの振動数といい，f とすると

$$f=\frac{1}{T}=|f_1-f_2|$$

第2問 標準 ―― 力学 《重力による小球の運動》

問1　5　正解は④

図1のように，水平右向きに投射された小球の運動を水平方向と鉛直方向に分けて考えると，水平方向には，力がはたらかないので等速直線運動をし，鉛直方向には，重力がはたらくので等加速度直線運動（自由落下）をする。

表1より，水平方向では，一定の時間 0.1s ごとに一定の距離 0.39m だけ進んでいることがわかるので，時刻 0.3s のときの位置は

$$0.39\times3=1.17\,[\mathrm{m}]$$

別解　等速直線運動であるから，時刻 0.3s のときの位置は，時刻 0.2s での位置と 0.4s での位置の中間値であるから

$$\frac{0.78+1.56}{2}=1.17\,[\mathrm{m}]$$

問2　6　正解は①

小球の鉛直下向きの速さ v と時刻 t の間には，重力加速度の大きさを g として，等加速度直線運動（自由落下）の式より

$$v=gt$$

の関係がある。よって，v は t に比例し，傾き g が一定であるので，グラフは右図のように原点を通る直線となる。

したがって，グラフとして最も適当なものは①である。

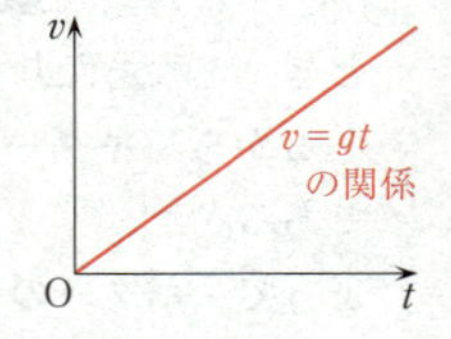

問3　7　正解は④　8　正解は②

7　小球を水平投射させたとき，水平方向には等速直線運動をし，鉛直方向には自由落下（等加速度直線運動）をするが，鉛直方向の落下時間は，水平方向の初速度の大きさに無関係であり，実験ア，実験イ，実験ウの小球が同時に床に到達した。

したがって，記述として最も適当なものは④である。

POINT　三つの実験で，小球の最初の高さを h，小球が床に到達するまでの時間を t とす

ると，鉛直方向の自由落下の式より

$$h=\frac{1}{2}gt^2$$

$$\therefore \quad t=\sqrt{\frac{2h}{g}}$$

8 小球の質量を m とし，床から高さ h の位置から水平投射させたときの初速度の大きさを v_0，床に到達したときの速さを v とする（右図の $v_{0ア}$，$v_{0イ}$，$v_{0ウ}$ と $v_ア$，$v_イ$，$v_ウ$ は，それぞれ実験ア，実験イ，実験ウでの v_0 と v を表す）。

水平な床を重力による位置エネルギーの基準面とする。運動エネルギーは速度の向きによらないことに注意すると，水平投射させた位置と床に到達した位置との間で力学的エネルギー保存則より

$$\frac{1}{2}mv_0{}^2+mgh=\frac{1}{2}mv^2$$

ここで，高さ h は同じであるから，v_0 が大きい方が v が大きい。よって，床に到達したときの速さは，初速度の大きさが最も大きい**実験イの小球の速さが最も大きい**。

したがって，記述として最も適当なものは②である。

問4 9 正解は⑥

図2のように，小球Aを高さ h の位置から自由落下させたとき，床に到達するまでの時間を t_0 とすると，問3より

$$t_0=\sqrt{\frac{2h}{g}}$$

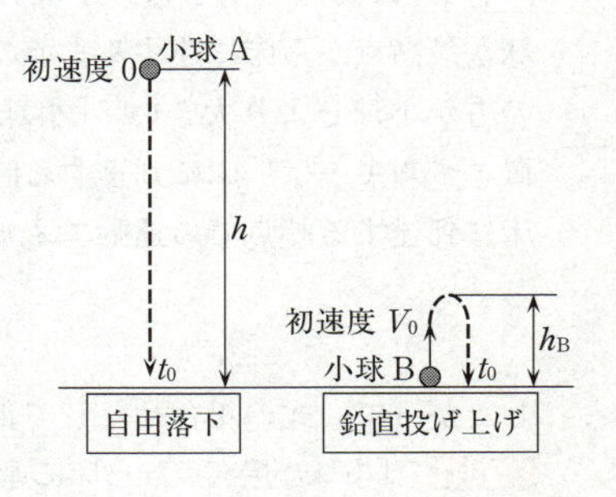

小球Bが床から初速度 V_0 で鉛直に投げ上げられてから床に到達するまでの時間は小球Aと同じ t_0 である。鉛直投げ上げの式（鉛直上向きを正）より，投げ上げてから時間 t_0 の後にもとの位置に戻っていることを用いると

$$0=V_0t_0-\frac{1}{2}gt_0{}^2$$

$t_0 \neq 0$ であるから

$$V_0=\frac{1}{2}gt_0=\frac{1}{2}g\times\sqrt{\frac{2h}{g}}=\sqrt{\frac{gh}{2}}$$

問5　10　正解は⑦

ア　小球Bが床から鉛直に投げ上げられてから最高点に到達するまでの時間と，最高点から自由落下して床に到達するまでの時間は等しいので，これを t_B とする。小球Bの床と最高点との間の往復時間 $2t_B$ と，小球Aの自由落下の時間 t_0 とが等しいので，$t_B=\frac{1}{2}t_0$ である。すなわち，小球Bの最高点からの落下時間に比べて，小球Aの落下時間の方が長いので，小球Bの最高点の高さ h_B に比べて，小球Aのはじめの高さ h の方が高い。よって

$$h>h_B$$

CHECK　小球Bの最高点の高さ h_B は，鉛直投げ上げの式に，最高点での速さが0であることを用いると

$$0-V_0{}^2=-2gh_B \qquad \therefore\quad h_B=\frac{V_0{}^2}{2g}=\frac{\frac{gh}{2}}{2g}=\frac{1}{4}h$$

あるいは，時間 $t_B=\frac{1}{2}t_0$ での自由落下と考えると

$$h_B=\frac{1}{2}gt_B{}^2=\frac{1}{2}g\left(\frac{1}{2}\sqrt{\frac{2h}{g}}\right)^2=\frac{1}{4}h$$

すなわち，小球Bの往復運動の片道の時間は，小球Aの落下時間の $\frac{1}{2}$ であるが，小球Bの最高点の高さは，小球Aの最高点の高さの $\frac{1}{4}$ である。

イ　最高点の高さは，小球Aの h の方が小球Bの h_B より大きい。よって，小球が最高点から床に達するまでの間に失った重力による位置エネルギーは，小球Aの方が小球Bより大きい。「小球が最高点から床に達する間に失った重力による位置エネルギーは，床に到達する時点で運動エネルギーにすべて変換される」ので，床に到達する時点での運動エネルギーも，小球Aの方が小球Bより大きい。すなわち

$$K_A>K_B$$

したがって，式の組合せとして正しいものは⑦である。

POINT　「小球が最高点から床に達する間に失った重力による位置エネルギーは，床に到達する時点で運動エネルギーにすべて変換される」ことは，力学的エネルギー保存則より「小球が最高点にあるときの重力による位置エネルギー mgh と，床に到達したときの運動エネルギー K が等しい」ということである。すなわち，$mgh=K$ である。よって

$$\text{A}：K_A=mgh$$

$$\text{B}：K_B=mgh_B=\frac{1}{4}mgh$$

第3問 標準 ―― 電磁気 《発電と送電》

問1 11 正解は① 12 正解は④

風力発電は，運動する空気（風）がもつ運動エネルギー，すなわち力学的エネルギーを利用して風車を回し，それに接続された発電機で電気エネルギーを得る発電である。

太陽光発電は，太陽電池を用いて太陽の光エネルギーを直接，電気エネルギーに変換する発電である。

問2 13 正解は⑥

図2より，常に10m/s～15m/sの風が吹き続けているとき，この風力発電機1機の出力（電力）はおよそ18kWであり，1日（24時間）に発電する電力量は18〔kW〕×24〔h〕となる。

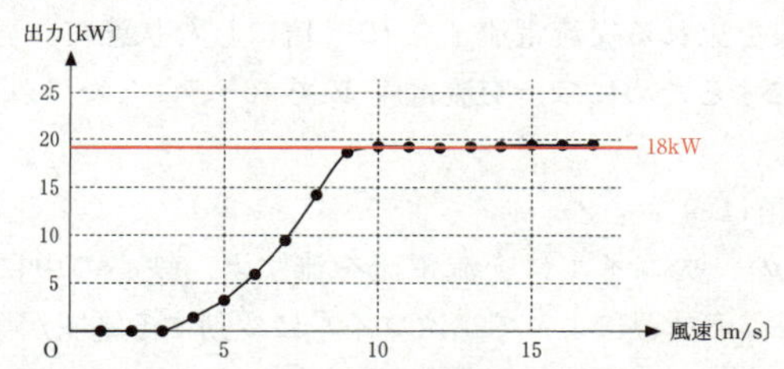

一方，日本の一般家庭の1日の消費電力量はおよそ18kWhであるから，風力発電機1機が1日に発電する電力量は，日本の一般家庭の1日の消費電力量に対して

$$\frac{18〔\mathrm{kW}〕\times 24〔\mathrm{h}〕}{18〔\mathrm{kWh}〕}=24\text{倍}$$

CHECK 力学的な機械・道具において，時間 t〔s〕の間にする仕事が W〔J〕のとき，その機械・道具の仕事率 P〔W〕は

$$P=\frac{W}{t} \qquad \text{すなわち} \qquad W=Pt$$

電気を使用する機械・道具において，消費電力 P〔W〕，使用時間 t〔s〕と消費電力量 W〔J〕の関係は

$$P=\frac{W}{t} \qquad \text{または} \qquad W=Pt$$

消費電力は力学の仕事率に，消費電力量は力学の仕事に対応する。
日本の一般家庭の1日の消費電力量18kWhを，kWh単位からJ単位に書き換えると，$W=Pt$ を用いて

$$18〔\mathrm{kWh}〕=18〔\mathrm{kW}〕\times 1〔\mathrm{h}〕$$
$$=18\times 10^3〔\mathrm{W}〕\times 3600〔\mathrm{s}〕=18\times 3.6\times 10^6〔\mathrm{J}〕=6.48\times 10^7〔\mathrm{J}〕$$

よって，風力発電機1機が出力（電力）18kWで1日に発電する電力量は

$$18〔\mathrm{kW}〕\times 24〔\mathrm{h}〕=18\times 10^3〔\mathrm{W}〕\times 24\times 3600〔\mathrm{s}〕\fallingdotseq 1.55\times 10^9〔\mathrm{J}〕$$

その比の値は

$$\frac{1.55\times10^9}{6.48\times10^7}\fallingdotseq 24\text{ 倍}$$

問3　14　正解は②　15　正解は③

14　送電線を流れる交流電流が I のとき，送電線の抵抗 r によって生じる電力損失（発熱による損失）を ΔP とすると，交流でも直流と同様に消費電力が計算できるので

$$\Delta P=rI^2$$

ここで，送電線を流れる電流が変化しても抵抗 r は一定である。よって，r が一定の状態で，ΔP を 10^{-6} 倍にするためには，I を **10^{-3} 倍**にすればよい。

15　発電所から送電線に電力を送り出す際の交流電圧が V，送電線を流れる交流電流が I のとき，発電所が送り出す電力を P とすると

$$P=VI$$

よって，送電線を流れる交流電流 I を 10^{-3} 倍にした状態で，発電所から送り出す電力 P を一定にするためには，交流電圧 V を **10^3 倍**にしなければならない。

問4　16　正解は⑥

ア　変圧器の一次コイルに交流電流を流すと，鉄心の中に変動する磁場（磁界）が発生し，**電磁誘導**によって二次コイルに変動する電圧が発生する。

POINT　一次コイルに交流電圧 V_1 がかかると，一次コイルには向きと大きさが変化する交流電流が流れるので，これを貫く磁力線（磁場）が変化する。この変化する磁力線（磁場）は鉄心を通って二次コイルを貫き，二次コイルにも一次コイルと同じ周期で向きと大きさが変化する交流電圧 V_2 が生じる。これを「電磁誘導」という。

導線に電流が流れると，導線のまわりには円形状の磁場が発生する。このとき，電流が流れる向きに「ねじが進む向き」を合わせると，磁場の向きは「ねじを回す向き」になる。これを「右ねじの法則」という。

イ　理想的な変圧器では，一次コイルと二次コイルを貫く磁力線（磁場）の変化量は等しいので，コイルに生じる電圧と巻き数は比例する。すなわち，入力電圧 V_1，出力電圧 V_2，一次コイルの巻き数 N_1，二次コイルの巻き数 N_2 の間に，次の関係が成り立つ。

$$\frac{V_1}{V_2}=\frac{N_1}{N_2}$$

$$\therefore\quad V_2=\frac{N_2}{N_1}V_1$$

したがって，語句と式の組合せとして最も適当なものは⑥である。

化学基礎 本試験

問題番号(配点)	設問	解答番号	正解	配点	チェック
第1問 (30)	問1	1	②	3	
	問2	2	③	3	
	問3	3	④	3	
	問4	4	⑥	3	
	問5	5	④	3	
	問6	6	④	4	
	問7	7	③	3	
	問8	8	③	4	
	問9	9	②	4	

問題番号(配点)	設問	解答番号	正解	配点	チェック
第2問 (20)	問1	10	②	3*1	
		11	②		
		12	①		
		13	④	3	
	問2	14	②	3	
	問3	15-16	②-⑤	4 (各2)	
	問4	17	①	3	
	問5	18	⑤	2	
		19	②	2*2	
		20	⑤		

(注)
1　＊1は，全部正解の場合のみ点を与える。
2　＊2は，両方正解の場合のみ点を与える。
3　-（ハイフン）でつながれた正解は，順序を問わない。

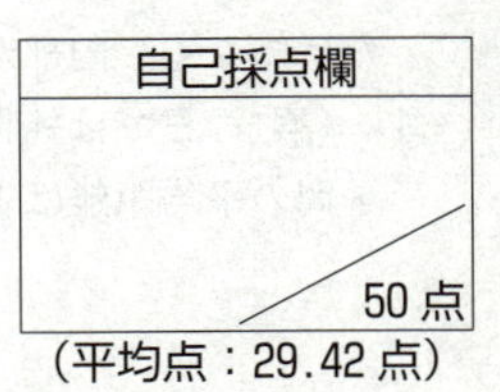

（平均点：29.42点）

第1問  中性子の数，無極性分子，ハロゲン，三態変化，二酸化炭素とメタン，混合気体の組成，アルミニウム，イオン化傾向，中和滴定

問1　1　正解は②

ナトリウム原子 $^{23}_{11}Na$ は，原子番号（陽子の数）が11，質量数（**陽子の数と中性子の数の合計**）が23の原子である。よって，中性子の数は

$$23-11=12 \text{ 個}$$

問2　2　正解は③

分子の形は，NH_3 は三角錐形，H_2S は H_2O と同じ折れ線形であり，C_2H_5OH は親水基の OH 基をもつため，いずれも**極性分子**である。一方，O_2 は同じ原子による2原子分子で**無極性分子**である。

問3　3　正解は④

①（誤）ハロゲン原子の価電子の数はいずれも**7個**である。

②（誤）**原子番号が大きいほど**，最外殻電子と原子核との距離が大きくなるため，**原子のイオン化エネルギーは小さく**なる。

③（誤）電気陰性度の大きさは Cl>H であるので，共有電子対は塩素原子の方に偏っている。

④（正）ヨウ素 I_2 と硫化水素 H_2S の反応は次のとおり。

$$\underset{0}{\underline{I}_2}+H_2S \longrightarrow 2H\underset{-1}{\underline{I}}+S$$

I 原子の酸化数が0から−1へと減少しているので，I_2 は**酸化剤**としてはたらいているとわかる。

問4　4　正解は⑥

ア（誤）Aでは純物質Xは固体であり，分子は熱運動をしている。

イ（正）Bの温度は**融点**で，純物質Xの融解が起こっており，液体と固体が共存している。

ウ（誤）Cでは純物質Xは液体のみであり，分子は互いの位置を変えながら不規則な熱運動をしており，その配列には規則性はない。

エ（正）Dの温度は**沸点**で，純物質Xは**沸騰**しているので，液体の表面での蒸発だけでなく，内部からも気体が発生している。

オ（誤）Eでは純物質Xは気体のみであり，Cの液体のみの状態と比べると，分子間の平均距離はより大きくなっている。

問5　5　正解は④

①　(正)　二酸化炭素は無極性分子であり，3個の原子は O=C=O のように直線状に結合している。

②　(正)　メタンは正四面体の重心の位置に炭素原子，各頂点に水素原子が配置された構造をしている。

③　(正)　二酸化炭素とメタンは，ともに非金属元素の原子で構成されており，原子間の結合は共有結合からなる。

④　(誤)　常温・常圧ではともに気体であるから，その密度は分子量の大きい二酸化炭素の方が大きい。

問6　6　正解は④

混合気体 1.00 mol の質量が 10.0 g であるので，平均分子量は 10.0 とみなせるから，混合気体に含まれる He の物質量の割合を x〔%〕とすると，He＝4.0，N_2＝28 より

$$4.0\times\frac{x}{100}+28\times\frac{100-x}{100}=10.0 \qquad x=75〔\%〕$$

問7　7　正解は③

①　(正)　ジュラルミンは Al と銅 Cu などの合金であり，飛行機の機体に利用されている。

②　(正)　Al のリサイクルに必要とする電気エネルギーは，鉱石を製錬するときの約3％である。

③　(誤)　アルミナ Al_2O_3 での Al の酸化数を x とすると，O の酸化数は −2 であるから

$$2x+(-2)\times 3=0 \qquad x=+3$$

④　(正)　Al は濃硝酸と反応すると，表面に緻密な酸化被膜が形成されて不動態となる。

問8　8　正解は③

イオン化傾向の大きさは，大きい順に Zn＞Sn＞Pb＞Cu＞Ag である。イオン化傾向の大きい金属片を，イオン化傾向の小さい金属のイオンを含む水溶液に浸すと，イオン化傾向の小さい金属が析出する。③では Pb＞Cu であり，イオン化傾向が小さい金属片をイオン化傾向が大きい金属イオンを含む水溶液に浸しているため，反応は起こらず金属は析出しない。

問9　[9]　正解は②

2価の強酸を H_2A とすると，NaOH との中和反応は次のとおり。

$$H_2A + 2NaOH \longrightarrow Na_2A + 2H_2O$$

したがって，水溶液A中の強酸のモル濃度を z〔mol/L〕とすると

$$2 \times z \times \frac{5}{1000} = 1 \times x \times \frac{y}{1000} \qquad z = \frac{xy}{10}$$

第2問　標準　沈殿滴定によるしょうゆに含まれる塩化ナトリウムの定量

問1　a　[10]　正解は②　　[11]　正解は②　　[12]　正解は①

両辺のHの数に着目すると[イ]は2となる。次に，両辺の Cr の数に着目して，[ア]を2と仮定すると，[ウ]は1となり，このとき両辺のOの数も8となり一致する。したがって，式(1)は次のとおり。

$$2CrO_4^{2-} + 2H^+ \longrightarrow Cr_2O_7^{2-} + H_2O$$

b　[13]　正解は④

CrO_4^{2-} と $Cr_2O_7^{2-}$ における Cr の酸化数をそれぞれ x，y とすると

$$CrO_4^{2-} : x + (-2) \times 4 = -2 \qquad x = +6$$

$$Cr_2O_7^{2-} : y \times 2 + (-2) \times 7 = -2 \qquad y = +6$$

よって，酸化数は+6のまま変化していない。

問2　[14]　正解は②

操作Ⅳ・Ⅴは滴下量をはかる操作であるから，②のビュレットを用いる。

問3　[15]・[16]　正解は②・⑤

①（正）ホールピペットではかり取った水溶液を純水で希釈する操作であるから，メスフラスコの内面が純水でぬれていてもよい。

②（誤）操作Ⅲで指示薬として Ag_2CrO_4 を少量加えると AgCl の沈殿が少量生成するが，操作Ⅳで KNO_3 を加えても AgCl の沈殿は生じないから，正しい滴定結果は得られない。

③（正）KCl の Cl^- は，NaCl の Cl^- と同様に AgCl の沈殿を生じるので，KCl が含まれていると NaCl のモル濃度は正しい値よりも高く計算される。

④（正）操作Ⅱではかり取ったしょうゆCの体積が 5.00mL であれば，操作Ⅴでの $AgNO_3$ 水溶液の滴下量は 13.70mL の半分の 6.85mL になると考えられる。したがって，しょうゆBと比べると

$$\frac{6.85}{15.95} \fallingdotseq 0.429$$

よって，しょうゆCの Cl^- のモル濃度は，しょうゆBの Cl^- のモル濃度の半分以下となる。

⑤（誤）しょうゆA～Cの**操作Ⅱ**での体積をすべて5.00mLとして考えると，**操作Ⅴ**での滴下量はB＞A＞Cの順となるから，Cl^- のモル濃度が最も高いのはしょうゆBである。

問4　17　正解は①

操作Ⅳにより，$AgNO_3$ 水溶液を滴下すると AgCl の沈殿を生じるが，a〔mL〕滴下すると，試料に含まれる Cl^- の全量が AgCl の沈殿となる。よって，それ以上 $AgNO_3$ の水溶液の滴下を続けても新たな AgCl の沈殿は生じず，試料溶液中には Ag^+ が増加していく。したがって，AgCl の沈殿量は a〔mL〕までは滴下量に比例して増加するが，それ以降は変化しないので①のグラフが適している。

問5　**a**　18　正解は⑤

Cl^- は $AgNO_3$ 水溶液中の Ag^+ と次のように反応する。

$$Cl^- + Ag^+ \longrightarrow AgCl$$

したがって，しょうゆAに含まれる Cl^- のモル濃度を x〔mol/L〕とすると

$$x \times \frac{5.00}{250} \times \frac{5.00}{1000} = 0.0200 \times \frac{14.25}{1000} \qquad x = 2.85\text{〔mol/L〕}$$

b　19　正解は②　　20　正解は⑤

NaCl＝58.5であることから

$$2.85 \times \frac{15}{1000} \times 58.5 = 2.50 \fallingdotseq 2.5\text{〔g〕}$$

化学基礎

生物基礎　本試験

問題番号(配点)	設問		解答番号	正解	配点	チェック
第1問(16)	A	問1	1	③	3	
		問2	2	⑤	3	
	B	問3	3	④	3	
		問4	4	①	3	
		問5	5	⑧	4	
第2問(17)	A	問1	6	⑥	4*1(各1)	
			7	⑧		
			8	⓪		
		問2	9	④	3	
	B	問3	10	②	3	
		問4	11	④	3	
		問5	12	⑥	4*2	

問題番号(配点)	設問		解答番号	正解	配点	チェック
第3問(17)	A	問1	13	⑤	3	
		問2	14	①	3	
		問3	15	①	4*3	
	B	問4	16	⑤	3	
		問5	17	③	2	
			18	①	2	

（注）
1　＊1は，全部正解の場合に4点を与える。
2　＊2は，②，⑤，⑧のいずれかを解答した場合は1点を与える。
3　＊3は，④，⑤のいずれかを解答した場合は1点を与える。

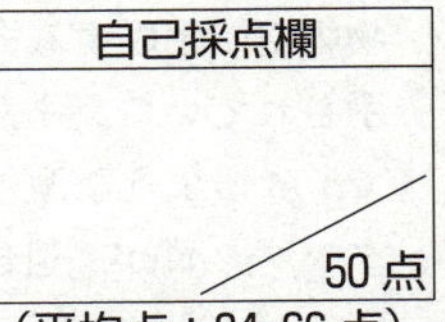

（平均点：24.66点）

第1問 ―― 生物の特徴と遺伝子

A  《生物の特徴》

問1　1　正解は③

原核細胞と真核細胞に関する知識問題である。

①**不適**。核酸とはDNAとRNAのことである。原核細胞でも真核細胞でも，DNAの塩基はATGC，RNAの塩基はAUGCで共通である。

②**不適**。酵素は生物がつくる触媒のことで，化学反応を進行させる。代謝とは生物が行う化学反応全般を指す。原核細胞にも真核細胞にも酵素は存在している。

③**適当**。原核細胞もATPの合成を行うが，核や葉緑体，ミトコンドリアなどの細胞小器官は存在しない。

④**不適**。細胞の大きさは一般的には真核細胞の方が大きい。真核細胞は一般的に肉眼では観察できないことが多いが，ゾウリムシやアメーバなどの比較的大きい単細胞は肉眼でも観察できるし，ニワトリの卵細胞（いわゆるタマゴの黄身の部分）などは十分に肉眼で観察できる。

⑤**不適**。酸素を用いて有機物を分解しATPを合成する反応を呼吸という。生物の進化の過程で，呼吸は原核細胞の一部（好気性細菌）が最初に行うようになった。真核細胞のミトコンドリアは，この好気性細菌が起源となっている。つまり，原核細胞にも真核細胞にも呼吸を行うものがいる。

問2　2　正解は⑤

細胞内共生に関する考察問題である。

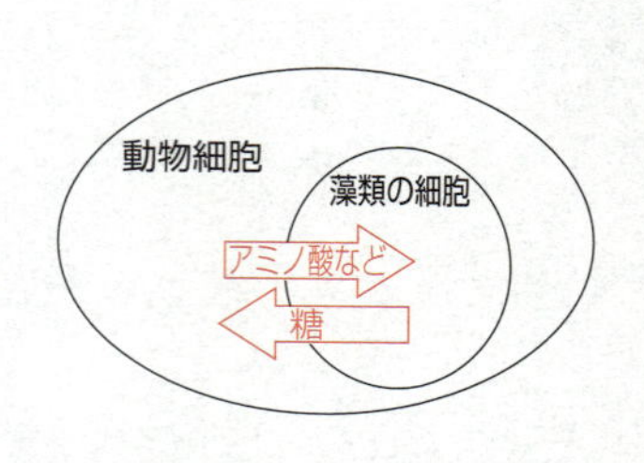

問題文は，少し難しく感じるような書き方をしているが，内容はとても簡単である。まず共生関係とは，お互いに利益になる関係のことである。ここでは，お互いに必要な物質を与え合っている。

藻類から動物細胞に供給される物質は光合成でつくられる有機物，つまり糖（ア）である。二酸化炭素は動物細胞にとって排出するべき物質なので，二酸化炭素をもらっても利益にはならない。

動物細胞から藻類へ供給される物質はアミノ酸などである。これは「藻類は，動物細胞が生成するアミノ酸などを栄養分として利用するようになり」という部分で示されている。また，「この栄養分を取り込む働きを持つタンパク質…」とあるので，このような働きをするタンパク質があることが問題文から読み取れる。ここで，タンパク質が，遺伝子の転写・翻訳の過程を経てつくられることを「遺伝子の発現」という。藻類の細胞が動物細胞からアミノ酸などを取り込むために，その働きを持つタンパク質をたくさんつくる必要があるので，その遺伝子の発現が上昇する（イ）。

動物細胞にとっては，このアミノ酸などの栄養分を藻類に供給する分だけ余分に生成する必要があるので，その働きを持つタンパク質の発現が上昇する（ウ）。

B　やや難　《細胞周期》

問3　3　正解は④

DNA の複製に関する知識および計算問題である。

まず，体細胞に含まれる DNA には，何個の塩基対があるかを考える。問題文には精子に含まれる DNA には 3×10^9 個の塩基対があることが示されている。体細胞は，精子と卵が受精してできた細胞であるから，精子が持っていた 3×10^9 個と卵が持っていた 3×10^9 個を合わせた 6×10^9 個の塩基対があることがわかる。

DNA の複製は，一つの場所で 1×10^6 塩基対の複製が行われていることが問題文に示されているので，体細胞の核で全ての DNA が複製されるために，いくつの場所で複製が開始される必要があるかを求める計算は次のようになる。

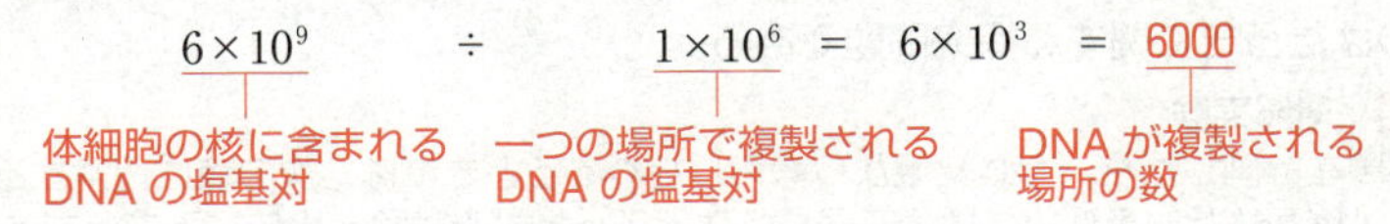

問4　4　正解は①

細胞周期に関する考察問題である。

問題文に示されているタンパク質Xとタンパク質Yの発現は右図のようになっている。タンパク質Xのみが発現しているのは G_1 期である。

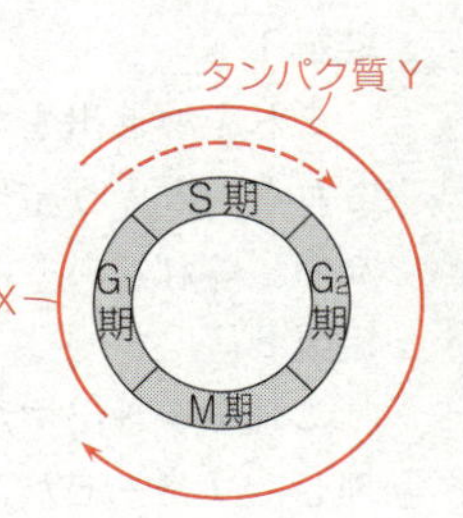

問5　5　正解は⑧

細胞周期に関する考察問題である。

CHECK　細胞周期と DNA 量の関係

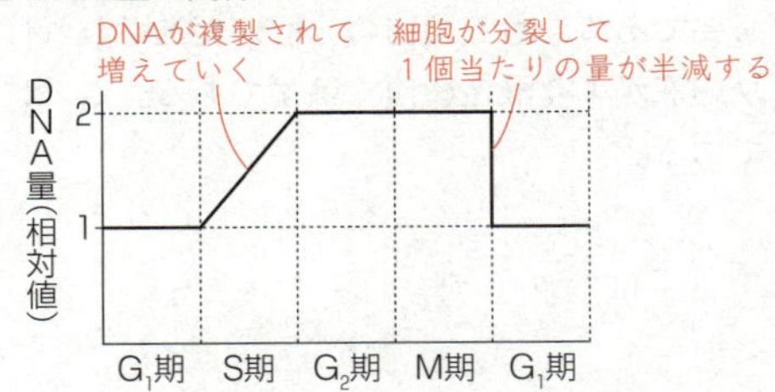

細胞周期の各時期におけるDNA量はおおむね前図のようになる。S期にDNAが複製（合成）されて増えていき，G_1期の2倍になる。また，M期の終わり頃に細胞が2つに分裂するため，細胞1個当たりのDNA量は半減する。なお，問題文にある「細胞を固定した」というのは，細胞を瞬間的に殺し，細胞の状態が変化しないように処置した，ということである。

物質Aは複製中のDNAに取り込まれることが示されている。つまり，物質Aの量が多い細胞集団**エ**は，細胞周期のS期（DNA合成期）であることがわかる。

また，グラフの横軸には細胞のDNA量が示されているので，細胞のDNA量が「1」の細胞集団**オ**はDNA複製前，細胞のDNA量が「2」の細胞集団**カ**はDNA複製後であることがわかる。

DNAが複製され，分裂によって半減するまでの時期は**G_2期とM期**である。

第2問 ―― 生物の体内環境の維持

A 標準 《胆汁のはたらき》

問1　6　正解は⑥　7　正解は⑧　8　正解は⓪

胆汁のはたらきに関する探究問題である。

CHECK 対照実験

実験を計画したり，実験結果から考察したりするときには，次の点に留意する必要がある。確かめたい条件以外は全て同じ条件で行った対照実験と比較することである。

結論1

これを導き出すためには，リパーゼがあれば脂肪が分解されるが，なければ分解されないという結果が必要である。また，これ以外は全て同じ条件でなければならない。これにあてはまるのは，試験管ⓑと試験管ⓓである。

結論2

これを導き出すためには，未処理のリパーゼだと脂肪が分解されるが，高温で処理したリパーゼだと分解されないという結果が必要である。また，これ以外は全て同じ条件でなければならない。これにあてはまるのは，試験管ⓒと試験管ⓓである。

結論3

これを導き出すためには，胆汁を加えた方がリパーゼによる脂肪の分解が促進されるという結果が必要である。もし脂肪の分解が促進されれば，その分生成する脂肪酸が多くなり，反応液がより酸性に傾くはずである。これにあてはまるのは，試験管ⓓと試験管ⓔである。

問2 [9] 正解は④

胆汁のはたらきに関する探究問題である。

油は水に浮くことを考えると，**実験2**で得られた各層は，層Xが食用油，層Yが蒸留水であることがわかる。また，胆汁を加えて新たに形成された層Zが，乳化した食用油の層であることがわかる。

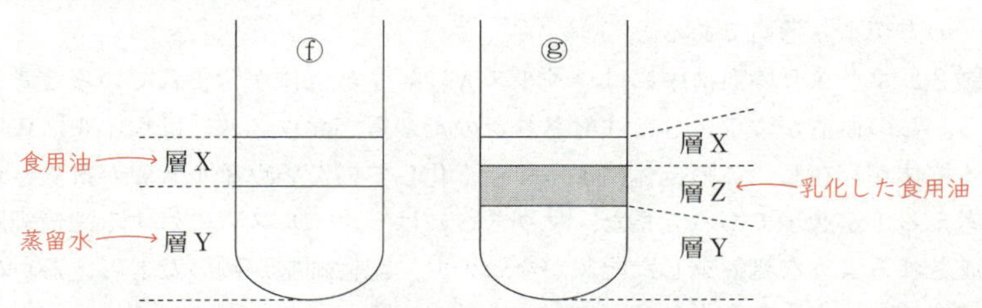

仮説は「胆汁は，リパーゼによる脂肪の分解を，脂肪を乳化することにより助けている」である。これを検証するためには，「脂肪が乳化したもの」と「脂肪が乳化していないもの」を比べる必要がある。**実験2**で得られた層のうち，脂肪（食用油）が乳化したものは層Z，脂肪（食用油）が乳化していないものは層Xである。したがって，文章中の**ア**と**イ**には，XとZのいずれかが入る。**ア**の選択肢中にはZが存在しないので，**ア**にX，**イ**にZが入る。そして，仮説が正しければ，脂肪（食用油）が乳化した層Zを入れた試験管の方がより濃い赤色になる（より分解する）ので，**ウ**にはZが入る。

B 標準 《免　疫》

問3 [10] 正解は②

自然免疫に関する知識問題である。

ナチュラルキラー（NK）細胞は，ウイルスに感染するなどして異常を起こした細胞を攻撃して殺すが，食作用は行わない。よって②が誤りである。

問4 [11] 正解は④

抗体産生に関する知識問題である。

問題文で「抗体産生に関する」文章であることが示されている。抗体産生に関係する細胞は，樹状細胞，ヘルパーT細胞，B細胞であり，キラーT細胞は関係ない。また，これらの細胞が接触する場所はリンパ節であり，胸腺ではない。

問5 [12] 正解は⑥

免疫に関する考察問題である。

実験1．マウスＲは，無毒化したウイルスＷを注射してから２週間が経過しているので，ウイルスＷに対する記憶細胞は既に存在すると考えられる。無毒化していないウイルスＷが注射されると，自然免疫の好中球と獲得免疫の記憶細胞の両方が働き始めるが，獲得免疫の方が自然免疫よりも強力なので，主に獲得免疫によって無毒化していないウイルスＷが排除されたと考えられる。よって，ⓙよりもⓚの方がより適当である。

実験2．マウスＲの血清中にはウイルスＷに対する抗体が含まれていると考えられる。この血清がマウスＳに注射されたのだから，マウスＳにはウイルスＷに対する抗体が存在し，この抗体によって無毒化していないウイルスＷが排除されたと考えるⓛが適当である。また，マウスＳには，ウイルスＷに対する記憶細胞が形成されるような処置をした記載がないので，記憶細胞が働いたと考えるⓜは不適である。

実験3．マウスＴはＢ細胞を完全に欠くので，抗体は産生できない。よってⓝは不適である。Ｂ細胞がなくても，キラーＴ細胞が働くことはできるので，ⓞが適当である。

第3問 ―― 生物の多様性と生態系

A 標準 《窒素循環》

問1 13 正解は⑤

代謝に関する知識問題である。

光合成は，光エネルギーを化学エネルギー（ア）に変換する。光エネルギーを熱エネルギーに変換しても温度が上がるだけで有機物には蓄えられない。

同化は，比較的小さいものから，大きなものを合成していく過程のことである。グルコースがたくさんつながったものがグリコーゲンなので，同化の過程はグルコースからグリコーゲンを合成する過程（イ）である。また，ADPにリン酸が結合したものがATPなので，同化の過程はADPからATPを合成する過程（ウ）となる。

問2 14 正解は①

窒素循環に関する知識問題である。

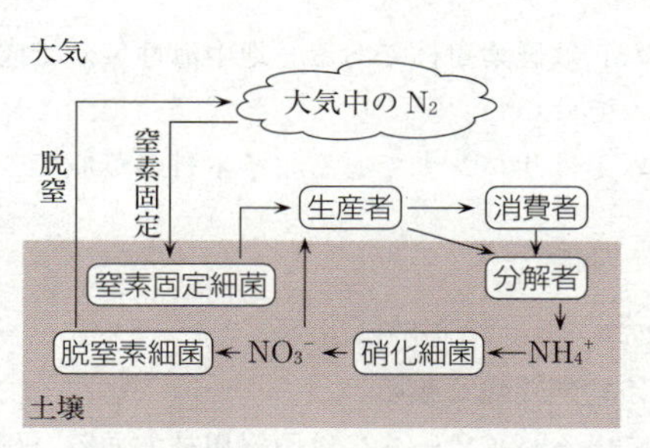

上図は，土壌を中心とした窒素循環の図である。問題の水槽中では，窒素固定や脱窒は想定されていないが，それ以外は同様に循環する。

水槽中のエサの残りや魚から脱落した細胞などに含まれる有機窒素化合物は，細菌などによって分解され，アンモニウムイオンとなる。アンモニウムイオンは硝化菌（硝化細菌）の働きで硝酸イオンとなる（この過程を硝化という）。硝酸イオンは水草（生産者）に吸収される。

問 3　15　正解は①

窒素循環に関する考察問題である。

ⓐ適当。問 2 で見たように，水槽中の窒素は水草（植物）に吸収されて利用される。水槽から水草を取り除けば，水草に含まれていた窒素を水槽から取り除くことができる。

ⓑ不適。水草を魚が食べれば，窒素は水草から魚へ移動するが，水槽からは出ていかない。

ⓒ不適。光の量を減らして水草の光合成量を減らせば，水槽中の炭素の量は減少するが，窒素の量は変化しない。

B　標準　《バイオーム》

問 4　16　正解は⑤

バイオームに関する知識問題である。

①不適。バイオームAはツンドラである。ツンドラでは夏には表面が溶け，地衣類の他にコケ植物などが生育するので，植物が生育できないわけではない。

②不適。バイオームBは針葉樹林である。亜寒帯に分布するが，日本ではエゾマツなどの高木が優占種になるので，低木が優占するわけではない。

③不適。バイオームDは照葉樹林である。厚い葉を持つ常緑広葉樹が優占するが，日本では関東から西日本にかけて日本海側も含めて広く成立する。また，北海道には分布しない。

④不適。バイオームＦは硬葉樹林である。地中海性気候で成立し，ユーラシア大陸特有のバイオームではない。

⑤適当。バイオームＩはサバンナである。イネ科の草原で，樹木が点在することもある。

問５　17　正解は③　18　正解は①

バイオームに関する考察問題である。

例として示されているバイオームＧは雨緑樹林である。雨緑樹林は，雨季に葉を茂らせ，乾季に落葉する樹木が優占する。問題文に，グラフの指標Ｎは緑葉の量を表すことが示されているので，指標Ｎの高い時期が葉を茂らせる雨期であることが読み取れる。

バイオームＣ

バイオームＣは夏緑樹林である。夏緑樹林は，春から夏にかけて葉を茂らせ，秋から冬にかけて落葉する樹木が優占する。春から夏にかけて指標Ｎが上昇し，秋から冬にかけて下降するグラフ③を選ぶ。

バイオームＥ

バイオームＥは熱帯多雨林である。熱帯多雨林は，植物が年間を通じて最も高い密度で光合成をしている。年間を通じて指標Ｎが高いグラフ①を選ぶ。

地学基礎 本試験

問題番号(配点)	設問		解答番号	正解	配点	チェック
第1問 (19)	A	問1	1	④	4	
		問2	2	①	3	
	B	問3	3	①	3	
		問4	4	④	3	
	C	問5	5	②	3	
		問6	6	③	3	
第2問 (7)	A	問1	7	④	4	
	B	問2	8	③	3	

問題番号(配点)	設問	解答番号	正解	配点	チェック
第3問 (14)	問1	9	①	4	
	問2	10	②	3	
	問3	11	②	3	
	問4	12	③	4	
第4問 (10)	問1	13	②	4	
	問2	14	②	3	
	問3	15	①	3	

自己採点欄
50点

（平均点：35.03点）

第1問 ―― 地球，地質・地史，鉱物・岩石

A 標準 《地球の全周，プレート境界》

問1 1 正解は④

X市とY市で同じ日に測定した太陽の**南中高度の差**は $57.6-53.1=4.5°$ である。X市とY市はほぼ南北に位置するので，この南中高度の差は両市間の距離 550km を子午線弧長とする**地球の中心角**の大きさに等しい。

したがって，地球の全周を L〔km〕とすると

$$L=550\times\frac{360}{4.5}=44000\text{〔km〕}$$

問2 2 正解は①

地球表面は十数枚の**プレート**とよばれる岩盤で覆われており，これらは相対的に年間数 cm 程度の速さで移動している。2枚のプレートの境界に着目したとき，それらの距離が広がる**発散（拡大）境界**，距離が縮まる**収束境界**，互いにすれ違う**すれ違い境界**に分類できる。海底にある発散境界の代表的地形は海嶺（中央海嶺）であり，地下深部からマントル物質が上昇している。収束境界の代表的地形は**海溝**で，海洋プレートは海溝から 100km 以上の深部に沈み込んで深発地震を発生させる。また，すれ違い境界では**マグマが発生しない**ので火山活動は見られない。

B 標準 《地層の対比》

問3 3 正解は①

凝灰岩層や火山灰層のように，比較的短い期間**に堆積**し，広い範囲**に分布**する地層は，その地層やその上下の地層が堆積した時期を特定するのに役立つ。このような地層を**鍵層**という。

問4 4 正解は④

a．**誤文**。地域Aでは，凝灰岩層Xが堆積してから凝灰岩層Yが堆積するまでに泥岩層が約 10m 堆積している。一方，地域Bでは凝灰岩層Xが堆積してから凝灰岩層Yが堆積するまでに砂岩層が約 40m 堆積している。したがって，地域Bの砂岩層が 10m 堆積するのにかかる時間は，地域Aの泥岩層が 10m 堆積する時間のおよそ4分の1で，短いことがわかる。

b．**誤文**。地層の対比は，異なる地域の地層が同時代に堆積したかどうかを比較するものであり，その地層の堆積環境を推定することはできない。

C 標準 《晶出順序，マグマの性質》

問5 5 正解は②

マグマの中からはじめに晶出する鉱物は，その原子配列が外形の結晶面に現れた自形とよばれる鉱物本来の形状になる。図2の鉱物a～cのうち，鉱物aやcは鉱物bがもともと存在するために結晶面が本来の形に成長できていない。一方，鉱物bは他の鉱物に影響されずに直線的な結晶面で囲まれた自形結晶となっている。したがって，鉱物bが一番はじめに晶出した鉱物である。

問6 6 正解は③

昭和新山は**溶岩円頂丘**（溶岩ドーム）とよばれる形をした火山で，そのマグマはSiO_2量が約63質量％以上含まれる**ケイ長質**であり**粘性は高い**。一方のキラウエアは**盾状火山**であり，そのマグマはSiO_2量が約45～52質量％含まれる**苦鉄質**で，**粘性は低い**。したがって，項目Cの言葉を入れ替えるとマグマの粘性の対応が正しくなる。

第2問 —— 大気・海洋

A やや難 《移動性高気圧》

問1 7 正解は④

図1の天気図に示された高気圧の1020hPaの等圧線に着目すると，緯度35°付近でおよそ東経123°から143°に広がっており，20°程度の経度幅をもつ。図1の下にある説明文より，この緯度付近の経度幅10°は約900kmの距離に相当することがわかるので，この高圧部の東端から西端の距離はおよそ$900\times\frac{20}{10}=1800$〔km〕である。天気図中央付近に高圧部の移動速度が東へ30km/hと示されているので，この高圧部の東端が東経140°付近を通過し始めてから西端が通過し終わるまでの時間をt時間とすると

$$t=\frac{1800}{30}=60\text{ 時間}$$

また，**高気圧では下降流が卓越する**ので雲ができにくく，高気圧に覆われているところでは晴天が続くことが多い。

B　やや難　《黒　潮》

問2　8　正解は③

黒潮は北太平洋を時計回りに流れる環流の一部である。したがって，黒潮の流路は北太平洋亜熱帯地域を中心とする巨大な暖水塊の周囲に沿って流れているとみることができる。図2において，南西諸島の北西の等水温線の間隔が狭くなっており，ここで海水温が大きく変化している。このことから，南西諸島の北西側で25℃の等水温線付近に沿って北東へ黒潮が流れていると考えられる。また，南西諸島の西側に25℃の等水温線が北東へとくびれて凸になっている様子が見られることも，暖かい海水が北東へ流れている様子を表している。その後，九州・四国沖～関東沖へと流れた黒潮は，関東の東方で黒潮続流となる。図2において，関東地方の東側に伸びる20℃の等水温線より北方で等水温線の間隔が狭くなっていることから，黒潮続流はこの20℃の等水温線付近に沿って東方へと流れていると考えられる。

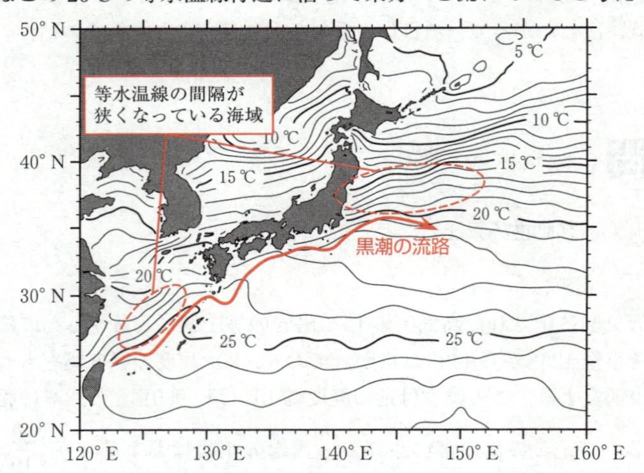

第3問　標準　―― 宇宙《星団，星雲，銀河系》

問1　9　正解は①

散開星団は生まれたばかりの若い恒星の集まりであり，球状星団は年をとった古い恒星の集まりである。また，散光星雲は宇宙空間の星間物質が多く集まっており，その中で恒星が生まれている。一方，惑星状星雲は，太陽程度の質量をもつ恒星が終末期になって外層のガスを周囲の空間に放出したものである。

問2 10 正解は②

①不適。太陽系の中に星雲は存在しない。

②適当。散光星雲も惑星状星雲も，大量のガスや塵の集まりであり，付近に存在する恒星の光を反射してガスや塵がぼんやりと輝いて見えている。

③不適。コロナは希薄なため，通常輝いて見えることはない。

④不適。系外惑星が恒星の光を反射したとしても，広がって見えることはない。

問3 11 正解は②

①不適。黒点付近の磁場は強いが，光を吸収する物質が溜まることはない。

②適当。太陽の光球面の温度はおよそ6000Kであるが，黒点の温度は光球面より1500〜2000Kほど低いので黒く見えている。黒点付近には強い磁場が観測され，その磁場によって内部からのエネルギー放出が遮られている。

③不適。黒点付近の磁場は強く，また高密度のガスで光が遮られて黒く見えているのではない。

④不適。黒点付近の磁場は強く，また発光するガスが少ないために黒く見えているのではない。

問4 12 正解は③

銀河系は約2000億個の恒星と星間物質の大集団であり，その直径はおよそ10万光年である。

地球が含まれる太陽系は，銀河系の円盤部の中に位置している。地球から円盤部の方向を見ると密集した星々が帯状の天の川として見える。よって，その方向は図2の方向Bである。一方，M31は天の川と異なる方向に見えることから，M31の方向は方向Aである。

第4問 標準 —— 自然環境《火山の恵み，石灰岩，日本の降水》

問1 13 正解は②

①適当。マグマが冷却されて鉱物が晶出すると，最終的には金属成分を多く含む熱水が残る。この熱水から有用な鉱物が濃集・沈殿すると，鉱物資源をもたらす鉱床となる。

②不適。石炭などの化石燃料は過去の生物が地中に埋没し，長期間にわたって圧力や地熱を受けることで変質して生成される。

③適当。火山近くでは，地下水がマグマの熱によって温められるので，温泉として利用することができる。

④適当。火山地域で開発が進められている地熱発電は，マグマの熱によって熱せら

れた高温の地下水を地表へ導くことで大量の水蒸気を発生させ，その勢いを利用して発電を行うものである。

問2　14　正解は②

日本に広く分布する**石灰岩**の多くは，海底に生息していたサンゴやフズリナといった炭酸カルシウムを主成分とする生物の遺骸が堆積し，続成作用を受けてできたものである。さらに，石灰岩が変成作用を受けて粗粒の方解石が卓越するようになったものが**結晶質石灰岩（大理石）**である。

問3　15　正解は①

①誤文。日本列島付近で６月から７月にかけて**オホーツク海高気圧**と**北太平洋高気圧**の間にできる停滞前線を梅雨前線という。梅雨前線はしばしば災害を生じるほど長期間にわたる降水をもたらす。

②**正文**。**台風**は中心付近の最大風速が 17m/s 以上になる熱帯低気圧であり，暖かく湿った空気が大量に上昇して形成される厚い積乱雲を伴い，日本にも多量の降水をもたらす。

③**正文**。日本付近の**温帯低気圧**は，その南東側で南方の暖気が北方の寒気に乗り上げる**温暖前線**を形成し，南西側では北方の寒気が南方の暖気の下方にもぐり込む**寒冷前線**を形成する。いずれの前線も日本に降水をもたらす。

④**正文**。冬季には，乾燥したシベリア高気圧から吹きだす季節風が日本海で大量の熱と水蒸気を供給されて湿潤な大気に変質し，日本の脊梁山脈にぶつかって上昇流となって大量の降雪をもたらす。

物理基礎 本試験

問題番号(配点)	設問		解答番号	正解	配点	チェック
第1問 (16)	問1		1	⑦	4*1	
	問2		2	④	4*2	
	問3		3	⑨	4	
	問4		4	⑤	4*3	
第2問 (16)	A	問1	5	③	4	
		問2	6	④	4	
	B	問3	7	④	4	
		問4	8	①	4*4	
			9	②		
第3問 (18)	問1		10	①	5*5	
			11	②		
			12	①		
	問2		13	③	5*6	
			14	①		
			15	①		
	問3		16	③	4	
			17	④	4	

(注)
1 ＊1は，⑧を解答した場合は2点を与える。
2 ＊2は，③を解答した場合は2点を与える。
3 ＊3は，①を解答した場合は3点，⑥，⑦，⑧のいずれかを解答した場合は1点を与える。
4 ＊4は，両方正解の場合のみ点を与える。
5 ＊5は，解答番号11及び12のみ正答の場合は3点を与える。
6 ＊6は，解答番号13及び14のみ正答の場合または解答番号14及び15のみ正答の場合は3点を与える。

自己採点欄
50点

(平均点：30.40点)

第1問 標準 《総　合　題》

問1　**1**　正解は⑦

ア　右向きを正とすると，電車Aの速度 v_A は $v_\mathrm{A}=10$〔m/s〕，電車Bの速度 v_B は $v_\mathrm{B}=-15$〔m/s〕である。電車Aに対する電車Bの相対速度を $v_{\mathrm{A}\to\mathrm{B}}$〔m/s〕とすると

$$v_{\mathrm{A}\to\mathrm{B}}=v_\mathrm{B}-v_\mathrm{A}=-15-10=-25\,\text{〔m/s〕}$$

よって，相対速度の大きさは　**25** m/s

イ　電車Aの乗客から電車Bを見ると，先頭から最後尾までの長さ 100 m を，相対速度の大きさ 25 m/s で通過するから，その時間を Δt〔s〕とすると

$$\Delta t=\frac{100}{25}=\mathbf{4.0}\,\text{〔s〕}$$

したがって，数値の組合せとして最も適当なものは⑦である。

問2　**2**　正解は④

おもりの加速度を a とすると，運動方程式より

$$ma=F-mg$$

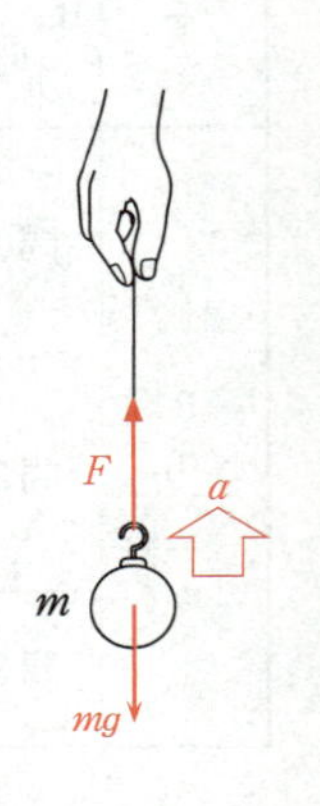

区間1　$F=mg$ であるから，運動方程式より，$a=0$。このとき，おもりは静止を含めて等速直線運動をする。

時刻 $t=0$ で，おもりは静止していたから，時刻 $t=t_1$ まで，おもりはそのまま**静止している**。

区間2　$F>mg$ であるから，運動方程式より，$a>0$。このとき，おもりは等加速度直線運動をする。

時刻 $t=t_1$ で，おもりは静止していたから，時刻 $t=t_2$ まで，おもりは**一定の加速度で速さが増加しながら鉛直方向に上昇している**。

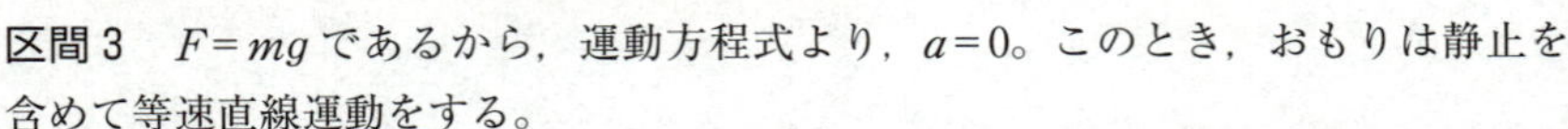

区間3　$F=mg$ であるから，運動方程式より，$a=0$。このとき，おもりは静止を含めて等速直線運動をする。

時刻 $t=t_2$ で，おもりはある速さで鉛直方向に上昇していたから，それ以降は，おもりはその速さのまま，**一定の速さで鉛直方向に上昇している**。

したがって，文の組合せとして最も適当なものは④である。

POINT　区間1と区間3では，おもりにはたらく合力が0となって，運動方程式より加速度 $a=0$ が得られる。すなわち，おもりにはたらく糸の張力と重力がつり合い，加速度が0の場合，静止しているものは静止を続け，運動しているものは等速直線運動をする。
区間1では，時刻 $t=0$ でおもりは静止していたから，おもりはそのまま静止を続ける。
区間3では，時刻 $t=t_2$ でおもりはある速度で運動していたから，おもりはそのまま等速直線運動を続ける。
加速度が0だからといって，区間1でも区間3でも静止するとか，区間1でも区間3で

も等速直線運動をすると考えるのは誤りである。

問3 3 正解は⑨

小球にはたらく力が重力だけの場合，小球の力学的エネルギー E が保存する。すなわち，小球の運動エネルギー K と位置エネルギー U の和が一定である。

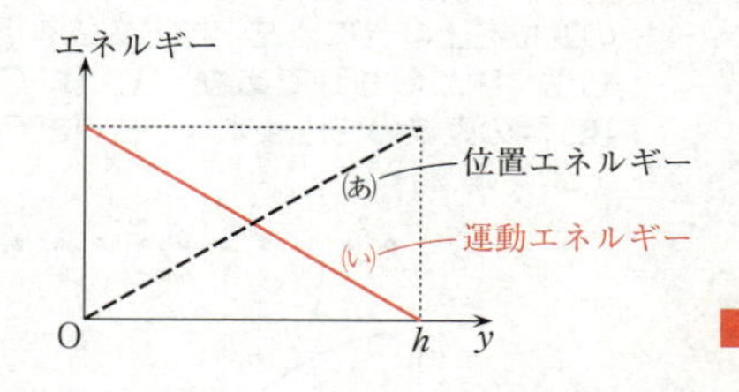

$y=0$ を基準にすると，小球の位置エネルギー U は高さ y に比例するから，小球が上昇しているときも下降しているときも，U と y の関係は右上がりの直線のグラフ(あ)で表される。小球の運動エネルギー K と位置エネルギー U の和が一定であるから，K と y の関係は右下がりの直線のグラフ(い)で表される。

したがって，組合せとして最も適当なものは⑨である。

CHECK 小球の質量を m，重力加速度の大きさを g とすると

$$U=mgy$$

よって，位置エネルギー U と高さ y のグラフは，原点を通り傾きが mg（正の一定値）の直線である。

小球が高さ $y=0$ にあるときの運動エネルギーを K_0，高さ y にあるときの運動エネルギーを K $\left(\text{小球の速さを } v \text{ として } K=\frac{1}{2}mv^2\right)$ とすると，力学的エネルギー保存則より

$$K_0=K+mgy \qquad \therefore\ K=-mgy+K_0$$

よって，運動エネルギー K と高さ y のグラフは，縦軸切片が K_0 で傾きが $-mg$（負の一定値）の直線である。

問4 4 正解は⑤

ウ 波が媒質中を伝わる速さ v とは，媒質の変位（波形）が伝わる速さである。媒質のある点が最も密になってから，その最も密の状態が距離 L 離れた点まで伝わる時間が T であるから

$$v=\frac{L}{T}$$

エ 媒質が振動していない状態(i)と，媒質が振動して最初の位置から変位している状態(ii)とを比較し，変位の向きを矢印で表すと，次図のようになる。

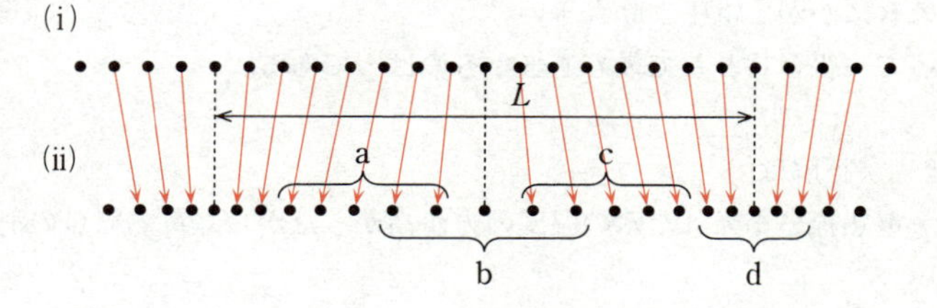

よって，媒質の変位がすべて左向きであるのは，aである。

したがって，式と記号の組合せとして最も適当なものは⑤である。

CHECK　縦波は，横波のように表示することができる。振動していない状態から右向きへの変位を上向きに，左向きの変位を下向きに表すと次図のようになる。図のA，Cが最も密，Bが最も疎であり，A，B，Cを除いてAB間の媒質の変位はすべて左向き，BC間の媒質の変位はすべて右向きである。

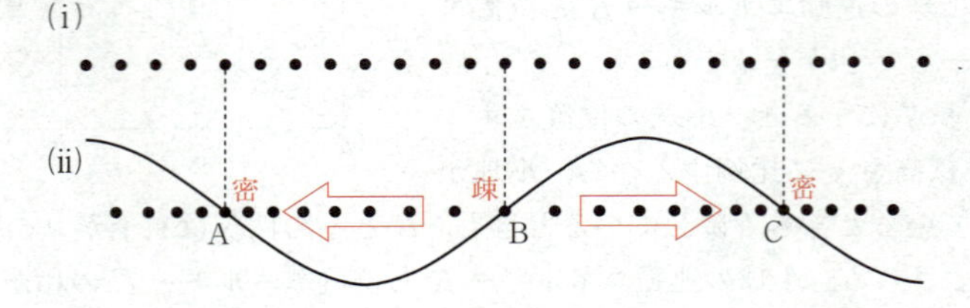

第2問 ―― 電磁気

A 標準 《電熱線による水の温度の上昇実験》

問1　5　正解は③

抵抗値 R の電熱線に電圧 V がかかり電流 I が流れるとき，電熱線での消費電力 P は

$$P=VI=RI^2=\frac{V^2}{R}\quad ただし，オームの法則より\quad V=RI$$

図1で，電熱線Aを入れた水の温度の方が高かったから，電熱線Aの消費電力の方が大きい。

ア　誤文。電熱線Aと電熱線Bは直列に接続されているから，それらを流れる電流 I は等しい。電熱線Aと電熱線Bのそれぞれにかかる電圧 V が異なる。

イ　誤文。$P=RI^2$ より，電流 I が等しいとき，消費電力 P は抵抗値 R に比例する。電熱線Aの消費電力は電熱線Bの消費電力より大きいので，電熱線Aの抵抗値は電熱線Bの抵抗値より大きい。

ウ　正文。$P=VI$ より，電流 I が等しいとき，消費電力 P は電圧 V に比例する。電熱線Aの消費電力は電熱線Bの消費電力より大きいので，電熱線Aにかかる電圧は電熱線Bにかかる電圧より大きい。

したがって，組合せとして最も適当なものは③である。

問2　6　正解は④

図2で，電熱線Cを入れた水の温度の方が高かったから，電熱線Cの消費電力の方が大きい。

ア　正文。電熱線Cと電熱線Dは並列に接続されているから，それらにかかる電圧Vは等しい。$P=VI$より，電圧Vが等しいとき，消費電力Pは電流Iに比例する。電熱線Cの消費電力は電熱線Dの消費電力より大きいので，電熱線Cを流れる電流は電熱線Dを流れる電流より大きい。

イ　正文。$P=\dfrac{V^2}{R}$より，電圧Vが等しいとき，消費電力Pは抵抗値Rに反比例する。電熱線Cの消費電力は電熱線Dの消費電力より大きいので，電熱線Cの抵抗値は電熱線Dの抵抗値より小さい。

ウ　誤文。並列に接続されているから，それらにかかる電圧Vは等しく，それぞれを流れる電流Iが異なる。

したがって，組合せとして最も適当なものは④である。

POINT　消費電力Pの電熱線に，電流が時間tの間流れたとき，消費される電力量Wは

$$W=Pt=VIt=RI^2t=\frac{V^2}{R}t$$

このとき，消費された電力量は電熱線で発生する熱となる。この熱をジュール熱という。
質量m，比熱cの水に熱量Qを加えて，水の温度がΔT上昇したとき

$$Q=mc\Delta T$$

電熱線で発生した熱がすべて水に与えられたとき

$$W=Q$$

問1の直列接続では，$RI^2t=mc\Delta T$において，I，t，m，cが一定のとき，温度変化ΔTが大きい電熱線の方が抵抗値Rが大きい。

問2の並列接続では，$\dfrac{V^2}{R}t=mc\Delta T$において，$V$，$t$，$m$，$c$が一定のとき，温度変化$\Delta T$が大きい電熱線の方が抵抗値$R$が小さい。

B　易　《ドライヤーの消費電力》

問3　7　正解は④

電熱線とモーターは並列に接続されているが，接続が直列か並列かにかかわらず，ドライヤー全体で消費されている電力Pは，電熱線で消費されている電力P_{h}とモーターで消費されている電力P_{m}の和に等しい。よって

$$P=P_{\mathrm{h}}+P_{\mathrm{m}}$$

問4　8　正解は①　　9　正解は②

電熱線で消費される電力量Wは

$$W=\frac{V^2}{R}t=\frac{100^2}{10}\times 2\times 60=1.2\times 10^5\ \text{〔J〕}$$

物理基礎

第3問 標準 ―― 力学，熱，電磁気 《スプーンが純金製か否かを判別する実験，浮力，比熱，抵抗率》

問1 10 正解は① 11 正解は② 12 正解は①

10 スプーンAの比熱を c_A〔J/(g·K)〕，スプーンBの比熱を c_B〔J/(g·K)〕，水の比熱を c〔J/(g·K)〕とする。スプーンが失った熱量と水が得た熱量が等しいので

スプーンAの場合

$$100.0\times c_A\times(60.0-20.6)=200.0\times c\times(20.6-20.0)$$

スプーンBの場合

$$100.0\times c_B\times(60.0-20.7)=200.0\times c\times(20.7-20.0)$$

右辺の値はスプーンBの方がスプーンAより大きい。このとき，左辺のスプーンBの温度変化がスプーンAの温度変化より小さいので，スプーンBの比熱はスプーンAの比熱より大きい。

POINT 質量 m，比熱 c の物体の温度変化が ΔT のとき，物体に出入りした熱量 Q は

$$Q=mc\Delta T$$

スプーンの質量を m_S〔g〕，水の質量を m〔g〕，スプーンの比熱を c_S〔J/(g·K)〕，最初のスプーンの温度を t_S〔K〕，水の温度を t〔K〕，熱平衡に達したときの温度を T〔K〕とすると，高温物体（スプーン）が失った熱量と低温物体（水）が得た熱量が等しいので

$$m_S c_S(t_S-T)=mc(T-t)$$

これを，熱量保存則という。

11 熱量の式 $Q=mc\Delta T$ より

$$\Delta T=\frac{Q}{mc}$$

スプーンAとスプーンBでの実験結果の温度の違いをより大きくするためには，水の温度変化 ΔT を大きくすればよい。そのためには，水の質量 m を小さくすればよいので，ここでは水の量を半分にしておけばよい。

POINT 水の量を半分にすることで移動する熱量 Q も変化するので，温度変化がちょうど2倍になるわけではないが，もとの温度の違いが $0.7-0.6=0.1$〔℃〕と非常に小さいので，水の量を減らせばこの温度の違いは十分に大きくなる。

12 熱量の式 $Q=mc\Delta T$ より，水の温度変化 ΔT を大きくするためには，移動する熱量 Q を大きくすればよい。そのためには，水に入れる前のスプーンと水の温度差を大きくしておけばよい。

問2 13 正解は③ 14 正解は① 15 正解は①

13 重力は，地球がスプーンに及ぼす力であるから，スプーンが空気中にあっても水中にあっても同じである。スプーンBとスプーンAの質量は等しいから，スプーンBにはたらく重力の大きさは，スプーンAにはたらく重力の大きさと同じで

ある。

14 ひもの張力の大きさと重力の大きさは，スプーンAとスプーンBとで等しいから，スプーンBにはたらく浮力の大きさと，スプーンAにはたらく浮力の大きさと容器の底からの垂直抗力の大きさの和が，等しい関係にある。よって，スプーンBにはたらく浮力の大きさは，スプーンAにはたらく浮力の大きさよりも大きい。

POINT スプーンA，スプーンBにはたらく重力の大きさをともに W，ひもの張力の大きさを T，スプーンA，スプーンBにはたらく浮力の大きさをそれぞれ F_A，F_B，スプーンAにはたらく容器の底からの垂直抗力の大きさを N とする。力のつり合いの式は

スプーンA：$T+F_A+N=W$

スプーンB：$T+F_B=W$

2式より

$F_B=F_A+N \quad \therefore \quad F_B>F_A$

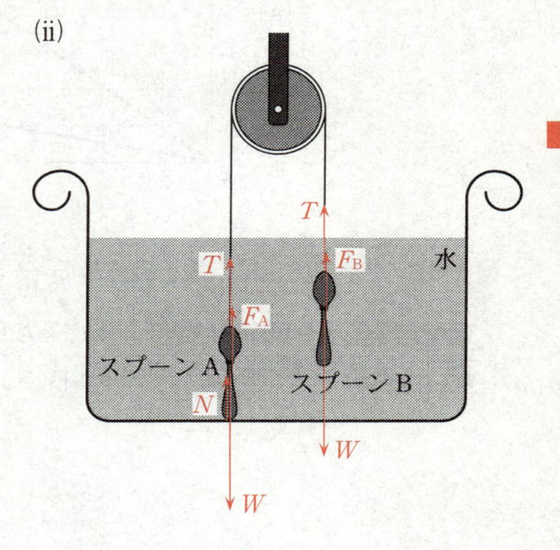

15 水中にあるスプーンが受ける浮力の大きさ F は，水の密度を ρ，スプーンの体積を V，重力加速度の大きさを g とすると

$$F=\rho Vg$$

よって，スプーンBにはたらく浮力の大きさは，スプーンAにはたらく浮力の大きさよりも大きいので，スプーンBの体積はスプーンAの体積よりも大きい。

問3 16 正解は③ 17 正解は④

16 図3の電流-電圧の関係より，針金Bについて，$V=0$ で $I=0$ であり，$V=1$〔V〕のとき $I=0.24$〔A〕と読み取ると，オームの法則より

$$R=\frac{V}{I}=\frac{1}{0.24}=4.16〔\Omega〕$$

選択肢から最も近いものを選ぶと，4.1Ω である。

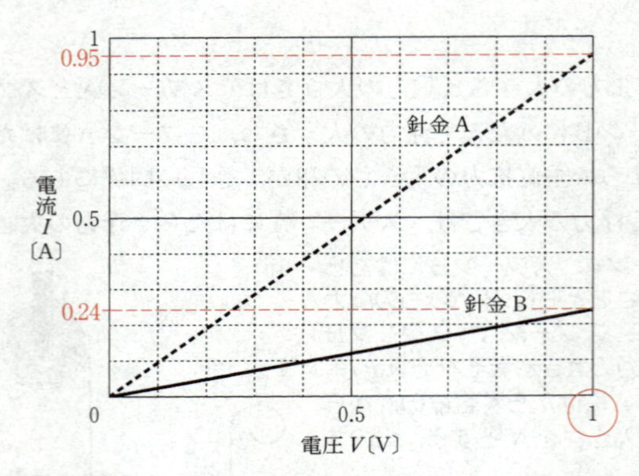

POINT　グラフの値は，最小目盛りの $\frac{1}{10}$ までを目分量で読み取るのが原則である。縦軸の電流 I の最小目盛りは 0.1 A であるから，0.01 A まで読み取る。

17　抵抗値 R は，ρ，S，l を用いて

$$R=\rho\frac{l}{S}$$

$$\therefore\quad \rho=R\frac{S}{l}$$

CHECK　○$R=\rho\frac{l}{S}$ の単位の関係は，$R〔\Omega〕=\rho〔\Omega\cdot\mathrm{m}〕\cdot\frac{l〔\mathrm{m}〕}{S〔\mathrm{m}^2〕}$ である。

○針金Bの抵抗率 ρ は，与えられた断面積 S と長さ l の値を用いると

$$\rho=R\frac{S}{l}=4.1\times\frac{2.0\times10^{-8}}{1.0}=8.2\times10^{-8}〔\Omega\cdot\mathrm{m}〕$$

一方，針金Aの抵抗率 ρ は，図3の電流-電圧の関係より，$V=0$ で $I=0$ であり，$V=1$〔V〕のとき $I=0.95$〔A〕と読み取ると，オームの法則より

$$R=\frac{V}{I}=\frac{1}{0.95}=1.05\fallingdotseq1.1〔\Omega〕$$

$$\rho=R\frac{S}{l}=1.1\times\frac{2.0\times10^{-8}}{1.0}=2.2\times10^{-8}〔\Omega\cdot\mathrm{m}〕$$

『理科年表』には，純金の抵抗率は20℃で $\rho=2.4\times10^{-8}$〔Ω·m〕とあり，この実験結果とほぼ一致する。一方，純銀の抵抗率は20℃で $\rho=1.6\times10^{-8}$〔Ω·m〕とあり，純金に比べて抵抗率が小さく電流が流れやすい。

この実験結果は，純金の抵抗率に比べて，金に銀を混ぜ合わせた合金の抵抗率が大きく約4倍もあることを表している。純金属の場合，原子はきれいに配列しているので，電子が通りやすく電流が流れやすいが，合金の場合，異なる原子が混じり合って配列しているので，電子が通りにくく電流が流れにくくなっている。よって，合金は純金属より抵抗率が大きいことが多い。

化学基礎　本試験

問題番号(配点)	設問	解答番号	正解	配点	チェック
第1問(30)	問1	1	①	3	
	問2	2	③	3	
	問3	3	②	3	
	問4	4	④	3	
	問5	5	④	3	
	問6	6	②	3	
	問7	7	③	3	
	問8	8	①	3	
	問9	9	⑤	3	
	問10	10	②	3	

問題番号(配点)	設問	解答番号	正解	配点	チェック
第2問(20)	問1	11	①	4	
	問2	12	④	4	
	問3	13	①	4	
		14	③	4	
		15	③	4	

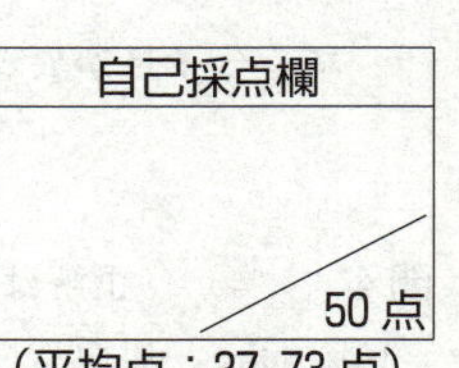

(平均点：27.73点)

第1問 標準

オキソニウムイオン，貴ガス，同位体，洗剤，酸の定義，酸の電離と中和，中和滴定，酸化の防止，化学反応の量的関係，電池の原理

問1 1 正解は①

① （誤） H_3O^+ は3個の水素原子，1個の酸素原子でできているので，電子の総数は1×3+8=11個である。H_3O^+ は1価の陽イオンであるから，イオン1個がもつ電子の数は11−1=**10個**となる。

② （正） H_3O^+ の電子式は次のとおりであり，非共有電子対を1組もつ。

$$\left[\begin{array}{c} \mathrm{H}:\overset{..}{\underset{..}{\mathrm{O}}}:\mathrm{H} \\ \mathrm{H} \end{array}\right]^+$$

③ （正） H_2O と H^+ との**配位結合も共有結合の一種**であり，他の共有結合と区別することはできない。

④ （正） H_3O^+ 中のO原子の電子配置は，NH_3 中のN原子と同様である。したがって，H_3O^+ は NH_3 と同様に三角錐形の構造をしている。

問2 2 正解は③

① （正） He，Ne，Ar はいずれも貴ガスであり，常温・常圧では単原子分子の気体である。

② （正） 最外殻がより外側にある原子ほど原子半径は大きいから，原子半径は He＜Ne＜Ar の順に大きくなる。

③ （誤） 最外殻が原子核に近いほど，電子がより強い引力を受けイオン化エネルギーは大きくなるため，イオン化エネルギーは Ar＜Ne＜He の順に大きくなる。

④ （正） 貴ガスである He の原子量は約4で，空気より軽く，燃えない。

問3 3 正解は②

① （正） 臭素に限らず，**原子量**とは**同位体の相対質量と存在比から求めた平均値**である。

② （誤） 同位体の化学的性質はほぼ同じである。

③ （正） 同位体は，原子番号（陽子の数）が等しく，中性子の数が異なる。

④ （正） ^{79}Br と ^{81}Br の存在比はほぼ等しいから，分子内における原子の組み合わせ $^{79}Br^{79}Br$，$^{79}Br^{81}Br$，$^{81}Br^{79}Br$，$^{81}Br^{81}Br$ の存在比もほぼ等しい。したがって，分子量が異なる3種類の分子の存在比は

$$^{79}Br^{79}Br : {}^{79}Br^{81}Br : {}^{81}Br^{81}Br = 1:2:1$$

問4 4 正解は④

(a) （正） 界面活性剤の油になじみやすい部分が油汚れなどを包み込む。

(b) (正) 界面活性剤の濃度が低いと分子が集合した粒子が形成されないので，洗浄作用が十分にはたらかない。

(c) (正) 一定量の水中に形成できる，界面活性剤の分子が集合した粒子の数には限界があるので，適量を超える洗剤を用いても洗浄効果は高くならない。

(d) (誤) セッケンの水溶液は pH が 9〜10 で，**弱い塩基性**を示す。

問5 [5] 正解は④

H^+ を相手に与える物質を酸，H^+ を相手から受け取る物質を塩基とする**ブレンステッド・ローリーの定義**を用いる。

ア CO_3^{2-} は H_2O から H^+ を受け取っているので塩基である。

イ H_2O は CH_3COO^- に H^+ を与えているので**酸**である。

ウ HSO_4^- は H_2O に H^+ を与えているので**酸**である。

エ H_2O は NH_4^+ から H^+ を受け取っているので塩基である。

問6 [6] 正解は②

水溶液Aと水溶液Bのそれぞれのモル濃度は，$HNO_3=63$，$CH_3COOH=60$ より

$$\text{水溶液A}：1.0\times1000\times\frac{0.10}{100}\times\frac{1}{63}\times\frac{1}{1.0}=\frac{1.0}{63}\text{〔mol/L〕}$$

$$\text{水溶液B}：1.0\times1000\times\frac{0.10}{100}\times\frac{1}{60}\times\frac{1}{1.0}=\frac{1.0}{60}\text{〔mol/L〕}$$

HNO_3 の電離度は 1.0，CH_3COOH の電離度は 0.032 であるため，モル濃度は A<B であるが，1.0L の水溶液中で電離している酸の物質量は A>B となる。一方，それぞれの酸はともに1価の酸なので NaOH と物質量比 1：1 で中和し，酸の強弱には関係しないことから，中和に必要な NaOH 水溶液の体積は **A<B** となる。

問7 [7] 正解は③

水酸化ナトリウム NaOH と硫酸 H_2SO_4 の中和反応は次のとおり。

$$2NaOH+H_2SO_4\longrightarrow Na_2SO_4+2H_2O$$

したがって，求める NaOH 水溶液Aのモル濃度を x〔mol/L〕とすると

$$1\times x\times\frac{8.00}{1000}=2\times0.0500\times\frac{10.0}{1000}\qquad x=\mathbf{0.125}\text{〔mol/L〕}$$

問8 [8] 正解は①

① 鉄 Fe の表面を亜鉛 Zn でめっきしたものはトタンである。イオン化傾向は Zn>Fe なので，表面の Zn が酸化されることで内部の Fe の酸化を防ぐ。

② Cl_2 は強い酸化力をもち，殺菌作用がある。

③　CaO は乾燥剤として用いられる。

④　$NaHCO_3$ を加熱すると次の反応により CO_2 が発生するため，生地がふくらむ。

$$2NaHCO_3 \longrightarrow Na_2CO_3 + H_2O + CO_2$$

問9　9　正解は⑤

式(1)より，1mol の Fe_2O_3 から 2mol の Fe が得られることがわかる。したがって，Fe_2O_3 の含有率が 48.0% の鉄鉱石 1000kg から得られる Fe の質量は，$Fe_2O_3 = 160$ より

$$1000 \times 10^3 \times \frac{48.0}{100} \times \frac{1}{160} \times 2 \times 56 = 3.36 \times 10^5 \text{〔g〕} = 336 \text{〔kg〕}$$

問10　10　正解は②

式(2)より，各金属の板での反応は次のとおり。

金属Aの板：$A \longrightarrow A^{2+} + 2e^-$

金属Bの板：$B^{2+} + 2e^- \longrightarrow B$

①　（正）　A は B^{2+} に電子を与えて自身は酸化されていることから，負極である。

②　（誤）　1mol の金属Aが反応したときに 2mol の電子が流れるので，2mol のAが反応すると **4mol** の電子が流れる。

③　（正）　B^{2+} は電子を受け取っていることから，還元されている。

④　（正）　A は A^{2+} となって溶け出すので，金属Aの板の質量は減少する。

第2問　標準　エタノールの性質，エタノール水溶液の蒸留と温度変化，蒸留液の組成と質量パーセント濃度

問1　11　正解は①

①　（誤）　エタノールの水溶液は**中性**を示す。

②　（正）　水とは異なり，多くの物質と同様，固体の密度は液体より大きい。

③　（正）　エタノールの構成元素は炭素，水素，酸素なので，完全燃焼によって二酸化炭素と水が生じる。

④　（正）　アルコールランプ，酒類，注射時の皮膚消毒などに用いられる。

問2　12　正解は④

①　（正）　40℃までの温度上昇にかかる加熱時間は水の方が長いので，必要な熱量は水の方がエタノールよりも大きい。

②　（正）　エタノールが残存していないとすると，t_1 以降は温度が上昇せず一定となるはずであるが，温度が上昇していることから，水溶液の濃度が変化している

と考えられる。したがって，エタノールは水溶液中に残存している。

③ （正） 純物質の沸点は，図1で明らかなように物質固有の値を示す。

④ （誤） 同じ質量で比べるとエタノールの方が水より短時間で蒸発することから，蒸発させるのに必要な熱量はエタノールの方が水よりも**小さい**。

問3 a 13 正解は①

原液Aは質量パーセント濃度が10％であるから，原液A 1000g中に含まれるエタノールは

$$1000\times\frac{10}{100}=100\,[\mathrm{g}]$$

したがって，原液A中に含まれる水は　$1000-100=900\,[\mathrm{g}]$

よって，①が適当である。

b 14 正解は③

1000gの原液Aについて，**操作Ⅱ**で得られる蒸留液は100g，残留液は900gである。蒸留液中のエタノールの質量は　$100\times\frac{50}{100}=50\,[\mathrm{g}]$

したがって，残留液中のエタノールの質量は　$100-50=50\,[\mathrm{g}]$

よって，残留液中のエタノールの質量パーセント濃度は

$$\frac{50}{900}\times100=5.55\fallingdotseq\mathbf{5.6}\,[\%]$$

c 15 正解は③

蒸留液1のエタノールの質量パーセント濃度は50％であるから，原液Eと同じ濃度である。したがって，蒸留液2のエタノールの質量パーセント濃度は，図2のEのグラフより**78％**となる。

生物基礎 本試験

問題番号(配点)	設問		解答番号	正解	配点	チェック
第1問 (19)	A	問1	1	④	3	
		問2	2	⑥	3	
		問3	3	①	3	
	B	問4	4	③	3	
		問5	5	⑤	3	
		問6	6	⑤	4	
第2問 (16)	A	問1	7	③	3	
		問2	8	②	2	
			9	④	2	
	B	問3	10	③	3	
		問4	11	①	3	
		問5	12	②	3	

問題番号(配点)	設問		解答番号	正解	配点	チェック
第3問 (15)	A	問1	13	⑥	3	
		問2	14	⑥	3	
		問3	15	⑤	3	
	B	問4	16	①	3	
		問5	17	②	3	

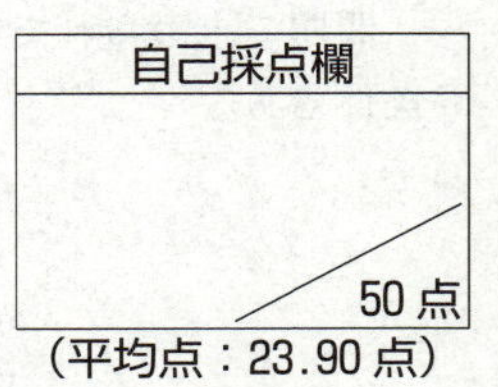

（平均点：23.90点）

第1問 ―― 生物の特徴と遺伝子

A やや難 《生物の特徴》

問1 1 正解は④

酵素に関する知識問題である。

①⑤**正文**。酵素は，生物が作る触媒であり，触媒とは化学反応を促進させるが，反応の前後では変化しないもののことである。

②③**正文**。酵素はタンパク質でできており，細胞内で，DNA の遺伝情報をもとに作られる。食物として口から取り込んだ生物の中にも酵素は含まれているが，消化管の中で消化されるので，酵素として細胞内に取り込まれることはない。

④**誤文**。アミラーゼなどの消化酵素は，細胞内で作られたあと，細胞外へ分泌されて働く。

問2 2 正解は⑥

ATP の合成に関する知識問題である。

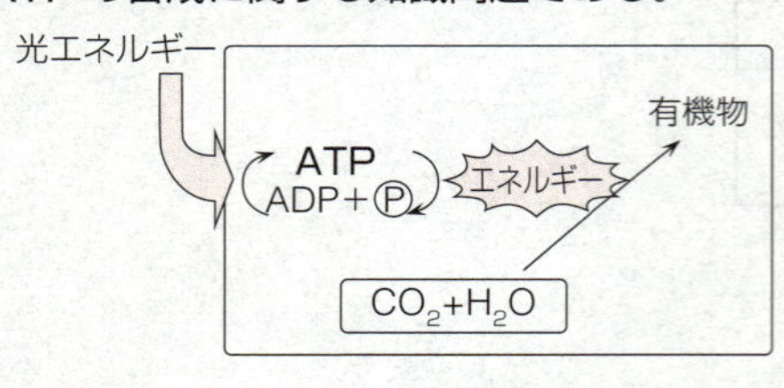

葉緑体

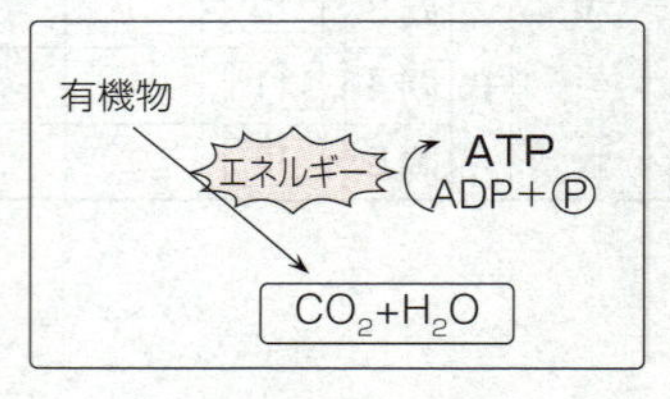

ミトコンドリア

葉緑体では，光のエネルギーを利用して ATP が合成され，そのエネルギーを使って有機物を合成する光合成が行われている。また，ミトコンドリアでは，有機物を分解して得られるエネルギーを利用して ATP を合成する呼吸が行われている。

ATP の合成が行われている細胞小器官は，ⓑミトコンドリアとⓒ葉緑体だけである。

問3 3 正解は①

ATP に関する探究問題である。

問題で求められているのは，「ATP 量から細菌数を推定する」のに前提となる条件である。

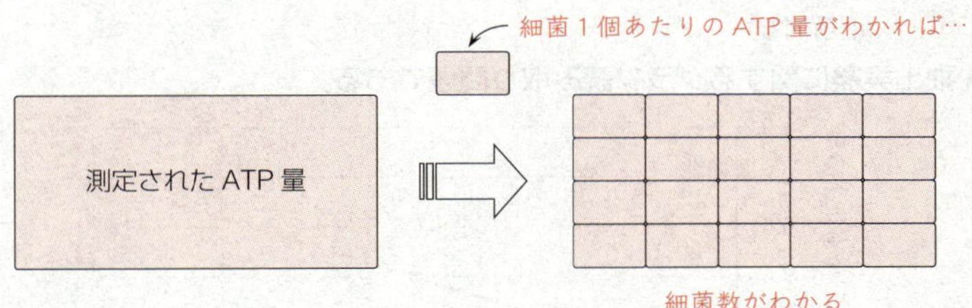

ⓓ適当。細菌１個あたりのATP量がバラバラでは，細菌数を推定できない。
ⓔ適当。細菌以外に由来するATPがあれば，その分だけ細菌数に誤差が生じる。
ⓕ不適。細菌を含む全ての生物はエネルギー源としてATPを消費しているので，この文は正しいが，「ATP量から細菌数を推定する」のには関係ない。
ⓖ不適。「ATP量から細菌数を推定する」のには，細菌が増殖する必要はない。

B 標準 《遺伝子のはたらき》

問４ 4 正解は③

DNA抽出実験に関する考察問題である。

二人の会話文から，「同じ重さの花芽と茎から抽出したのに，茎のほうが花芽よりも抽出できたDNAの量が少ないのはなぜか」という疑問に対する解答として適当なものを選ぶ必要がある。

DNAは核の中にあり，細胞質にはない。基本的には細胞１つに核は１つで，含まれるDNAの量は細胞の大きさにかかわらず同じである。細胞が小さければ小さいほど「同じ重さ」中（つまり単位重量あたり）の核の数が多く，抽出できるDNAの量が多くなると考えられる。

図２の写真を比べると花芽の方が細胞の大きさが小さく，単位重量あたりの核の数が多いことがわかる。

①②不適。図２の写真では，核の染まりや大きさに違いが見られない。また，同じ種の生物であれば，核１つに含まれるDNAの量は同じなので，染まり方や大きさに違いがあるとは考えられない。
③適当。細胞（細胞質）が小さく，核がたくさんあるのがわかる。
④不適。写真から，細胞１つに核は１つであることがわかる。
⑤不適。写真には染色体が凝縮している（細胞分裂の前期～終期）ものは見られない。また，染色体が凝縮していても含まれるDNAの量は同じである。

問5　5　正解は⑤

DNA 抽出実験に関するグラフ読み取り問題である。

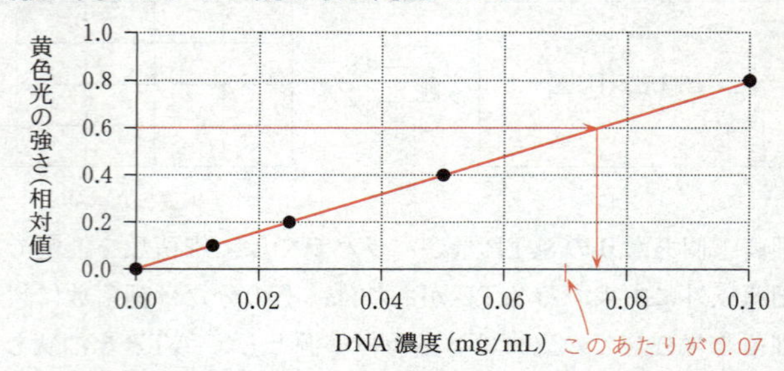

グラフの各点をつないで線にする。この場合は直線になる。黄色光の強さ 0.6 のところに相当する DNA 濃度の値は 0.075 mg/mL であるので，4 mL の DNA 溶液に含まれる DNA 量は

0.075〔mg/mL〕×4〔mL〕＝0.30〔mg〕

問6　6　正解は⑤

DNA 抽出実験に関する探究問題である。

問題文には「仮説を支持する結果が得られた」とある。仮説は下線部(f)の「白い繊維状の物質には DNA のほかに RNA も含まれている」である。

白い繊維状の物質を水に溶かした溶液中には，DNA と RNA の両方が含まれていることを前提にして実験を考えてみよう。

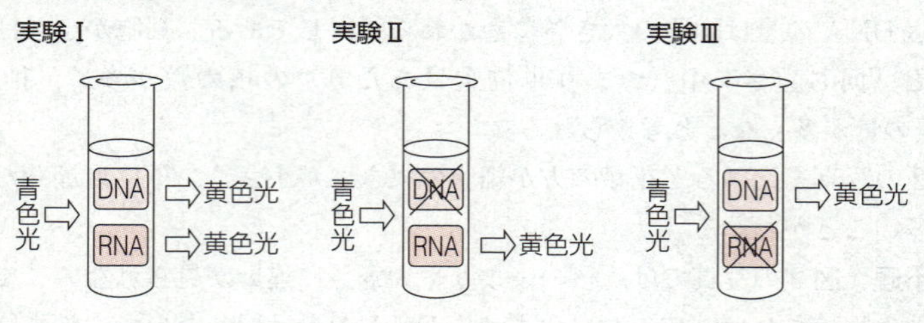

実験Ⅰ…含まれている DNA と RNA の両方が黄色光を発する。

実験Ⅱ…含まれている DNA が分解されるので，RNA だけが黄色光を発する。

DNA の分だけ黄色光は減少する。

実験Ⅲ…含まれている RNA が分解されるので，DNA だけが黄色光を発する。

RNA の分だけ黄色光は減少する。

実験Ⅱも実験Ⅲも，実験Ⅰよりも弱い黄色光を発するので⑤が適当。

第2問 ―― 生物の体内環境の維持

A 難 《体内環境》

問1 7 正解は③

ヘモグロビンに関するグラフ読み取り問題である。

①不適。動脈血では，ほとんどの Hb が O_2 と結びついた HbO_2 となっている。図２のグラフから，赤色光に比べて赤外光の光を吸収する度合いが大きいことがわかる。赤外光の方が多く吸収されるのだから，透過量は少なくなる。

②不適。酸素が消費されると，HbO_2 が減り Hb が増える。図２のグラフから，赤色光を見ると，HbO_2 よりも Hb の方が光を吸収する度合いが大きいことがわかる。赤色光の吸収が大きくなるのだから，赤色光は透過しにくくなる。

③適当。Hb も HbO_2 も赤色光と赤外光を吸収する。血流量が変化すれば，そこに含まれる Hb と HbO_2 の量も変化する。血流量の変化に伴って赤色光，赤外光ともにその吸収量が変化することになるので，その変化の周期（１周回って元に戻るまでの時間）から，脈拍の頻度を測定できる。

④不適。Hb と HbO_2 の割合によって，吸収する赤外光の度合いが変化するので，赤外光の透過量（吸収されなかった光の量）だけでは Hb の総量は測定できない。

問2 8 正解は② 9 正解は④

酸素解離曲線に関するグラフ読み取り問題である。

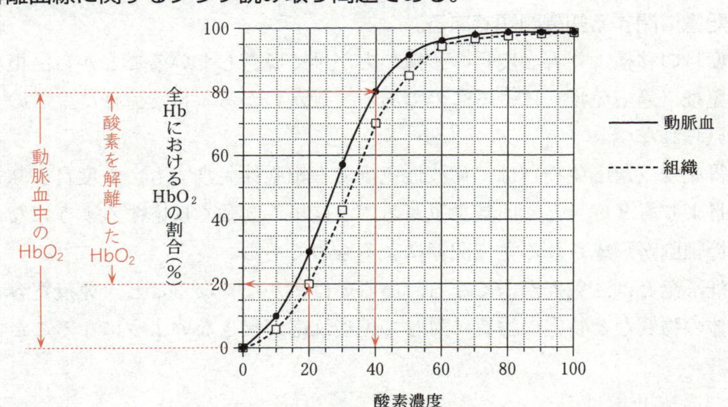

動脈血中の酸素濃度

図３のグラフより，HbO_2 の割合が80のところから，動脈血の曲線と交わるところの酸素濃度を読み取る。②の 40 が適当である。

動脈血中の HbO_2 のうち組織で酸素を解離した割合（%）

まず，酸素を解離した HbO_2 の割合を求める。問題文で組織中の酸素濃度は20だと与えられているので，グラフから組織中の HbO_2 の割合は20であることがわかる。動脈血中で80だったものが，20にまで減ったので，差し引き60の HbO_2 が酸素と解離したことがわかる。次に，動脈血中の HbO_2（80）のうち，酸素を解離したもの（60）の割合は

$$\frac{60}{80}\times 100 = 75\text{〔\%〕}$$

となる。分母になるのは，動脈血中の HbO_2（80）であって，全Hb（100）ではないことに注意すること。

B　やや難　《免疫》

問3　10　正解は③

好中球に関する知識問題である。

ア．好中球は血管（血液中）に多く存在する。胸腺には主にリンパ球のT細胞が多く存在し，リンパ節にはリンパ球のT細胞やB細胞が多く存在している。

イ．食作用をするのはマクロファージ。ナチュラルキラー細胞は，食作用ではなく，異常を起こした細胞を殺す働きをするリンパ球である。

問4　11　正解は①

免疫記憶に関する知識問題である。

1度目の移植よりも2度目の移植の方が早く脱落していることから，拒絶反応が獲得免疫（適応免疫）によるものであることがわかる。自然免疫にはこのような変化は見られない。

獲得免疫（適応免疫）は，体液性免疫でも細胞性免疫でも，1度目よりも2度目，2度目よりも3度目と，回数を重ねるごとに早く，強く反応するようになる。これは記憶細胞が形成される免疫記憶によるものである。

免疫不全とは，免疫が弱くなる，あるいは働かなくなること。免疫寛容とは，自分の体の物質など特定の物質に対して免疫反応が起きないようになることである。

問5　12　正解は②

血清療法に関する知識問題である。

「毒素を注射した直後に，毒素を無毒化する抗体を注射した」とある。注射したのだから，この抗体を作り出したのはマウス自身ではなく，他の個体，あるいは他

の動物である。このように他の個体，あるいは動物が作った抗体を注射することで治療する方法を血清療法（ⓑ）という。

予防接種（ⓐ）は，抗原に対する記憶細胞を作り出し，記憶細胞の働きで，侵入した抗原を短期間で強く排除する仕組みであるが，「直後」には働かない。

T細胞（ⓒ）もB細胞（ⓓ）も獲得免疫（適応免疫）で働くリンパ球であるが，これらの細胞が働くには一定の時間が必要であり，「直後」には働かない。

第3問 ―― 生物の多様性と生態系

A　やや難　《バイオーム》

問1　13　正解は⑥

バイオームに関する知識問題である。

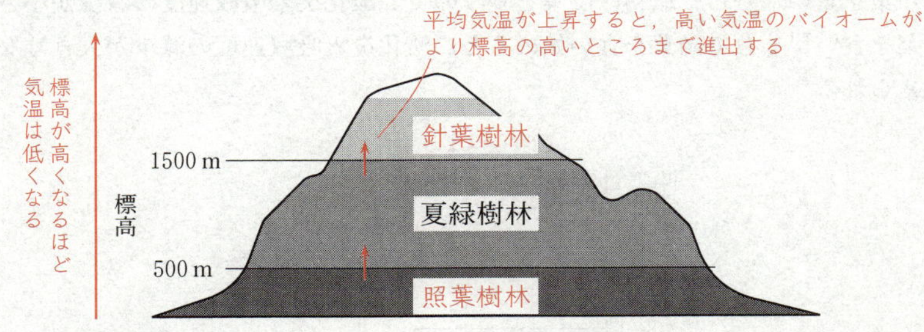

図1に標高500m～1500mのバイオームが夏緑樹林だと示されている。これよりも温暖な気候のバイオームは照葉樹林であり，寒冷な気候のバイオームは針葉樹林である。

平均気温が上昇すれば，より標高の高いところまで，それぞれのバイオームが進出することになるので，500mでは**照葉樹林**，1500mでは**夏緑樹林**となる。

問2　14　正解は⑥

光合成速度に関する考察問題である。

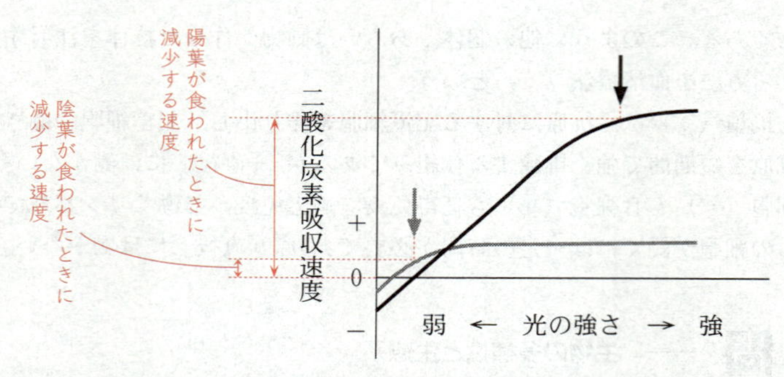

下線部(b)にこのブナアオが，陰葉 → 陽葉の順に食い進むことが示されている。また，図２から，陰葉の二酸化炭素吸収速度が小さく，陽葉の二酸化炭素吸収速度が大きいことが示されている。二酸化炭素吸収速度は，光合成速度を表しており，葉が食われると食われた分だけ減少すると考えられる。これらのことから，ブナアオが葉を食い進むと，最初は陰葉を食うので二酸化炭素吸収速度の減少が小さく，陰葉を食い尽くして陽葉を食い始めると二酸化炭素吸収速度の減少が大きくなると考えられる。

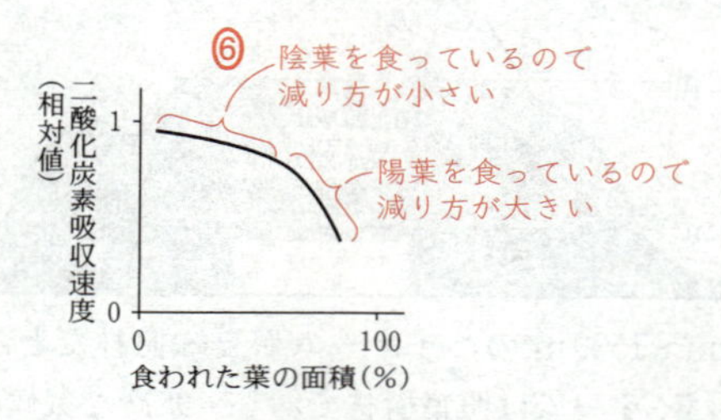

問３ 15 正解は⑤

栄養段階に関する知識問題である。

CHECK 生産者と消費者

生産者…無機物から有機物を合成する生物（光合成をする植物のことと考えてよい）
一次消費者…生産者を食べる生物
二次消費者…一次消費者を食べる生物
三次消費者…二次消費者を食べる生物

リード文から，ブナアオは植物（生産者）を食べるので，一次消費者である。クロカタビロオサムシとサナギタケは，どちらもブナアオ（一次消費者）を食べるので二次消費者であることがわかる。

B　やや難　《窒素循環》

問4　16　正解は①

窒素循環に関する考察問題である。

リード文から，下水中の窒素とはヒトの排泄物に含まれる窒素であり，尿素などの有機窒素化合物である。下水処理では，有機窒素化合物を生物の働きで無機窒素化合物に変化させ，さらに脱窒素細菌の働きで大気中へ窒素（N_2）として放出することで取り除いていると考えられる。

①適当・②不適。有機窒素化合物から無機窒素化合物へ変化させる過程を「同化」とは言わない。同化とは単純な物質から複雑な物質を合成する過程を言う。

③④⑤不適。窒素固定は，大気中の窒素から窒素化合物を合成する過程であり，これを行うと，下水に窒素化合物が増えてしまうので不適当である。

問5　17　正解は②

窒素循環に関する考察問題である。

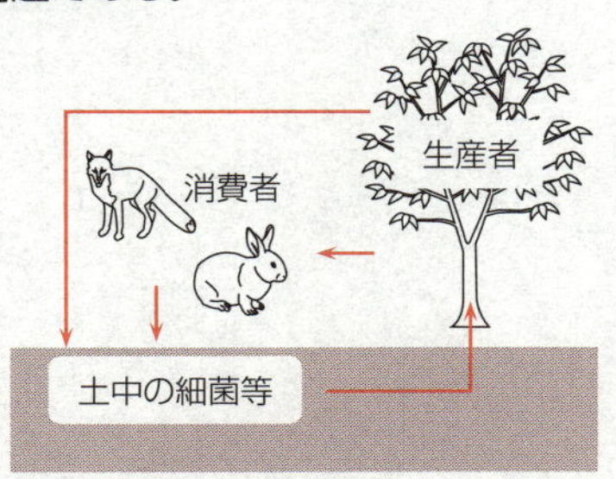

生態系では，土中の無機窒素化合物を植物（生産者）が吸収して，有機窒素化合物を合成（窒素同化）し，有機窒素化合物は動物（消費者）を通して，あるいは直接に土の中の細菌等によって無機窒素化合物に分解され，再び植物に吸収されるという循環をしている。

この循環の中から，一時的に植物（生産者）を取り除くと，無機窒素化合物を吸収するものがいなくなるので，河川に流れ出す窒素濃度が上昇する。その後，植物が回復してくれば再び無機窒素化合物を吸収するようになるので，河川に流れ出す窒素濃度が低下し元に戻る（②）。

地学基礎 本試験

問題番号(配点)	設問		解答番号	正解	配点	チェック
第1問(20)	A	問1	1	④	3	
		問2	2	③	3	
	B	問3	3	①	4	
		問4	4	③	3	
	C	問5	5	①	3	
		問6	6	①	4	
第2問(10)	A	問1	7	④	3	
		問2	8	②	3	
	B	問3	9	③	4	

問題番号(配点)	設問		解答番号	正解	配点	チェック
第3問(10)	A	問1	10	②	3	
		問2	11	④	4	
	B	問3	12	①	3	
第4問(10)		問1	13	④	3	
		問2	14	①	4	
		問3	15	①	3	

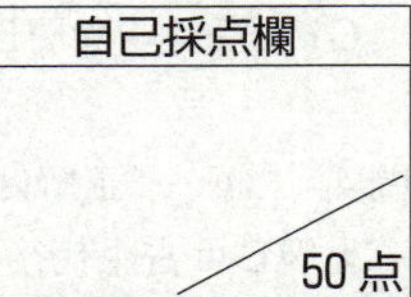

（平均点：35.47点）

第1問 ―― 地球，地質・地史，鉱物・岩石

A　やや易　《固体地球》

問１　1　正解は④

断層の種類：傾斜している断層面の上側にある岩盤を**上盤**，下側にある岩盤を**下盤**という。断層面に対して上盤がずり上がった断層を逆断層という。

力のはたらき方：断層面と水平面の交線の方向を**走向**という。走向に対して垂直で，水平方向に圧縮する力がはたらくときに逆断層が生じる。本問では走向が南北方向なので，東西方向に圧縮する力がはたらいたと考えられる。

問２　2　正解は③

流動のしやすさの違いによる区分：地球の表面は厚さ 100 km 程度の流動しにくい岩盤（プレート）でおおわれており，リソスフェアともよばれる。一方，リソスフェアの下には流動しやすいアセノスフェアとよばれる層がある。

物質の違いによる区分：地球表面から地下数十 km までは玄武岩質～花こう岩質で密度の小さな岩石で構成されており，地殻とよばれる。地殻の下にはかんらん岩質の岩石で構成されるマントルとよばれる層があり，深さ約 2900 km まで続いている。

B　標準　《地層，化石》

問３　3　正解は①

一般に，断層面や不整合面は，それらが切った地層や岩体よりも新しい。断層Ｄは地層ＢとＣを切っていて，それらの変位量は等しい。よって，断層Ｄは地層Ｃの堆積後に活動したと判断できるので，①が誤りである。なお，地層ＢとＣの間の不整合面は花こう岩Ａと地層Ｂを切っている。また，地層Ｂを**ホルンフェルス**へと変成させた花こう岩Ａは，地層Ｂの堆積後に**貫入**したといえる。これらのことから，この地域の地史を順に示すと以下のようになる。

地層Ｂの堆積→地層Ｂの傾斜（選択肢②）と花こう岩Ａの貫入（選択肢③）→ 地層Ｂと花こう岩Ａが侵食作用によってけずられて不整合面が形成（選択肢④）→ 地層Ｃの堆積 → 断層Ｄの活動によって花こう岩Ａ，地層Ｂ，地層Ｃがずれた。

問４　4　正解は③

地層Ｂは古生代後期の石炭層を含む。この時代にはロボク・リンボク・フウインボクのような大型のシダ植物が繁栄した。

地層Cの下部にカヘイ石（ヌンムリテス）の化石を含むことから，地層Cは新生代古第三紀に堆積が始まったと考えられる。この時代に繁栄した植物としてはメタセコイアが適当である。

C やや易 《鉱物，岩石》

問5 5 正解は①

火成岩に含まれている鉱物のうち，かんらん石，輝石，角閃石，黒雲母などの黒っぽい色の鉱物は鉄やマグネシウムを多く含み，有色鉱物とよばれる。マントル上部を構成するかんらん岩は，主に有色鉱物であるかんらん石と輝石からなる。

問6 6 正解は①

花こう岩と流紋岩はともにケイ長質（酸性）の火成岩であり，石英を多く含む（特徴b）。花こう岩は深成岩であり，地下でマグマがゆっくり冷えた際にできる等粒状組織を示す（特徴a）。一方，流紋岩は火山岩であり，マグマが地表またはその付近で急に冷えた際にできる斑状組織を示す（特徴c）。

第2問 —— 大気・海洋

A 標準 《梅雨期の天気図》

問1 7 正解は④

大きな高気圧を構成する空気の性質（気温や湿度）はほぼ一定で，高気圧が形成される場所によって決まる。一般に北半球において，北方の高気圧は寒冷で南方の高気圧は温暖である。また，海洋上の高気圧は湿っており，大陸上の高気圧は乾いている。本問の太平洋高気圧とオホーツク海高気圧は海洋上に形成される高気圧であるから，ともに湿った高気圧である。

NOTE 日本付近で気象に影響を及ぼす高気圧の発生位置と性質

	大陸で発生，乾いている	海洋で発生，湿っている
北方で発生，冷たい	シベリア高気圧	オホーツク海高気圧
南方で発生，暖かい	移動性高気圧	太平洋高気圧（北太平洋高気圧）

問2 8 正解は②

北半球の高気圧周辺では時計回りに風が吹き出し，低気圧周辺では反時計回りに風が吹き込む。A点ではその西方に1020 hPaの高気圧があり，東方に1000 hPaの低気圧があるので北寄りの風が吹き，B点では，その東方に高気圧があるので南寄りの風が吹くと考えられる。

B 標準 《津　波》

問3 　9　 正解は③

X－B間の距離は100 km であり，水深は2000 m であるから，図3の上の曲線から水深2000 m における時間を読み取るとおよそ12分となる。また，B－A間の距離は50 km であり，水深は150 m であるから，図3の下の曲線から水深150 m における時間を読み取るとおよそ22分となる。

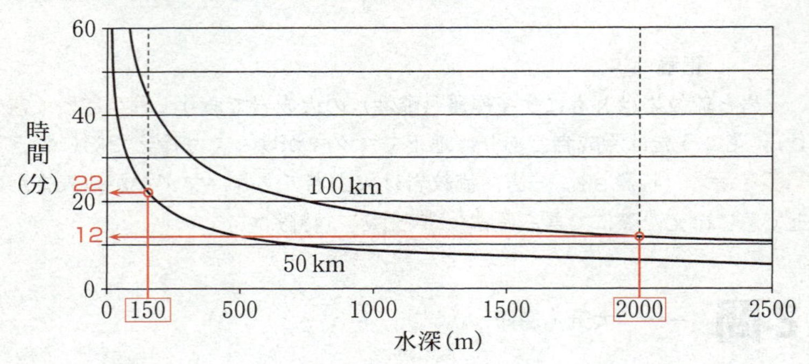

第3問 ── 宇　宙

A 標準 《太　陽》

問1 　10　 正解は②

元素名：太陽の主成分元素は水素であり，次いで多いのはヘリウムである。

起源：宇宙の始まりであるビッグバンのときに水素原子核である陽子が生まれたので，現在の宇宙に存在する水素はそのときにできたといえる。

問2 　11　 正解は④

黒点の大きさ：図1の経線と緯線は10°ごとに描かれているので，黒点の大きさは5°程度と見積もることができる。太陽の直径は地球の直径 d の約109倍であるから，この黒点の大きさが地球の直径の x 倍であるとすると

$$xd = 109d \times 3.14 \times \frac{5}{360}$$

よって

$$x = 4.7 \fallingdotseq 5 \text{ 倍}$$

地球から見た太陽の自転周期：図１の黒点は，６月４日から６月７日の３日間で約40°回転しているので，太陽を１周（360°）するために要する日数を y 日とすると

$$y = 360 \div \frac{40}{3} = 27 \text{ 日}$$

B 標準 《太陽系》

問３ 12 正解は①

①誤文。金星表面の大気圧は地球よりも高く，地球の約 90 倍である。

②正文。火星と木星の軌道の間には，小惑星帯とよばれる多数の小惑星が存在する領域がある。

③正文。木星型惑星である土星と天王星の質量は，いずれも地球の質量より大きい。

④正文。海王星の軌道の外側には，冥王星をはじめとして多数の太陽系外縁天体の存在が知られている。

第４問 標準 ―― 自然環境

問１ 13 正解は④

①誤文。最近数十万年間に繰り返し活動した証拠があり，今後も活動する可能性が高いと考えられる断層を活断層という。

②誤文。緊急地震速報は，地震が発生した直後に観測されたＰ波の情報を収集して，Ｓ波による大きな揺れが予測される地域に警報を出すシステムである。

③誤文。火山噴火は地下深くからマグマが上昇してきて起こるので，マグマの上昇に伴う地震が発生する。また，その地震はマグマの移動の予測，ひいては噴火の時期や規模の予測に用いられる。

④正文。マグマが上昇してくると，それによって押し上げられた火山体が膨張するなどの地殻変動が観測される場合があり，これは噴火の予測に用いられる。

問２ 14 正解は①

ａ．適している。活火山付近の地質調査により，過去の火山噴火によってどの範囲に火山噴出物が到達したかを知ることで，どの地区にどの程度の危険が及ぶかを推定できる。また，層序を調べ，どの時代に噴火が起こったかを知ることで，将来の危険度を評価することができる。これらのことはハザードマップ作成に適している。

ｂ．適している。歴史的な資料には，過去の活火山の噴火の日時や被害の様子が詳

細に書かれているものや，スケッチが描かれているものがある。こうした資料を収集して整理することは，どの地区にどの程度の被害が起こりうるかを知る手がかりになるので，ハザードマップ作成に適している。

問3　15　正解は①

①誤文。フロンガスに含まれる塩素原子が触媒となって成層圏のオゾンを破壊する。オゾンは太陽からの紫外線を吸収する性質があるので，オゾンが減少すると地表面まで到達する紫外線の量が増加する。

②正文。人間活動で放出された硫黄酸化物や窒素酸化物から光化学反応によって硫酸や硝酸が生成され，これらが雨水に溶け込むことで**強い酸性**を示す雨となる場合がある。

③正文。前線や台風の周辺では湿った空気の強い上昇流が起こり，それに伴って背の高い**積乱雲**が次々に発達して局地的に激しい降雨がもたらされ，水害や土砂災害につながる場合がある。

④正文。大陸の砂漠で強風によって巻き上げられた微粒子が，偏西風に乗って中国北部や日本に飛来する**黄砂**は，春季を中心としてみられる現象である。

物理基礎 本試験（第1日程）

問題番号（配点）	設問		解答番号	正解	配点	チェック
第1問（16）	問1		1	④	4	
	問2		2	①	4*1	
			3	⑧		
	問3		4	⑥	4	
	問4		5 - 6	② - ⑤	4（各2）	
第2問（18）	A	問1	7	③	3	
			8	⑤	2*2	
		問2	9	②	4	
	B	問3	10	①	3	
		問4	11	④	3	
		問5	12	④	3	
第3問（16）	問1		13	④	3	
	問2		14	⓪	3*3	
			15	③		
			16	⑥		
	問3		17	②	3	
	問4		18	②	3	
	問5		19	⑤	4*4	

（注）
1　＊1は，両方正解の場合のみ点を与える。
2　＊2は，解答番号7で③を解答した場合のみ⑤を正解とし，点を与える。
3　＊3は，全部正解の場合のみ点を与える。
4　＊4は，④を解答した場合は2点を与える。
5　-（ハイフン）でつながれた正解は，順序を問わない。

自己採点欄
50点

（平均点：37.55点）

第1問 標準 《総　合　題》

問1　1　正解は④

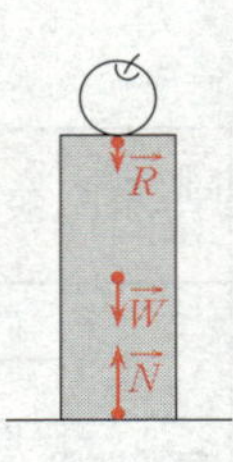

木片にはたらく地球からの重力 $\vec{W}$ は，作用点が木片の重心で，向きは鉛直下向き（地球が木片を引く向き），木片にはたらく床からの垂直抗力 $\vec{N}$ は，作用点が木片の床との接点の木片上で，向きは鉛直上向き（床が木片を押す向き），木片にはたらくりんごからの垂直抗力 $\vec{R}$ は，作用点が木片とりんごの接点の木片上で，向きは鉛直下向き（りんごが木片を押す向き）である。これらの力がつり合っているから，力の大きさは，$|\vec{W}|+|\vec{R}|=|\vec{N}|$ を満たす。

したがって，図として最も適当なものは④である。

CHECK　○物体にはたらく力はベクトルで描くことができ，ベクトルの始点が力の作用点を，ベクトルの向きが力の向きを，ベクトルの長さが力の大きさを表す。

○木片から床にはたらく垂直抗力 $\vec{N'}$ は，$\vec{N}$ と作用・反作用の関係にあり，木片が床を押す向きの力である。木片からりんごにはたらく垂直抗力 $\vec{R'}$ は，$\vec{R}$ と作用・反作用の関係にあり，木片がりんごを押す向きの力である。

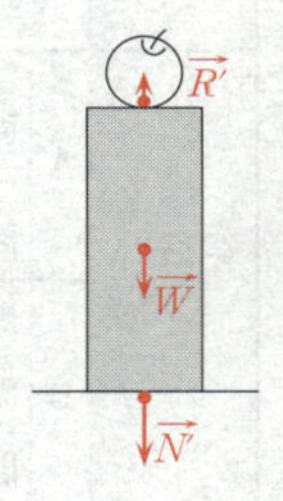

問2　2　正解は①　　3　正解は⑧

2　2つの点電荷が互いに静電気力をおよぼし合うとき，その電気量が同符号（正と正，または負と負）のとき斥力（反発力）を，異符号（正と負）のとき引力をおよぼし合う。また，点電荷間の距離が近いほど，静電気力の大きさは大きい。

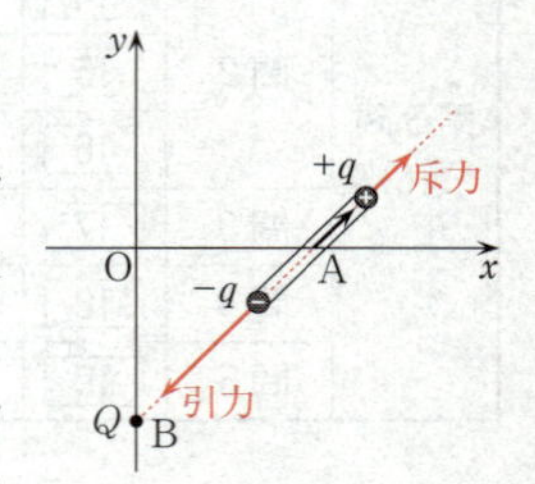

点Bにおいた電気量 Q の小球から棒を見ると，電気量 $-q$ の部分が点Bに引き寄せられ，電気量 q の部分が点Bから反発しているので，Q の符号は正である。

3　正の電気量 Q をもつ小球を点Cに移動させると，電気量 $-q$ の部分が点Cに引き寄せられ，電気量 q の部分が点Cから反発するので，棒はCA方向で，棒に描かれた矢印は点Cから点Aの方向を向く。

したがって，矢印の向きは⑧である。

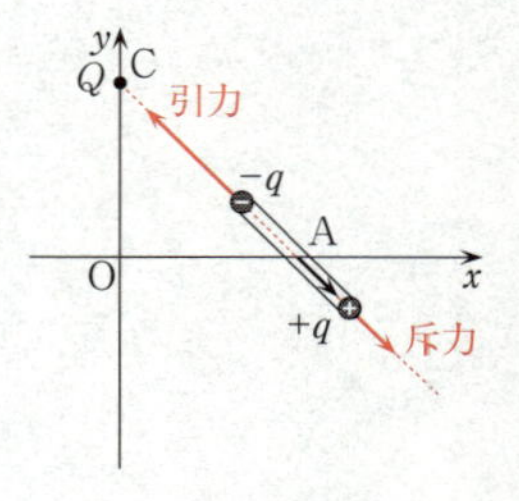

問3 4 正解は⑥

ア 紫外線は，可視光線より周波数が大きく（波長が短く），物体に当てると物体を電離させたり，化合物の結合状態を変化させたりするなどの化学的な作用が著しい。日焼けの原因であり，殺菌作用があるため殺菌灯に使われている。

イ 電波は，携帯電話，全地球測位システム（GPS），ラジオ放送，衛星放送，無線 LAN などの通信手段や電子レンジ，気象レーダーなどに利用されている。

ウ γ 線は，がん細胞に照射する放射線治療，金属材料の厚みや内部欠陥の探知，農作物の品種改良などに使われている。

したがって，語句の組合せとして最も適当なものは⑥である。

CHECK ○電磁波は，電場と磁場の振動が伝わる横波であり，電場と磁場の振動方向はともに波の進行方向に垂直である。電磁波が伝わる速さは光の速さと等しく，真空中ではおよそ $3.0\times10^8\,\mathrm{m/s}$ である。

電磁波は，一般の横波と同じように，反射・屈折・干渉・回折・振動面の偏りなどの現象を示し，波長が長いほど回折しやすく，短いほど直進性が強い。

○赤外線は，可視光線より周波数が小さく（波長が長く），物体に当てるとその温度を上げる作用があるので調理や暖房などの加熱機器に利用される。また，通信手段としてリモコン，赤外線通信などに利用される。

問4 5 - 6 正解は②-⑤

①正文。水中で手足を動かすのに使ったエネルギーは，そのほとんどが水の抵抗力に逆らって進む仕事に用いられるが，一部は水分子の熱運動のエネルギーに変化してその水の温度が少し上昇する。

②誤文。自動車のエンジンや蒸気機関などの熱機関は，高温の物体から熱を吸収して，その一部を機械的な仕事に変え，残りの熱を低温の物体に放出してもとの状態に戻ることを繰り返す装置である。すなわち，熱エネルギーは，その一部を仕事に変えることができる。ただし，すべてを仕事に変えることはできない。

③正文。外から何らかの操作をしない限り，はじめの状態に戻らない変化を不可逆変化といい，そうでない変化を可逆変化という。熱が関係する現象はすべて不可逆変化であるが，可逆変化のときだけでなく不可逆変化のときでも，熱エネルギーを含めたすべてのエネルギーの総和は保存されている。

④正文。液体が気体に変化することを気化といい，液体内部からの気泡の発生を伴う気化を沸騰という。1気圧のもとで水の温度を上げていったとき，水分子の熱運動が激しくなって，100℃になると沸騰する。沸騰が起こる温度を沸点という。

⑤誤文。物質の温度は，原子・分子の熱運動のエネルギーで決まり，その熱運動が完全に止まった状態でエネルギーが0となる。この状態での温度が温度の下限で，絶対零度といい，摂氏温度で－273.15℃である。よって，物質の温度が－300℃よりも低い温度になることはない。

したがって，誤りを含むものは②・⑤である。

CHECK　○可逆変化の例

• 一端を天井に固定したばねの他端に物体をつるし，物体を引き下げて手放したとき，ばねが縮んだのち物体は一旦静止する。この逆に，ばねが縮んだ状態から物体が動き出し，伸びた状態で一旦静止するまでの運動は，外から何らかの操作を加えなくてもひとりでに起こる。

○不可逆変化の例

• 高温の物体と低温の物体を接触させると，熱は高温の物体から低温の物体へ移動し，やがて全体が一様な温度になる。しかし，この逆に，温度が一様になった状態で熱が片方の物体からもう片方の物体へ移動し，温度差が生じるというような現象は，ひとりでには起こらない。

• 摩擦のある水平面で物体を滑らせると，摩擦による熱が周囲へ放出されて運動エネルギーが減少し，やがて物体は停止する。しかし，この逆に，静止している物体が周囲から熱を吸収して動き出すというような現象は，ひとりでには起こらない。

第2問 ── 波，電磁気

A　易　《ギターの音の波形》

問1　7　正解は③　　8　正解は⑤

7　波形の周期を T〔s〕とする。周期 T は，図2の繰り返し現れる波形の繰り返し単位1つ分の時間であるから

$T=0.0051$〔s〕

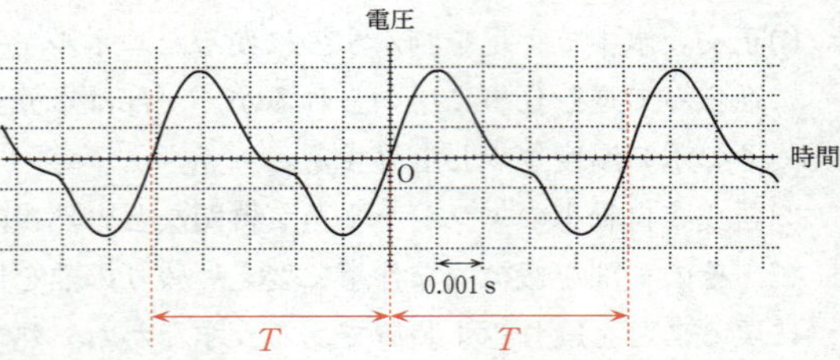

8　音の振動数を f〔Hz〕とすると

$$f=\frac{1}{T}=\frac{1}{0.0051}=196.0\fallingdotseq 196\text{〔Hz〕}$$

この振動数の音階は，表1よりソである。

問2　9　正解は②

重ね合わせの原理より，基本音と2倍音が混ざった波形は，それぞれの波形の代数和である。すなわち，各時間ごとの基本音，2倍音の電圧をそれぞれ y_1，y_2 とすると，合成波形の電圧 y は，$y=y_1+y_2$ であり，右図のようになる。

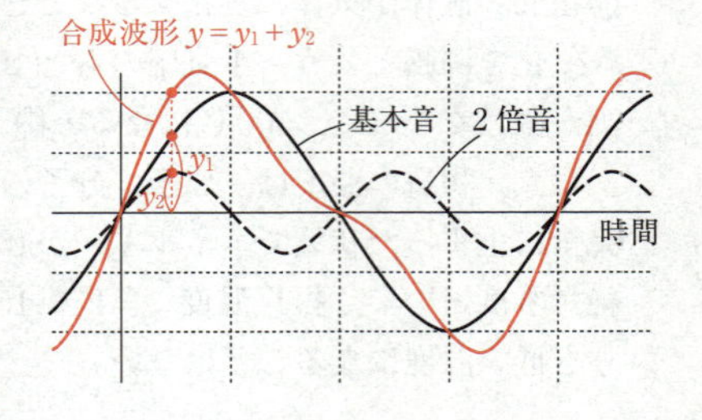

したがって，波形として最も適当なものは

②である。

CHECK　2倍音の振動数は基本音の振動数の2倍であるから，2倍音の周期は基本音の周期の$\frac{1}{2}$倍である。基本音，2倍音の周期と，電圧の波形の振幅との間に関係はない。

B　易　《変圧器と消費電力》

問3　10　正解は①

変圧器において，一次コイルの巻き数をN_1，二次コイルの巻き数をN_2，一次コイル側の電圧をV_1〔V〕，二次コイル側の電圧をV_2〔V〕とすると

$$\frac{V_2}{V_1}=\frac{N_2}{N_1} \qquad \therefore \quad \frac{N_2}{N_1}=\frac{8.0}{100}=0.08 \text{ 倍}$$

CHECK　一次コイルに交流を流すと，鉄心の中には時間によって変動する磁場が発生する。磁場は二次コイルを貫くので，電磁誘導によって二次コイルには変動する電圧，すなわち交流電圧が発生する。このような方法で，交流の電圧を変換させる装置を変圧器という。一次コイルと二次コイルとの間で，磁場の時間変化が等しいから，電流変化の時間（周期），および周波数は等しい。

問4　11　正解は④

一次コイル側の電流をI_1〔A〕，二次コイル側の電流をI_2〔A〕とする。変圧器内部で電力の損失がなく，一次コイル側と二次コイル側の電力が等しく保たれるから

$$V_1 \cdot I_1=V_2 \cdot I_2$$

$$\therefore \quad \frac{I_2}{I_1}=\frac{V_1}{V_2}=\frac{100}{8.0}=12.5 \text{ 倍}$$

問5　12　正解は④

抵抗の抵抗値はその長さに比例する。カッターに取り付けたニクロム線は，図6の商品ラベルより，ニクロム線の長さ1mあたりの抵抗値が8.0Ωである。よって，16cmのニクロム線の抵抗値R〔Ω〕は

$$R=8.0\times 0.16=1.28 \text{〔Ω〕}$$

したがって，カッターの消費電力P〔W〕は

$$P=\frac{{V_2}^2}{R}=\frac{8.0^2}{1.28}=50 \text{〔W〕}$$

POINT　抵抗値Rの抵抗に電圧Vがかかり電流Iが流れているとき，消費電力Pは

$$P=VI=RI^2=\frac{V^2}{R}$$

物理基礎

第3問 標準 ―― 力学 《記録タイマーによる台車の加速度運動の測定》

問1　13　正解は④

記録タイマーは毎秒60回打点するので，打点間の時間 T〔s〕は，$T=\frac{1}{60}$〔s〕であり，これを6打点ごとの区間に分けると，1区間の時間 Δt〔s〕は

$$\Delta t=\frac{1}{60}\times 6=\frac{1}{10}\text{〔s〕}$$

また，図2の線Aから線Bまでの区間の距離 x_{AB}〔cm〕は

$$x_{AB}=5.7-3.1=2.6\text{〔cm〕}$$

よって，この区間での台車の平均の速さ $\bar{v}_{AB}$〔m/s〕は

$$\bar{v}_{AB}=\frac{x_{AB}}{\Delta t}=\frac{2.6}{\frac{1}{10}}=26\text{〔cm/s〕}=0.26\text{〔m/s〕}$$

問2　14　正解は⓪　15　正解は③　16　正解は⑥

台車と実験台の間の動摩擦力は無視する。質量 $m=0.50$〔kg〕の台車が，水平方向にひもの張力 T〔N〕だけを受けて，一定の大きさの加速度 $a=0.72$〔m/s^2〕で運動するとき，図の右向きを正として，台車の運動方程式より

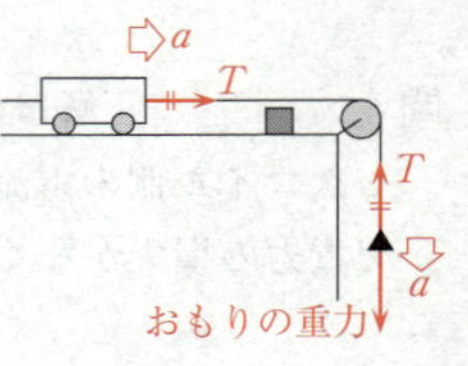

$$ma=T$$

$$\therefore\quad T=ma=0.50\times 0.72=0.36\text{〔N〕}$$

POINT　運動方程式は，物体に力がはたらくと加速度が生じ，逆に物体に加速度が生じるときは力がはたらいていることを意味する。本問では，台車に水平方向右向きの加速度が生じているから，台車にはその加速度の方向に力がはたらいている。

問3　17　正解は②

①不適。スマートフォンとおもりの質量の大小関係にかかわらず，加速度は小さくなる。

②適当。スマートフォンも含めた台車とおもりの全体を考えると，糸の張力は滑車を通して作用・反作用の関係で内力となって相殺されるから，これら全体はおもりの重力によって加速しているとしてよい。おもりの重力の大きさは変化しないので，運動方程式より，全体の質量が大きくなると，加速度は小さくなる。なお，ここでは台車にはたらく摩擦力は無視したが，摩擦力を考えても同じ結果が得られる。

③不適。スマートフォンをのせると，スマートフォンの質量の分だけ台車が実験台

から受ける垂直抗力が大きくなるので，台車にはたらく摩擦力は大きくなる。

④不適。スマートフォンをのせることで，加速度が$0.72\,\mathrm{m/s^2}$から$0.60\,\mathrm{m/s^2}$へと小さくなったことを考えると，運動方程式より，おもりにはたらく鉛直方向下向きの合力が小さくなったことがわかる。よって，おもりにはたらく重力の大きさは一定であるから，糸（ひも）の張力が大きくなったことになる。

したがって，理由として最も適当な文は②である。

CHECK 台車とおもりの加速度をa'，台車の質量をm，スマートフォンの質量をΔm，おもりの質量をM，ひもの張力の大きさをT'，台車と実験台との間の動摩擦係数をμ'，重力加速度の大きさをgとすると，台車とスマートフォン，あるいはおもりの進行方向をそれぞれ正として，運動方程式より

- 台車とスマートフォン

$$(m+\Delta m)a'=T'-\mu'(m+\Delta m)g \quad \cdots\cdots(あ)$$

- おもりについて

$$Ma'=Mg-T' \quad \cdots\cdots(い)$$

(あ)，(い)からT'を消去してa'について解くと

$$a'=\frac{M-\mu'(m+\Delta m)}{M+(m+\Delta m)}g \quad \cdots\cdots(う)$$

①スマートフォンをのせていないときの台車とおもりの加速度aは，(う)で$\Delta m=0$として，$a=\dfrac{M-\mu' m}{M+m}g$である。スマートフォンをのせることによる加速度の変化は

$$a'-a=\frac{M-\mu'(m+\Delta m)}{M+(m+\Delta m)}g-\frac{M-\mu' m}{M+m}g$$

$$=-\frac{(1+\mu')\dfrac{\Delta m}{M}}{\left(1+\dfrac{m+\Delta m}{M}\right)\left(1+\dfrac{m}{M}\right)}g<0$$

よって，ΔmとMの大小関係によらず，常に$a'<a$である。

②(う)より，$\Delta m>0$のとき（全体の質量$M+m+\Delta m$が大きくなると），加速度a'は小さくなる。

③$\Delta m>0$のとき，摩擦力$\mu'(m+\Delta m)g$は大きくなる。

④(い)より，Mgが一定で，a'が小さくなったときは，張力T'が大きくなっている。

問4 18 正解は②

台車が大きさ$a'=0.60\,[\mathrm{m/s^2}]$の加速度で運動している時間$\Delta t\,[\mathrm{s}]$は，図4の時間2.5sから4.2sまでの間であるから，$\Delta t=4.2-2.5=1.7\,[\mathrm{s}]$である。時間0sから2.5sまでの間は停止しているとして初速度を0とすると，等加速度直線運動の式より

$$v_1=0+a'\Delta t=0.60\times1.7=1.02\fallingdotseq \mathbf{1.0}\,[\mathrm{m/s}]$$

問5 19 正解は⑤

おもりは落下するので，おもりの位置エネルギーは**減少**する。

物理基礎

このとき，おもりの速度が増加するので，おもりの運動エネルギーは増加する。

台車にはたらく動摩擦力を無視すると，スマートフォンも含めた台車とおもり全体の力学的エネルギーが保存する。このとき，おもりの位置エネルギーの減少量が，台車とおもりの運動エネルギーの増加量となる。よって，おもりの力学的エネルギーは，台車の運動エネルギーの増加分だけ減少する。

したがって，おもりのエネルギーの変化として最も適当なものは⑤である。

CHECK　○選択肢の表の最も下の欄が，台車とおもりの全力学的エネルギーではなく，おもりの力学的エネルギーであることに注意が必要である。

○エネルギーと仕事の関係より，おもりの運動エネルギーの変化は，おもりにはたらく重力も含めたすべての外力がした仕事に等しい。おもりにはたらく重力が仕事をすると，おもりの位置エネルギーが減少することを用いると，おもりの力学的エネルギーの変化は，おもりにはたらく非保存力がした仕事に等しい，と書き直すことができる。

いま，静止していたおもりが高さ h だけ落下して速さ v になったとき，おもりの運動エネルギーの変化は $\frac{1}{2}Mv^2$，位置エネルギーの変化は $-Mgh$，おもりにはたらくひもの張力がした仕事は $-T'h$ であるから

$$\frac{1}{2}Mv^2-Mgh=-T'h$$

よって，おもりのエネルギーはひもの張力がした仕事 $T'h$ だけ減少する。

化学基礎

問題番号（配点）	設　問	解答番号	正　解	配　点	チェック
第1問（30）	問1	1	⑥	3	
	問2	2	②	4	
	問3	3	③	2	
		4	④	2*	
		5	⓪		
		6	①	2*	
		7	⓪		
	問4	8	⑤	3	
	問5	9	④	3	
	問6	10	④	4	
	問7	11	①	3	
	問8	12	⑤	4	

（注）　*は，両方正解の場合のみ点を与える。

問題番号（配点）	設　問	解答番号	正　解	配　点	チェック
第2問（20）	問1	13	③	4	
		14	③	4	
	問2	15	②	4	
		16	②	4	
		17	①	4	

自己採点欄
50点

（平均点：24.65点）

第1問  物質の分類，物質量，原子の構造，結晶の電気伝導性，金属の反応性，酸化剤，溶液の濃度，燃料電池

問1 [1] 正解は⑥

空気は窒素 N_2，酸素 O_2 などの混合物である。メタンとオゾンの分子式は，それぞれ CH_4，O_3 であることから，単体はオゾン O_3，化合物はメタン CH_4 である。

問2 [2] 正解は②

① 0℃，1.013×10^5 Pa で 22.4L の酸素 O_2 の物質量は 1.0mol であるから，酸素原子 O の物質量は 2.0mol である。

② 水 H_2O の分子量は 18 であるから，与えられた H_2O の物質量は 1.0mol であり，含まれる酸素原子 O も 1.0mol である。

③ 1.0mol の過酸化水素 H_2O_2 には，2.0mol の酸素原子 O が含まれている。

④ 黒鉛 C の完全燃焼の反応式は　$C + O_2 \longrightarrow CO_2$

黒鉛 12g の物質量は 1.0mol であるから，発生する二酸化炭素 CO_2 に含まれる酸素原子 O の物質量は

$$1.0\times2=2.0\,\text{〔mol〕}$$

問3 a [3] 正解は③

イは原子番号と等しいことから陽子の数を，**ウ**は周期的に変化していることから価電子の数を示している。したがって，**ア**が中性子の数を示すことになる。

b [4] 正解は④ [5] 正解は⓪ [6] 正解は① [7] 正解は⓪

質量数＝陽子の数＋中性子の数であることから，図1より原子番号 18 の Ar の質量数が 18＋22＝40 で最も大きい。

M殻に電子がなく原子番号が最も大きい原子は，L殻が最外殻であり，またL殻が閉殻の原子である原子番号 10 の Ne である。

問4 [8] 正解は⑤

金属結晶は，自由電子による金属結合をしているので電気をよく通すが，ナフタレンのような分子結晶は，分子が分子間力によって結合しているので，自由電子がなく電気を通さない。また，共有結合の結晶の多くは電気を通さないが，黒鉛は電気をよく通す。これは，炭素原子の4個の価電子のうちの3個は，隣接する炭素原子と網目状の平面構造を形成するために用いられているが，残りの1個はその平面構造間を自由に動けるためである。

問５ 9 正解は④

イオン化傾向は Mg＞Al＞Pt である。Mg は熱水や高温の水蒸気と反応し，Al は高温の水蒸気と反応する。Pt は高温の水蒸気とは反応せず，ほとんどの酸にも反応しないが，王水には溶ける。

問６ 10 正解は④

① 炭素原子 C の酸化数が ＋2→＋4 と増加するため，CO は還元剤としてはたらいている。

② 強塩基の NaOH によって，弱塩基の塩である NH_4Cl が弱塩基の NH_3 を遊離する反応であり，反応の前後で原子の酸化数が変化しないため，酸化還元反応ではない。

③ 弱酸の塩である Na_2CO_3 と強酸の HCl との反応であり，反応の前後で原子の酸化数が変化しないため，酸化還元反応ではない。

④ 臭素原子 Br の酸化数が 0→－1 と減少するため，Br_2 は**酸化剤**としてはたらいている。

問７ 11 正解は①

与えられた溶液 100mL（＝100cm³）の質量は

$$d\,[\mathrm{g/cm^3}]\times 100\,[\mathrm{cm^3}]=100d\,[\mathrm{g}]$$

この溶液に含まれる溶質の質量は

$$100d\,[\mathrm{g}]\times\frac{x}{100}=xd\,[\mathrm{g}]$$

したがって，溶液に含まれる溶質の物質量は

$$\frac{xd\,[\mathrm{g}]}{M\,[\mathrm{g/mol}]}=\frac{\boldsymbol{xd}}{\boldsymbol{M}}\,[\mathrm{mol}]$$

問８ 12 正解は⑤

正極の反応式より，4.0mol の電子 e^- が流れると，2.0mol の水 H_2O（分子量 18）が生成する。したがって，2.0mol の e^- が流れたときに生成する H_2O の質量は

$$2.0\times\frac{2.0}{4.0}\times 18=\mathbf{18}\,[\mathrm{g}]$$

負極の反応式より，2.0mol の e^- が流れると，1.0mol の水素 H_2（分子量 2.0）が消費される。したがって，2.0mol の e^- が流れたときに消費される H_2 の質量は

$$1.0\times 2.0=\mathbf{2.0}\,[\mathrm{g}]$$

化学基礎

第2問  陽イオン交換樹脂と塩の分類・水素イオンの物質量，中和と実験操作，$CaCl_2$ の吸湿量

問1　a　13　正解は③

正塩とは，酸の H と塩基の OH のどちらも残っていない塩のことであり，①，②，④が当てはまる。③ $NaHSO_4$ は酸である H_2SO_4 の H が1つ残っているので，酸性塩である。

b　14　正解は③

与えられた水溶液中の溶質は，陽イオン交換樹脂によってそれぞれ次の溶質に変化する。

ア　$KCl \longrightarrow HCl$　　イ　$NaOH \longrightarrow H_2O$

ウ　$MgCl_2 \longrightarrow 2HCl$　　エ　$CH_3COONa \longrightarrow CH_3COOH$

したがって，もとの水溶液に含まれる溶質の物質量が等しい場合，得られる酸の物質量が最も大きくなるのは $MgCl_2$ であり，得られた水溶液中の H^+ の物質量が最も大きいものはウである。

問2　a　15　正解は②

$CaCl_2$ 水溶液は強酸と強塩基の塩の水溶液であり，pH は7で中性だと考えられる。また，混合する酸と塩基の物質量が等しいことから，混合した水溶液の液性は次のようになる。

①　2価の強酸 H_2SO_4 と1価の強塩基 KOH だから，水溶液は酸性を示す。

②　1価の強酸 HCl と1価の強塩基 KOH だから，水溶液は中性を示す。

③　1価の強酸 HCl と1価の弱塩基 NH_3 だから，水溶液は弱酸性を示す。

④　1価の強酸 HCl と2価の強塩基 $Ba(OH)_2$ だから，水溶液は塩基性を示す。

したがって，$CaCl_2$ 水溶液と最も近い pH の値をもつ水溶液は②である。

b　16　正解は②

得られた塩酸を正確に希釈するためには**メスフラスコ**を用いる。

ビーカーやメスシリンダーでは誤差が大きいため正確な体積に希釈したことにならず，その後中和滴定を行っても正確な値が求められなくなる。また，①や③のように得られた塩酸の一部を希釈しても，もとの塩酸の正確な体積が不明なので，中和滴定を行っても，正確な値が求められない。

c　17　正解は①

実験Ⅰの陽イオン交換樹脂での反応は次のとおりである。

$$CaCl_2 + 2H^+ \longrightarrow 2HCl + Ca^{2+}$$

また，**実験Ⅲ**の中和滴定の反応は次のとおりである。

$$HCl + NaOH \longrightarrow NaCl + H_2O$$

実験Ⅰで得られた HCl の全量を 500 mL の水溶液にし，**実験Ⅲ**でそのうちの 10.0 mL で中和滴定を行うことにより，試料Aに含まれていた $CaCl_2$ の物質量を求めることができる。すなわち，中和滴定で得られた HCl の物質量の $\frac{500}{10.0}=50$ 倍が，**実験Ⅰ**で得られた HCl の全物質量となり，その $\frac{1}{2}$ 倍が試料Aに含まれる $CaCl_2$ の物質量となる。**実験Ⅲ**の中和滴定より，**実験Ⅰ**で得られた HCl の物質量は

$$0.100 \times \frac{40.0}{1000} \times \frac{500}{10.0} = 0.200\,〔\mathrm{mol}〕$$

したがって，試料Aに含まれる $CaCl_2$（式量 111）の質量は

$$0.200 \times \frac{1}{2} \times 111 = 11.1\,〔\mathrm{g}〕$$

よって，試料A 11.5 g に含まれる H_2O の質量は

$$11.5 - 11.1 = \mathbf{0.4}\,〔\mathrm{g}〕$$

化学基礎

生物基礎 本試験（第1日程）

問題番号（配点）	設問		解答番号	正解	配点	チェック
第1問（18）	A	問1	1	①	3	
		問2	2	④	3	
		問3	3	⑥	3	
	B	問4	4	④	3	
		問5	5	⑤	3	
		問6	6	③	3	
第2問（16）	A	問1	7	①	3	
		問2	8	③	4	
	B	問3	9	⑦	3	
		問4	10	④	3	
		問5	11	③	3	

問題番号（配点）	設問		解答番号	正解	配点	チェック
第3問（16）	A	問1	12	①	3	
		問2	13	②	3	
		問3	14	⑦	3	
	B	問4	15	②	3	
		問5	16	⑥	4*	

（注）＊は，③を解答した場合は2点を与える。

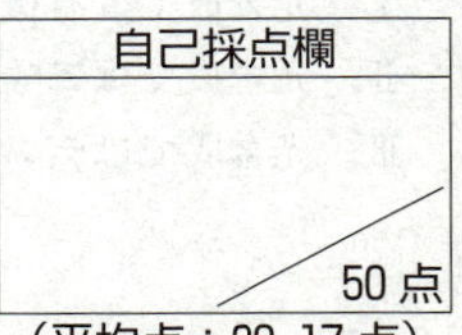

（平均点：29.17点）

第1問 ―― 生物の特徴と遺伝子

A 易 《生物の特徴》

問1 1 正解は①

原核生物に関する知識問題である。

選択肢のうち，原核生物でない生物（＝真核生物）は①の酵母菌である。全て「菌」がつくので紛らわしいが，酵母菌はカビのなかまであり，真核生物である。酵母菌が真核生物であることを問う問題は頻出なので，覚えておこう。

問2 2 正解は④

細胞に関する知識問題である。

ⓐ間違っている。細胞が正しい。「生物のからだの基本単位は，ⓐである」という記述から，DNA ではないとわかる。

ⓑ間違っている。細胞膜が正しい。細胞の外部との仕切りは細胞膜であり，動物細胞にもあることから，細胞壁ではないとわかる。

ⓒ間違っている。ミトコンドリアが正しい。呼吸を行うのはミトコンドリアである。シアノバクテリアは光合成を行う原核生物で，細胞小器官ではない。

ⓓ正しい。

問3 3 正解は⑥

光合成に関する知識問題である。

完成した模式図は以下のようになる。

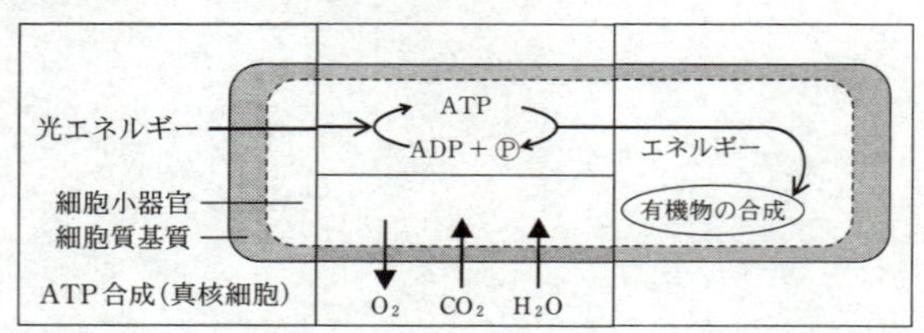

問題文に「光合成あるいは呼吸の反応」と示されている。図２の左上には「光エネルギー」と書かれているので，光合成であるとわかる。

Ⅰ．光合成では有機物の分解は起こらないので，ⓑが適当。

Ⅱ．光合成では二酸化炭素を取り入れて酸素を放出するので，ⓒが適当。

Ⅲ．光合成ではデンプンなどの有機物の合成が起こるので，ⓕが適当。

B 標準 《遺伝子のはたらき》

問4 　4 　正解は④

転写に関する知識問題である。

CHECK 転写は，2本あるDNAヌクレオチド鎖のうちの片方を使って行われる。DNAの塩基と相補的な塩基をもつRNAのヌクレオチドをつないでmRNAが合成される。

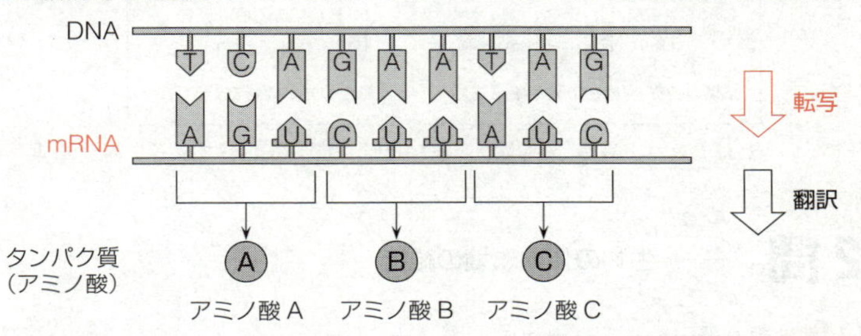

転写で合成されるのはmRNAであることに注意しよう。mRNAを合成するのに必要なのは，RNAのヌクレオチドとmRNAを合成する酵素である。

問5 　5 　正解は⑤

翻訳に関する知識問題である。

「◯◯C」の2つの◯に入る塩基は，それぞれA，U，G，Cの4通りなので

　4×4＝16通り

であり，末尾はCの1通りなので，最大16種類となる。

問6 　6 　正解は③

転写・翻訳に関する探究問題である。

この実験の目的は，問題文から「mRNAをもとに翻訳が起こるかを検証するため」であると示されている。この目的で実験を行うためには，「mRNAがある」場合と「mRNAがない」場合で翻訳が起こる（緑に光るタンパク質が作られる）かどうかを比較してみればよい。

図3では，既に転写が行われているので，左右のどちらの試験管にもmRNAはある。ここから「mRNAがない」場合を作るためには，mRNAを分解する酵素を加えればよい。その結果，「mRNAがある」場合はタンパク質Gが合成されて緑に光り，「mRNAがない」場合はタンパク質Gが合成されずに緑に光らないという結果になれば，実験の目的である「mRNAをもとに翻訳が起こるかを検証する」ことができる。

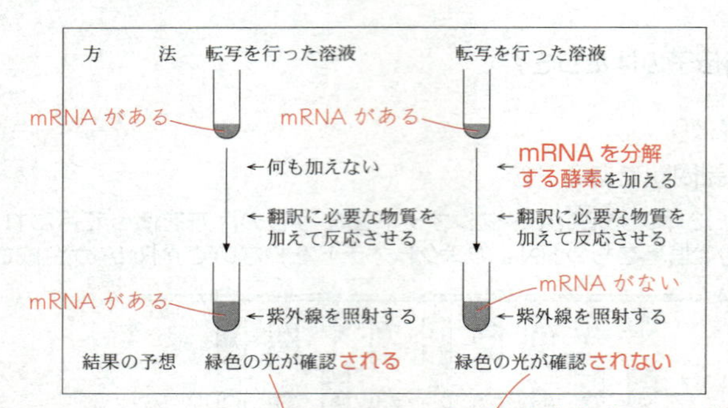

第2問 ―― 生物の体内環境の維持

A 標準 《塩類濃度の調節》

問1 7 正解は①

尿生成に関する思考問題である。

ア．リード文に「体内の水が不足すると」バソプレシンが分泌されるとある。体内の水が不足すると，塩類濃度は高くなる。逆に，水を飲んで体内の水分が増加すると塩類濃度は低くなる。

イ．集合管は，輸尿管，さらには膀胱へとつながっている管である。ここから水が透過しやすくなると，血管内へ水が再吸収されやすくなる。細尿管でナトリウムイオンが再吸収されると，体内の塩類濃度がより高くなってしまう。

問2 8 正解は③

塩類濃度の調節に関する実験考察問題である。

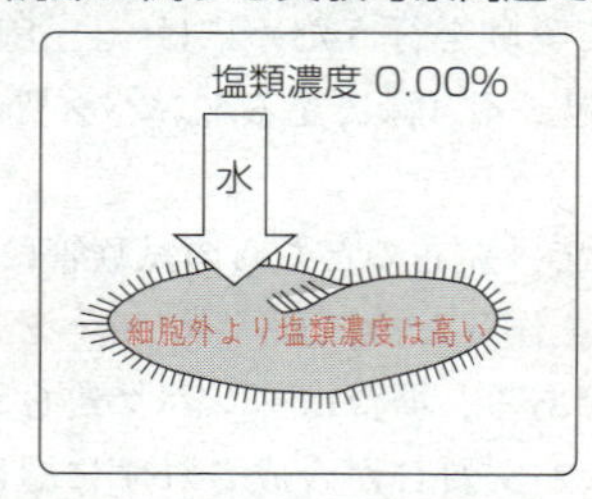

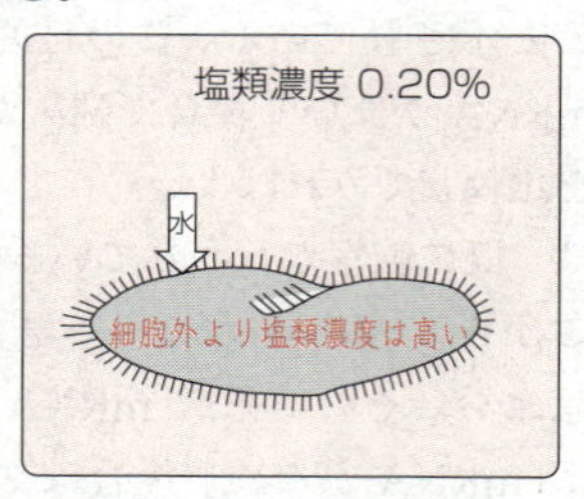

細胞の内外で，塩類濃度に違いがある場合，濃度の差が大きい方が，水が流入する力が大きい。周囲の塩類濃度が高くなり，細胞内の濃度との差が小さくなれば，流入する水は少なくなる。流入する水が少なくなればなるほど，収縮胞が水を排出する頻度は少なくなる。よって，③のグラフが適当である。

B 標準 《免疫》

問3 9 正解は⑦

免疫に関する知識問題である。

問題文で示されている「ウイルス感染細胞を直接攻撃する細胞」に該当するのは，ナチュラルキラー細胞とキラーT細胞である。ナチュラルキラー細胞は自然免疫の細胞であり，ウイルス感染から比較的早い段階で働くのに対して，キラーT細胞は獲得免疫（適応免疫）の細胞であり，働き始めるまでに時間がかかる。

細胞ⓐはウイルス感染からすぐに働き始めているので，**ナチュラルキラー細胞**である。

細胞ⓑはウイルス感染からしばらくたって働き始めているので**キラーT細胞**である。

問4 10 正解は④

免疫に関する知識問題である。

ⓒ好中球は，食作用によって異物を排除する細胞である。

ⓓ樹状細胞は，食作用によって異物を捕らえ，T細胞に抗原提示する細胞である。

ⓔリンパ球は，ナチュラルキラー細胞，T細胞，B細胞の総称で，食作用をもたない。

問5 11 正解は③

免疫に関する思考問題である。

一度病原体に感染して，T細胞やB細胞が増殖すると，その一部が記憶細胞として残り，2回目の感染の時には，1回目の感染よりも**早く**，なおかつ**大量**に抗体を産生する。

グラフの中で，1回目の抗原Bに対する抗体よりも早く，なおかつ大量に抗体を産生しているのは③である。

第3問 ―― 生物の多様性と生態系

A 標準 《バイオーム》

問1 12 正解は①

バイオームに関する知識問題である。

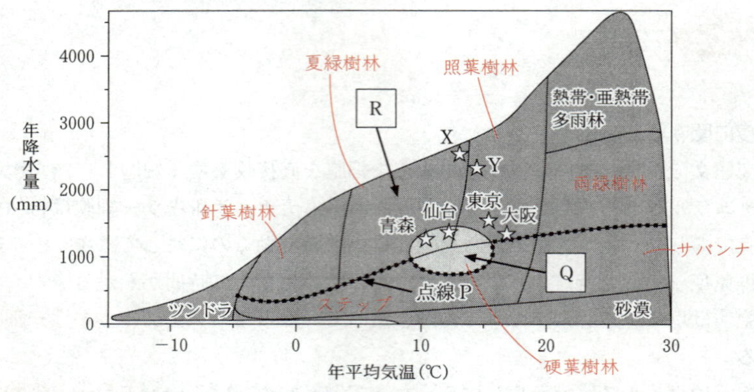

①適当。点線Pより上側は，全て森林が発達しているバイオームである。

②不適。熱帯・亜熱帯多雨林は点線Pよりも上側だが，雨季と乾季に分かれていない。

③不適。夏緑樹林，雨緑樹林は点線Pよりも上側だが，常緑樹ではなく，冬季や乾季に落葉する植物が優占しているので，常緑樹が優占しやすいとはいえない。

④不適。点線Pより下側は，草原や砂漠のバイオームであるが，樹木は優占していないだけで生育はしている。

⑤不適。点線Pより下側には，ステップやサバンナのバイオームが存在し，イネ科の植物などが優占している。

問2 13 正解は②

バイオームに関する考察問題である。

図1のグラフは，横軸が年平均気温，縦軸が年降水量である。降水量の変化が少ないことが前提で温暖化が進行した場合，観測点XもYも右側へ移動することになる。Xが右に移動すると，夏緑樹林（落葉広葉樹）→照葉樹林（常緑広葉樹）へと変化する（②）。

Yも大きく右に移動すると，照葉樹林（常緑広葉樹）→雨緑樹林（落葉広葉樹）へと変化する（⑧）が，わずかな変化で生じる②の方がより適当であると考えられる。

問3 14 正解は⑦

バイオームに関する知識および考察問題である。

エ．バイオームQは硬葉樹林である。

オ．図2のグラフから，ローマもロサンゼルスも夏季に降水が少ないことがわかる。

カ．冬季に比較的気温が高ければ降雪はほぼみられない。また，雨が降れば湿潤となる。雨が降れば，気温が比較的高くても乾燥はしない。

B 標準 《生態系の保全》

問4 15 正解は②

牛疫の根絶に関する考察問題である。

①不適。グラフから，ウシ科の動物であるヌーの牛疫に対する抵抗性をもつ個体は，牛疫が根絶されたとする1960年前後でも100％には達していないので，全てのウシ科動物が抵抗性をもつようになったことを示す根拠はない。

②適当。ウイルスは単独で増殖することはできず，他の生物に感染しなければ増殖できない。また，一般に時間の経過とともに感染力を失うので，ワクチンによって感染の機会が失われれば，その地域から根絶されることになる。

③不適。ワクチンによって得られる抵抗性は，獲得免疫なので子孫には引き継がれない。また，グラフより，1963年付近から抵抗性をもつヌーの割合は0％になっており，抵抗性は子孫に引き継がれないことがわかる。

④不適。ワクチンは，一般に弱毒化した病原体であり，ウイルスを無毒化できるものではない。

問5 16 正解は⑥ （③で部分正解）

生態系に関する考察問題である。

ⓐ非合理的。グラフから，牛疫に対する抵抗性をもつヌーはいないことがわかる。牛疫が蔓延すればヌーが病死して減少すると推論される。

ⓑ非合理的・ⓒ合理的。問題文に，ヌーの個体数が増加すると「草本の現存量は減少し，乾季に発生する野火が広がりにくくなった」とあるので，ヌーの個体数が減少すれば，草本の現存量が増加し，野火が広がりやすくなることが推論される。

ⓓ合理的。問題文中に「野火は樹木を焼失させる」とあるので，野火が広がれば森林の面積は減少すると考えられる。

地学基礎 本試験（第１日程）

問題番号(配点)	設問		解答番号	正解	配点	チェック
第１問 (24)	A	問１	1	④	4	
		問２	2	④	3	
	B	問３	3	②	4	
		問４	4	③	3	
	C	問５	5	④	4	
		問６	6	②	3	
		問７	7	②	3	

問題番号(配点)	設問		解答番号	正解	配点	チェック
第２問 (13)	A	問１	8	②	3	
		問２	9	①	4	
	B	問３	10	③	3	
		問４	11	①	3	
第３問 (13)	A	問１	12	②	4	
		問２	13	②	3	
	B	問３	14	④	3	
		問４	15	①	3	

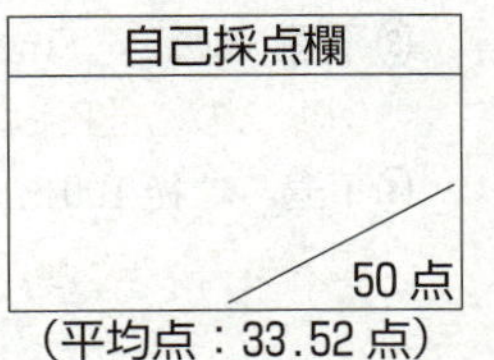

（平均点：33.52点）

第1問 ―― 地球，地質・地史，鉱物・岩石

A　やや易　《地震，地球の形状》

問１　1　正解は④

①不適。マグニチュードは地震の規模（放出されたエネルギー）の大小を表す。地震による揺れの強さは**震度**で表される。

②不適。**緊急地震速報**は，震源の近くの地震計でとらえたＰ波の観測データから，Ｓ波による大きな揺れが各地にいつ到達するかを予測して発表する。

③不適。地震による揺れの強さは，震源からの距離が同じであっても地盤の強弱によって異なる。

④適当。震源が海域にある**海溝型巨大地震**では，海底が急激に隆起・沈降することで津波が発生することが多い。

問２　2　正解は④

地球は自転による遠心力のため，赤道方向にふくらんだ**回転だ円体**とみなされる。極付近の曲がり方が赤道付近よりもゆるやかなため，緯度差１度に対する子午線の長さは極付近の方が赤道付近よりも長くなっている。

B　標準　《流速と砕屑物の挙動》

問３　3　正解は②

図１は，静止状態にある粒子が動き出して運搬される条件と，運搬されている粒子が堆積する条件に分けて考察する必要がある。

静止状態の粒子が動き出すかどうかは，図の「侵食・運搬される領域」に入っているかどうかで判断する。また，運搬されている粒子が堆積するかどうかは，図の「堆積する領域」に入っているかどうかで判断する。

①不適。粒径 0.01mm の泥は流速 10cm/s の流水下では「侵食・運搬される領域」に入っていないので動き出さない。

②適当。粒径 10mm の礫は，流速 10cm/s の流水下で「堆積する領域」に入っているので堆積する。

③不適。粒径 0.1mm の砂は流速 100cm/s の流水下で「堆積する領域」に入っていないので堆積しない。

④不適。粒径 100mm の礫は流速 100cm/s の流水下で「侵食・運搬される領域」に入っていないので動き出さない。

問4 [4] 正解は③

蛇行河川を流れる水の流速は，**湾曲部の外側付近では速く，湾曲部の内側では遅い。**図1から，運搬されてきた粒子が堆積する場合，流速が速いと，粒径が大きな礫は堆積するが，粒径の小さな砂や泥は堆積しない。したがって，湾曲部の外側に位置していた時期Aの地点Xで堆積した地層は礫からなる。時期Bになると地点Xは湾曲部の内側に変わるので，まず粗粒の砂が堆積しはじめ，だんだん粒径が小さくなっていく。やがて時期Cになると後背湿地で流体がほぼなくなり，泥が堆積するようになる。地層は下方から順に時期A→時期B→時期Cと堆積するので，**下方から礫→砂（粗粒）→砂（細粒）→泥の順**に変化する③の柱状図が適当である。

C 標準 《岩石，冷却速度と鉱物の粒径，溶岩の粘性》

問5 [5] 正解は④

四つの岩石は，まず，方法[ア]によって深成岩である斑れい岩と花こう岩の組と，生物岩であるチャートと石灰岩の組に分けられる。一般に，深成岩は粗粒の鉱物がぎっしり詰まった等粒状組織を持ち，花こう岩と斑れい岩をルーペで観察すると，共に多く含まれる粗粒の長石が見られるはずである。他方，チャートと石灰岩は，どちらをルーペで見ても長石は含まれていない。したがって，方法[ア]はbとなる。

次に，斑れい岩は花こう岩に比べて密度の大きな有色鉱物を多く含むため，質量と体積を測定して密度の大きさを比較すれば区別できる。したがって，方法[イ]はcとなる。

さらに，石灰岩の化学組成は$CaCO_3$であり，希塩酸と反応して二酸化炭素が発生するため発泡が見られる。一方，チャートの化学組成はSiO_2であり，希塩酸とは反応しないので，希塩酸をかけることで両者の区別が可能である。よって，方法[ウ]はaとなる。

問6 [6] 正解は②

マグマが水中に噴出すると，周囲の水がマグマを外側から冷却することになる。一般に，冷却速度は接触している物質間の温度差に比例するので，水に直接触れる溶岩の表面に近い部分aの方が内部の部分bよりも速く冷やされる。また，マグマが冷えて鉱物が晶出するとき，冷却速度が速いほど鉱物の成長時間が短くなって細粒になる。したがって，冷却速度の速い部分aの方が部分bよりも鉱物が細かくなっている。

問7　7　正解は②

予想は「SiO_2 含有量」と「粘性」の関係なので，他にも粘性に影響を与えうる「温度」は一定にして，SiO_2 含有量の異なる岩質を比較しなければならない。したがって，表1でともに1000℃である溶岩YとZに加えて調べるのは，同じ1000℃であり，かつデイサイト質とも玄武岩質とも SiO_2 含有量が異なる安山岩質の溶岩が適当である。

NOTE　溶岩の性質

岩質	玄武岩質	安山岩質　デイサイト質	流紋岩質
粘性	小さい（流れやすい）	←――――――――→	大きい（流れにくい）
温度	高い（1200℃）	←――――――――→	低い（900℃）
SiO_2 含有量	少ない	←――――――――→	多い
揮発成分	少ない	←――――――――→	多い

第2問 ―― 大気・海洋

A　標準　《台風と高潮》

問1　8　正解は②

名古屋港の気圧を図1から読み取ると，18時においては980hPaである。一方，21時は960hPaと964hPaの等圧線のちょうど中間付近であるから962hPaと読むことができる。したがって，18時から21時にかけて18hPaの気圧低下があったと考えられ，1hPaの低下で1cmの海面上昇を仮定すると，海面の高さの上昇量は18cmと推定される。

問2　9　正解は①

台風のまわりを吹く風は，台風を中心に反時計回りに吹き込み，中心に近いほど等圧線の間隔が狭くなるため強い。18時において，大阪湾付近の風向は北東の風であるから，大阪湾内の海水は掃き出されて海面が低下していたと考えられる。他方，名古屋港や御前崎港では南東の風によって海水が湾内や陸地に向かっているため，海面は上昇していたと考えられる。したがって，表1で18時において海面が低下していたXが大阪港である。次に，21時において，台風の中心は名古屋港のすぐ西側にあり，名古屋港には18時よりも強い南風が吹いていたが，御前崎港は気圧変化があまりなく，水位は18時とそれほど変わらなかったと考えられる。したがって，Yが名古屋港，Zが御前崎港となる。

B 標準 《地球温暖化》

問３ 10 正解は③

雲は太陽放射をよく反射するので，雲の量が増加すれば太陽放射の宇宙空間への反射は増加する。また，雲からはその温度に応じた赤外放射がなされており，それは上方へも下方へも発せられる。赤外線が物質に当たると温度を上昇させる効果があるので，雲の量が増加することで雲から地表面へ向かう赤外放射も増加し，地表気温の上昇が促進されることが考えられる。よって正解は③となる。

問４ 11 正解は①

①適当。地球に温室効果の影響がなければ，現在の平均気温（約15℃）よりも約30℃低下すると考えられている。

②不適。エルニーニョ現象は，近年の温暖化によって頻度が変化する可能性があるものの，その現象が生じる原因が温室効果にあるわけではない。

③不適。金星や火星の大気には温室効果ガスである二酸化炭素が含まれており，温室効果がみられる。

④不適。水蒸気，メタン，オゾンなどの気体も温室効果ガスである。

第３問 ―― 宇 宙

A 標準 《太陽，宇宙の進化》

問１ 12 正解は②

恒星は原始星→主系列星→赤色巨星→白色矮星の順に進化する。原始星は収縮するガスの重力エネルギーで光るが，やがて恒星の中心部で水素がヘリウムへ変換される核融合反応が起こり，主系列星になる。現在の太陽は主系列星に分類される。

問２ 13 正解は②

①不適。水素とヘリウムの原子核がつくられたのは，宇宙の誕生から約３分後のできごとである。

②適当。宇宙の誕生から約38万年後に宇宙の温度が約3000Kまで下がったため，それまで独立して存在していたヘリウムや水素の原子核や陽子が電子と結合し中性のヘリウム原子や水素原子となった。すると，それまで光の直進を妨げていた電子が希薄になり，宇宙は光で遠くまで見渡せるようになった。これを宇宙の晴れ上がりという。

③不適。最初の恒星の誕生は，宇宙誕生から約３～４億年後と考えられている。

④不適。宇宙の誕生から現在まで約 138 億年であると考えられている。

B やや難 《超新星，天体の明るさ》

問３ 14 正解は④

図２の急に明るくなる天体Ｘは**超新星**であると考えられる。超新星は太陽の８倍を超える大質量星が進化の最後に大爆発を起こしたもので，急激な増光が観察される。

①不適。**惑星状星雲**は，太陽程度の質量を持つ恒星が進化の最後に白色矮星になるとき，宇宙空間に放出したガスが，中心星の放射した紫外線によって光って見えるものである。したがって，惑星状星雲に超新星が出現することはない。

②不適。**散開星団**は，星間ガスが収縮してできたばかりの若い恒星の集団である。したがって，進化の最終段階である超新星が観測されることはない。

③不適。**球状星団**は銀河系のハローに散在する恒星の集団であり，太陽よりも老齢な恒星からなる。一般に，超新星爆発をするような大質量星は短命であり，球状星団の恒星は太陽よりも質量が小さいと考えられるので超新星とはならない。

④適当。**渦巻銀河**には大質量の恒星が多数含まれており，本問のような超新星が観測される場合がある。

問４ 15 正解は①

図２ⓐの恒星Ｐの天体像の半径に対し，同図の天体Ｘは像の半径が２倍であると読み取れる。像の面積は半径の２乗に比例するので，天体Ｘの像の面積は天体Ｐの $2^2=4$ 倍となる。図３において，天体Ｐの４倍の面積である点が天体Ｘを示しており，その見かけの等級は 18.5 等と読み取ることができる。

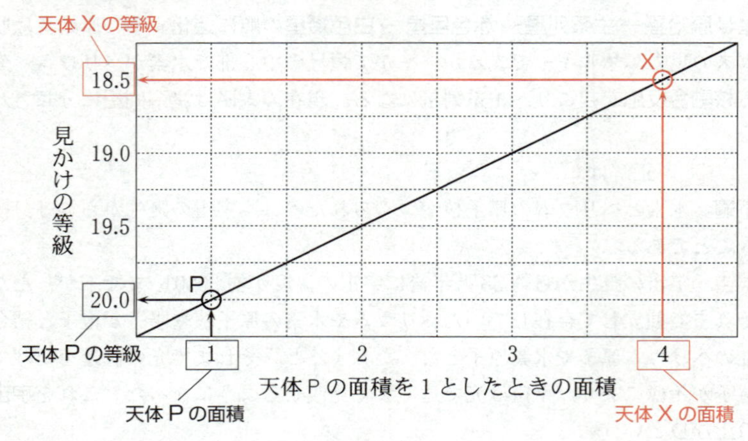

物理基礎 本試験（第２日程）

問題番号(配点)	設問		解答番号	正解	配点	チェック
第１問 (16)	問１		1	③	4	
	問２		2	③	4	
	問３		3	④	4	
	問４		4	①	4	
第２問 (19)	A	問１	5	④	3	
		問２	6	②	3	
			7	②	3	
	B	問３	8	⑧	3	
		問４	9	①	3	
		問５	10	④	2	
			11	⑤	2	
第３問 (15)	問１		12	③	4	
	問２		13	②	4	
	問３		14	⑥	4	
	問４		15	③	3	

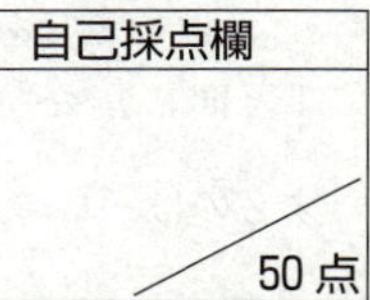

（平均点：24.91 点）

第1問 標準 《総　合　題》

問1　1　正解は③

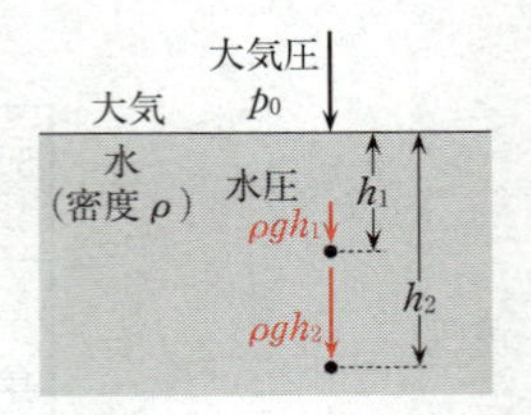

水中での圧力は，大気圧と，水深によって決まる水圧の和であるが，水深が異なっても大気圧は一定である。

水の密度を ρ〔kg/m^3〕，重力加速度の大きさを g〔m/s^2〕とし，水深を $h_1=1.0$〔m〕，$h_2=2.0$〔m〕とすると，水深 h_1，h_2 のそれぞれの場所での水圧 p_1〔Pa〕，p_2〔Pa〕は

$$p_1=\rho g h_1$$

$$p_2=\rho g h_2$$

水圧の差を Δp〔Pa〕とすると，$h_1<h_2$ であるから

$$\Delta p=\rho g h_2-\rho g h_1=\rho g(h_2-h_1)$$
$$=1.0\times10^3\times9.8\times(2.0-1.0)$$
$$=9.8\times10^3\text{〔Pa〕}$$

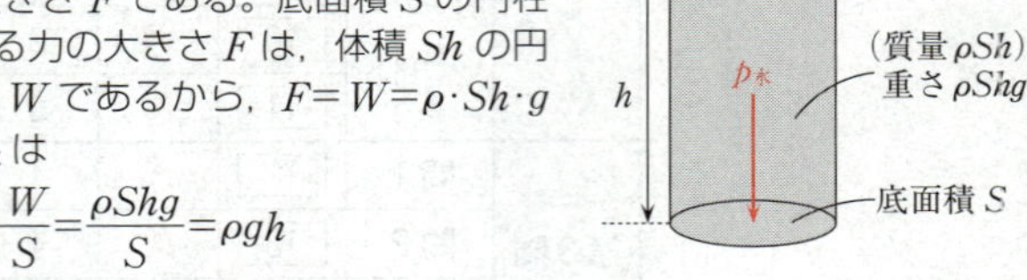

POINT　○水深 h の点での水圧 $p_{水}$ は，高さ h の水が単位面積あたりに加える力の大きさ F である。底面積 S の円柱を考えると，底面に加わる力の大きさ F は，体積 Sh の円柱内に含まれる水の重さ W であるから，$F=W=\rho\cdot Sh\cdot g$ である。よって，水圧 $p_{水}$ は

$$p_{水}=\frac{F}{S}=\frac{W}{S}=\frac{\rho Shg}{S}=\rho g h$$

大気圧を p_0 とすると，水深 h の点での圧力 p は，大気圧と水圧の和となるから

$$p=p_0+\rho g h$$

○単位の関係は

$$p_{水}\text{〔Pa〕}=\rho\text{〔kg/m}^3\text{〕}\times g\text{〔m/s}^2\text{〕}\times h\text{〔m〕}$$

右辺の単位は，〔kg/m^3〕·〔m/s^2〕·〔m〕＝〔(kg·m)/(s^2·m^2)〕＝〔N/m^2〕＝〔Pa〕となる。

問2　2　正解は③

図1で，断面積 S の導線を自由電子が速さ u で進むとき，導線を流れる電流の大きさ I は，自由電子の電気量の大きさを e，導線内の単位体積あたりの自由電子の個数を n とすると

$$I=enuS$$

e，n は一定であるから，A～Fで，（自由電子の速さ）×（導線の断面積）の値が図1と同じ $u\times S$ であるとき，電流の大きさ I は図1と同じになる。この条件を満たすものは，Cの $\dfrac{u}{2}\times2S$ と，Dの $2u\times\dfrac{S}{2}$ である。

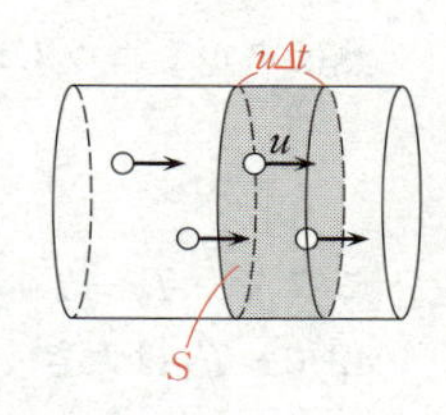

CHECK　導線を流れる電流の大きさ I は，時間 Δt の間に導線のある断面を通過する自由電子の数を N，その電気量の和を Δq とすると

$$I=\frac{\Delta q}{\Delta t}=\frac{e\cdot N}{\Delta t}$$

時間 Δt の間に導線のある断面を通過した自由電子は，長さが $u\Delta t$，断面積が S の体積 $u\Delta t\cdot S$ の円柱内に含まれ，単位体積あたりの自由電子の個数が n であるから，円柱内の自由電子の個数は $N=n\cdot u\Delta t\cdot S$ である。よって

$$I=\frac{\Delta q}{\Delta t}=\frac{e\cdot N}{\Delta t}=\frac{e\times n\cdot u\Delta t\cdot S}{\Delta t}=enuS$$

問3　3　正解は④

波が固定端反射をする場合，媒質の端が固定されているので，端での入射波と反射波の合成波の変位が0になるように，反射波の位相は入射波の位相に対して π だけ変化する。すなわち，変位 y の正負が反転し，入射波の山は，谷となって反射する。

固定端がないと考えると，5s後の透過波の先端は $x=4+2\times5=14$〔cm〕の位置まで進む。これが $x=10$〔cm〕の位置で反射すると，反射波の先端は $x=10-(14-10)=6$〔cm〕の位置まで戻ってくる。

反射波の作図は，入射波をもとに，固定端がないと考えて進んだ透過波を描き，その透過波の変位を反転させた（位相を π だけ変化させた）後，固定端に対して折り返せばよい。

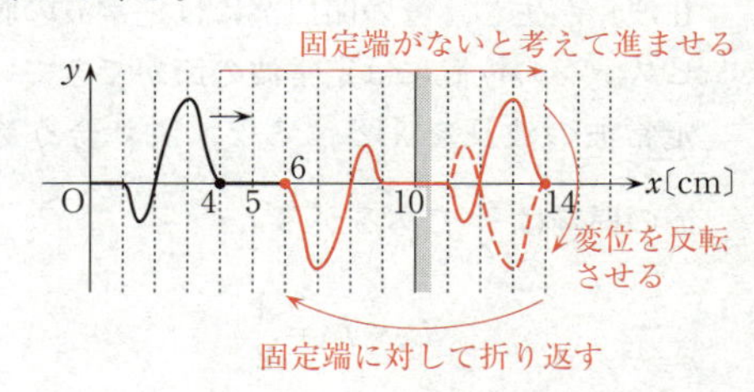

したがって，図として最も適当なものは④である。

CHECK　○波が自由端反射をする場合，媒質の端が自由に振動できるので，反射波の位相は入射波の位相と変化しない。すなわち，変位 y の正負が変化せず，入射波の山は，山のままで反射する。

○自由端反射の場合の反射波の作図は，入射波をもとに，自由端がないと考えて進んだ透過波を描き，その透過波の変位を自由端に対して折り返せばよい。$x=10$〔cm〕の位置で，パルス波が自由端反射をした場合の5s後の波形は，②である。

問4　4　正解は①

ア　アルミニウム球が放出した熱量 Q_1〔J〕は

$$Q_1=100\times0.90\times(42.0-T_3)$$

水が吸収した熱量 Q_2〔J〕は

$$Q_2=M\times4.2\times(T_3-T_2)$$

熱はアルミニウム球と水の間だけで移動するから

$$Q_1 = Q_2$$

$$100 \times 0.90 \times (42.0 - T_3) = M \times 4.2 \times (T_3 - T_2)$$

ここで，$T_3 - T_2$ すなわち $T_3 - 20.0$ を小さくすると，T_3 が小さくなるので，$42.0 - T_3$ は大きくなり，このとき，M は**大きく**なる。

［イ］　次に，$T_2 = 20.0$〔℃〕で，$T_3 - T_2 = 1.0$〔℃〕のとき，$T_3 = 21.0$〔℃〕であるから

$$100 \times 0.90 \times (42.0 - 21.0) = M \times 4.2 \times 1.0$$

$$\therefore \quad M = \mathbf{450}\text{〔g〕}$$

したがって，語句および数値の組合せとして最も適当なものは①である。

第2問 ―― 波，電磁気

A 

《気柱の共鳴》

問1　［5］　正解は④

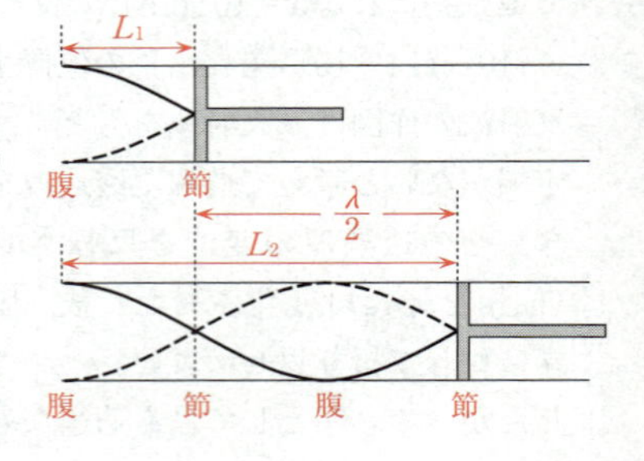

気柱が共鳴したとき，気柱内には定常波（定在波）が生じ，管の開口部には定常波の腹が，ピストンの位置には定常波の節ができている。定常波の波長を λ とすると，隣り合う節と節の間隔は $\frac{\lambda}{2}$ であるから

$$L_2 - L_1 = \frac{\lambda}{2}$$

$$\lambda = 2(L_2 - L_1)$$

気柱内に生じる定常波の振動数は，スピーカーから出る音の振動数 f と等しいので，音速 V は

$$V = f\lambda = \mathbf{2f(L_2 - L_1)}$$

問2　［6］　正解は②　　［7］　正解は②

［6］　実験室の気温を下げると，音速 V が小さくなる。管内を伝わる音の振動数 f は，スピーカーから出る音の振動数と等しく，気温が下がる前後で変化しないから，波の式 $V = f\lambda$ より，λ が小さくなる。

すなわち，共鳴が起こらなくなったのは，管内の**音の波長が短くなった**からである。

POINT　空気中の音速 V〔m/s〕は，空気の温度が0℃付近で高くなりすぎない範囲のとき，空気の温度を t〔℃〕として

$$V = 331.5 + 0.6t$$

と表せる。つまり，音速は空気の温度に依存し，空気の温度が高いほど速くなる。

7 問1で気柱が共鳴したときよりも気温が下がり波長が短くなったとき，定常波ができたとすると，右の下の図のようになる。ピストンを左に動かして，ピストンの位置に定常波の節ができるときに共鳴が起こるから，共鳴が起こる位置は，図のAとBの位置である。

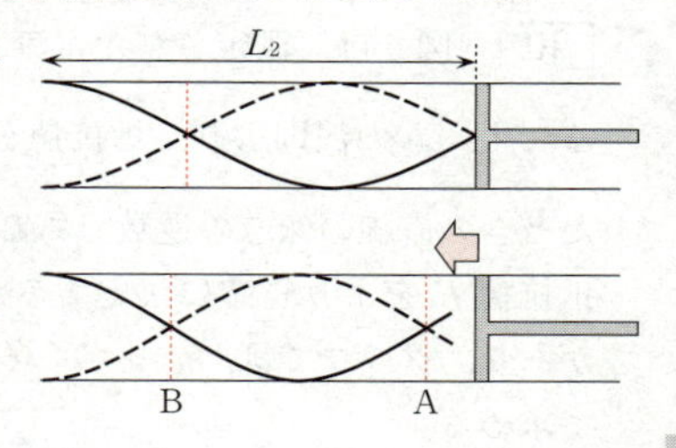

したがって，ピストンが管の開口部に達するまでに共鳴は **2回** 起こる。

B  《オームの法則》

問3 8 正解は⑧

図4の目盛りの最大値は3，最小目盛りは0.1であるから，針の位置を最小目盛りの$\frac{1}{10}$まで読み取ると，2.07である。また，図3の負極側の接続端子が300mAであるから，目盛りの最大値の3を指すときの電流値は300mAである。よって，電流計の読み取り値は207mA，すなわち，**0.207A** である。

問4 9 正解は①

図5で，抵抗に加えた電圧が2Vから40Vまで2V刻みであることに注意しながら，電流値が30mA，300mA，3Aのそれぞれを超えないような測定点を調べる。

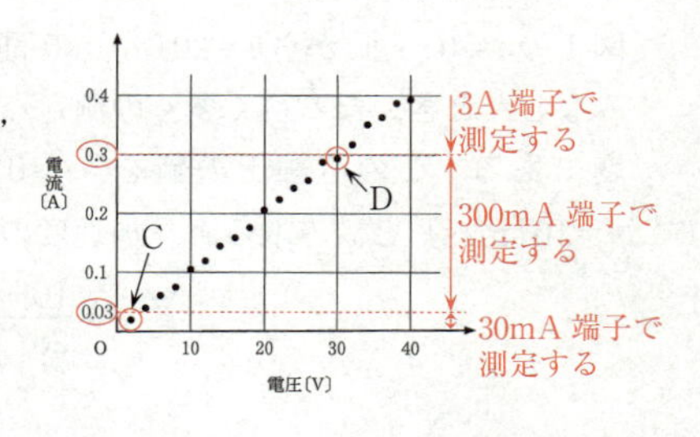

電流計の端子に30mAすなわち0.03Aを選んだとき，電流がこの値を超えない最大の測定点は右図のCであり，このときの電圧は2Vである。よって，30mA端子で測定するのは，電圧が **2V** のときである。

次に，端子に300mAすなわち0.3Aを選んだとき，電流がこの値を超えない最大の測定点は右図のDであり，このときの電圧は30Vである。よって，300mA端子で測定するのは，電圧が **4〜30V** のときである。

さらに，電圧が30Vを超えるときは，端子に3Aを選ばなければならない。よって，3A端子で測定するのは，電圧が **32〜40V** のときである。

したがって，組合せとして最も適当なものは①である。

問5　10　正解は④　11　正解は⑤

10　図5は，測定された電流 I が加えた電圧 V にほぼ比例することを表している。オームの法則より，抵抗値 R は，$R=\dfrac{V}{I}$ であり，これは図5を直線とみなしたときの直線の傾きの逆数である。

抵抗値 R をより正確に決定するためには，できるだけ多くの測定値を用いる必要があり，グラフでは，**なるべく多くの測定点の近くを通るように引いた直線の傾き**で求める。

11　図5において，原点を通り，なるべく多くの測定点の近くを通るように直線を引くと，右図のようになる。計算誤差をできるだけ小さくするためには，原点からできるだけ離れたところで値を読み取る必要があるので，電圧 $V=40$〔V〕のとき電流 $I=0.4$〔A〕と読み取ると，抵抗値 R〔Ω〕は

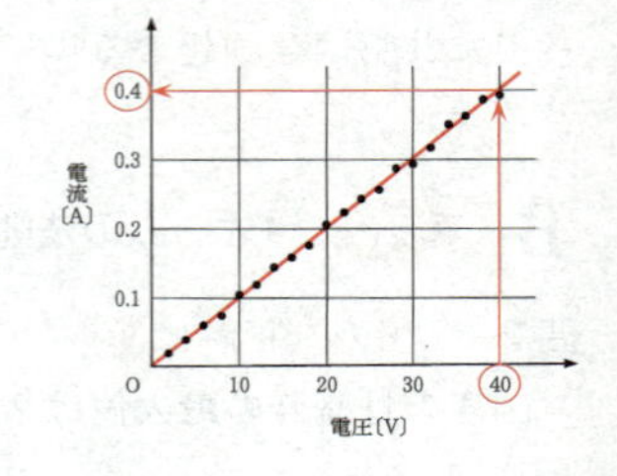

$$R=\frac{V}{I}=\frac{40}{0.4}=\mathbf{100}\,〔\Omega〕$$

第3問　標準　——　力学，電磁気　《電車の等加速度直線運動，モーターの消費電力》

問1　12　正解は③

図1の $t=0$〔s〕から $t=20$〔s〕の間では，電車が等加速度直線運動をしているとみなしたとき，なるべく多くの測定点の近くを通るように引いた直線の傾きが加速度である。この直線上の値を，$t=0$〔s〕のとき $v=0$〔m/s〕，$t=20$〔s〕のとき $v=16$〔m/s〕と読み取ると，加速度の大きさ a〔m/s²〕は

$$a=\frac{16-0}{20-0}=\mathbf{0.8}\,〔\mathrm{m/s^2}〕$$

問2　13　正解は②

図1の v-t グラフと t 軸で囲まれる面積が，時間 t の間の移動距離である。

右図のように，$t=0$〔s〕から $t=20$〔s〕の間，$t=20$〔s〕から $t=40$〔s〕の間，$t=40$〔s〕から $t=90$〔s〕の間のそれぞれで，v-t グラフの傾きが一定であり，等加速度直線運動をしているとみなして，これらの部分の面積の和を求める。問1と同様に，それぞ

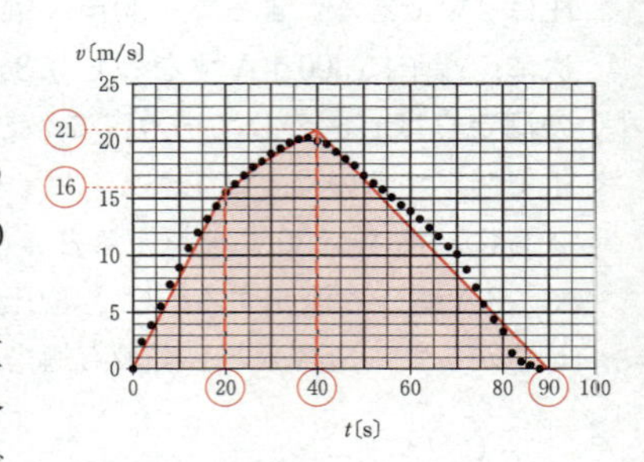

れの区間でなるべく多くの測定点の近くを通る直線を引き，直線上の値を，$t=40$〔s〕のとき $v=21$〔m/s〕，$t=90$〔s〕のとき $v=0$〔m/s〕と読み取ると，面積すなわち移動距離 S〔m〕は

$$S=\frac{1}{2}\times16\times(20-0)+\frac{1}{2}\times(16+21)\times(40-20)+\frac{1}{2}\times21\times(90-40)$$
$$=1055\fallingdotseq\mathbf{1100}\text{〔m〕}$$

問３　14　正解は⑥

図２の $t=0$〔s〕から $t=20$〔s〕の間では，モーターに流れた電流 I は一定値で 550 A と読み取ることができる。電圧 V は 600 V であるから，時間 Δt の間にモーターが消費した電力量 W〔J〕は

$$W=VI\Delta t$$
$$=600\times550\times(20-0)=6.6\times10^6\fallingdotseq\mathbf{7\times10^6}\text{〔J〕}$$

CHECK　○本問は，電力量 $W=VI\Delta t$ が問われているのであって，電力 $P=VI$ が問われているのではない。物理用語の正しい理解が必要である。
○抵抗値 R の抵抗に大きさ I の電流が流れるとき，または大きさ V の電圧が加わるとき，抵抗で消費した電力 P〔W〕は

$$P=VI=RI^2=\frac{V^2}{R}$$

時間 Δt の間に抵抗で消費した電力量 W〔J〕は

$$W=P\Delta t=VI\Delta t=RI^2\Delta t=\frac{V^2}{R}\Delta t$$

問４　15　正解は③

図２の $t=40$〔s〕から $t=60$〔s〕の区間では，モーターに流れた電流 I は 0 と読み取ることができるので，この間，モーターは電車にエネルギーを供給していない。すなわち，電車を動かすためのモーターの動力による仕事は 0 である。
仮に，線路に勾配がなく水平であったとすると，摩擦や空気抵抗の影響が無視できるので，力学的エネルギー保存則より，運動エネルギーの変化がなく，電車の速さは一定に保たれるはずである。
一方，図１の $t=40$〔s〕から $t=60$〔s〕の区間では，$t=40$〔s〕のとき $v=20$〔m/s〕，$t'=60$〔s〕のとき $v'=14$〔m/s〕と読み取ることができる。このとき，電車は勾配のある線路をモーターの動力なしに登っていることになり，重力による位置エネルギーが増加した分だけ，運動エネルギーが減少している。

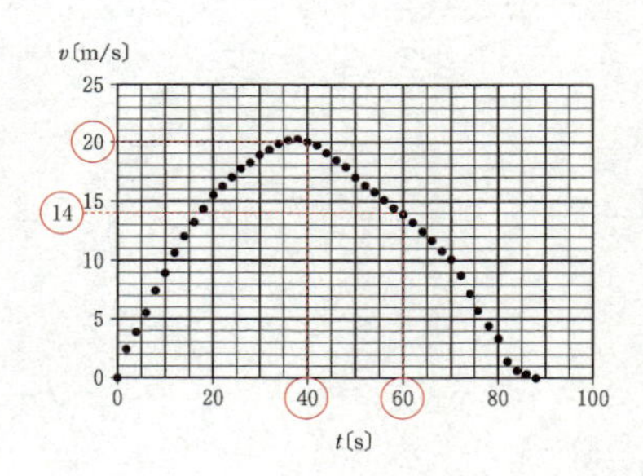

電車の質量を m〔kg〕，重力加速度の大きさを g〔m/s²〕，この区間の高低差を h〔m〕とすると，力学的エネルギー保存則より

$$\frac{1}{2}mv^2=\frac{1}{2}mv'^2+mgh$$

$$v^2=v'^2+2gh$$

$$20^2=14^2+2\times9.8\cdot h$$

$$\therefore\quad h=10.4\fallingdotseq 10\text{〔m〕}$$

CHECK　高低差 h を求めるのに，題意より力学的エネルギー保存則を用いたが，勾配が一定である場合は運動方程式と等加速度直線運動の式で求めることもできる。

電車には重力だけがはたらくので，電車の加速度を a'〔m/s²〕，斜面の勾配を θ〔°〕とし，斜面に沿って上向きを正とすると，運動方程式より

$$ma'=-mg\sin\theta \qquad \therefore\quad a'=-g\sin\theta$$

斜面に沿って登った距離を x〔m〕とすると，等加速度直線運動の式より

$$v'^2-v^2=2a'x$$

高低差 h は

$$h=x\sin\theta=\frac{v'^2-v^2}{2a'}\sin\theta=\frac{v'^2-v^2}{2(-g\sin\theta)}\sin\theta=-\frac{v'^2-v^2}{2g}$$

$$=-\frac{14^2-20^2}{2\times9.8}=10.4\fallingdotseq10\text{〔m〕}$$

なお，図1の v-t グラフの直線の傾きが加速度であるから

$$a'=\frac{v'-v}{t'-t}=\frac{14-20}{60-40}=-0.3\text{〔m/s}^2\text{〕}$$

これらの計算から，斜面の勾配は，$\sin\theta=-\frac{a'}{g}=-\frac{-0.3}{9.8}\fallingdotseq0.031$ より $\theta\fallingdotseq1.8°$ となり，斜面に沿って $x\fallingdotseq340$〔m〕進んで高低差 $h\fallingdotseq10$〔m〕を登る線路であることがわかる。

化学基礎 本試験（第２日程）

問題番号（配点）	設問	解答番号	正解	配点	チェック
第１問（30）	問１	1	①	2	
		2	④	3	
	問２	3	①	3	
	問３	4	⑥	3	
	問４	5	⑤	3	
	問５	6	①	3	
	問６	7	②	3	
	問７	8	⑥	3	
	問８	9	④	2	
		10	③	2	
	問９	11	④	3	

問題番号（配点）	設問	解答番号	正解	配点	チェック
第２問（20）	問１	12	②	4*	
		13	③		
		14	⑤		
		15	①	4	
	問２	16	③	4	
		17	④	4	
		18	②	4	

（注） ＊は，全部正解の場合のみ点を与える。

自己採点欄
50点

（平均点：23.62点）

第1問　標準　電子配置と原子の性質，混合物の分離操作，結晶と結合，熱運動と温度，配位結合，逆滴定，鉄の酸化，金属の性質，ケイ素の定量

問1　a　1　正解は①

図1のア～オの電子配置をもつ原子は，ア．He，イ．C，ウ．Ne，エ．Na，オ．Cl である。

アの電子配置をもつ1価の陽イオンは，He より原子番号が1つ大きい Li^+ である。また，ウの電子配置をもつ1価の陰イオンは，Ne より原子番号が1つ小さい F^- である。したがって，当てはまる化合物は① LiF となる。

b　2　正解は④

①（正）He は貴（希）ガス元素であり，他の原子と結合をつくりにくい。

②（正）C は，例えばメタン CH_4 では単結合，二酸化炭素 CO_2 では二重結合，アセチレン C_2H_2 では三重結合をつくる。

③（正）Ne は貴（希）ガス元素であり，分子間力が極めて小さく，常温・常圧では気体である。

④（誤）Na は**イオン化エネルギーが小さく**，Na^+ になりやすい。

⑤（正）Cl は H 原子と共有結合をつくり，塩化水素 HCl を生じる。

問2　3　正解は①

①（正）**分留**のことであり，石油の精製に最も適当である。

②（誤）昇華法のことであり，石油の精製には適さない。

③（誤）抽出のことであり，石油の精製には適さない。

④（誤）再結晶のことであり，石油の精製には適さない。

問3　4　正解は⑥

アは Na^+ と Cl^- によるイオン結晶，**イ**は Si による共有結合の結晶，**ウ**は K による金属結晶，**エ**は分子 I_2 の分子結晶，**オ**は CH_3COO^- と Na^+ によるイオン結晶であるが，CH_3COO^- 内に共有結合が存在する。したがって，⑥**イ**，**エ**，**オ**が当てはまる。

問4　5　正解は⑤

①（正）100K のグラフの最大値は約 240m/s にある。

②（正）約 240m/s の速さをもつ分子の数の割合は 300K，500K となるにつれて減少している。

③（正）約 800m/s の速さをもつ分子の数の割合は 100K では 0 であるが，300

K，500Kと温度が上昇するにつれて増加している。

④ (正) 100K，300K，500Kと温度が上昇するにつれてグラフの分布が幅広くなっているから，1000Kではさらに幅広くなると予想される。

⑤ (誤) 分子の速さが約540m/sのとき，500Kのグラフは最大値を示す。高温になるほどグラフは幅広く，高さは低くなっていることから，1000Kでは約540m/sの速さをもつ分子の数の割合は500Kのときより減少すると予想される。

問5 6 正解は①

Ⅰ (正) アンモニアNH_3と水素イオンH^+が次のように配位結合すると，アンモニウムイオンNH_4^+が生じる。

$$NH_3+H^+ \longrightarrow NH_4^+$$

Ⅱ (正) アンモニウムイオンは正四面体構造をしており，4つのN−H結合はすべて同等である。配位結合はでき方は共有結合と異なるが，できた結合は共有結合と同じになり区別できない。

Ⅲ (正) NH_3は非共有電子対を1組もつので金属イオンと配位結合をつくるが，NH_4^+は非共有電子対をもたないため，配位結合をつくらない。

問6 7 正解は②

希硫酸に過剰のNaOH水溶液を加え，HClで中和滴定を行っているので，逆滴定を行ったことになる。中和反応の量的関係より，酸のH^+と塩基のOH^-の物質量が等しくなることから，もとの希硫酸の濃度をx〔mol/L〕とすると

$$x\times\frac{10.0}{1000}\times2+0.10\times\frac{20.0}{1000}=0.50\times\frac{20.0}{1000} \qquad x=0.40\text{〔mol/L〕}$$

問7 8 正解は⑥

ア 化合物中のO原子の酸化数は−2であるから，Fe_2O_3におけるFeの酸化数をxとすると

$$2x+(-2)\times3=0 \qquad x=+3$$

イ・ウ 単体中の原子の酸化数は0であるので，O_2のO原子の酸化数は0であり，0→−2と変化している。

問8 9 正解は④ 10 正解は③

Ⅰ アはPbであり，鉛蓄電池の電極やX線の遮蔽材として用いられている。顔料として用いられるPbOなどは有毒である。

Ⅱ　電気伝導性，熱伝導性が最大である単体の金属はAgである。Ag^{+}には抗菌作用があり，日用品などに添加されている。

問9　11　正解は④
除去されたSiO_2の質量は　　$2.00-0.80=1.20$〔g〕
したがって，鉱物試料中のケイ素の含有率は，$Si=28$，$SiO_2=60$より

$$\frac{1.20}{60}\times 28\times\frac{1}{2.00}\times 100=28〔\%〕$$

第2問　標準　イオン結晶の性質，イオン半径，溶解度，電導度滴定

問1　a　12　正解は②　13　正解は③　14　正解は⑤
Kの原子番号は19，Caの原子番号は20であるから，陽子の数はK^{+}が19，Ca^{2+}が20である。したがって，原子核の正電荷はCa^{2+}の方が大きく，原子核により強く電子を引きつけることになる。

b　15　正解は①
40℃でのKNO_3（式量101）の溶解度は64であるから，飽和水溶液164g中の水の質量は100gである。したがって，この水溶液を25℃まで冷却すると，溶解しているKNO_3の質量は溶解度に等しい38gである。よって，析出するKNO_3の物質量は

$$\frac{64-38}{101}=0.257\fallingdotseq 0.26〔mol〕$$

問2　a　16　正解は③
表1の値をもとにグラフを作成すると次のようになる。完全に反応した状態ではイオンの量が最も少なく，電流値も最小値であるとみなせるので，必要な$BaCl_2$水溶液の量は2つの直線の交点である，4.6mLとなる。

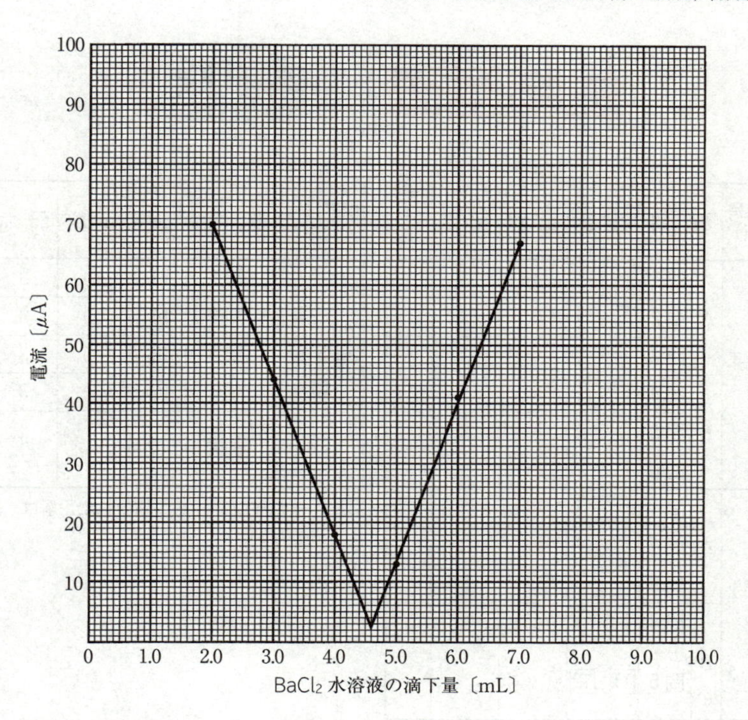

b 17 正解は④

反応式より，生成する AgCl（式量 143.5）の物質量は，実験に用いた Ag_2SO_4 の物質量の２倍であるから，生成する AgCl の沈殿の質量は

$$0.010\times\frac{100}{1000}\times2\times143.5=0.287\fallingdotseq\mathbf{0.29}\,[\mathrm{g}]$$

c 18 正解は②

用いた$BaCl_2$ 水溶液の濃度を x〔mol/L〕とすると，反応式より

$$0.010\times\frac{100}{1000}=x\times\frac{4.6}{1000}\qquad x=0.217\fallingdotseq\mathbf{0.22}\,[\mathrm{mol/L}]$$

生物基礎　本試験（第２日程）

問題番号(配点)	設問		解答番号	正解	配点	チェック
第１問 (18)	A	問１	1	②	3	
		問２	2	③	3	
		問３	3	③	3	
	B	問４	4	④	3	
		問５	5	⑤	3	
		問６	6	②	3	
第２問 (16)	A	問１	7	④	3	
		問２	8	④	3	
		問３	9	①	3	
	B	問４	10	⑥	3	
		問５	11-12	①-⑤	4 (各２)	

問題番号(配点)	設問		解答番号	正解	配点	チェック
第３問 (16)	A	問１	13	⑥	3	
		問２	14	③	3	
		問３	15	⑤	3	
	B	問４	16	④	3	
		問５	17-18	②-⑤	4 (各２)	

（注）-（ハイフン）でつながれた正解は，順序を問わない。

自己採点欄
50点

（平均点：22.97点）

第１問 ―― 生物の特徴と遺伝子

A  《生物の特徴》

問１ [1] 正解は②

細胞の大きさに関する知識問題である。

①⑤不適。インフルエンザウイルスとT_2ファージはともにウイルスであり，通常の光学顕微鏡では観察できないほど小さい。

②適当。酵母（酵母菌）は真核細胞であり，選択肢の中では，動物細胞であるサンゴの細胞の大きさに最も近い。

③不適。カエルの卵は肉眼で観察できるほど大きい。

④不適。大腸菌は原核細胞であり，原核細胞は通常，ミトコンドリアや葉緑体と同じぐらいの大きさで，通常の真核細胞よりも小さい。

⑥不適。ヒトの座骨神経は脊髄からふくらはぎ付近まで伸びており，とても長い。

問２ [2] 正解は③

細胞に関する思考問題である。

図２や会話文から，取り込まれた褐虫藻は核をもつ真核細胞であることがわかる。また図１から，サンゴは口や胃をもつ動物であることがわかる。よって，③が適当。⑤は，サンゴが取り込んだのは核をもつ真核細胞であり，葉緑体ではないので不適である。

問３ [3] 正解は③

代謝に関する知識問題である。

①不適。同化とは小さな物質から大きな物質を合成する反応であり，遺伝情報に基づいたタンパク質合成も同化である。タンパク質合成は全ての生物が行うので，同化をする能力を全くもたない生物は存在しない。

②不適。異化とは大きな物質を小さな物質に分解する反応であり，呼吸など有機物からエネルギーを取り出す反応は異化である。エネルギーを取り出してATP合成を行うことは全ての生物に共通であり，異化をする能力を全くもたない生物は存在しない。

③適当。会話文や図から，サンゴが口や胃をもち，餌を食べていることはわかる。また，褐虫藻が光合成で作った有機物を利用していることも会話文からわかる。

④不適。褐虫藻が有機物を合成する光合成は異化ではなく同化である。

⑤⑥不適。図から，サンゴは褐虫藻から葉緑体を取り込んだわけではないことがわかる。

B 標準 《遺伝子のはたらき》

問４ 4 正解は④

染色体に関する知識問題である。

①②不適。DNA や RNA では，隣接するヌクレオチドどうしは，糖とリン酸の間で結合している。

③不適。二本のヌクレオチド鎖の塩基配列は，相補的な関係にあり，同じではない。

④適当・⑤不適。染色体とは，DNA とそれを支えるタンパク質からなる構造のことで，間期の核も染色体からできている。間期の染色体は，核内に分散しているが，分裂期になると，短く凝縮されて棒状の構造になる。

問５ 5 正解は⑤

ゲノムに関する知識問題である。

ゲノムとは，その生物が自らを形成・維持するのに必要な最小限の DNA の１組のことである。ゲノムには，遺伝子の領域もあるが，遺伝子以外の領域も含まれている。

問６ 6 正解は②

ゲノムに関する知識問題である。

①不適・②適当。多細胞生物の細胞に存在する DNA は，基本的には全て同じものである。細胞がもつ遺伝子は全てが働くわけではなく，必要に応じて，働く遺伝子と働かない遺伝子がある。どの遺伝子が働いているかによって，その細胞の性質や働きが変わる。

③不適。ゲノムは，その個体の細胞全てで同じである。

④不適。細胞分裂時には，全ての染色体が複製されるので，細胞によって複製のしかたに違いはない。

⑤不適。「ミトコンドリアには，核とは異なる DNA がある」は正しい文であるが，細胞が異なる性質や働きをもつ理由にはならない。

第２問 ―― 生物の体内環境の維持

A やや難 《腎臓のはたらき》

問１ 7 正解は④

尿生成に関する計算問題である。

CHECK 体積と濃度

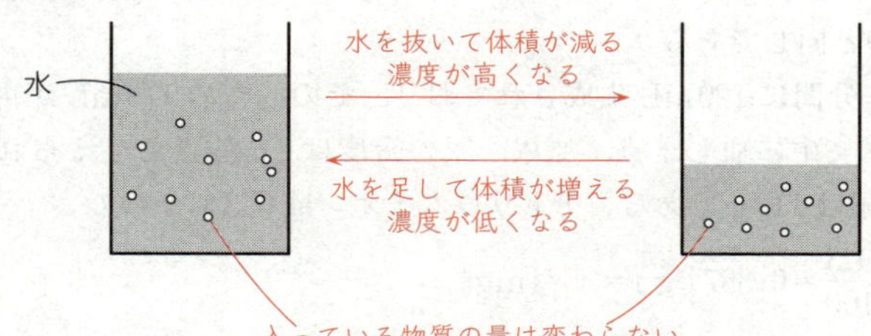

水溶液中に含まれる物質の量が変わらないとすると，水を加えて体積を増加させれば濃度は薄くなる。逆に，蒸発させるなどして水だけを抜いて体積を減少させれば，濃度は濃くなる。体積と濃度の関係は反比例の関係で，体積が２倍になれば濃度は $\frac{1}{2}$ 倍に，体積が $\frac{1}{2}$ 倍になれば濃度は２倍となる。

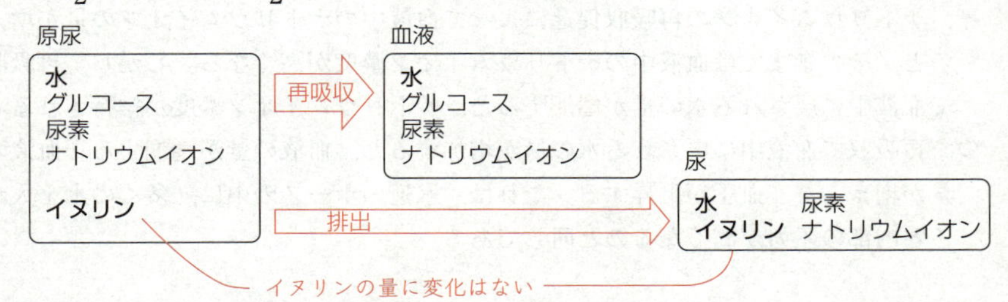

リード文から，イヌリンは分解も再吸収もされないとあるので，原尿中に含まれていたイヌリンは全て尿中に排出される。一方で，原尿中の水の多くは再吸収されるので，原尿に比べて尿の体積は減少し，イヌリンは濃縮されて濃くなる。

表１から，尿中のイヌリンの濃度は 120 倍であることがわかるので，尿の体積は原尿の体積の $\frac{1}{120}$ になったことがわかる。リード文に，尿は毎分 1 mL 生成されるとあるから，生成される原尿は 120 倍で，毎分 120 mL であることがわかる。

問２　8　正解は④

尿生成に関する計算問題である。

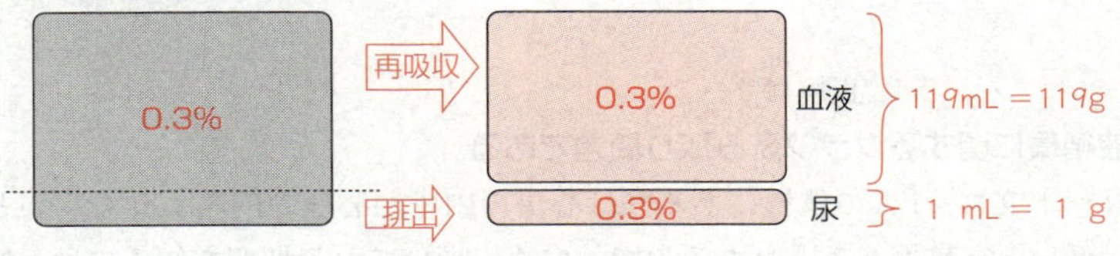

表１から，ナトリウムイオンの濃度は，原尿も尿も同じく 0.3％であることがわかる。これは，原尿から，水と同じ割合でナトリウムイオンも再吸収されたことを

意味している。簡単に考えれば，原尿を，再吸収される部分と尿になる部分に単に分割したのと同じである。

原尿は1分間に120mL生成されており，そのうちの119mLが再吸収されている。リード文中に血しょう，原尿，尿の密度は1g/mLと与えられているので，119mLの尿は119gである。ナトリウムイオンは0.3％なので

$$119 \times \frac{0.3}{100} = 0.357\,[\mathrm{g}] = 357\,[\mathrm{mg}]$$

問3　9　正解は①

尿生成に関する思考問題である。

ア．再吸収によって血液中に戻されるナトリウムイオンの量が増えると，尿中のナトリウムイオンの量が減り，濃度は**低く**なる。

イ．ナトリウムイオンの再吸収促進によって血液中のナトリウムイオンの量が増えると，そのままでは血液中のナトリウムイオン濃度が高くなる。しかし，再吸収で血液中に戻される水の量が**増加**すると，ナトリウムイオン濃度が維持される。

ウ．再吸収で血液中に戻される水の量が増加すると，血液の量が**増加**する。血液の量が増えると，血圧が上昇する。これは，水道のホースの中に，多くの水を入れると内部の圧力が高くなるのと同じである。

B　やや難　《体内環境の維持》

問4　10　正解は⑥

血液循環に関する知識問題である。

図1の2つの心室のうち，筋肉が厚い方が左心室で，薄い方が右心室である。右心室から出る血液は肺に向かうので，ｒが肺へ向かう血管である。また，肺からの血液は左心房に入るから，ｓの血管である。つまり，肺循環を担っている血管は，**⑥ｒ，ｓ**となる。

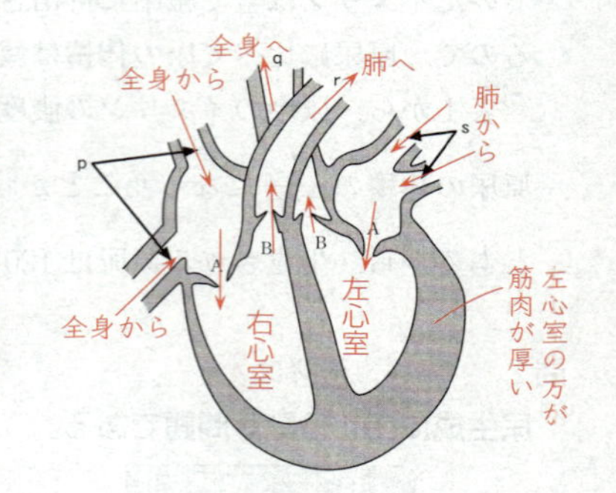

問5　11・12　正解は①・⑤

血液循環に関するグラフ読み取り問題である。

リード文に，「Aの位置にある弁は心房の内圧が心室の内圧よりも高いときに開き，低いときに閉じる」とあるので，弁Aが開いている期間を知るには，図2上段の圧力のグラフで「心房の内圧が心室の内圧よりも高いとき」を探せばよく，適当なものは**期間Ⅰ**と**期間Ⅴ**である。

第3問 —— 生物の多様性と生態系

A 標準 《遷移》

問1 13 正解は⑥

遷移に関する思考問題である。

ア．植物が成長するには光合成を行うことが必要である。高木が林冠に達してから光合成を行うというのは明らかに不適。また，この文の文末が「次の世代を残せない」なので，種子生産が適当である。

イ．前文で，「陰樹が次の世代を残せない」とあるので，ここで陰樹が発芽するというのは不適。また，ここから遷移が始まるのだから，草本が適当である。なお，「裸地」とは植物が生育しておらず，岩や土がむき出しになっている状態を指すので，山火事で植物が焼失した土壌も裸地である。

ウ．山火事後など，土壌が残っているところから出発する遷移は二次遷移である。

問2 14 正解は③

生態系に関する思考問題である。

成立する植生…西日本の低地でみられるバイオームは照葉樹林である。落葉広葉樹の林が放置されれば，遷移が進み，照葉樹の林となる。

窒素の循環量の変化…放置する前は，落ち葉が肥料として搬出されていたが，放置したことによって林の外に持ち出されずに林内にとどまり，そこで循環するようになる。つまり，放置されている間，窒素の循環量は増加する。

問3 15 正解は⑤

生態系に関する思考問題である。

①～③不適。問題となっているのは森林が成立しない日本の海岸沿いである。日本の気候は，平地では森林が成立する気候であり，海岸沿いであれば平地なので，降水量や平均気温などは，森林が成立する気候のもののはずである。

④不適。土壌形成が進まずに土壌が少ない場合には，森林が形成されない場合もあるが，土壌形成が進んでいることは，森林形成を妨げる原因にはならない。

⑤適当。海岸沿いであれば，砂が運ばれてくることは考えられるし，貧栄養の砂が運ばれれば，土壌の形成の妨げになり，森林が成立するのに必要な土壌が形成されないことは考えられる。

B　標準　《生態系の保全》

問４　16　正解は④

生態系の保全に関する知識問題である。

①不適。捕食性の生物とは限らない。植物にも外来生物であるものがある。

②不適。人為的に国外から移入された生物は外来生物であるが，国内でも別地域からもたらされた生物は外来生物である。

③不適。影響の有無にかかわらず，人為的に地域外からもたらされた生物は外来生物である。

④適当。外来生物は，人為的（意図的かどうかにかかわらず）に地域外からもたらされた生物のことである。人間の活動に関わりなく移動した生物は外来生物ではない。

⑤不適。外来生物が生態系に大きな影響を与えるのは，天敵がいないために増殖してしまう場合であるが，天敵がいるため増殖が抑えられていても，人為的に地域外からもたらされた生物は外来生物である。

問５　17・18　正解は②・⑤

生態系の保全に関する知識問題である。

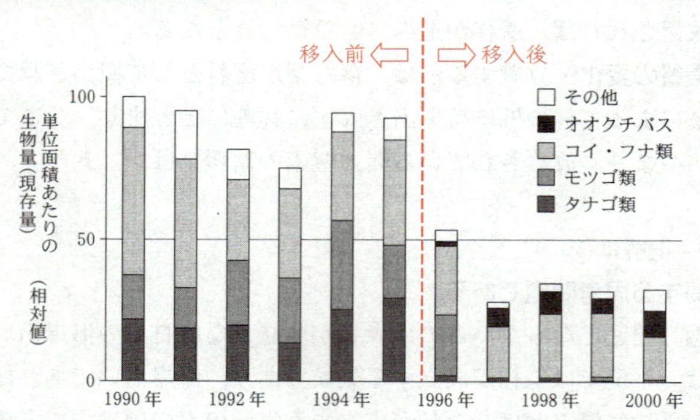

①不適。オオクチバスの移入後，魚類全体の生物量は移入前の３分の１に減少した。

②適当。オオクチバスの移入後，モツゴ類は大きく減少したが，コイ・フナ類の減少幅は少ない。

③不適。一次消費者とは，生産者（植物）を食べている生物である。オオクチバスが食べるものが変化したことを示すデータはない。

④不適。オオクチバスの移入後，魚類全体の生物量は減少したが，モツゴ類やタナゴ類は極端に減っているので，在来魚の多様性は減少しているように見える。少なくとも多様性が増加していることを示すデータはない。

⑤**適当**。オオクチバスの生物量は増加しているが，全体の生物量の減少の方が多い。

⑥**不適**。栄養段階とは，生産者，一次消費者，二次消費者…などのことであり，栄養段階の数が減少するということは，高次の消費者がいなくなるということであるが，それを示すデータはない。

地学基礎

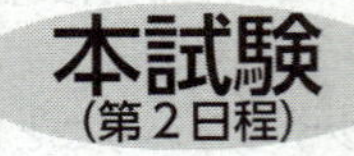

問題番号（配点）	設問		解答番号	正解	配点	チェック
第１問（27）	A	問１	1	①	4	
		問２	2	④	3	
		問３	3	②	3	
	B	問４	4	②	4	
		問５	5	④	3	
		問６	6	②	3	
	C	問７	7	⑤	4	
		問８	8	①	3	

問題番号（配点）	設問		解答番号	正解	配点	チェック
第２問（13）	A	問１	9	④	4	
		問２	10	②	3	
	B	問３	11	④	3	
		問４	12	③	3	
第３問（10）	問１		13	③	3	
	問２		14	①	3	
	問３		15	②	4	

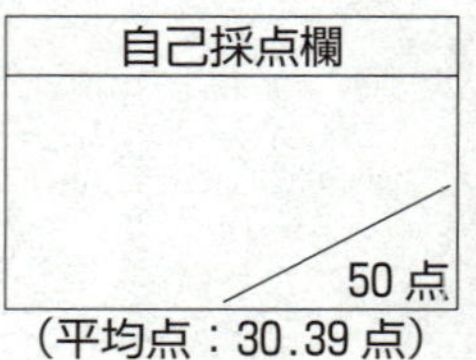

（平均点：30.39点）

第1問 ―― 地球，地質・地史，鉱物・岩石

A やや難 《原始大気，プレート境界，マグニチュード》

問1 1 正解は①

a．**正文**。地球形成時には，表層をマグマオーシャンが覆っていたが，しだいに地表のマグマが冷えて地上の気温が低下すると，大気中で凝結した水蒸気が再び蒸発せずに雨として地表に達するようになり，**原始海洋**がつくられた。

b．**正文**。原始海洋が形成されると**原始大気**の主成分であった二酸化炭素が海水に溶け込み，大気から取り除かれて減少した。

問2 2 正解は④

①**不適**。**中央海嶺**で噴出する溶岩は，マントルのかんらん岩が**部分溶融**してできる**玄武岩質溶岩**である。

②**不適**。沈み込み帯において火山が多数分布するのは，海溝から**火山前線**（火山フロント）の間の領域ではなく，**火山前線（火山フロント）より大陸側の領域**である。

③**不適**。震源の深さが100kmより深い地震のほとんどは，沈み込んだ海洋プレートに沿った**和達-ベニオフ帯**で起こる。

④**適当**。海溝沿いの巨大地震は，海洋プレートが沈み込む際に大陸側のプレートとの境界に大きな力がはたらくことで，繰り返し断層が活動して発生する。

問3 3 正解は②

地震の**マグニチュード**は地震で放出されたエネルギーの大きさを表し，その数値が1だけ増えるとエネルギーは約32倍になる。図1から，マグニチュードが5.3と4.3の全地震の数はそれぞれ100，900と読み取れる。したがって

$$\frac{\text{M5.3の全地震のエネルギーの総和}}{\text{M4.3の全地震のエネルギーの総和}}=\frac{32\times100}{1\times900}=3.55\fallingdotseq\mathbf{3.6}\text{倍}$$

B 標準 《地質断面図，示準化石，不整合》

問4 4 正解は②

地層Yを**不整合**に覆う地層Dは，地層Yよりも新しい。地層Aは地層Yよりも下位にあるので地層Aは地層Dよりも古い。地層Zの上の不整合面上に地層Aがあることから地層Zは地層Aよりも古く，さらに地層BやCは地層Zより下位にあるので，地層Aよりも地層BやCの方が古い。断層Ⅱのずれを元に戻すと地層Bは地層Cの

下位にくるので，最も古いのは地層Bである。

問５　5　正解は④

断層Ⅰは断層面に沿って上盤が下盤に対してずり上がっているから逆断層である。また，断層Ⅰは古生代末に栄えたフズリナを含む地層Yを切っているので，古生代末よりも新しい時期に活動をしたことがわかる。したがって，古生代はじめのオルドビス紀の活動はありえない。また，中生代に栄えたイノセラムスを含む地層Xより古い地層Dで不整合に覆われているので，活動していたのは中生代のいずれかの時期までであり，新生代古第三紀の活動はありえない。これらのことから，断層Ⅰは中生代はじめの三畳紀に活動したと考えられる。

問６　6　正解は②

a．**正文**。古生代地層と新生代地層の間には約２億年におよぶ長い時間の地層が欠落しているので，不整合といえる。

b．**誤文**。低地に堆積した地層が地殻変動により陸化して侵食を受けた後，再び地殻変動により下降して水面下に没し，その上に新しい地層が堆積することによっても不整合面が形成される。

C　やや易　《岩石，鉱物》

問７　7　正解は⑤

A城の石垣の岩石には**片理**が発達しているので広域変成作用を受けた結晶片岩である。**ホルンフェルス**はマグマの熱による**接触変成岩**であるから**片理**はみられない。

B城の石垣の岩石は**等粒状組織**がみられるので深成岩である。深成岩で石英や黒雲母を含む岩石は**珪長質岩**であるから**花こう岩**である。

C城の石垣の岩石は**火山砕屑物**が固結してできているので凝灰岩である。**石灰岩**は海底に炭酸カルシウムの殻をもつ生物の遺骸が堆積するなどしてできた**堆積岩**である。

問８　8　正解は①

鉱物の結晶はその原子の並び方にそれぞれ特徴があり，特定の方向の面で割れやすい性質をもつ場合がある。この性質をへき開という。例えば，黒雲母はケイ酸塩鉱物で，SiO_4四面体が平面網目状のシート状につながっており，へき開面に沿って薄くはがれやすい性質をもつ。

第2問 ── 大気・海洋

A 標準 《地球の熱収支，熱輸送》

問1 9 正解は④

太陽は常に幅広い波長域の電磁波を放射しているが，そのうち最も強い波長は可視光線の領域にある。一方，地球の表面から宇宙に向かって放射される電磁波の波長域は主に赤外線の領域である。

問2 10 正解は②

①不適。図1の北半球の南北方向の大気＋海洋の熱輸送量は正であり，北向きを正としているので北半球では北向きに熱が輸送されている。また，南半球はこの逆になっている。

②適当。海洋による熱輸送量は図1の実線と破線の差で求められる。図1から北緯10°において，その差（$2.3\times10^{15}-0.5\times10^{15}\fallingdotseq1.8\times10^{15}$〔W〕）は破線の大気による熱輸送量（約$0.5\times10^{15}$W）よりも大きい。

③不適。海洋による熱輸送量は実線と破線の差であり，その差が大きいのは北半球では北緯10°から北緯30°の間付近である。

④不適。大気による熱輸送量を示す破線の値は北緯30°では約3.8×10^{15}Wであり，北緯70°では約2.3×10^{15}Wであるから北緯30°の方が大きい。

B 標準 《大気と海洋の温度鉛直分布》

問3 11 正解は④

海面の気圧1000hPaは約16km上昇すると10分の1の100hPaになり，そこから16km上昇した32km上空では10hPaとなる。そこからさらに16km上昇した48kmの高度で気圧が1hPaとなる。この高度は**成層圏**の最上部であるが，成層圏では**オゾン**が太陽の**紫外線**を吸収して，上空ほど温度が高くなっている。したがって，気圧が100hPaの地点，すなわち高度16kmの成層圏下部よりも高度48kmの気温は高い。

問４　12　正解は③

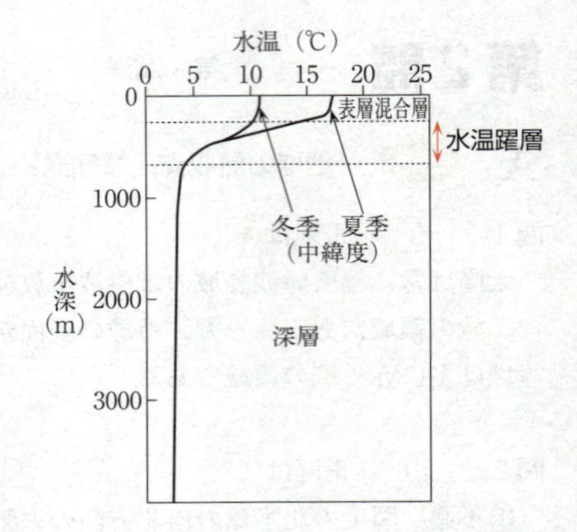

ａ．誤文。表層混合層は海洋の表層で風や波によってよくかき混ぜられているので，水温はその地域の気温と大差ないと考えてよい。したがって，中緯度であれば約 10～20℃程度の水温である。一方，深層の水の温度はおよそ２℃以下であり，表層混合層の水温は深層の水温よりも高い（右図）。

ｂ．正文。表層混合層と深層の温度差は大きいが，右図のように表層混合層から深さ数百ｍの間に水温が大きく変化する。この水温が急変する部分を**水温躍層**（主水温躍層）とよぶ。

第３問　標準 ── 宇　宙《太陽系の元素，小惑星》

問１　13　正解は③

原始の太陽系では原始太陽のまわりの微惑星が衝突・合体して惑星を形成した。地球もその一つである。地球に飛来する隕石の研究から，原始の地球を形成した微惑星に多量の鉄が含まれていたことがわかり，現在の地球の核は鉄が主成分であると考えられている。

問２　14　正解は①

太陽系は宇宙空間の元素存在比が最も多い水素やヘリウムが濃集して形成されたものであり，元素ｘは水素である。
地球の大気で最も多い元素は窒素，２番目に多い元素は酸素であるから元素ｙは酸素である。
ダイヤモンドは炭素からなる鉱物であるから元素ｚは炭素である。また天王星や海王星が青く見えるのは CH_4（メタン）の存在が原因である。

問３　15　正解は②

①は火星，②が小惑星（イトカワ），③は彗星，④は木星の画像である。小惑星は大きさが数 km と小さく，自らの重力によって天体の形を①や④の惑星のような球形にすることができないため，いびつな形状をしているものが多い。③の彗星の本体もいびつな形状と考えられるが，多くの塵を含んだ氷のかたまりであり，太陽に近づくと氷が融けて，ガスと塵が太陽風に流されて太陽と反対方向に尾を伸ばす。

2025年版

共通テスト

過去問研究

物理基礎
化学基礎
生物基礎
地学基礎

問題編

矢印の方向に引くと
本体から取り外せます ▶
ゆっくり丁寧に取り外しましょう

問題編

物理基礎／化学基礎／生物基礎／地学基礎

物理基礎（5回）
化学基礎（5回）
生物基礎（5回）
地学基礎（5回）

- 2024年度　本試験
- 2023年度　本試験
- 2022年度　本試験
- 2021年度　本試験（第1日程）※1
- 2021年度　本試験（第2日程）※1

◎ マークシート解答用紙（2回分）

本書に付属のマークシートは編集部で作成したものです。実際の試験とは異なる場合がありますが，ご了承ください。

※1　2021年度の共通テストは，新型コロナウイルス感染症の影響に伴う学業の遅れに対応する選択肢を確保するため，本試験が以下の2日程で実施されました。
第1日程：2021年1月16日(土)および17日(日)
第2日程：2021年1月30日(土)および31日(日)

2024

共通テスト
本試験

解答時間　2科目60分

配点　2科目100点

（物理基礎，化学基礎，生物基礎，地学基礎から2科目選択）

物　理　基　礎

（解答番号 [1] ～ [17]）

第1問　次の問い（問1～4）に答えよ。（配点　16）

問1　20 ℃，熱容量 160 J/K の器に，80 ℃，160 g のスープを注いでしばらく待ったところ，全体の温度は等しくなった。その温度の値として最も適当なものを，次の①～⑥のうちから一つ選べ。ただし，スープは均質であり，その比熱（比熱容量）は 4.0 J/(g･K) とする。また，蒸発の影響や，スープおよび器と外部の間の熱の出入りは無視できるものとする。 [1]

① 32 ℃　　② 50 ℃　　③ 56 ℃
④ 60 ℃　　⑤ 68 ℃　　⑥ 72 ℃

問 2　床に静止している質量 m の小物体に，大きさ F の一定の力を加え続けて，小物体を鉛直上方に運動させた。この小物体が，床からの高さ h の点を通過したときの，小物体の運動エネルギーを表す式として正しいものを，次の①～⑥のうちから一つ選べ。ただし，重力加速度の大きさを g とし，空気抵抗は無視できるものとする。 [2]

① 0　　② mgh　　③ Fh

④ $(F-mg)h$　　⑤ $(F+mg)h$　　⑥ $\frac{1}{2}mF^2$

問 3　モバイルバッテリーを直流電流で 160 秒間充電した。充電中の電流を電流計で測ると 1.0 A で一定であった。この充電の間に電流計を通過した電気量は，電子何個分か。最も適当なものを，次の①～⑥のうちから一つ選べ。ただし，電子 1 個あたりの電気量の大きさは 1.6×10^{-19} C とする。 3

① 1.0×10^{-21} 個　② 2.6×10^{-17} 個　③ 1.0 個

④ 1.6×10^{2} 個　⑤ 3.9×10^{16} 個　⑥ 1.0×10^{21} 個

問 4　白熱電球およびLED電球のエネルギー変換について考察した次の文章中の空欄［ア］・［イ］に入れる数値の組合せとして最も適当なものを，後の①～⑧のうちから一つ選べ。［4］

電球が消費する電力量のうち，光エネルギーとして放出される量が占める割合を，電球の効率と呼ぶことにする。消費電力60 W，効率10 ％の白熱電球が1時間点灯する間に放出する光エネルギーは，［ア］Whである。また，同じ時間点灯する間に，この白熱電球と同じ大きさの光エネルギーを放出する，消費電力15 WのLED電球の効率は，［イ］％と見積もられる。

	ア	イ
①	6.0	40
②	6.0	60
③	22	40
④	22	60
⑤	54	40
⑥	54	60
⑦	600	40
⑧	600	60

第2問　ＡさんとＢさんが浮力に関する探究活動を行っている。後の問い（**問1〜5**）に答えよ。（配点　18）

Ａさん：ばねはかりを買ったので，ジャガイモで浮力の実験をしてみよう。

Ｂさん：ジャガイモは水に沈むので，水より密度は大きいはずだね。

Ａさん：密度と浮力の関係を確認しておこう。

問1　密度 $2.0 \times 10^3\,\mathrm{kg/m^3}$，質量 $1.0\,\mathrm{kg}$ の物体が水中に完全に沈んでいるとき，物体にはたらく浮力の大きさはいくらか。最も適当なものを，次の①〜⑥のうちから一つ選べ。ただし，水の密度を $1.0 \times 10^3\,\mathrm{kg/m^3}$，重力加速度の大きさを $9.8\,\mathrm{m/s^2}$ とする。　5

① $4.9\,\mathrm{N}$　② $4.9 \times 10^3\,\mathrm{N}$　③ $9.8\,\mathrm{N}$

④ $9.8 \times 10^3\,\mathrm{N}$　⑤ $2.0 \times 10^1\,\mathrm{N}$　⑥ $2.0 \times 10^4\,\mathrm{N}$

Aさん：糸でジャガイモをばねはかりにつるし，水を入れた計量カップに徐々に沈めてみよう。

Bさん：ジャガイモの下端Pの水面からの深さと，ばねはかりの値から，浮力の変化がわかるんじゃないかな？

Aさん：そうだね。Pが水面より上にあるときは深さを負の値とすればいいね。せっかくなので計量カップの下にキッチンはかりを置いて実験してみようよ。

図1のようにAさんとBさんの二人は，水を入れた計量カップとジャガイモを用いて実験を行った。

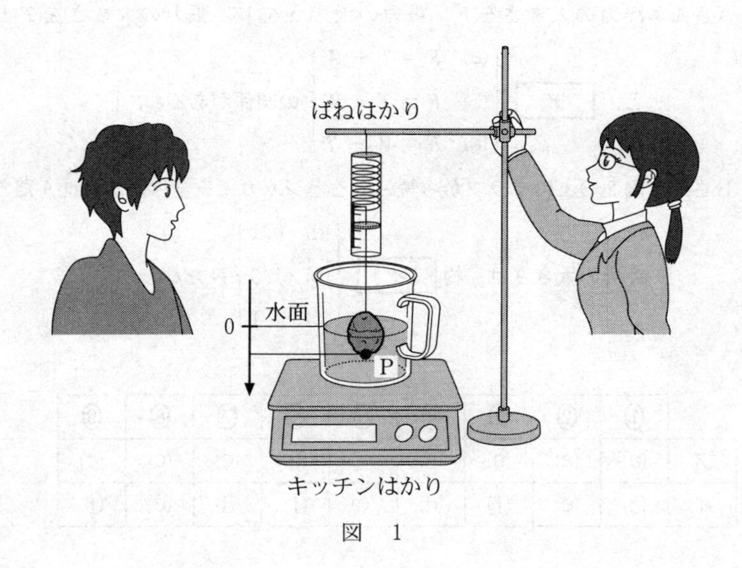

図　1

AさんとBさんは，結果を図2の二つのグラフにまとめて議論している。

問 2　次の会話文中の空欄 ア ・ イ には，それぞれ直後の｛　｝内の数式および値のいずれか一つが入る。入れる数式および値を示す記号の組合せとして最も適当なものを，後の①～⑨のうちから一つ選べ。ただし，糸の質量と体積は無視できるものとする。 6

Aさん：ジャガイモが計量カップの底についていないとき，ジャガイモにはたらく力について考えてみよう。

Bさん：ジャガイモにはたらく力は浮力と重力と糸の張力だね。

Aさん：浮力の大きさをF，重力の大きさをW，張力の大きさをTとすると， ア ｛(a)　$F = T + W$　(b)　$F = T - W$　(c)　$F = W - T$｝の関係があるね。

Bさん：図2の上のグラフから読み取るとジャガイモ全体が水に沈んだときの浮力の大きさは，約 イ ｛(d)　0.1　(e)　1.0　(f)　1.1｝Nだね。

	①	②	③	④	⑤	⑥	⑦	⑧	⑨
ア	(a)	(a)	(a)	(b)	(b)	(b)	(c)	(c)	(c)
イ	(d)	(e)	(f)	(d)	(e)	(f)	(d)	(e)	(f)

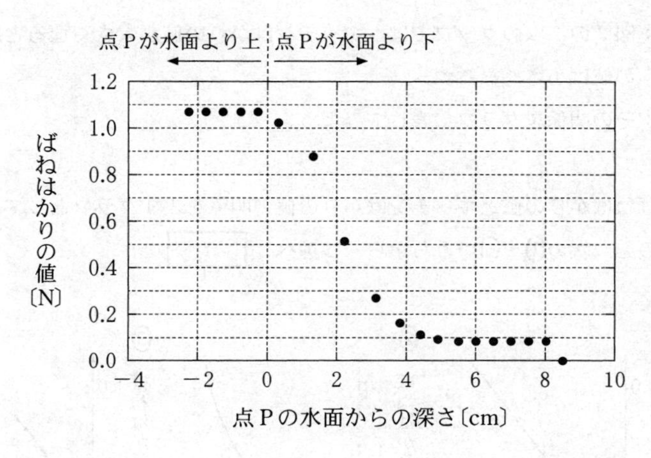
点Pが水面より上
点Pが水面より下
ばねはかりの値〔N〕
1.2
1.0
0.8
0.6
0.4
0.2
0.0
−4
−2
0
2
4
6
8
10
点Pの水面からの深さ〔cm〕

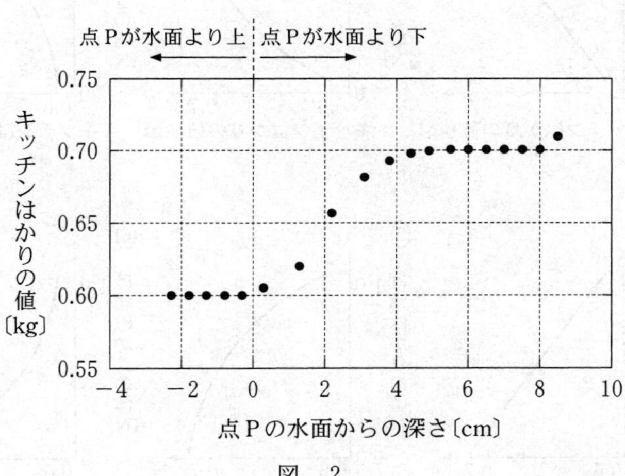
点Pが水面より上
点Pが水面より下
キッチンはかりの値〔kg〕
0.75
0.70
0.65
0.60
0.55
−4
−2
0
2
4
6
8
10
点Pの水面からの深さ〔cm〕

図　2

Aさん：図２の二つのグラフでは，キッチンはかりの値が大きくなるとばねはかりの値は小さくなるね。

Bさん：その関係をグラフで表してみよう。

問 3　ばねはかりの値とキッチンはかりの値の関係を表すグラフとして最も適当なものを，次の①～⑥のうちから一つ選べ。　7

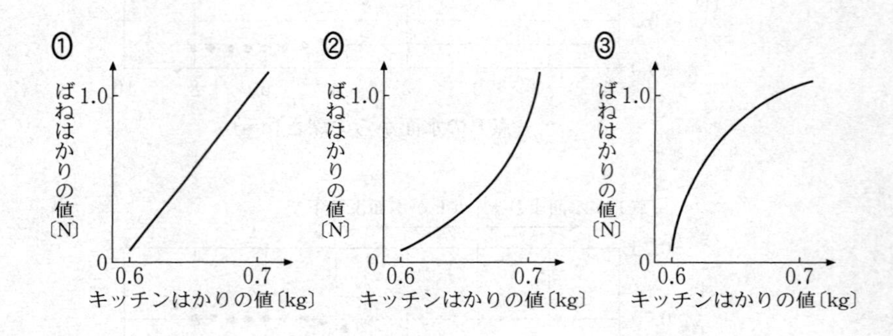

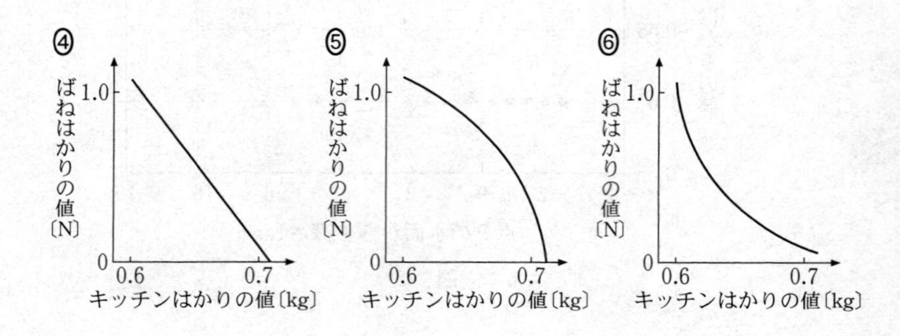

Aさん：図2の上のグラフを見ると，ジャガイモを水に沈めていく間は，ばねはかりの値の変化が直線的ではなく曲線になっているけど，なぜかな？

Bさん：横軸の目盛りが0～5cmあたりのところだね。ジャガイモの形が関係しているのかもしれないね。

Aさん：ジャガイモの代わりに，いろいろな形の物体で確かめてみればわかるね。

問 4　水より密度の大きい一様な材質でできたある形の物体をつるして，図1と同じような実験をした。すると，ばねはかりの値と点Pの水面からの深さとの関係を表すグラフが，次の図3のようになった。このとき，その物体とつるし方として最も適当なものを，後の①～④のうちから一つ選べ。 **8**

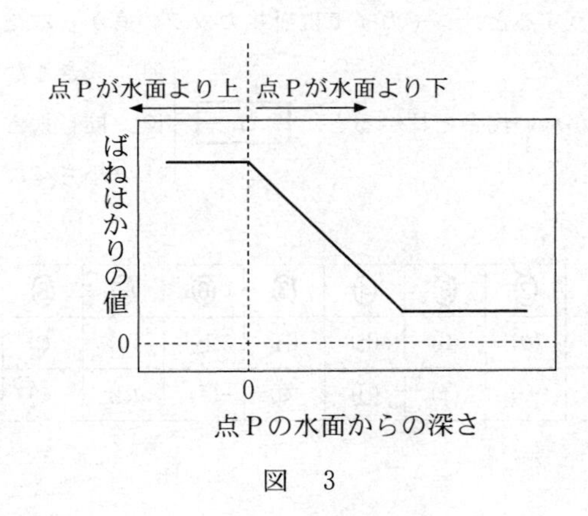

図　3

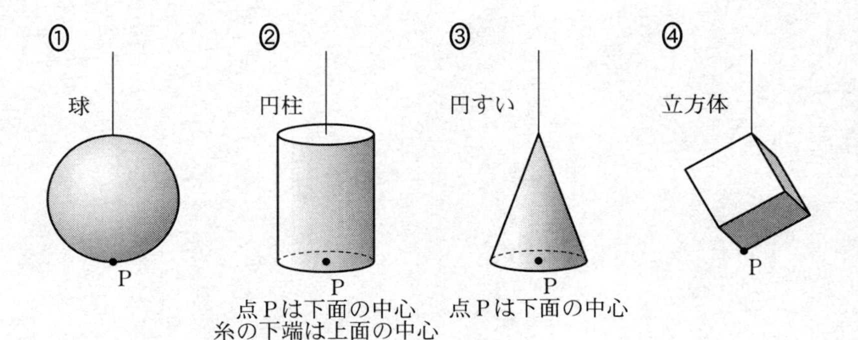

問 5　次の会話文中の空欄 ウ ・ エ にはそれぞれ直後の｛　｝内の語句のいずれか一つが入る。入れる語句を示す記号の組合せとして最も適当なものを，後の①～⑨のうちから一つ選べ。 9

Aさん：ジャガイモが計量カップの底について糸が緩んでいるときに，ジャガイモにはたらいている力はどうなっているのかな？

Bさん：ジャガイモにはたらく力は，計量カップの底からはたらく垂直抗力と ウ ｛(a) 重力　(b) 重力と浮力　(c) 重力と張力｝だね。

Aさん：そうすると，ジャガイモに計量カップの底からはたらく垂直抗力は，水がない場合と比べると， エ ｛(d) 大きくなる　(e) 同じ大きさだ　(f) 小さくなる｝ね。

	①	②	③	④	⑤	⑥	⑦	⑧	⑨
ウ	(a)	(a)	(a)	(b)	(b)	(b)	(c)	(c)	(c)
エ	(d)	(e)	(f)	(d)	(e)	(f)	(d)	(e)	(f)

第3問　空気中を伝わる音について，次の問い(**問1**～6)に答えよ。ただし，風の影響は無視できるものとする。(配点　16)

問1　音の速さに関する次の文章中の空欄 ア ・ イ に入れる語と文の組合せとして最も適当なものを，後の①～⑥のうちから一つ選べ。 10

気温が0℃のときと30℃のときで，音の速さを比べると，30℃のときの方が ア 。また，気温0℃と30℃で，同じ振動数の音の波長を比べると， イ 。

	ア	イ
①	大きい	30℃のときの方が長い
②	大きい	30℃のときの方が短い
③	大きい	同じ長さである
④	小さい	30℃のときの方が長い
⑤	小さい	30℃のときの方が短い
⑥	小さい	同じ長さである

音の速さを三つの異なる方法で測定した。

問 2　1番目の方法として，太鼓とストップウォッチを用いて，次の手順で音の速さを測定した。

太鼓を持ったAさんと，ストップウォッチを持ったBさんが，140 m 離れてグラウンドに立っている。Bさんは，Aさんが太鼓をたたくのを見てストップウォッチをスタートさせ，太鼓の音が聞こえたときにストップウォッチを止めた。このとき，ストップウォッチの表示は 0.42 s だった。この測定値から音の速さを有効数字2桁で表すとき，次の式中の空欄 [11] ～ [13] に入れる数字として最も適当なものを，後の①～⓪のうちから一つずつ選べ。ただし，同じものを繰り返し選んでもよい。

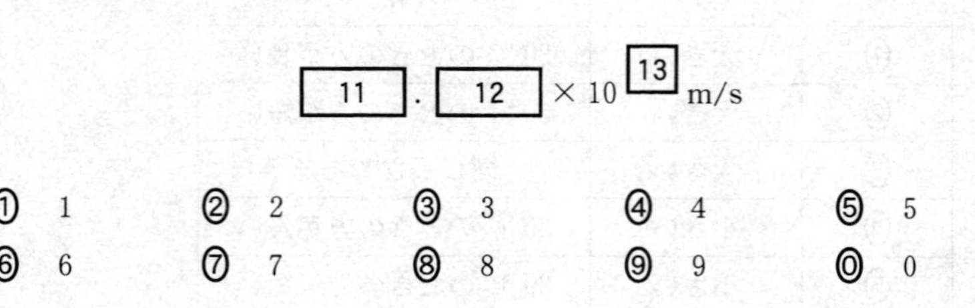

問 3　問2で求めた音の速さは，教科書に書かれている式から求めた値よりも小さかった。AさんとBさんは，「その原因は測定時のストップウォッチの操作にある」と考えた。表1に示す，ストップウォッチがスタートした時間とストップした時間の組合せ(a)～(e)から，原因として考えられるものをすべて選び，その記号の組合せとして最も適当なものを，後の①～⓪のうちから一つ選べ。 14

表 1

	ストップウォッチがスタートした時間	ストップウォッチがストップした時間
(a)	太鼓をたたく前	音が届いた後
(b)	太鼓をたたくと同時	音が届く前
(c)	太鼓をたたくと同時	音が届くと同時
(d)	太鼓をたたくと同時	音が届いた後
(e)	太鼓をたたいた後	音が届く前

① (a)と(b)　② (a)と(c)　③ (a)と(d)　④ (a)と(e)
⑤ (b)と(c)　⑥ (b)と(d)　⑦ (b)と(e)　⑧ (c)と(d)
⑨ (c)と(e)　⓪ (d)と(e)

問 4　2 番目の方法として，「ピッ」という音を一定の間隔で 1 分間に 300 回出す装置(電子式メトロノーム)を使い，次の手順で音の速さを測定した。

まず，A さんと B さんは，それぞれメトロノームを持って集まり，その場所で二つのメトロノームから出る「ピッ」という音が同時に聞こえるようにした。次に，一つのメトロノームを持った A さんが，もう一つのメトロノームを持ってその場にとどまっている B さんから，ゆっくりと遠ざかっていった。すると，B さんには「ピッ」という音がずれて聞こえるようになった。やがて，A さんが B さんから 70 m 離れたときに，再び B さんには二つのメトロノームから出る「ピッ」という音が同時に聞こえた。この結果から求められる音の速さとして最も適当なものを，次の①～⑥のうちから一つ選べ。 15

① 280 m/s　② 300 m/s　③ 340 m/s
④ 350 m/s　⑤ 370 m/s　⑥ 420 m/s

問 5　3番目の方法として，図1のような，水だめを上下させることでガラス管内の空気の部分(以下，これを気柱と呼ぶ)の長さを調節できる装置を用いて，次の手順で音の速さを測定した。

まず，ガラス管の上端の近くまで水面を上げた。次に，ガラス管の上で振動数 500 Hz のおんさを鳴らし，水面を下げていき，気柱が共鳴する水面の位置を測定した。このとき，気柱がはじめて共鳴したときの水面の位置と2回目に共鳴したときの水面の位置は 34 cm 離れていた。この結果から求められる音波の波長と，音の速さの組合せとして最も適当なものを，後の①～⑧のうちから一つ選べ。 16

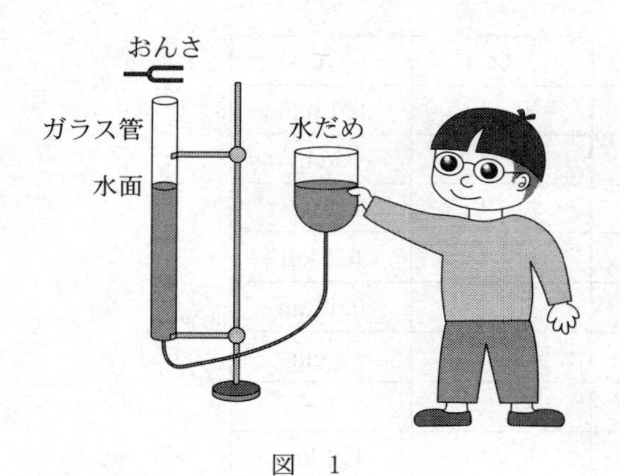

図　1

	波長〔m〕	音の速さ〔m/s〕
①	0.17	320
②	0.17	340
③	0.34	320
④	0.34	340
⑤	0.51	320
⑥	0.51	340
⑦	0.68	320
⑧	0.68	340

問 6　音波の特徴について説明した次の文章中の空欄 ウ ・ エ に入れる語と値の組合せとして最も適当なものを，後の①～⑧のうちから一つ選べ。 17

ヒトの聴くことのできる音の振動数は，およそ 20 Hz～20000 Hz といわれており，この範囲よりも振動数の大きい音波を超音波という。超音波の波長は，ヒトの聴くことのできる音の波長より ウ 。振動数が 34000 Hz の超音波の波長は，室温でおよそ エ である。

	ウ	エ
①	短　い	0.1 mm
②	短　い	1 cm
③	短　い	1 m
④	短　い	0.1 km
⑤	長　い	0.1 mm
⑥	長　い	1 cm
⑦	長　い	1 m
⑧	長　い	0.1 km

化　学　基　礎

（解答番号 1 ～ 18）

必要があれば，原子量は次の値を使うこと。				
H 1.0	C 12	N 14	O 16	Ar 40

第1問　次の問い（問1～10）に答えよ。（配点　30）

問1　単体が常温・常圧で気体である元素はどれか。最も適当なものを，次の①～④のうちから一つ選べ。 1

①　リチウム　　②　ベリリウム　　③　塩　素　　④　ヨウ素

問2　第4周期までの典型元素に関する記述として**誤りを含むもの**はどれか。最も適当なものを，次の①～④のうちから一つ選べ。 2

①　アルカリ金属元素は，炎色反応により互いを区別することができる。

②　2族元素の原子は，2個の価電子をもつ。

③　17族元素は，原子番号の小さい元素ほど電気陰性度が大きい。

④　貴ガス（希ガス）元素の原子は，8個の最外殻電子をもつ。

問 3　次の記述**ア**～**ウ**のうち，物質の状態変化(三態間の変化)が含まれている記述はどれか。すべてを正しく選択しているものとして最も適当なものを，後の①～⑦のうちから一つ選べ。 3

ア　海水を蒸留して淡水を得た。

イ　降ってきた雪を手で受けとめると，水になった。

ウ　ドライアイスの塊(かたまり)を室温で放置すると，小さくなった。

① ア　② イ　③ ウ　④ ア，イ

⑤ ア，ウ　⑥ イ，ウ　⑦ ア，イ，ウ

問 4　化学電池に関する記述として正しいものはどれか。最も適当なものを，次の①～④のうちから一つ選べ。 4

① 二次電池は，充電により繰り返し利用できる電池である。

② 燃料電池は，燃料の燃焼により生じる高温気体を利用して発電する電池である。

③ 電子が流れ込んで酸化反応が起こる電極を正極という。

④ 鉛蓄電池の電解質には，希硝酸が使われている。

問 5　ケイ素と二酸化ケイ素に関する記述として**誤りを含むもの**はどれか。最も適当なものを，次の①～④のうちから一つ選べ。 5

① ケイ素の結晶は，ダイヤモンドの炭素原子と同じように，ケイ素原子が正四面体構造を形成しながら配列している。

② ケイ素は，金属元素ではない。

③ 二酸化ケイ素の結晶は，半導体の性質を示す。

④ 二酸化ケイ素の結晶では，ケイ素原子と酸素原子が交互に共有結合している。

問 6　純物質の気体が，常温・常圧で容器に詰められている。この気体は，酸素 O_2，窒素 N_2，アンモニア NH_3，アルゴン Ar のいずれかである。この気体には，次の記述**ア**～**ウ**の性質がある。この気体として最も適当なものを，後の①～④のうちから一つ選べ。［ 6 ］

ア　無色・無臭である。

イ　容器の中に火のついた線香を入れると，火が消える。

ウ　密度は，同じ温度・圧力の空気と比べて大きい。

①　O_2　　②　N_2　　③　NH_3　　④　Ar

問 7　メタン CH_4 を完全燃焼させたところ，18 g の水 H_2O が生成した。このとき，生成した二酸化炭素 CO_2 は何 g か。最も適当な数値を，次の①～⑤のうちから一つ選べ。［ 7 ］g

①　9.0　　②　22　　③　33　　④　44　　⑤　88

問 8　酸と塩基，および酸性と塩基性に関する記述として，**誤りを含むもの**はどれか。最も適当なものを，次の①～④のうちから一つ選べ。［ 8 ］

① 水は反応する相手によって酸としてはたらいたり，塩基としてはたらいたりする。

② 酸の価数および物質量が同じ強酸と弱酸では，過不足なく中和するのに必要な塩基の物質量は強酸の方が多くなる。

③ 水素イオン濃度を用いると，水溶液のもつ酸性や塩基性の強さを表すことができる。

④ 酸の水溶液を水でいくら薄めても，25 ℃ では pH の値は 7 より大きくなることはない。

問 9　下線を付した原子の酸化数を比べたとき，酸化数が最も大きいものを，次の①～④のうちから一つ選べ。［ 9 ］

① $\underline{S}O_4^{2-}$　　② $H\underline{N}O_3$　　③ $\underline{Mn}O_2$　　④ $\underline{N}H_4^+$

問10　純物質の気体**ア**と**イ**からなる混合気体について，混合気体中の**ア**の物質量の割合と混合気体のモル質量の関係を図1に示した。0 ℃，1.0×10^5 Pa の条件で密閉容器に**ア**を封入したとき，**ア**の質量は 0.64 g であった。次に，**ア**と**イ**をある割合で混合し，同じ温度・圧力条件で同じ体積の密閉容器に封入したとき，混合気体の質量は 1.36 g であった。この混合気体に含まれる**ア**の物質量の割合は何%か。最も適当な数値を，後の①～⑥のうちから一つ選べ。ただし，**ア**と**イ**は反応しないものとする。 [10] %

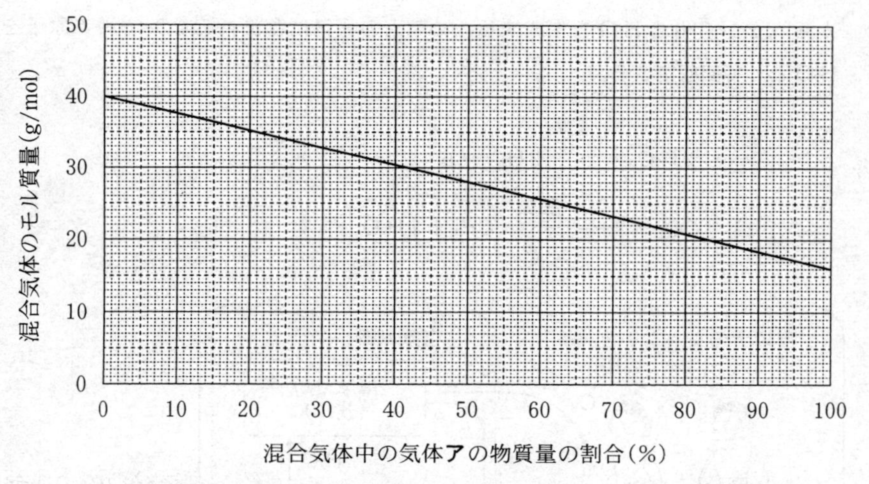

図1　混合気体中の気体**ア**の物質量の割合と混合気体のモル質量の関係

① 19　② 25　③ 34　④ 60　⑤ 75　⑥ 88

第2問　宇宙ステーションの空気制御システムに関する次の文章を読み，後の問い（問1～3）に答えよ。（配点　20）

宇宙ステーションで人が生活するには，宇宙ステーション内の空気に含まれる酸素 O_2 と二酸化炭素 CO_2 の濃度を適切に管理する空気制御システムが必要である。

空気制御システムでは，次の式(1)に示すように，水 H_2O の電気分解を利用して O_2 が供給される。また，補充する H_2O の量を削減するために，式(2)のサバティエ反応の利用が試みられている（図1）。この反応では，触媒を用いて CO_2 と水素 H_2 からメタン CH_4 と H_2O を生成するため，人の呼気に含まれる CO_2 の酸素原子を H_2O として回収できる。

$$2\,H_2O \longrightarrow 2\,H_2 + O_2 \qquad (1)$$

$$CO_2 + 4\,H_2 \xrightarrow{\text{触媒}} CH_4 + 2\,H_2O \qquad (2)$$

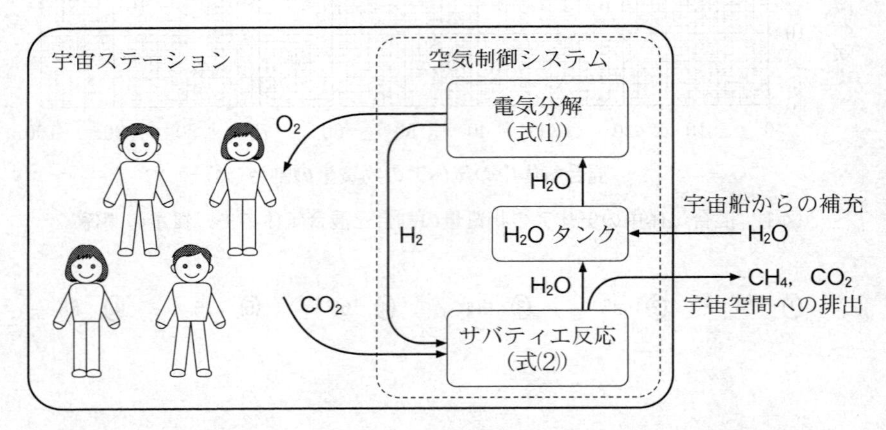

図1　水の電気分解とサバティエ反応を利用した空気制御システムの模式図

問 1　式(1)の電気分解に関する記述として**誤りを含むもの**はどれか。最も適当なものを，次の①～④のうちから一つ選べ。 11

① 陽極側では O_2 が発生する。

② 発生する O_2 は，水上置換法で捕集できる。

③ 式(1)の反応は酸化還元反応である。

④ 電気分解で発生する H_2 と O_2 の質量比は 1 ：16 となる。

問 2　サバティエ反応の反応物である CO_2 および生成物である CH_4 に関する次の問い（**a** ～ **c**）に答えよ。

a　式(2)において，CO_2 の C 原子と O 原子が酸化されるか，還元されるか，酸化も還元もされないかの組合せとして最も適当なものを，次の①～⑥のうちから一つ選べ。 12

	C 原子	O 原子
①	酸化される	酸化も還元もされない
②	酸化される	還元される
③	酸化も還元もされない	酸化される
④	酸化も還元もされない	還元される
⑤	還元される	酸化される
⑥	還元される	酸化も還元もされない

b　次の化学反応式**ア〜エ**は，いずれも2種類の反応物からCO_2が生じる化学反応を示している。**ア〜エ**の反応において，2種類の反応物をいずれも1molだけ用いて反応させるとき，生成できるCO_2の物質量が最も多い反応はどれか。最も適当なものを，後の①〜④のうちから一つ選べ。ただし，いずれも記された反応のみが進行するものとする。 13

ア　$CaCO_3 + 2HCl \longrightarrow CaCl_2 + H_2O + CO_2$

イ　$(COOH)_2 + H_2O_2 \longrightarrow 2H_2O + 2CO_2$

ウ　$Fe_2O_3 + 3CO \longrightarrow 2Fe + 3CO_2$

エ　$2CO + O_2 \longrightarrow 2CO_2$

①　**ア**　　②　**イ**　　③　**ウ**　　④　**エ**

c　CH_4 は常温以下の温度で安定である。しかし，十分な量の塩素と混合して光（紫外線）を照射すると CH_4 の水素原子を塩素原子に置き換えた化合物 CH_3Cl，CH_2Cl_2，$CHCl_3$，CCl_4 ができる。CH_4 を含めた五つの化合物のうち，無極性分子はどれか。最も適当なものを，次の①～⑤のうちから二つ選べ。ただし，解答の順序は問わない。なお，図は分子の形であり，球の大きさはそれぞれの原子の大きさを反映している。

14

15

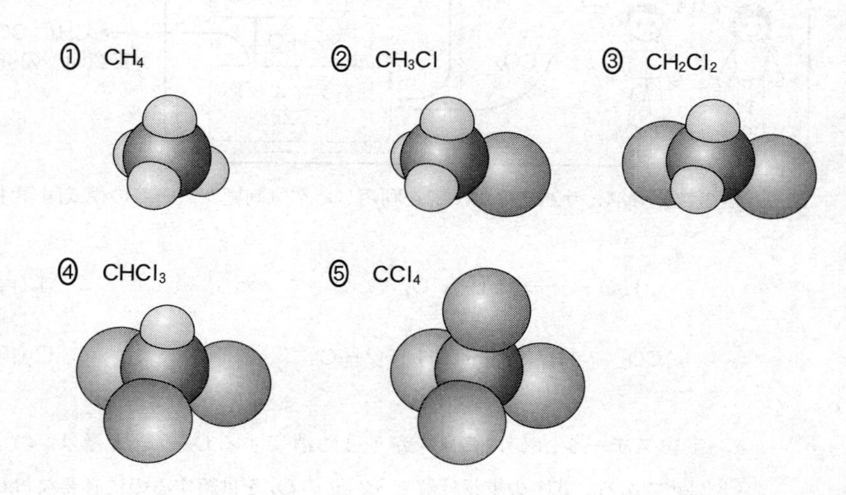

問 3　図1で示した空気制御システムにおけるH_2Oの量に関する，次の問い（**a**～**c**）に答えよ。

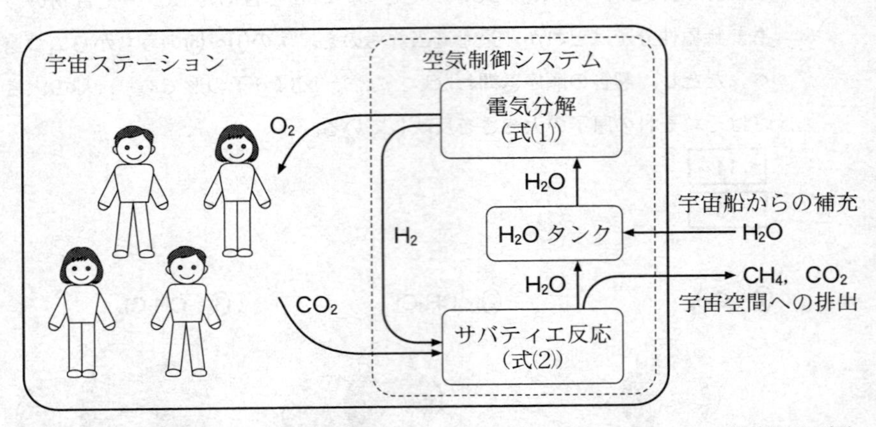

図1　水の電気分解とサバティエ反応を利用した空気制御システムの模式図（再掲）

$$2\,H_2O \longrightarrow 2\,H_2 + O_2 \quad (1)(再掲)$$

$$CO_2 + 4\,H_2 \xrightarrow{触媒} CH_4 + 2\,H_2O \quad (2)(再掲)$$

a　宇宙ステーション内の4人が1日に消費するO_2の総質量は，およそ3.2 kgである。式(1)の電気分解で3.2 kgのO_2を供給するのに必要なH_2Oの質量は何kgか。最も適当な数値を，次の①～⑥のうちから一つ選べ。 16 kg

① 0.90　② 1.6　③ 1.8　④ 3.2　⑤ 3.6　⑥ 7.2

b　式(2)の反応において 1 mol の CO_2 を使用するとき，使用した H_2 と生成した H_2O の物質量の関係を表したグラフとして最も適当なものを，次の①～④のうちから一つ選べ。 17

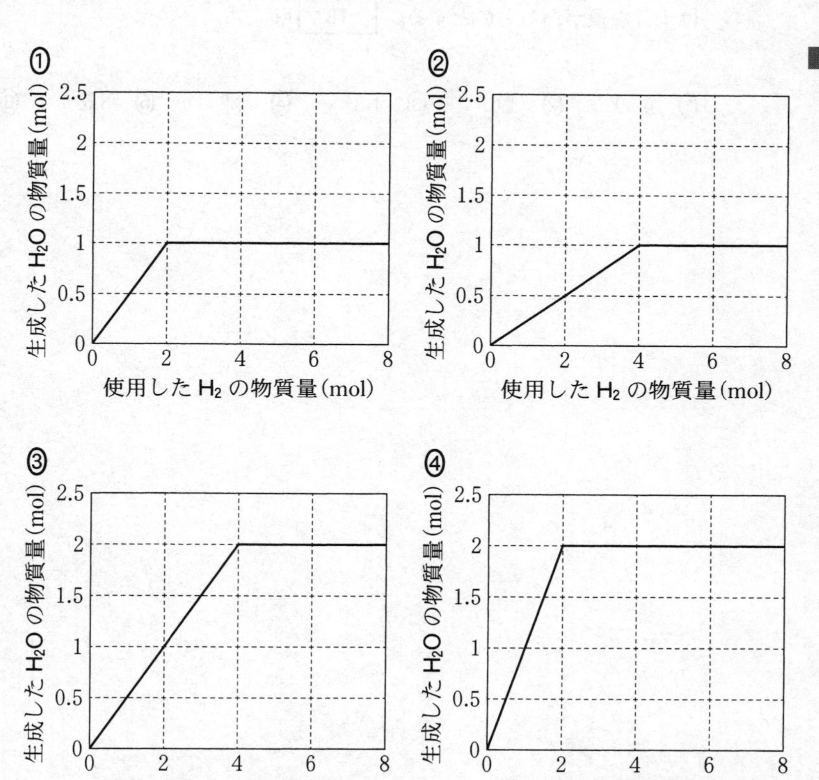

c　式(1)の反応によって 3.2 kg の O_2 が生成したとき，同時に生成した H_2 だけを用いると，式(2)の反応で得られる H_2O の質量は何 kg か。最も適当な数値を，次の①～⑥のうちから一つ選べ。ただし，式(2)の反応に用いる CO_2 は十分な量があるものとする。 18 kg

① 0.90　② 1.6　③ 1.8　④ 3.2　⑤ 3.6　⑥ 6.4

生　物　基　礎

（解答番号 1 ～ 16 ）

第1問　細胞と遺伝子の働きに関する次の文章（A・B）を読み，後の問い（問1～5）に答えよ。（配点　17）

A　全ての生物は，(a)細胞を基本単位として活動している。細胞は生物固有の全遺伝情報である(b)ゲノムを持ち，ゲノムに存在する(c)遺伝子が発現することで，細胞の働きが維持されている。遺伝子の本体は，(d)肺炎を引き起こす肺炎双球菌（肺炎球菌）を用いた実験により明らかになった。

問1　下線部(a)について，原核細胞と真核細胞に共通する特徴として**適当でないもの**を，次の①～⑤のうちから一つ選べ。 1

① 細胞内での化学エネルギーの受け渡しにATPを利用する。
② 細胞内で酵素反応が行われている。
③ 異化の仕組みを持つ。
④ 物質は細胞膜を介して出入りする。
⑤ ミトコンドリアや葉緑体を持つ。

問 2　下線部(b)，(c)に関連して，ゲノムや遺伝子に関する記述として最も適当なものを，次の①～⑤のうちから一つ選べ。 **2**

① ゲノムのDNAに含まれる，アデニンの数とグアニンの数は等しい。

② ゲノムのDNAには，RNAに転写されず，タンパク質に翻訳もされない領域が存在する。

③ 同一個体における皮膚の細胞とすい臓の細胞とでは，中に含まれるゲノムの情報が異なる。

④ 単細胞生物が分裂により2個体になったとき，それぞれの個体に含まれる遺伝子の種類は互いに異なる。

⑤ 細胞が持つ遺伝子は，卵と精子が形成されるときに種類が半分になり，受精によって再び全種類がそろう。

問 3　下線部(d)に用いた肺炎双球菌には，病原性を持たないＲ型菌と，病原性を持つＳ型菌がある。加熱殺菌したＳ型菌だけをマウスに注射すると発病しなかったが，加熱殺菌したＳ型菌をＲ型菌と混ぜてから注射すると発病した。発病したマウスの体内からはＳ型菌が見つかった。また，Ｓ型菌をすりつぶして得た抽出液をＲ型菌に加えて培養すると，一部のＲ型菌はＳ型菌に変わった。これらの現象は，Ｓ型菌の遺伝物質を取り込んだ一部のＲ型菌でＳ型菌への形質転換が起こり，それが病原性を保ったまま増殖することで引き起こされる。

そこで，この遺伝物質の本体を確かめるために，Ｓ型菌の抽出液に次の処理ⓐ～ⓒのいずれかを行った後，それぞれをＲ型菌に加えて培養する実験を行った。培養後にＳ型菌が見つかった処理はどれか。それを過不足なく含むものを，後の①～⑦のうちから一つ選べ。 **3**

ⓐ　タンパク質を分解する酵素で処理した。
ⓑ　RNA を分解する酵素で処理した。
ⓒ　DNA を分解する酵素で処理した。

①　ⓐ　　②　ⓑ　　③　ⓒ
④　ⓐ，ⓑ　　⑤　ⓐ，ⓒ　　⑥　ⓑ，ⓒ
⑦　ⓐ，ⓑ，ⓒ

B　細胞はDNAを複製して分裂することで増殖する。紫外線が細胞周期に与える影響を，動物の体細胞由来の培養細胞を用いて調べた。この培養細胞のDNA量を継続的に測定したところ，細胞1個当たりのDNA量は，図1のように，周期的に変化していた。この培養細胞に紫外線を短時間照射したところ，図2のように，DNA量の変化が一時的にみられなくなったが，その後，もとの周期的な変化が再開した。これは，(e)細胞周期が一時停止して，その間に，紫外線によって損傷を受けたDNAが修復されたことを示している。

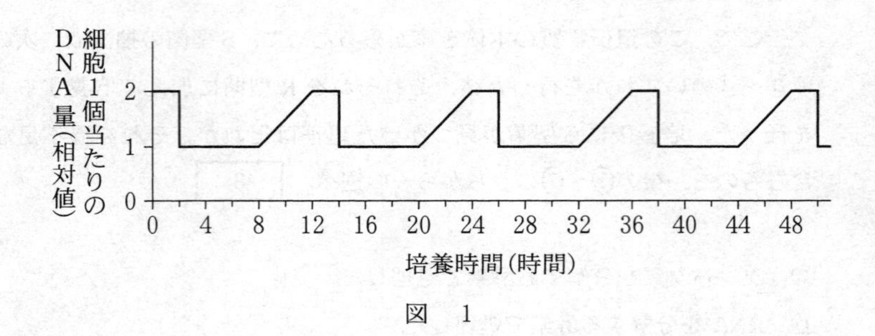

図　1

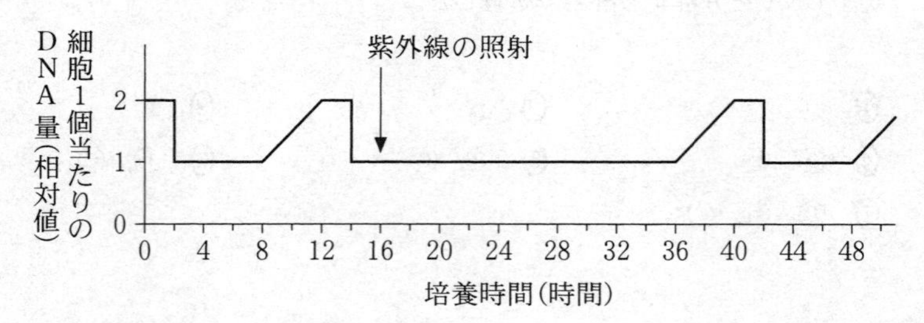

注：矢印は，紫外線を照射した時点を示す。

図　2

問 4　下線部(e)について，紫外線照射後に細胞周期が停止したのはどの時期であると考えられるか。その細胞周期の時期として最も適当なものを，次の①～④のうちから一つ選べ。 4

① G_1 期
② G_2 期
③ S 期
④ M 期

問 5　次に，紫外線の代わりに，化合物Ｚが細胞周期に与える影響を調べた。DNA 量の測定開始 16 時間後から，化合物Ｚを培地に加えて培養を続けたところ，図 3 の結果が得られた。また，測定開始から 15 時間後，26 時間後，および 40 時間後の各時点において，細胞を顕微鏡で観察した。図 4 は，その結果を模式図として示したものである。これらの結果から，化合物Ｚは，細胞周期のどの過程を阻害したと考えられるか。最も適当なものを，後の①～⑤のうちから一つ選べ。 5

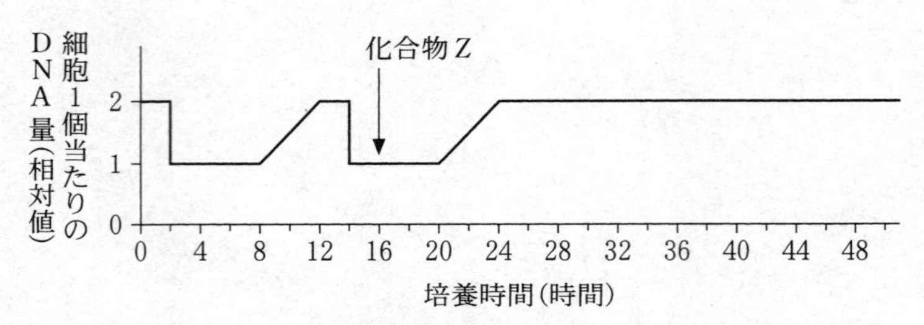

注：矢印の時点から，化合物Ｚを培地に加えて培養を続けた。

図　3

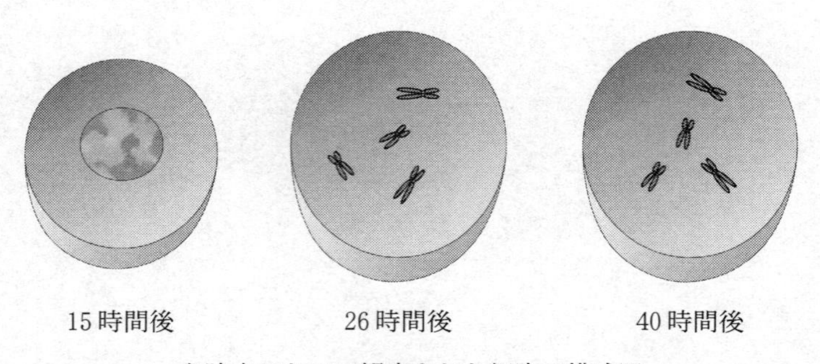

各時点において観察された細胞の模式図

図　4

① G_1 期の進行

② G_2 期の進行

③ DNA の複製

④ 染色体の分配

⑤ 染色体の凝縮

第2問　ヒトの体内環境の維持に関する次の文章(A・B)を読み，後の問い(問1～6)に答えよ。(配点　18)

A　(a)血液は，血管を通って体内を循環しており，細胞の呼吸に必要な酸素や栄養分，細胞が放出した二酸化炭素や老廃物を，からだの適切な場所に運搬する。また体内には，(b)皮膚や血管が傷ついたときにすぐに修復する仕組みが備わっている。

問1　下線部(a)に関連して，血液の成分に関する記述として最も適当なものを，次の①～⑤のうちから一つ選べ。 6

① 血液は，有形成分の血球と液体成分の血清とからなる。
② 赤血球，白血球，および血小板のうち，最も数が多いのは血小板である。
③ 血液の液体成分に溶けている物質のうち，質量として最も多くを占めるものは無機塩類である。
④ 血液による酸素の運搬は，主にヘモグロビンによって行われる。
⑤ 白血球は，免疫を担うとともに，老廃物の運搬を行う。

問2　下線部(b)に関連して，次の記述ⓐ～ⓒは，血管が傷ついたときに，傷口が塞がれて出血が止まるまでの過程で起こる現象を示したものである。傷口で起こる現象の順序として最も適当なものを，後の①～⑥のうちから一つ選べ。 7

ⓐ 繊維状の物質が形成される。
ⓑ 赤血球などを絡めた塊ができる。
ⓒ 血小板が集まる。

① ⓐ→ⓑ→ⓒ	② ⓐ→ⓒ→ⓑ	③ ⓑ→ⓐ→ⓒ
④ ⓑ→ⓒ→ⓐ	⑤ ⓒ→ⓐ→ⓑ	⑥ ⓒ→ⓑ→ⓐ

問 3　皮膚や血管の修復作用は，感染を防ぐために重要である。皮膚と血管が傷ついたときに，修復作用が不十分であると，傷口からは病原体が次々と侵入する。皮膚と血管が傷ついた直後に，傷口付近で起こる病原体に対する防御反応として最も適当なものを，次の①～⑤のうちから一つ選べ。 [8]

① 傷口に集まってきた血小板が，侵入してきた病原体を取り込む。

② 傷口を塞ぐために角質層が形成される。

③ マクロファージが傷口付近で病原体を取り込む。

④ ナチュラルキラー(NK)細胞が，傷口から侵入した病原体を直接攻撃する。

⑤ 抗体産生細胞(形質細胞)が傷口の組織に集まって，侵入してきた病原体に対する抗体を放出する。

B　理科室に置いてある人体模型にぶつかってしまい，内部にあった各器官の模型を床に散乱させてしまった。そこで，内部が空洞になった人体模型(図１)に，まず，からだの左側の腎臓の模型(図２)と腎臓につながる血管の模型(図３)をもとの位置に戻すことにした。腎臓の模型には３本の管(管A～C)があり，このうち管A，管Bは血管であった。管Aの血管壁は管Bの血管壁よりも厚かったので，管［ア］を血管の模型の静脈に接続し，もう一方の管を動脈に接続した。同様にして，右側の腎臓の模型と血管の模型を接続した後，これらをもとの位置である図１中の部位［イ］に戻した。

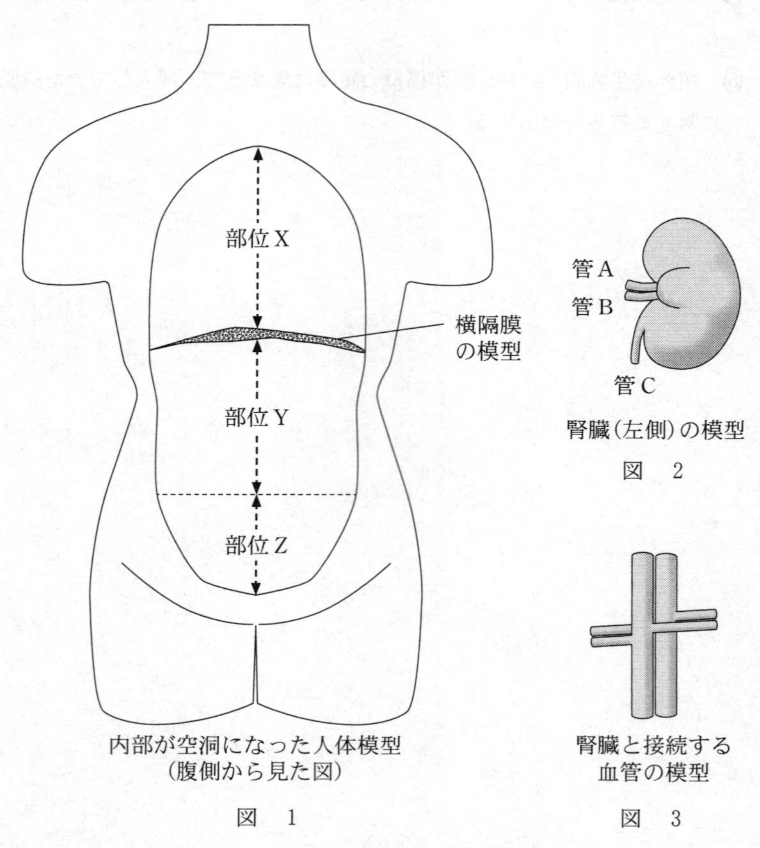

内部が空洞になった人体模型
(腹側から見た図)

図　1

腎臓(左側)の模型

図　2

腎臓と接続する血管の模型

図　3

注：図１～３は，それぞれ縮尺が異なる。

問 4　前の文章中の［ア］・［イ］に当てはまる記号の組合せとして最も適当なものを，次の①～⑥のうちから一つ選べ。［9］

	ア	イ
①	A	X
②	A	Y
③	A	Z
④	B	X
⑤	B	Y
⑥	B	Z

問 5　腎臓に流入する血液には，次のⓓ～ⓖなどの物質が含まれている。健康なヒトの腎臓において，図２の管Ｃに相当する管を流れる液体中に存在する物質の組合せとして最も適当なものを，後の①～⑥のうちから一つ選べ。［10］

ⓓ　無機塩類　　ⓔ　糖　　ⓕ　尿　素　　ⓖ　アミノ酸

①　ⓓ，ⓔ　　②　ⓓ，ⓕ　　③　ⓓ，ⓖ
④　ⓔ，ⓕ　　⑤　ⓔ，ⓖ　　⑥　ⓕ，ⓖ

問 6　ブタの腎臓は，構造や大きさがヒトの腎臓とよく似ている。健常なブタの腎臓の腎動脈の切断口から，薄めた墨汁をゆっくりと注入した。この腎臓を縦に切断したとき，切断面に見られる墨汁の黒い成分の分布を示した模式図として最も適当なものを，次の①～④のうちから一つ選べ。ただし，墨汁中の黒い成分は，炭素を含む微粒子が結合したタンパク質である。 11

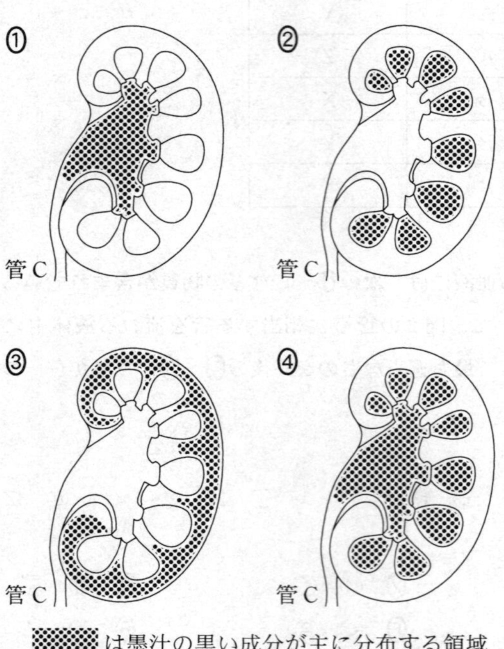

は墨汁の黒い成分が主に分布する領域

第3問　生物の多様性と生態系の保全に関する次の文章（A・B）を読み，後の問い（問1～5）に答えよ。（配点　15）

A　日本列島では，ほとんどの地域に(a)森林が見られ，森林が成立しない湿地や(b)湖沼には，水生植物からなる植生が見られる。過去に山火事や伐採により森林が消失した場所では，(c)主にススキなどの草本が優占する草原が見られることがあり，草原は時間の経過とともに森林へと移り変わっていく。

問1　下線部(a)に関連して，日本列島の森林に関する次の文章中の［ア］・［イ］に入る語句の組合せとして最も適当なものを，後の①～⑥のうちから一つ選べ。［12］

日本列島には複数の森林のバイオームが見られ，その分布は主に［ア］により決まる。森林限界が見られる標高は，北海道では本州中部地方［イ］。

	ア	イ
①	年降水量	より低い
②	年降水量	と変わらない
③	年降水量	より高い
④	年平均気温	より低い
⑤	年平均気温	と変わらない
⑥	年平均気温	より高い

問 2　下線部(b)に関連して，次の記述ⓐ～ⓒのうち，湖沼の植生や生態系の説明として適当なものはどれか。それを過不足なく含むものを，後の①～⑦のうちから一つ選べ。 13

ⓐ　湖沼では，水深に応じた植生の違いが見られる。

ⓑ　湖沼の生態系では，植物プランクトンと動物プランクトンが生産者として働いている。

ⓒ　湖沼に土砂が堆積して陸地化すると，やがて森林となることがある。

① ⓐ　② ⓑ　③ ⓒ

④ ⓐ，ⓑ　⑤ ⓐ，ⓒ　⑥ ⓑ，ⓒ

⑦ ⓐ，ⓑ，ⓒ

問 3　下線部(c)に関連して，中部地方のある山地では，過去300年にわたり，2年に1回，人為的に植生を焼き払う火入れを春に行った後，成長した植物の刈取りをその年の初秋に行う管理方法により，伝統的に草原が維持されてきた。近年になり，管理方法が変更された区域や，管理が放棄された区域も見られるようになった。表1は，五つの区域（Ⅰ～Ⅴ）における近年の管理方法を示したものである。また図1は，各区域内で初夏に観察された全ての植物の種数と，そこに含まれる希少な草本の種数を調べた結果を示したものである。

表　1

区域	近年の管理方法
Ⅰ	2年に1回，火入れと刈取りの両方が行われている（伝統的管理）。
Ⅱ	毎年，火入れと刈取りの両方が行われている。
Ⅲ	毎年，刈取りのみが行われている。
Ⅳ	毎年，火入れのみが行われている。
Ⅴ	管理が放棄され，火入れも刈取りも行われていない。

注：火入れの時期は春，刈取りの時期は初秋である。

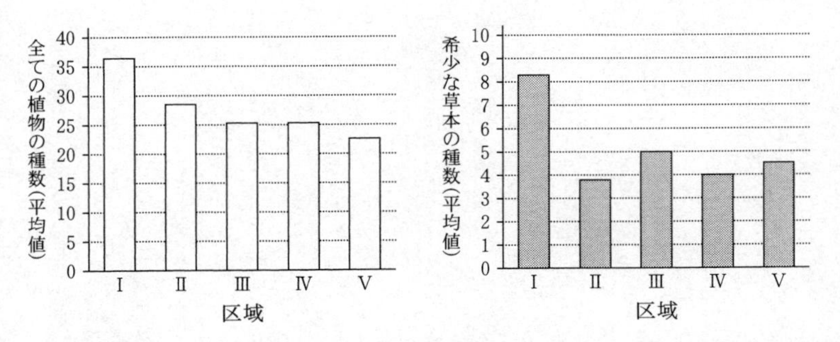

注：各区域内に調査点（1 m × 1 m）を複数設置し，それぞれの調査点において観察された全ての植物の種数および希少な草本の種数を，平均値で示す。

図　1

この山地における草原を維持する管理方法と観察された植物の種数について，表1と図1から考えられることとして最も適当なものを，次の①～④のうちから一つ選べ。 14

① 火入れと刈取りの両方を毎年行うことは，火入れと刈取りのどちらかのみを毎年行うことと比べて，全ての植物の種数における希少な草本の種数の割合を大きくする効果がある。

② 火入れを毎年行うことは，管理を放棄することと比べて，全ての植物の種数に加えて希少な草本の種数も多く保つ効果がある。

③ 伝統的管理を行うことは，火入れと刈取りの両方を毎年行うことと比べて，全ての植物の種数に加えて希少な草本の種数も多く保つ効果がある。

④ 管理を放棄することは，伝統的管理を行うことと比べて，全ての植物の種数における希少な草本の種数の割合を大きくする効果がある。

B　人間活動によって本来の生息場所から別の場所へ移動させられ，その地域に棲(す)み着いた生物を，(d)外来生物という。(e)外来生物が生物多様性の保全や生態系のバランスに関わる問題を引き起こさないように，必要に応じて外来生物を管理することが求められる。

問 4　下線部(d)に関連して，外来生物が**関わっていない記述**を，次の①～④のうちから一つ選べ。［ 15 ］

① アジア原産のつる植物であるクズが北米に持ち込まれたところ，林のへりで樹木を覆い，その生育を妨げるようになった。

② サクラマスを川で捕獲し，それらから得られた多数の子を育ててもとの川に放ったところ，野生の個体との間で食物をめぐる競合が起こり，全体として個体数が減少した。

③ イタチが分布していなかった日本のある島に，本州からイタチが持ち込まれたところ，その島の在来のトカゲがイタチに食べられて激減した。

④ メダカを水路で捕獲し，外国産の魚と一緒に飼育した後にもとの水路に戻したところ，飼育中にメダカに感染した外国由来の細菌が，水路にいる他の魚に感染した。

問 5 下線部(e)に関連して，外来生物の管理に関する記述として最も適当なものを，次の①～④のうちから一つ選べ。 16

① ある外来の水生植物が繁茂した池の生態系をもとの状態に近づけるためには，その植物を根絶することが難しい場合，定期的に除去して低密度に維持することが有効である。

② 家畜は，自然の生態系に放たれて外来生物になっても，いずれ死滅するので，人間の管理下に戻そうとしなくてもよい。

③ ある外来の動物が増えたことによって崩れた生態系のバランスを回復させるためには，別の種の動物を新たに導入し，その動物と食物をめぐって競合させることが有効である。

④ 新たに見つかった外来生物を根絶する場合には，見つかった直後に駆除するよりも，ある程度増殖するのを待ってからまとめて駆除するほうが効率がよい。

地　学　基　礎

（解答番号 [1] ～ [15]）

第1問　次の問い(A～C)に答えよ。(配点　20)

A　地球の構造と地震に関する次の問い(問1・問2)に答えよ。

問1　次の文章中の [ア]・[イ] に入れる語の組合せとして最も適当なものを，後の①～④のうちから一つ選べ。[1]

地球の表面は，[ア] と呼ばれる何枚にも分かれた岩盤で覆われ，動いている。[ア] とその下の部分とは，[イ] の違いで区分されている。海洋 [ア] は，中央海嶺(かいれい)で生成され，徐々に冷えて厚くなり，場所によっては厚さ 100 km に達する。

	ア	イ
①	プレート	かたさ(流動しにくさ)
②	プレート	岩石(構成物質)
③	地　殻	かたさ(流動しにくさ)
④	地　殻	岩石(構成物質)

問 2 緊急地震速報は，震源近くの観測点で観測されたＰ波の情報をもとに，振幅の大きなＳ波が到着する前に警告を出すことを目的としている。紀伊半島沖の浅部で大地震が発生し，緊急地震速報が地震発生の 15 秒後に出されたとする。震源から 200 km 離れた大阪市では，緊急地震速報を受信してから何秒後にＳ波が到着するか。最も適当な数値を，次の①～④のうちから一つ選べ。ただし，Ｓ波の速度は 4 km/秒，緊急地震速報が出されてから受信するまでの時間は無視できるものとする。 [2] 秒後

① 15　② 35　③ 50　④ 65

B　火成岩や鉱物に関する次の問い(**問3**・**問4**)に答えよ。

問3　火成岩や鉱物について述べた文として最も適当なものを，次の①～④のうちから一つ選べ。 [3]

①　造岩鉱物は，原子が不規則に配列しているのが特徴である。

②　深成岩は，複数の種類の鉱物とガラスで構成されていることが多い。

③　安山岩と閃緑(せんりょく)岩の違いは，マグマの化学組成の違いを反映している。

④　苦鉄質岩(塩基性岩)には斜長石，輝石，かんらん石が含まれていることが多い。

問 4 次の図1は，マグマが地下深部からある地層に貫入して固化した火成岩体の形態上の分類を示した模式断面図である。この図のA～Cの名称の組合せとして最も適当なものを，後の①～⑥のうちから一つ選べ。 4

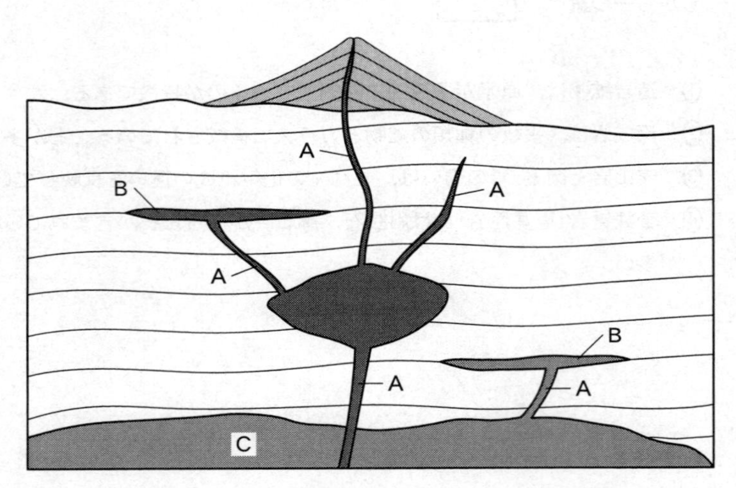

図1 火成岩体の形態上の分類を示す模式断面図

	A	B	C
①	岩床(がんしょう)	底盤(ていばん)(バソリス)	岩脈(がんみゃく)
②	岩床	岩脈	底盤(バソリス)
③	岩脈	底盤(バソリス)	岩床
④	岩脈	岩床	底盤(バソリス)
⑤	底盤(バソリス)	岩床	岩脈
⑥	底盤(バソリス)	岩脈	岩床

C　生物進化と地球環境の変化に関する次の文章を読み，後の問い（**問5・問6**）に答えよ。

我々が呼吸に使っている酸素分子 O_2 は，(a)先カンブリア時代に現れた光合成生物である［ウ］によってつくられ始めた。海中に放出された酸素と海水中の鉄イオンが結びついて沈殿することで，縞状（しまじょう）鉄鉱層が形成された。その後，大気中の酸素の濃度が上昇し，古生代後半にはピークに達した。この時代には［エ］の大森林が形成された。

問5　上の文章中の［ウ］・［エ］に入れる語の組合せとして最も適当なものを，次の①～④のうちから一つ選べ。［5］

	ウ	エ
①	グリパニア（真核生物）	被子植物
②	グリパニア（真核生物）	シダ植物
③	シアノバクテリア（原核生物）	被子植物
④	シアノバクテリア（原核生物）	シダ植物

問6　上の文章中の下線部(a)に関して，原生代初期の地球について述べた文として最も適当なものを，次の①～④のうちから一つ選べ。［6］

① 全球凍結が起こったと考えられる寒冷化があった。

② 地球表層がマグマオーシャンで覆われた。

③ 多細胞生物の爆発的多様化が起こった。

④ 原始的な魚類が登場した。

第2問　次の問い(A・B)に答えよ。(配点　10)

A　台風に関する次の問い(問1・問2)に答えよ。

問1　次の図1のa～dは，台風が日本に接近した際の，連続する4日分の地上天気図を順不同で示したものである。この天気図a～dの日付の順序として最も適当なものを，後の①～④のうちから一つ選べ。 7

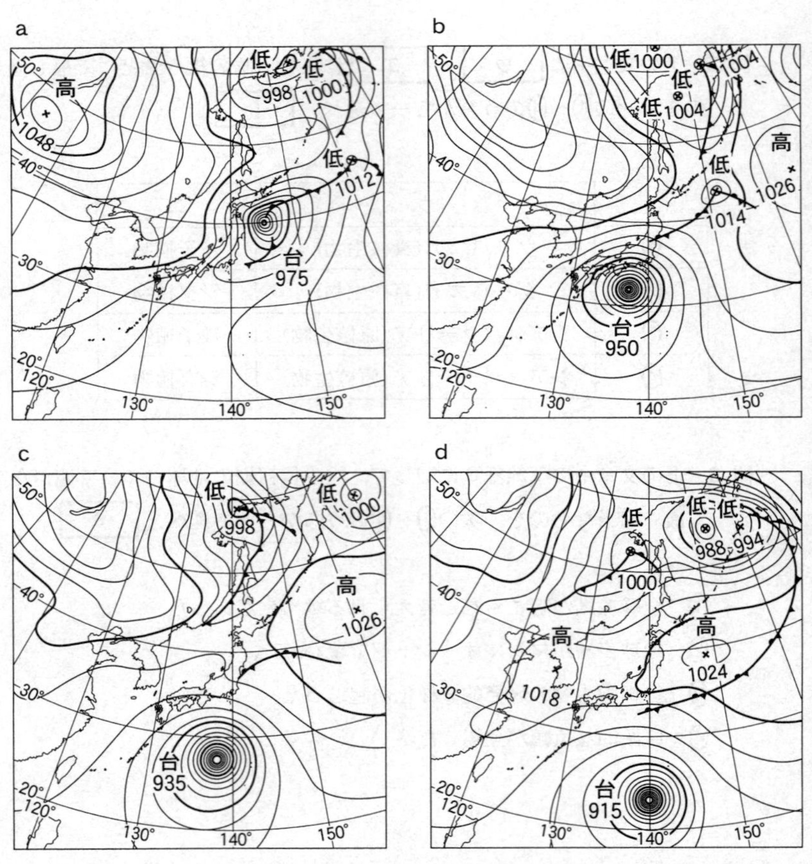

図1　台風が日本に接近した際の，順不同に並べた連続する4日分の天気図

① c → b → d → a

② c → d → a → b

③ d → a → c → b

④ d → c → b → a

問 2　台風が日本に接近した際に災害を起こすおそれがある現象の説明として，下線部に**誤りを含むもの**を，次の①～④のうちから一つ選べ。 8

① 前線が停滞しているときに台風が接近すると，南の海上の暖かく湿った空気が流入して，前線の活動が活発になり，大雨が降ることがある。

② 台風内部の地表付近では風が反時計回りに吹いており，台風の進行方向の右側にくらべて，台風の進行方向の左側では，風がより強く吹くことが多い。

③ 台風から離れた等圧線の間隔が広い領域にくらべて，台風の中心近くの等圧線の間隔が狭い領域では，風がより強く吹くことが多い。

④ 台風が沿岸近くを通過すると，気圧の低下による海面の上昇や強風による海水の吹き寄せによって，海岸付近では高潮が発生することがある。

B　海洋に関する次の問い(**問 3**)に答えよ。

問 3　海洋の熱収支と海面水温に関する次の文章を読み，［ア］・［イ］に入れる語の組合せとして最も適当なものを，後の①～④のうちから一つ選べ。［9］

地球の海洋全体の熱収支は，潜熱・顕熱(熱伝導)による大気と海洋の間の熱のやり取りや，海面における電磁波の吸収・放出などによって決まっている。潜熱については，海水の蒸発が海面水温を［ア］。一方，電磁波については，海面からの［イ］の放出が夜間において海面水温を下げる。

	ア	イ
①	下げる	可視光線
②	下げる	赤外線
③	上げる	可視光線
④	上げる	赤外線

第3問　次の問い(A・B)に答えよ。(配点　10)

A　太陽系の天体と恒星に関する次の問い(**問1**・**問2**)に答えよ。

問1　次の文章中の［ア］・［イ］に入れる語句の組合せとして最も適当なものを，後の①～④のうちから一つ選べ。［10］

原始太陽系星雲では，原始太陽のまわりに星間物質が［ア］に集まっていった。このなかで，現在の惑星のもととなった天体が互いに衝突し，［イ］が形成され，それが地球のような惑星になった。

	ア	イ
①	球　状	分裂することで，より小さな天体
②	球　状	合体することで，より大きな天体
③	円盤状	分裂することで，より小さな天体
④	円盤状	合体することで，より大きな天体

問2　太陽の進化段階のうち，主系列星，赤色巨星，白色矮星(わいせい)について考える。これら三つのなかで，内部で水素の核融合が起こっている進化段階をすべてあげたものとして最も適当なものを，次の①～④のうちから一つ選べ。
［11］

① 主系列星，赤色巨星
② 主系列星，白色矮星
③ 赤色巨星，白色矮星
④ 主系列星，赤色巨星，白色矮星

B　宇宙の構造に関する次の問い(**問 3**)に答えよ。

問 3　太陽系天体や恒星，星間雲，銀河などは，その種類ごとに夜空における分布が異なっている。次の図 1 は，8 月上旬の午後 8 時，東京の南の空における，ある種類の天体の分布を示したものである。図中の灰色の領域は天の川を，破線は黄道を表している。この種類の天体は，実線の円で囲まれた領域 A のように集団をつくり，より大きな天体構造を形成する。この天体の種類として最も適当なものを，後の①～④のうちから一つ選べ。 12

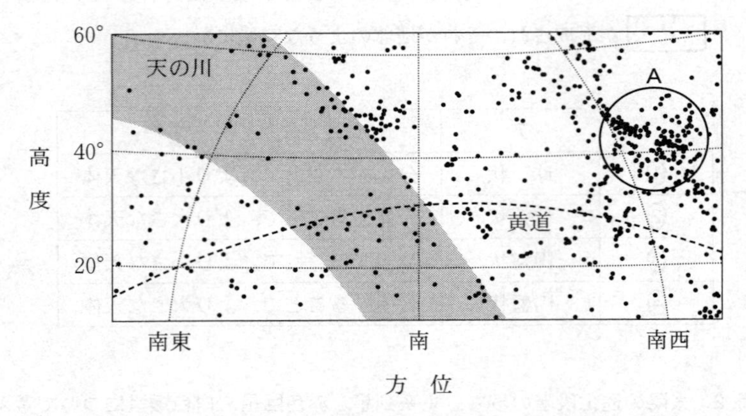

図 1　8 月上旬の午後 8 時，東京の南の空における，ある種類の天体の分布
一つの黒丸が一つの天体の位置を表す。

① 火星軌道と木星軌道の間にある小惑星
② 太陽から 3000 光年以内にある恒星
③ 銀河系内にある星間雲
④ 銀河系から 1 億光年以内にある銀河

第4問　さまざまな自然災害のなかでも，火山の噴火による災害は，被害の様相が極めて多様であることを特徴とする。陸上で大きな噴火が起こると，周辺地域は火山噴出物に埋もれ，降灰も1000 km を超える広範囲に及ぶ場合がある。また，海底火山から噴出した多量の軽石が海流に流されて，遠方にまで漁業被害が及ぶこともある。これらのことに関連して，次の問い（**問**1～3）に答えよ。（配点　10）

問 1　次の文章中の ア ～ ウ に入れる数値と語句の組合せとして最も適当なものを，後の①～④のうちから一つ選べ。 13

日本では，おおむね ア 年以内に噴火した火山および現在活発な噴気活動のある火山は，活火山とされ，国内に約110ある。火山のさまざまな噴火様式のなかでも爆発的な噴火は，マグマの粘性が高く，かつマグマ中の イ の含有量が多い場合に引き起こされやすい。そのような噴火が陸上の火山で起こると，高温の火山ガスと軽石などの火山砕屑物（さいせつぶつ）が一団となって ウ として高速で山腹を流れ下り，火山の周辺地域に甚大な被害をもたらす。

	ア	イ	ウ
①	1万	鉄やマグネシウム	土石流
②	1万	揮発性（きはつせい）（ガス）成分	火砕流（かさいりゅう）
③	1000	鉄やマグネシウム	火砕流
④	1000	揮発性（ガス）成分	土石流

問 2　地層中の火山灰層は，過去の火山噴火で広範囲に及んだ降灰の様子を知る手がかりとなる。次の図1は，ある湖の底を鉛直方向に掘削して得られた第四紀の地層の柱状図である。地層中には3枚の火山灰層X・Y・Zがみつかり，それぞれの火山灰層の層厚と構成粒子の種類は図1に示すとおりであった。また，これらの火山灰層は，いずれも湖に降って堆積したもので，堆積後に侵食を受けていなかった。図1について述べた後の文a・bの正誤の組合せとして最も適当なものを，後の①～④のうちから一つ選べ。 14

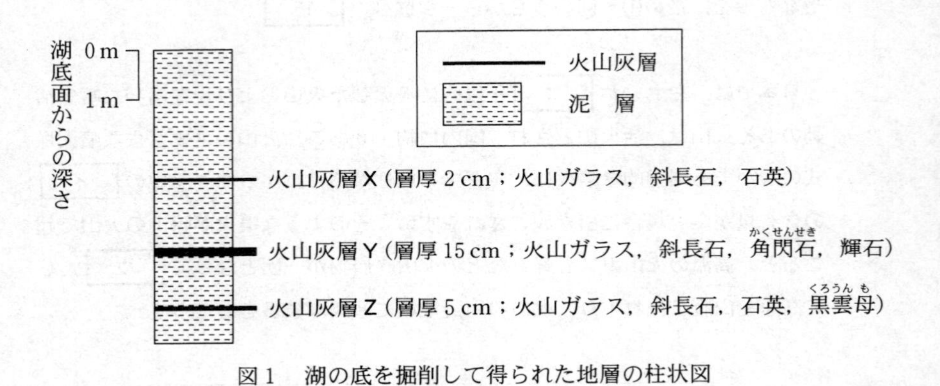

図1　湖の底を掘削して得られた地層の柱状図

a　火山灰層X・Y・Zは，含まれる鉱物の組合せは異なるものの，いずれも斜長石が含まれることから，すべて同一の火山からもたらされたものと考えられる。

b　火山灰層X・Y・Zの厚さの違いは，この湖に降った火山灰の量の違いをおおむね反映していると考えられる。

	a	b
①	正	正
②	正	誤
③	誤	正
④	誤	誤

問 3　次の文章中の［　エ　］・［　オ　］に入れる語と数値の組合せとして最も適当なものを，後の①〜④のうちから一つ選べ。［　15　］

次の図2は，1924年10月に西表（いりおもて）島近くの海底火山から噴出した軽石が漂流した経路の模式図である。軽石は北太平洋の亜熱帯を［　エ　］に流れる環流などによって日本近海を漂流するが，軽石が通過した位置と日にちの情報を集めると，各地の海流の速さの違いがわかった。たとえば軽石が区間N１—N２（経路長約300 km），区間S１—S２（経路長約1200 km）を海流のみによって移動したとすると，これらの区間において，黒潮の平均的な速さは対馬海流の平均的な速さの約［　オ　］倍と推定できる。

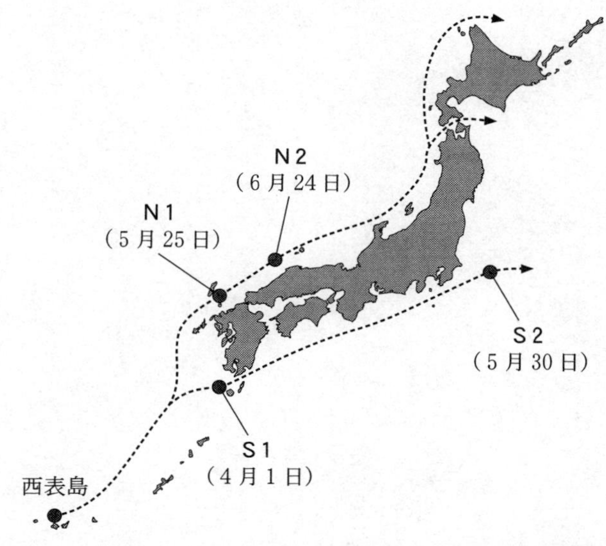

図２　西表島近くから漂流した軽石の経路を示した模式図

N１，N２，S１，S２は軽石が通過したある４地点で，通過日を1925年の日付で示す。

	エ	オ
①	反時計回り	2
②	反時計回り	8
③	時計回り	2
④	時計回り	8

2023

共通テスト 本試験

解答時間　2科目60分
配点　2科目100点
（物理基礎，化学基礎，生物基礎，地学基礎から2科目選択）

物　理　基　礎

（解答番号 [1] ～ [16]）

第1問　次の問い（問1～4）に答えよ。（配点　16）

問1　図1のように，なめらかな水平面上に箱A，B，Cが接触して置かれている。箱Aを水平右向きの力で押し続けたところ，箱A，B，Cは離れることなく，右向きに一定の加速度で運動を続けた。このとき，箱Aから箱Bにはたらく力をf_1，箱Cから箱Bにはたらく力をf_2とする。力f_1とf_2の大きさの関係についての説明として最も適当なものを，後の①～④のうちから一つ選べ。ただし，図中の矢印は力の向きのみを表している。[1]

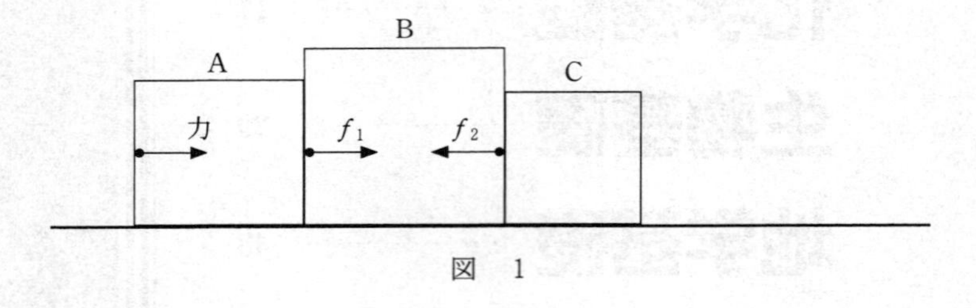

図　1

① f_1の大きさは，f_2の大きさよりも小さい。

② f_1の大きさは，f_2の大きさよりも大きい。

③ f_1とf_2の大きさは等しい。

④ f_1の大きさは，最初はf_2の大きさよりも小さいが，しだいに大きくなりf_2の大きさと等しくなる。

問 2　ばね定数の異なる軽いばねAとBがある。図2のように，それぞれのばねの一端を天井に取り付け，もう一方の端に質量 m のおもりを取り付けた。すると，ばねAは自然の長さから a だけ伸びたところで，ばねBは自然の長さから $2a$ だけ伸びたところで，それぞれつりあいの状態になっておもりが静止した。

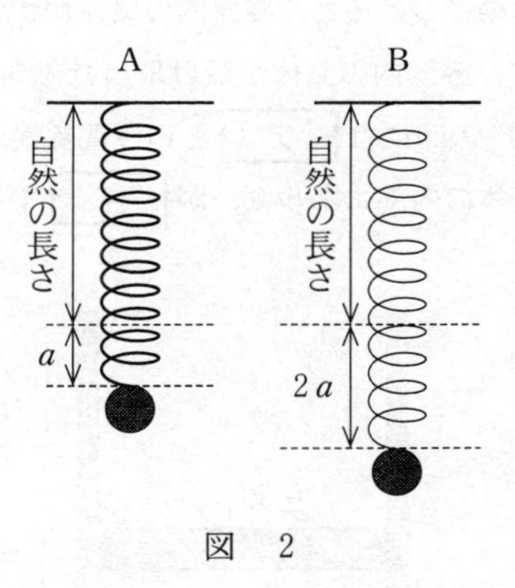

図　2

このとき，ばねBの弾性力による位置エネルギーは，ばねAの弾性力による位置エネルギーの何倍か。その値として最も適当なものを，次の①～⑥のうちから一つ選べ。 **2** 倍

① $\frac{1}{2}$　　② $\frac{\sqrt{2}}{2}$　　③ 1

④ $\sqrt{2}$　　⑤ 2　　⑥ 4

問 3　次の文章中の空欄 ア ・ イ に入れる式と語の組合せとして最も適当なものを，後の①～④のうちから一つ選べ。 3

図3のように，なめらかに動くピストンのついた容器に気体が閉じこめられている。最初，容器内の気体と大気の温度は等しい。気圧が一定の部屋の中でこの容器の底をお湯につけると，容器内の気体が膨張し，ピストンが押し上げられた。この間に，容器内の気体が受け取った熱量 Q と容器内の気体がピストンにした仕事 W' の間には ア という関係がある。$Q = W'$ とならないのは，容器内の気体の内部エネルギーが イ するためである。

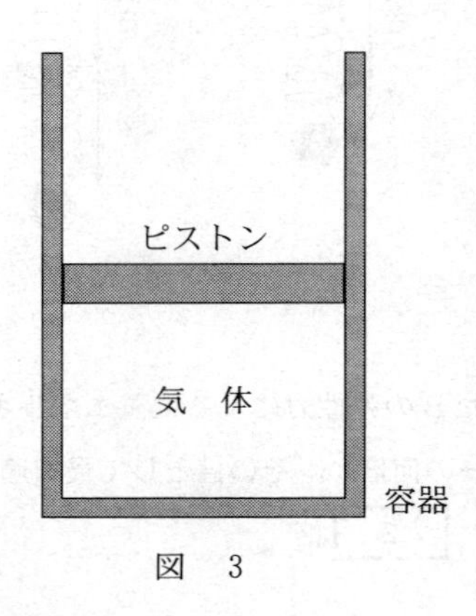

図　3

	ア	イ
①	$Q < W'$	増　加
②	$Q < W'$	減　少
③	$Q > W'$	増　加
④	$Q > W'$	減　少

問 4　次の文章中の空欄 ウ ・ エ に入れる数値と語の組合せとして最も適当なものを，後の①～⑧のうちから一つ選べ。 4

ギターのある弦の基本振動数を 110 Hz に調律したい。ここでは，図 4 のような 4 倍振動を生じさせ，4 倍音を利用して調律を行う。

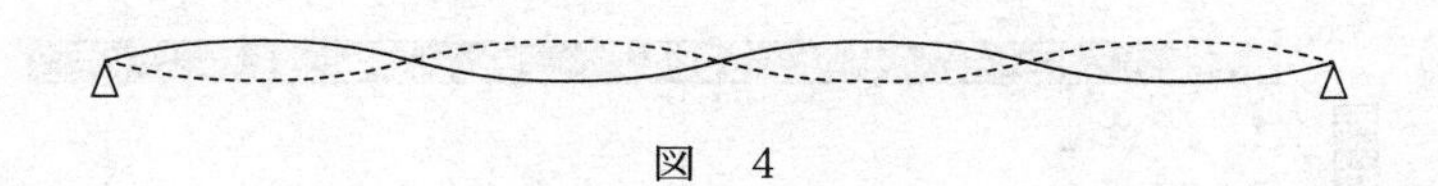

図　4

この弦の 4 倍音(以下，この音をギターの音とよぶ)を鳴らし，おんさの発生する 440 Hz の音と比べると，ギターの音の高さの方が少し低かった。また，ギターの音とおんさの音を同時に鳴らすと，1 秒あたり 2 回のうなりが聞こえた。このとき，ギターの音の振動数は ウ Hz である。

次に，1 秒あたりのうなりの回数が減っていくように弦の張力を調節する。弦の張力の大きさが大きいほど，弦を伝わる波の速さは大きくなるので，弦の張力の大きさを少しずつ エ していけばよい。うなりが聞こえなくなったとき，ギターの音とおんさの音の振動数が一致し，この弦の基本振動数は 110 Hz になる。

	ウ	エ
①	432	小さく
②	432	大きく
③	438	小さく
④	438	大きく
⑤	442	小さく
⑥	442	大きく
⑦	448	小さく
⑧	448	大きく

第2問　小球の運動についての後の問い(**問**1～5)に答えよ。ただし，空気抵抗は無視できるものとする。(配点　18)

図1は，ある初速度で水平右向きに投射された小球を，0.1 s の時間間隔で撮影した写真である。壁には目盛り間隔 0.1 m のものさしが水平な向きと鉛直な向きに固定されている。

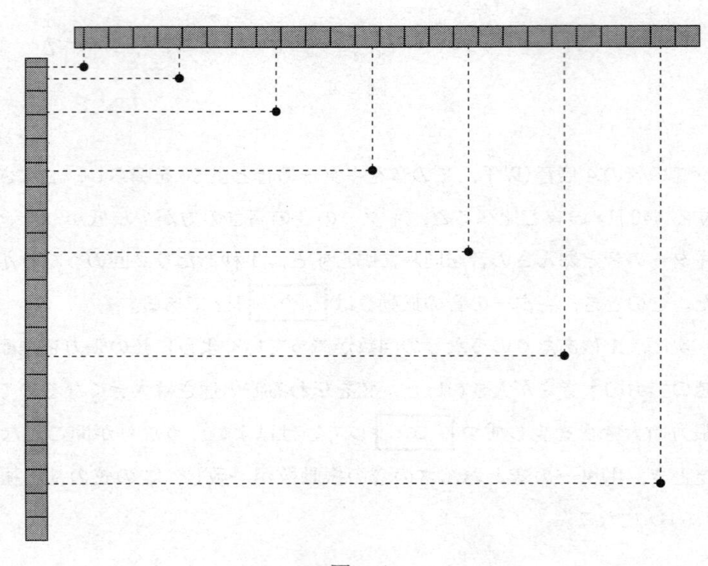

図　1

問1　水平に投射されてからの小球の水平方向の位置の測定値を，右向きを正として 0.1 s ごとに表1に記録した。表1の空欄に入れる，時刻 0.3 s における測定値として最も適当なものを，後の①～⑤のうちから一つ選べ。 5

表　1

時刻〔s〕	0	0.1	0.2	0.3	0.4	0.5
位置〔m〕	0	0.39	0.78		1.56	1.95

①　0.39　　②　0.78　　③　0.97　　④　1.17　　⑤　1.37

問 2　鉛直方向の運動だけを考えよう。このとき，小球の鉛直下向きの速さ v と時刻 t の関係を表すグラフとして最も適当なものを，次の①～④のうちから一つ選べ。 6

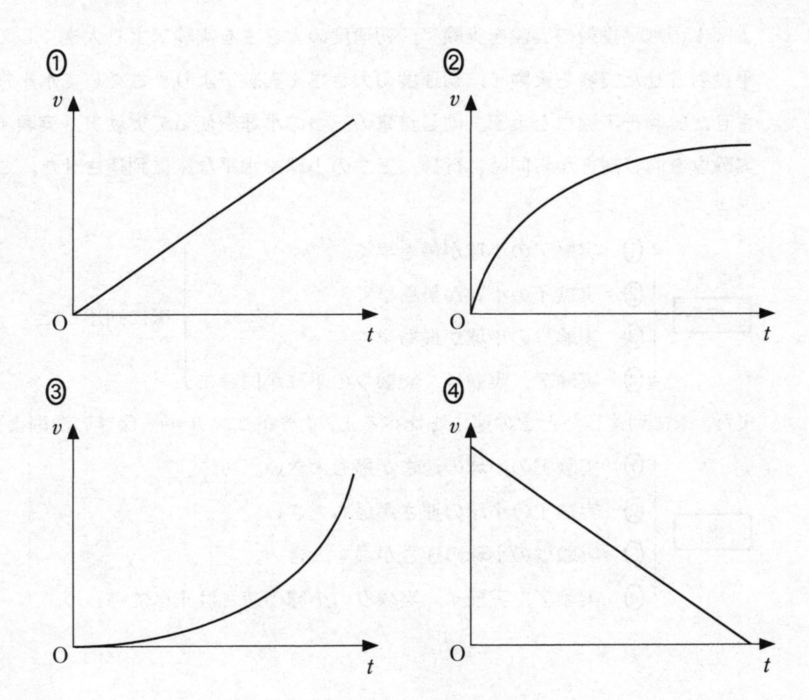

問 3 次の文章中の空欄 [7]・[8] に入れる記述として最も適当なものを，それぞれの直後の { } で囲んだ選択肢のうちから一つずつ選べ。

図1の水平投射の実験を実験ア，初速度の大きさを実験アより大きくして水平投射させた実験を実験イ，初速度の大きさを実験アより小さくして水平投射させた実験を実験ウとよぶ。同じ質量の三つの小球を使って実験ア，実験イ，実験ウを同じ高さから同時に行い，三つの小球を水平な床に到達させた。このとき，

[7] {
① 実験アの小球が最も早く
② 実験イの小球が最も早く
③ 実験ウの小球が最も早く
④ 実験ア，実験イ，実験ウの小球が同時に
} 床に到達した。

また，床に到達したときの速さを比べると，力学的エネルギー保存の法則より，

[8] {
① 実験アの小球の速さが最も大きい。
② 実験イの小球の速さが最も大きい。
③ 実験ウの小球の速さが最も大きい。
④ 実験ア，実験イ，実験ウの小球の速さはすべて等しい。
}

次に，同じ質量の二つの小球A，Bを用意した。図2のように，水平な床を高さの基準面として，小球Aを高さhの位置から初速度0で自由落下させると同時に，小球Bを床から初速度V_0で鉛直に投げ上げたところ，小球A，Bは同時に床に到達した。

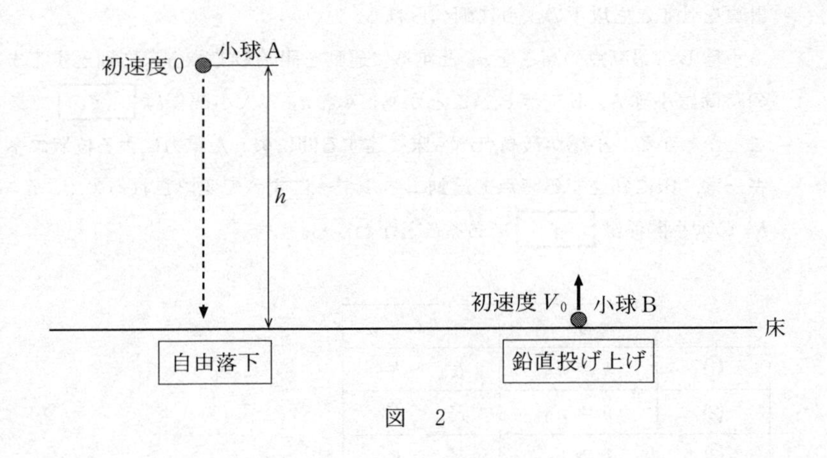

図　2

問 4　V_0を，hと重力加速度の大きさgを用いて表す式として正しいものを，次の①～⑥のうちから一つ選べ。V_0＝ **9**

① $\sqrt{\dfrac{h}{g}}$　② $\sqrt{\dfrac{g}{h}}$　③ $\sqrt{gh}$

④ $\sqrt{\dfrac{h}{2g}}$　⑤ $\sqrt{\dfrac{g}{2h}}$　⑥ $\sqrt{\dfrac{gh}{2}}$

問 5 次の文章中の空欄 ア ・ イ に入れる式の組合せとして正しいものを，後の①～⑨のうちから一つ選べ。 10

床に到達する時点での小球A，Bの運動エネルギー K_A，K_B の大小関係は，計算をせずとも以下のように調べられる。

小球Bの最高点の高さを h_B とする。運動を開始してから床に到達するまでの時間は小球A，Bで等しいことから，h と h_B の大小関係は ア であることがわかる。小球が最高点から床に達する間に失った重力による位置エネルギーは，床に到達する時点で運動エネルギーにすべて変換されるので，K_A と K_B の大小関係は イ であることがわかる。

	ア	イ
①	$h = h_B$	$K_A > K_B$
②	$h = h_B$	$K_A < K_B$
③	$h = h_B$	$K_A = K_B$
④	$h < h_B$	$K_A > K_B$
⑤	$h < h_B$	$K_A < K_B$
⑥	$h < h_B$	$K_A = K_B$
⑦	$h > h_B$	$K_A > K_B$
⑧	$h > h_B$	$K_A < K_B$
⑨	$h > h_B$	$K_A = K_B$

第3問　発電および送電についての後の問い（問1～4）に答えよ。（配点　16）

授業で再生可能エネルギーについて学んだ。家の近くに風力発電所（図1）があるので見学に行き，風力発電について探究活動を行った。

物理基礎

図　1

問1　次の文章中の空欄 11 ・ 12 に入れる語として最も適当なものを，後の①～⑥のうちから一つずつ選べ。ただし，同じものを繰り返し選んでもよい。

風力発電は，空気の 11 エネルギーを利用して風車を回し，それに接続された発電機で電気エネルギーを得る発電である。再生可能エネルギーによる発電には，風力発電以外に，水力発電や太陽光発電などもある。太陽光発電は，太陽電池を用いて 12 エネルギーを直接，電気エネルギーに変換する発電である。

① 力学的　② 熱　③ 電　気
④ 光　⑤ 化　学　⑥ 核（原子力）

図2は，見学した風力発電機1機の出力(電力)と風速の関係を表したグラフである。

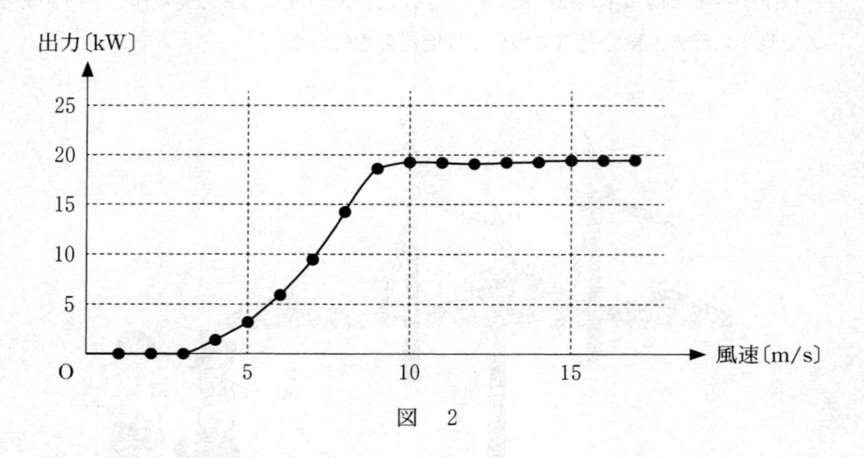

図　2

問2　次の文章中の空欄 **13** に入れる値として最も適当なものを，直後の{　}で囲んだ選択肢のうちから一つ選べ。

日本の一般家庭の1日の消費電力量はおよそ18 kWhである。常に10 m/s～15 m/sの風が吹き続けていると仮定すると，図2の風力発電機1機が1日に発電する電力量は，日本の一般家庭の1日の消費電力量のおよそ

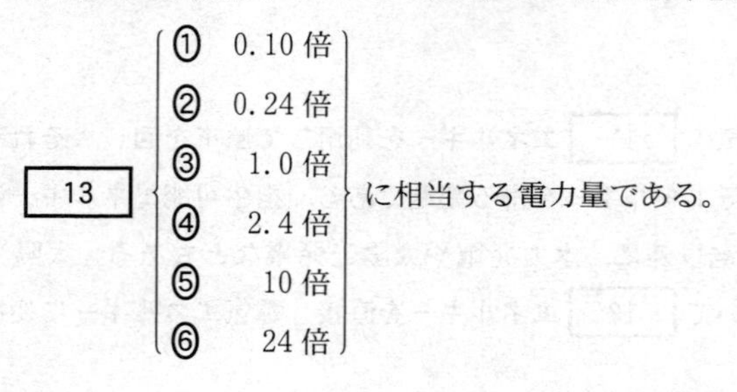

13 {①　0.10倍　②　0.24倍　③　1.0倍　④　2.4倍　⑤　10倍　⑥　24倍} に相当する電力量である。

さらに電力やエネルギーに関心をもったため，発電所から家庭までの送電について調べたところ，図3に示すようなしくみで送電されていることがわかった。発電所から送電線に電力を送り出す際の交流電圧をV，送電線を流れる交流電流をI，送電線の抵抗をrとする。ただし，VやIは交流の電圧計や電流計が表示する電圧，電流であり，これらを使うと交流でも直流と同様に消費電力が計算できるものとする。

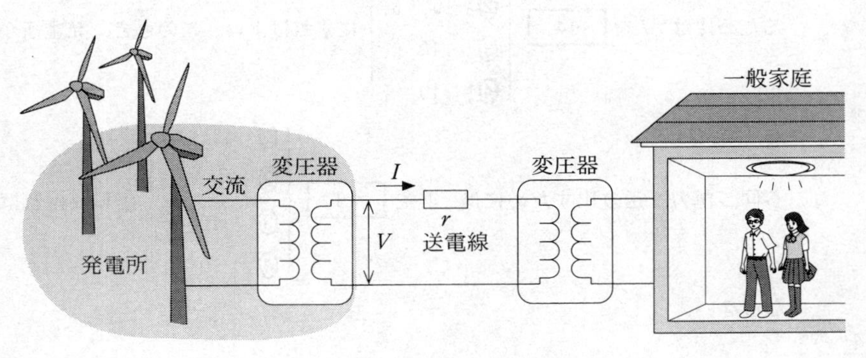

図　3

問 3　次の文章中の空欄 [14] ・ [15] に入れる値として最も適当なものを，それぞれの直後の｛　｝で囲んだ選択肢のうちから一つずつ選べ。

発電所から電力を送り出すとき，送電線の抵抗 r によって生じる電力損失(発熱による損失)を小さく抑えたい。たとえば，この電力損失を 10^{-6} 倍にするためには，I を [14] ｛① 10^{-6} 倍　② 10^{-3} 倍　③ 10^{3} 倍　④ 10^{6} 倍｝にすればよい。このとき，発電所から同じ電力を送り出すためには，V を [15] ｛① 10^{-6} 倍　② 10^{-3} 倍　③ 10^{3} 倍　④ 10^{6} 倍｝にしなければならない。

発電所で発電された交流の電圧は，変圧器によって異なる電圧に変換される。その電力は送電線によって遠方に送電される。図 4 は変圧器の基本構造の模式図である。

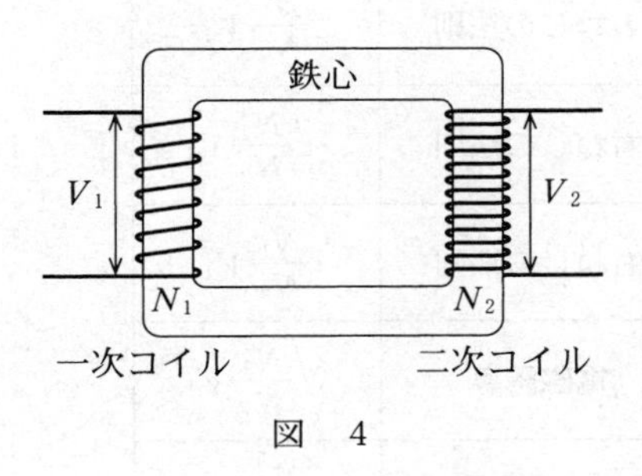

図　4

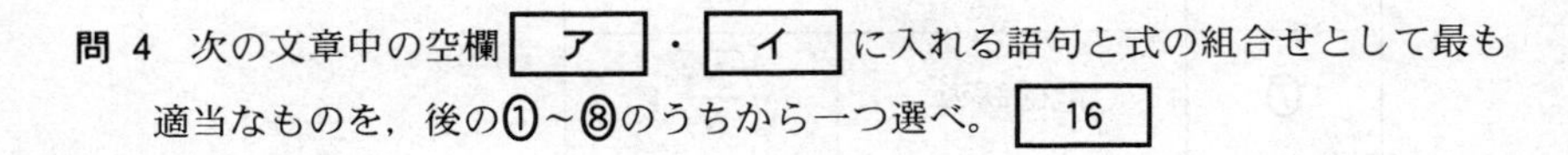
問 4　次の文章中の空欄 ア ・ イ に入れる語句と式の組合せとして最も適当なものを，後の①～⑧のうちから一つ選べ。 16

変圧器の一次コイルに交流電流を流すと，鉄心の中に変動する磁場(磁界)が発生し， ア によって二次コイルに変動する電圧が発生する。

理想的な変圧器では，変圧器への入力電圧が V_1 であるとき，変圧器からの出力電圧 V_2 は，一次コイルの巻き数を N_1，二次コイルの巻き数を N_2 とすると，$V_2 =$ イ で表される。

	ア	イ
①	右ねじの法則	$\sqrt{\dfrac{N_2}{N_1}}V_1$
②	右ねじの法則	$\dfrac{N_2}{N_1}V_1$
③	右ねじの法則	$\sqrt{\dfrac{N_1}{N_2}}V_1$
④	右ねじの法則	$\dfrac{N_1}{N_2}V_1$
⑤	電磁誘導	$\sqrt{\dfrac{N_2}{N_1}}V_1$
⑥	電磁誘導	$\dfrac{N_2}{N_1}V_1$
⑦	電磁誘導	$\sqrt{\dfrac{N_1}{N_2}}V_1$
⑧	電磁誘導	$\dfrac{N_1}{N_2}V_1$

化学基礎

（解答番号 1 ～ 20 ）

必要があれば，原子量は次の値を使うこと。

H　1.0　He　4.0　C　12　N　14
O　16　Na　23　Cl　35.5

第1問　次の問い（問1～9）に答えよ。（配点　30）

問1　ナトリウム原子 $^{23}_{11}Na$ に含まれる中性子の数を，次の①～④のうちから一つ選べ。 1

①　11　②　12　③　23　④　34

問2　無極性分子として最も適当なものを，次の①～④のうちから一つ選べ。 2

①　アンモニア NH_3
②　硫化水素 H_2S
③　酸素 O_2
④　エタノール C_2H_5OH

問 3 ハロゲンに関する記述として最も適当なものを，次の①～④のうちから一つ選べ。 3

① 原子番号が大きいほど，原子の価電子の数は多い。

② 原子番号が大きいほど，原子のイオン化エネルギーは大きい。

③ 塩化水素分子 HCl では，共有電子対は水素原子の方に偏(かたよ)っている。

④ ヨウ素 I_2 と硫化水素 H_2S が反応するとき，I_2 は酸化剤としてはたらく。

問 4　分子からなる純物質 X の固体を大気圧のもとで加熱して，液体状態を経てすべて気体に変化させた。そのときの温度変化を模式的に図 1 に示す。A～E における X の状態や現象に関する記述**ア～オ**において，正しいものはどれか。正しい組合せとして最も適当なものを，後の①～⓪のうちから一つ選べ。

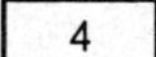
4

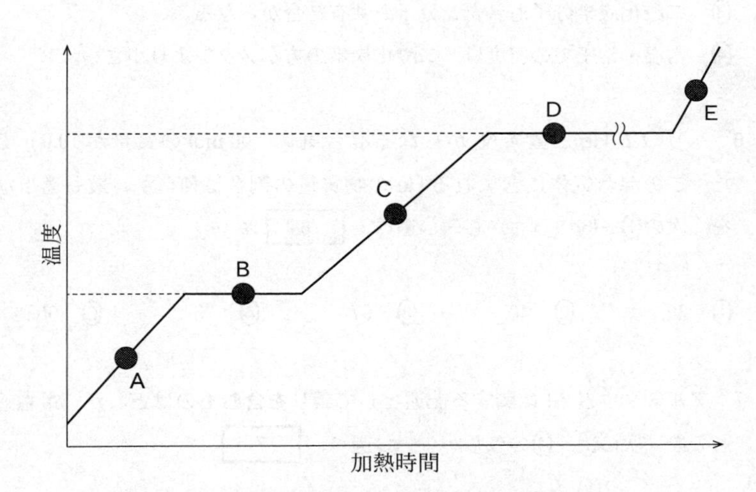

図 1　加熱による純物質 X の温度変化(模式図)

ア　A では，分子は熱運動していない。

イ　B では，液体と固体が共存している。

ウ　C では，分子は規則正しい配列を維持している。

エ　D では，液体の表面だけでなく内部からも気体が発生している。

オ　E では，分子間の平均距離は C のときと変わらない。

① ア，イ　② ア，ウ　③ ア，エ　④ ア，オ　⑤ イ，ウ
⑥ イ，エ　⑦ イ，オ　⑧ ウ，エ　⑨ ウ，オ　⓪ エ，オ

問 5 二酸化炭素 CO_2 とメタン CH_4 に関する記述として**誤りを含むもの**はどれか。最も適当なものを，次の①～④のうちから一つ選べ。 5

① 二酸化炭素分子では3個の原子が直線状に結合している。
② メタン分子は正四面体形の構造をとる。
③ 二酸化炭素分子もメタン分子も共有結合からなる。
④ 常温・常圧での密度は，二酸化炭素の方がメタンより小さい。

問 6 ヘリウム He と窒素 N_2 からなる混合気体 1.00 mol の質量が 10.0 g であった。この混合気体に含まれる He の物質量の割合は何％か。最も適当な数値を，次の①～⑤のうちから一つ選べ。 6 ％

① 30　② 40　③ 67　④ 75　⑤ 90

問 7 アルミニウム Al に関する記述として**誤りを含むもの**はどれか。最も適当なものを，次の①～④のうちから一つ選べ。 7

① Al の合金であるジュラルミンは，飛行機の機体に使われている。
② アルミニウム缶を製造する場合，原料の Al は鉱石から製錬するよりも，回収したアルミニウム缶から再生利用(リサイクル)する方が，必要とするエネルギーが小さい。
③ アルミナ(酸化アルミニウム) Al_2O_3 では，アルミニウム原子の酸化数は＋2である。
④ 金属 Al は，濃硝酸に触れると表面に緻密(ちみつ)な酸化物の被膜が形成される。

問 8　金属イオンを含む塩の水溶液に金属片を浸して，その表面に金属が析出するかどうかを調べた。金属イオンを含む塩と金属片の組合せのうち**金属が析出しないもの**はどれか。最も適当なものを，次の①～④のうちから一つ選べ。　8

	金属イオンを含む塩	金属片
①	塩化スズ(Ⅱ)	亜鉛
②	硫酸銅(Ⅱ)	亜鉛
③	酢酸鉛(Ⅱ)	銅
④	硝酸銀	銅

問 9　2 価の強酸の水溶液 A がある。このうち 5 mL をホールピペットではかり取り，コニカルビーカーに入れた。これに水 30 mL とフェノールフタレイン溶液一滴を加えて，モル濃度 x(mol/L)の水酸化ナトリウム水溶液で中和滴定したところ，中和点に達するのに y(mL)を要した。水溶液 A 中の強酸のモル濃度は何 mol/L か。モル濃度を求める式として正しいものを，次の①～⑧のうちから一つ選べ。　9　mol/L

① $\frac{xy}{5}$　② $\frac{xy}{10}$　③ $\frac{xy}{35}$　④ $\frac{xy}{70}$

⑤ $\frac{xy}{5+y}$　⑥ $\frac{xy}{35+y}$　⑦ $\frac{xy}{2(5+y)}$　⑧ $\frac{xy}{2(35+y)}$

第2問　次の文章を読み，後の問い(問1～5)に答えよ。(配点　20)

ある生徒は，「血圧が高めの人は，塩分の取りすぎに注意しなくてはいけない」という話を聞き，しょうゆに含まれる塩化ナトリウム NaCl の量を分析したいと考え，文献を調べた。

文献の記述

水溶液中の塩化物イオン Cl^- の濃度を求めるには，指示薬として少量のクロム酸カリウム K_2CrO_4 を加え，硝酸銀 $AgNO_3$ 水溶液を滴下する。水溶液中の Cl^- は，加えた銀イオン Ag^+ と反応し塩化銀 AgCl の白色沈殿を生じる。Ag^+ の物質量が Cl^- と過不足なく反応するのに必要な量を超えると，(a)過剰な Ag^+ とクロム酸イオン CrO_4^{2-} が反応してクロム酸銀 Ag_2CrO_4 の暗赤色沈殿が生じる。したがって，滴下した $AgNO_3$ 水溶液の量から，Cl^- の物質量を求めることができる。

そこでこの生徒は，3種類の市販のしょうゆA～Cに含まれる Cl^- の濃度を分析するため，それぞれに次の**操作Ⅰ～Ⅴ**を行い，表1に示す実験結果を得た。ただし，しょうゆには Cl^- 以外に Ag^+ と反応する成分は含まれていないものとする。

操作Ⅰ　ホールピペットを用いて，250 mL のメスフラスコに 5.00 mL のしょうゆをはかり取り，標線まで水を加えて，しょうゆの希釈溶液を得た。

操作Ⅱ　ホールピペットを用いて，**操作Ⅰ**で得られた希釈溶液から一定量をコニカルビーカーにはかり取り，水を加えて全量を 50 mL にした。

操作Ⅲ　**操作Ⅱ**のコニカルビーカーに少量の K_2CrO_4 を加え，得られた水溶液を試料とした。

操作Ⅳ　**操作Ⅲ**の試料に 0.0200 mol/L の $AgNO_3$ 水溶液を滴下し，よく混ぜた。

操作Ⅴ　試料が暗赤色に着色して，よく混ぜてもその色が消えなくなるまでに要した滴下量を記録した。

表1　しょうゆ A～C の実験結果のまとめ

しょうゆ	操作Ⅱではかり取った希釈溶液の体積(mL)	操作Ⅴで記録した $AgNO_3$ 水溶液の滴下量(mL)
A	5.00	14.25
B	5.00	15.95
C	10.00	13.70

問1　下線部(a)に示した CrO_4^{2-} に関する次の記述を読み，後の問い（**a**・**b**）に答えよ。

この実験は水溶液が弱い酸性から中性の範囲で行う必要がある。強い酸性の水溶液中では，次の式(1)に従って，CrO_4^{2-} から二クロム酸イオン $Cr_2O_7^{2-}$ が生じる。

$$\boxed{ア}\,CrO_4^{2-} + \boxed{イ}\,H^+ \longrightarrow \boxed{ウ}\,Cr_2O_7^{2-} + H_2O \qquad (1)$$

したがって，試料が強い酸性の水溶液である場合，CrO_4^{2-} は $Cr_2O_7^{2-}$ に変化してしまい指示薬としてはたらかない。式(1)の反応では，クロム原子の酸化数は反応の前後で［エ］。

a　式(1)の係数［ア］～［ウ］に当てはまる数字を，後の①～⑨のうちから一つずつ選べ。ただし，係数が1の場合は①を選ぶこと。同じものを繰り返し選んでもよい。

ア［10］　イ［11］　ウ［12］

① 1　② 2　③ 3　④ 4　⑤ 5
⑥ 6　⑦ 7　⑧ 8　⑨ 9

b　空欄 エ に当てはまる記述として最も適当なものを，後の①～④のうちから一つ選べ。

エ 13

① ＋3から＋6に増加する
② ＋6から＋3に減少する
③ 変化せず，どちらも＋3である
④ 変化せず，どちらも＋6である

問 2　**操作Ⅳ**で，$AgNO_3$ 水溶液を滴下する際に用いる実験器具の図として最も適当なものを，次の①～④のうちから一つ選べ。 14

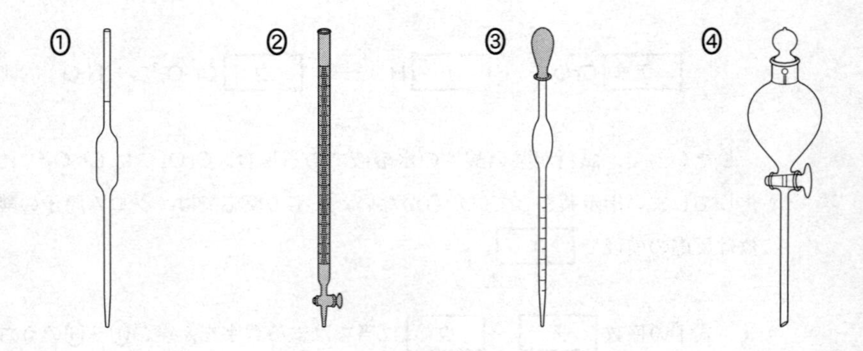

問 3　**操作Ⅰ～Ⅴ**および表1の実験結果に関する記述として**誤りを含むもの**を，次の①～⑤のうちから二つ選べ。ただし，解答の順序は問わない。

15

16

① **操作Ⅰ**で用いるメスフラスコは，純水での洗浄後にぬれているものを乾燥させずに用いてもよい。

② **操作Ⅲ**の K_2CrO_4 および**操作Ⅳ**の $AgNO_3$ の代わりに，それぞれ Ag_2CrO_4 と硝酸カリウム KNO_3 を用いても，**操作Ⅰ～Ⅴ**によって Cl^- のモル濃度を正しく求めることができる。

③ しょうゆの成分として塩化カリウム KCl が含まれているとき，しょうゆに含まれる NaCl のモル濃度を，**操作Ⅰ～Ⅴ**により求めた Cl^- のモル濃度と等しいとして計算すると，正しいモル濃度よりも高くなる。

④ しょうゆ C に含まれる Cl^- のモル濃度は，しょうゆ B に含まれる Cl^- のモル濃度の半分以下である。

⑤ しょうゆ A～C のうち，Cl^- のモル濃度が最も高いものは，しょうゆ A である。

問 4　**操作Ⅳ**を続けたときの，$AgNO_3$ 水溶液の滴下量と，試料に溶けている Ag^+ の物質量の関係は図 1 で表される。ここで，**操作Ⅴ**で記録した $AgNO_3$ 水溶液の滴下量は a(mL)である。このとき，$AgNO_3$ 水溶液の滴下量と，沈殿した AgCl の質量の関係を示したグラフとして最も適当なものを，後の①～⑥のうちから一つ選べ。ただし，CrO_4^{2-} と反応する Ag^+ の量は無視できるものとする。 17

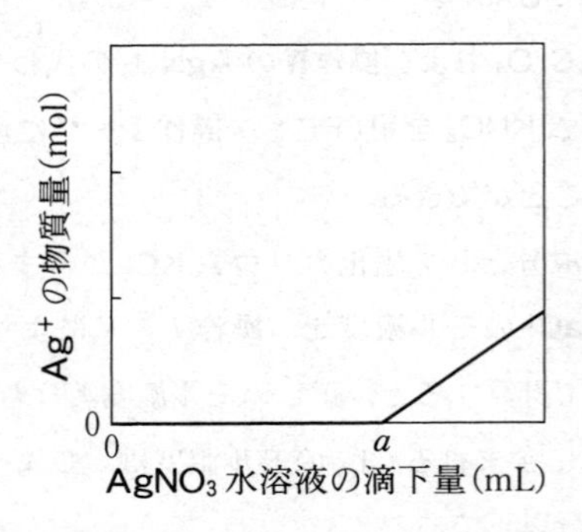

図 1　$AgNO_3$ 水溶液の滴下量と試料に溶けている Ag^+ の物質量の関係

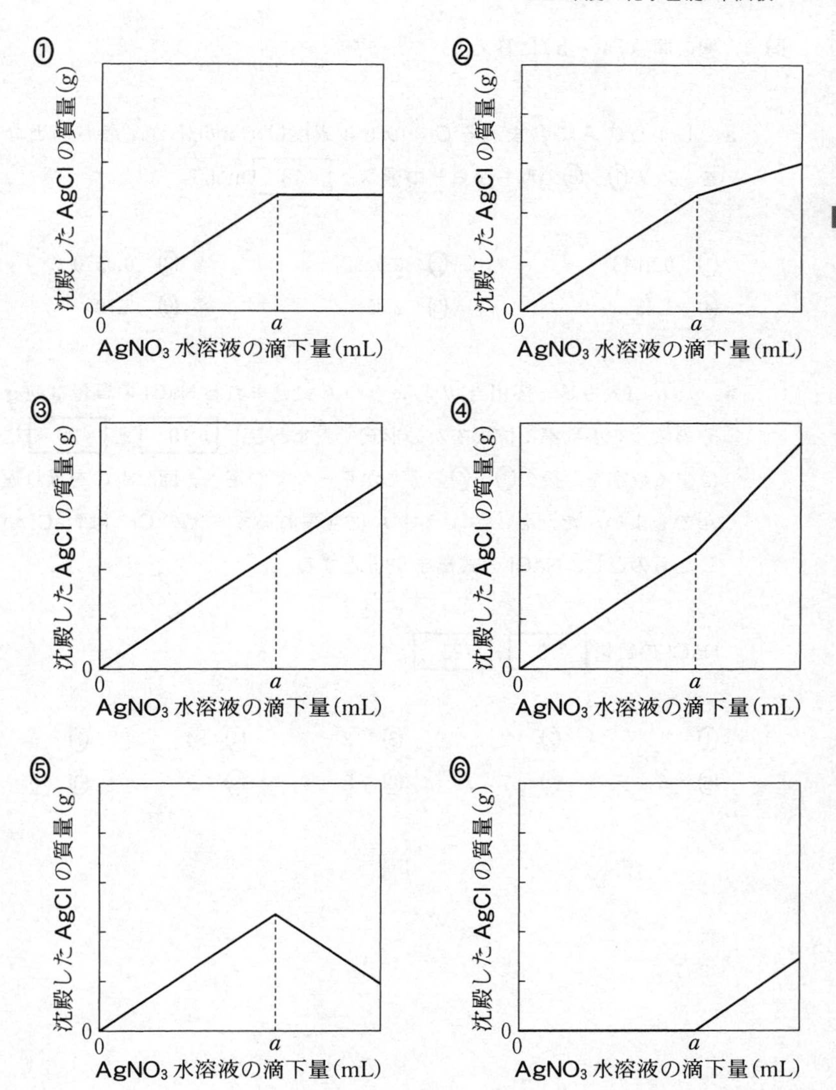
①
②
③
④
⑤
⑥
沈殿した AgCl の質量(g)
0
a
$AgNO_3$ 水溶液の滴下量(mL)

問 5　次の問い（**a**・**b**）に答えよ。

a　しょうゆAに含まれるCl^-のモル濃度は何 mol/L か。最も適当な数値を，次の①～⑥のうちから一つ選べ。 18 mol/L

①　0.0143　②　0.0285　③　0.0570
④　1.43　⑤　2.85　⑥　5.70

b　15 mL（大さじ一杯相当）のしょうゆAに含まれる NaCl の質量は何 g か。その数値を小数第1位まで次の形式で表すとき， 19 と 20 に当てはまる数字を，後の①～⓪のうちから一つずつ選べ。同じものを繰り返し選んでもよい。ただし，しょうゆAに含まれるすべてのCl^-は NaCl から生じたものとし，NaCl の式量を 58.5 とする。

NaCl の質量 19 . 20 g

①　1　②　2　③　3　④　4　⑤　5
⑥　6　⑦　7　⑧　8　⑨　9　⓪　0

生　物　基　礎

（解答番号 1 ～ 18）

第1問　次の文章（A・B）を読み，後の問い（問1～5）に答えよ。（配点　16）

A　(a)地球上に出現した最初の生物は原核生物であり，原核生物の進化によって真核生物が出現したと考えられている。真核細胞の一部は葉緑体を持つが，葉緑体の起源は真核細胞に共生したシアノバクテリアであるとされる。(b)長い共生の歴史のなかで独立して代謝を行うことができなくなったシアノバクテリアが，葉緑体になったと推測されている。

問1　下線部(a)に関連して，原核細胞と真核細胞の比較に関する記述として最も適当なものを，次の①～⑤のうちから一つ選べ。 1

① 核酸は，原核細胞にも真核細胞にも存在するが，核酸を構成する塩基の種類は両者で異なる。

② 酵素は，原核細胞には存在しないが，真核細胞には存在するので，真核細胞では原核細胞よりも代謝が速く進む。

③ ATPは，原核細胞でも真核細胞でも合成されるが，原核細胞にはATP合成の場であるミトコンドリアは存在しない。

④ 細胞の大きさは，原核細胞よりも真核細胞のほうが大きいことが多いが，原核細胞と真核細胞のどちらにも1個の細胞を肉眼で観察できるものはない。

⑤ 呼吸は，真核細胞の多くが行うが，原核細胞は行わない。

問 2 下線部(b)に関連して，葉緑体を持つ藻類が動物細胞に取り込まれて共生している例が知られている。この例で，藻類が動物細胞に取り込まれた直後と，その共生の関係が長く続いたときとを比べた場合にみられる，藻類と動物細胞の代謝の変化に関する次の文章中の [ア] ～ [ウ] に入る語句の組合せとして最も適当なものを，後の①～⑧のうちから一つ選べ。 [2]

藻類から動物細胞へ [ア] が供給されるため，動物細胞が生存できる可能性が高くなると考えられる。藻類は，動物細胞が生成するアミノ酸などを栄養分として利用するようになり，その結果，この栄養分を取り込む働きを持つタンパク質の遺伝子の発現が [イ] する。動物細胞では，この栄養分を生成するために働くタンパク質の遺伝子の発現が [ウ] する。

	ア	イ	ウ
①	二酸化炭素	上　昇	上　昇
②	二酸化炭素	上　昇	低　下
③	二酸化炭素	低　下	上　昇
④	二酸化炭素	低　下	低　下
⑤	糖	上　昇	上　昇
⑥	糖	上　昇	低　下
⑦	糖	低　下	上　昇
⑧	糖	低　下	低　下

B　培養液で満たしたペトリ皿の中で動物細胞を培養し，増殖している細胞の様子を観察したところ，(c)細胞周期の間期の細胞はペトリ皿の底に貼り付いて扁平であったが，分裂期の細胞はペトリ皿の底から球形に盛り上がっていた。(d)培養細胞が細胞周期のどの時期にあるのかは，細胞周期における特定の時期に発現するタンパク質を指標として調べることができる。また，このことは，(e)DNAが複製される仕組みを利用することによっても調べることができる。

問 3　下線部(c)に関連して，ヒトの体細胞では，細胞周期に伴うDNAの複製は，DNAの複数の場所から開始される。1回の細胞周期の間に，DNAの一つの場所で 1×10^6 塩基対のDNAが複製されるとすると，1個の体細胞の核で全てのDNAが複製されるためには，いくつの場所で複製が開始される必要があるか。その数値として最も適当なものを，次の①～⑥のうちから一つ選べ。ただし，ヒトの精子の核の中には，3×10^9 塩基対からなるDNAが含まれるとする。 [3]

① 1500　　② 2000　　③ 3000
④ 6000　　⑤ 12000　　⑥ 24000

問 4　下線部(d)に関連して，タンパク質Xは，分裂終了直後に発現を開始し，DNAの複製中に減少していく。他方，タンパク質Yは，DNAの複製が始まると発現を開始し，分裂終了直後に急速に減少する。ペトリ皿の底に貼り付いている扁平な細胞についてタンパク質Xとタンパク質Yの発現を調べたところ，一部の細胞は，タンパク質Xのみを発現し，タンパク質Yを発現していなかった。この細胞における細胞周期の時期として最も適当なものを，次の①～④のうちから一つ選べ。 [4]

① G_1期　　② G_2期　　③ S期　　④ M期

問 5　下線部(e)に関連して，細胞周期がばらばらで同調していない多数の培養細胞を含む培養液に，細胞内に入り複製中のDNAに取り込まれる物質Aを加えて，短時間培養した後に細胞を固定した。細胞ごとに物質Aの量と全DNA量を測定したところ，図1の結果が得られた。図中の**エ**～**カ**の三つの細胞集団のうち，**カ**の細胞集団における細胞周期の時期として最も適当なものを，後の①～⑧のうちから一つ選べ。ただし，物質Aは，複製中のDNAに取り込まれるだけでなく，細胞周期のどの時期においても細胞質に少量残存する。また，物質Aを加えて培養する時間は細胞周期に比べて十分に短いものとする。 5

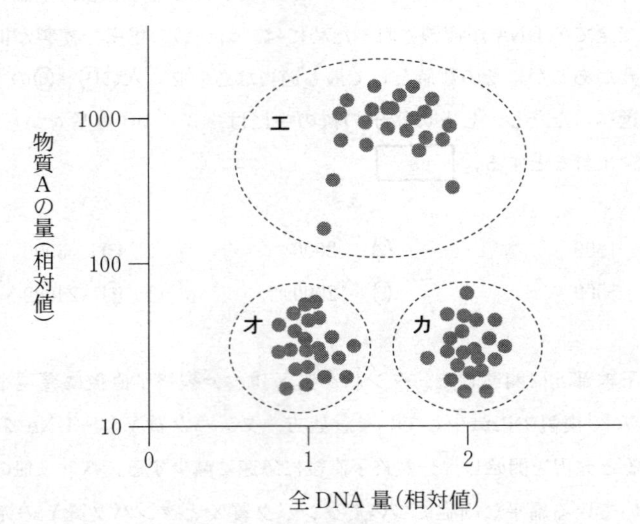

注：●は一つ一つの細胞の測定値を示す。
　　また，全DNA量については**オ**の細胞集団の平均値を1とする。

図　1

① G_1 期　② G_2 期　③ S期
④ M期　⑤ G_1 期とS期　⑥ G_1 期とM期
⑦ G_2 期とS期　⑧ G_2 期とM期

第2問　次の文章（A・B）を読み，後の問い（問1～5）に答えよ。（配点　17）

A　「胆汁には脂肪の消化を助ける作用がある」と授業で学んだマオさんとナツさんは，この作用について調べることにした。

マ　オ：脂肪の分解は消化酵素のリパーゼが行っているから，胆汁は脂肪を直接分解しているのではないということだね。胆汁はリパーゼの作用に関わっているのかもしれないね。

ナ　ツ：実験して調べてみようよ。脂肪がリパーゼで分解されると，脂肪酸ができて反応液が酸性に傾くはずだから，この変化を検出する方法を考えればいいね。牛乳には脂肪が含まれているから，基質（酵素が作用する物質）に使えないかな。

マ　オ：牛乳にリトマスの粉末を溶かしたリトマスミルクというのがあるよ。リトマス紙と同じように，pH がアルカリ性から中性の範囲だと青色に，酸性だと赤色になるんだ。アルカリ性・酸性の度合いが強くなると，それぞれの色も濃くなるよ。

ナ　ツ：リトマスミルク中の脂肪が分解されれば，色が変化するはずだね。さっそく**実験1**をやってみよう。

実験1　試験管ⓐ～ⓔを用意し，表1に従って，リトマスミルク，リパーゼ溶液，100 ℃ で処理したリパーゼ溶液，蒸留水，水分を除去して粉末にした胆汁（以下，胆汁の粉末）を，それぞれ該当する試験管に入れて，よく攪拌（かくはん）した。37 ℃ で1時間反応させた後，反応液の色調を観察したところ，図1のようであった。なお，胆汁の粉末がリトマスミルクの色を直接変化させることはないものとする。

表　1

試験管に入れるもの	試験管ⓐ	試験管ⓑ	試験管ⓒ	試験管ⓓ	試験管ⓔ
リトマスミルク	＊水	○	○	○	○
リパーゼ溶液	○	＊水	×	○	○
100 ℃で処理したリパーゼ溶液	×	×	○	×	×
胆汁の粉末	×	×	×	×	○

注：○印は試験管に入れたことを，×印は入れなかったことを示し，「＊水」はリトマスミルクまたはリパーゼ溶液の代わりに等量の蒸留水を入れたことを示す。

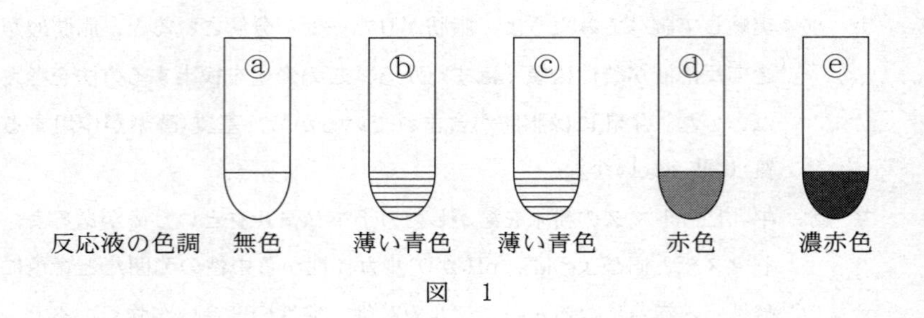

図　1

問 1　**実験 1** の操作および結果から，二人は次の結論 1 ～ 3 を得た。これらの結論を得るために二人が比較した試験管の組合せとして最も適当なものを，後の①～⓪のうちからそれぞれ一つずつ選べ。

結論 1 [6]　結論 2 [7]　結論 3 [8]

結論 1 ：リパーゼには，脂肪を分解する作用がある。
結論 2 ：リパーゼは，高温で処理すると，作用しなくなる。
結論 3 ：胆汁には，リパーゼによる脂肪の分解を助ける作用がある。

① ⓐ，ⓑ　② ⓐ，ⓒ　③ ⓐ，ⓓ　④ ⓐ，ⓔ　⑤ ⓑ，ⓒ
⑥ ⓑ，ⓓ　⑦ ⓑ，ⓔ　⑧ ⓒ，ⓓ　⑨ ⓒ，ⓔ　⓪ ⓓ，ⓔ

マ　オ：胆汁はどのようにして脂肪の消化を助けているのだろうね。資料を調べたら，「胆汁は脂肪を乳化する」と書いてあったけど。

ナ　ツ：乳化って，食用油にセッケン水を入れて振ったときに，油分が微粒子になって水中に分散し，白く濁る現象のことだね。胆汁による乳化がどんなものか，**実験2**で確かめてみよう。

実験2　試験管ⓕ・ⓖのそれぞれに蒸留水2mLと食用油1mLを入れ，さらに試験管ⓖにのみ胆汁の粉末を入れた。それぞれの試験管をよく攪拌し，室温で静置した。1時間後，図2のように，試験管ⓕには層Xと層Yが，試験管ⓖには層X，層Y，および層Zが，それぞれ観察された。

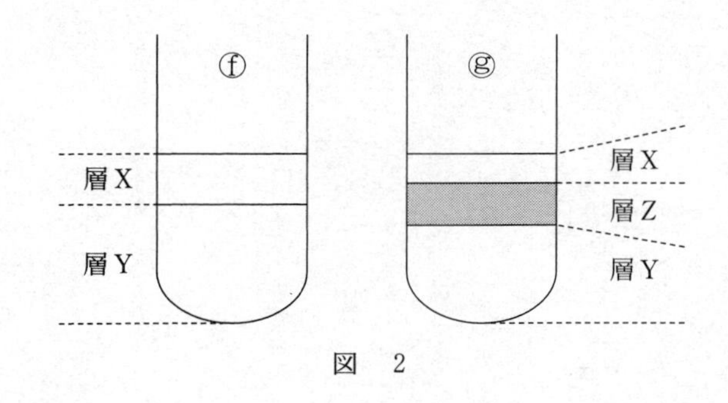

図　2

問2　二人は，**実験1**・**実験2**の結果から，「胆汁は，リパーゼによる脂肪の分解を，脂肪を乳化することにより助けている」と仮説を立て，その検証実験と，仮説が正しい場合に得られる結果を考えた。この検証実験と予想される結果について述べた次の文章中の［ア］～［ウ］に入る語句の組合せとして最も適当なものを，後の①～⑥のうちから一つ選べ。［9］

2本の試験管を用意し，一方には**実験2**で得られた層［ア］を，他方には層［イ］を，それぞれ等量入れる。次にリパーゼ溶液とリトマスの粉末を入れてよく攪拌し，37℃で1時間反応させた後，試験管内の液体の色調を比較する。仮説が正しければ，2本の試験管のうち，層［ウ］を入れた試験管が，より濃い赤色になる。

	ア	イ	ウ
①	X	Y	X
②	X	Y	Y
③	X	Z	X
④	X	Z	Z
⑤	Y	Z	Y
⑥	Y	Z	Z

B　免疫には，(a)物理的・化学的な防御を含む自然免疫と(b)獲得免疫（適応免疫）とがある。また，免疫を人工的に獲得させ，感染症を予防する方法として，(c)予防接種がある。

問 3　下線部(a)に関する記述として**誤っているもの**を，次の①～⑤のうちから一つ選べ。 10

① マクロファージは，細菌を取り込んで分解する。

② ナチュラルキラー（NK）細胞は，ウイルスに感染した細胞を食作用により排除する。

③ だ液に含まれるリゾチームは，細菌の細胞壁を分解する。

④ 皮膚の角質層や気管の粘液は，ウイルスの侵入を防ぐ。

⑤ 汗は，皮膚表面を弱酸性に保ち，細菌の繁殖を防ぐ。

問 4　下線部(b)に関連して，抗体産生に関する次の文章中の エ に入る語句として最も適当なものを，後の①～⑥のうちから一つ選べ。 11

ウイルスＷが感染した全てのマウスは，10 日以内に死に至る。ウイルスＷを無毒化したものをマウスに注射したところ，2 週間後，マウスは生存しており，その血清中にウイルスＷの抗原に対する抗体が検出された。この過程において，マウスの エ の接触は重要な役割を果たしたと考えられる。

① 胸腺における樹状細胞とヘルパーＴ細胞

② 胸腺における樹状細胞とキラーＴ細胞

③ 胸腺におけるヘルパーＴ細胞とキラーＴ細胞

④ リンパ節における樹状細胞とヘルパーＴ細胞

⑤ リンパ節における樹状細胞とキラーＴ細胞

⑥ リンパ節におけるヘルパーＴ細胞とキラーＴ細胞

問 5　下線部(c)に関連して，ウイルスWを無毒化したものを注射してから2週間経過したマウス(以下，マウスR)，好中球を完全に欠いているマウス(以下，マウスS)，およびB細胞を完全に欠いているマウス(以下，マウスT)を用意し，**実験1～3**を行った。後の記述ⓙ～ⓞのうち，**実験1～3**でそれぞれのマウスが生存できたことについての適当な説明はどれか。その組合せとして最も適当なものを，後の①～⑧のうちから一つ選べ。 12

実験1　マウスRに無毒化していないウイルスWを注射したところ，このマウスは生存できた。

実験2　マウスSに，マウスRの血清を注射した。その翌日，さらに無毒化していないウイルスWを注射したところ，このマウスは生存できた。

実験3　マウスTに，ウイルスWを無毒化したものを注射した。その2週間後に，さらに無毒化していないウイルスWを注射したところ，このマウスは生存できた。

ⓙ　**実験1**では，ウイルスWの抗原を認識する好中球が働いた。
ⓚ　**実験1**では，ウイルスWの抗原を認識する記憶細胞が働いた。
ⓛ　**実験2**では，ウイルスWの抗原に対する抗体が働いた。
ⓜ　**実験2**では，ウイルスWの抗原を認識する記憶細胞が働いた。
ⓝ　**実験3**では，ウイルスWの抗原に対する抗体が働いた。
ⓞ　**実験3**では，ウイルスWの抗原を認識するキラーT細胞が働いた。

① ⓙ，ⓛ，ⓝ	② ⓙ，ⓛ，ⓞ	③ ⓙ，ⓜ，ⓝ	④ ⓙ，ⓜ，ⓞ
⑤ ⓚ，ⓛ，ⓝ	⑥ ⓚ，ⓛ，ⓞ	⑦ ⓚ，ⓜ，ⓝ	⑧ ⓚ，ⓜ，ⓞ

第3問　次の文章（A・B）を読み，後の問い（問1～5）に答えよ。（配点　17）

A　水槽で水草と魚を一緒に育てるときには，(a)水草の光合成を促進させるために，図1のように光を当て二酸化炭素を送り込むとよい。また，ろ過装置を設置して(b)硝化菌（硝化細菌）を増やすことも重要である。

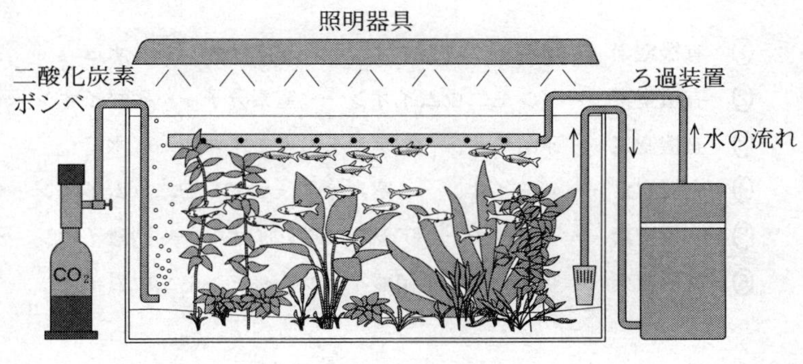

図　1

問1　下線部(a)に関連して，光合成に関する次の文章中の［ア］～［ウ］に入る語の組合せとして最も適当なものを，後の①～⑧のうちから一つ選べ。［13］

水草は，光合成により光エネルギーを［ア］エネルギーに変換し，有機物中に蓄える。光合成は同化の一種であり，［イ］が生成される過程や［ウ］が生成される過程も，同化に相当する。

	ア	イ	ウ
①	熱	グルコースからグリコーゲン	ADPからATP
②	熱	グルコースからグリコーゲン	ATPからADP
③	熱	グリコーゲンからグルコース	ADPからATP
④	熱	グリコーゲンからグルコース	ATPからADP
⑤	化　学	グルコースからグリコーゲン	ADPからATP
⑥	化　学	グルコースからグリコーゲン	ATPからADP
⑦	化　学	グリコーゲンからグルコース	ADPからATP
⑧	化　学	グリコーゲンからグルコース	ATPからADP

問 2　下線部(b)に関連して，魚の餌として水槽内に入ってくる有機窒素化合物(以下，有機窒素)は，硝化菌(硝化細菌)などの働きによって無機窒素化合物に変換されていき，最終的に水草に利用される。その過程として最も適当なものを，次の①～⑥のうちから一つ選べ。 14

① 有機窒素 → アンモニウムイオン → 硝酸イオン → 水草
② 有機窒素 → アンモニウムイオン → 窒素分子 → 硝酸イオン → 水草
③ 有機窒素 → 硝酸イオン → アンモニウムイオン → 水草
④ 有機窒素 → 硝酸イオン → 窒素分子 → アンモニウムイオン → 水草
⑤ 有機窒素 → 窒素分子 → アンモニウムイオン → 硝酸イオン → 水草
⑥ 有機窒素 → 窒素分子 → 硝酸イオン → アンモニウムイオン → 水草

問 3　水槽の生態系に入ってきた窒素(N)は，炭素(C)と違って空気中に出ていきにくい。これは，水槽のような好気的な(酸素が十分にある)生態系では，窒素の循環は生物から生物への経路が主であり，炭素の循環における光合成や呼吸のような，生物と大気との間で直接やりとりされる経路がほとんどないからである。このことを踏まえて，次の操作ⓐ～ⓒのうち，水槽の生態系から窒素を取り除くための操作として適当なものはどれか。それを過不足なく含むものを，後の①～⑦のうちから一つ選べ。 15

ⓐ 茂った水草を切り取って水槽から取り除く。
ⓑ 水草を食べる魚を水槽に入れて水草を減らす。
ⓒ 光の量を減らして水草の成長を遅らせる。

① ⓐ　② ⓑ　③ ⓒ　④ ⓐ，ⓑ
⑤ ⓐ，ⓒ　⑥ ⓑ，ⓒ　⑦ ⓐ，ⓑ，ⓒ

B　陸上のバイオーム（生物群系）は$_{(c)}$植生を外から見たときの様子に基づいて区分される。世界には，図２のように気温や降水量などの気候条件に対応した様々なバイオームが分布している。

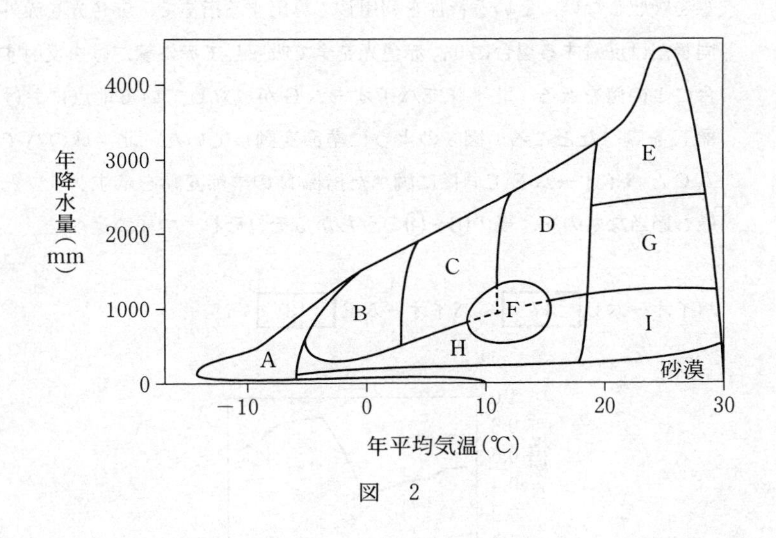

図　２

問４　図２に示すバイオームに関する記述として最も適当なものを，次の①～⑤のうちから一つ選べ。 **16**

① バイオームAは，植物が生育できず，菌類や地衣類，およびそれらを食物とする動物から構成される。

② バイオームBは，亜寒帯に広く分布し，寒さや強風に耐性のある低木が優占する。

③ バイオームDは，厚い葉を持つ常緑広葉樹が優占し，日本では本州から北海道にかけての太平洋沿岸に成立する。

④ バイオームFは，ユーラシア大陸に特有で，他の大陸の同じ気候条件の地域では，バイオームC，D，またはHが成立する。

⑤ バイオームIは，イネのなかまの草本が優占するが，樹木が点在することもある。

問 5　下線部(c)に関連して，人工衛星でとらえた地表の反射光のデータを解析することで，現地に行かずに，その場所の植生の様子を推定する技術が開発されてきた。緑葉の量を表す指標Nは，葉緑体が赤色の光を吸収するが赤外線を吸収しない，という特性を利用して算出する指標で，赤色光を赤外線と同じだけ反射する場合に0，赤色光を全て吸収して赤外線だけを反射する場合に1の値をとる。北半球でバイオームGが成立している地点における指標Nを調べたところ，図3のように季節変動していた。北半球のバイオームCとバイオームEで同様に調べた指標Nの季節変動を示すグラフとして最も適当なものを，後の①～④のうちからそれぞれ一つずつ選べ。

バイオームC **17**　バイオームE **18**

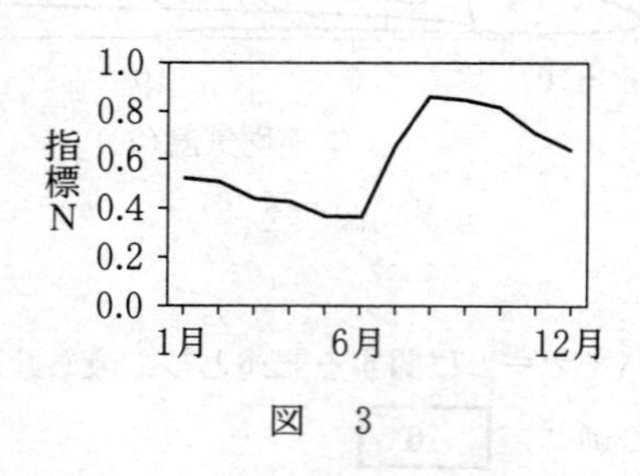

図　3

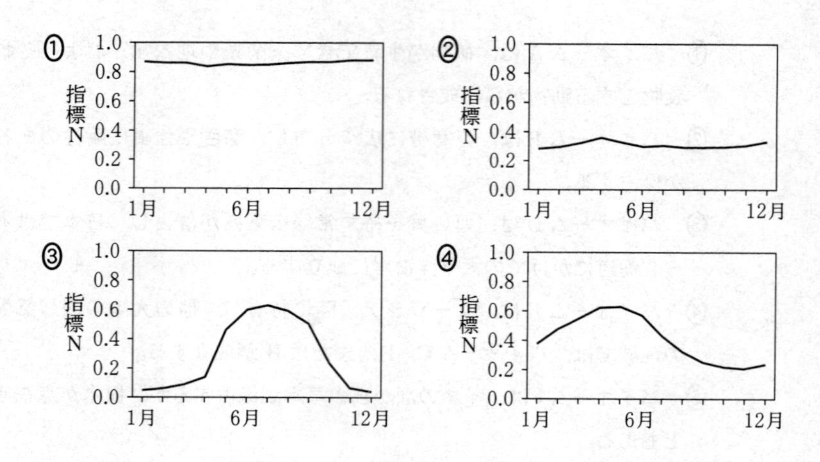

地　学　基　礎

（解答番号 1 ～ 15 ）

第1問　次の問い（A～C）に答えよ。（配点　19）

A　地球の形状と活動に関する次の問い（**問1**・**問2**）に答えよ。

問1　次の文章中の ア に入れる数値として最も適当なものを，後の①～④のうちから一つ選べ。 1

エラトステネスの方法にならって，X市に住むAさんはY市に住むBさんと共同で地球の大きさを求めることにした。X市とY市はほぼ南北に位置している。同じ日に太陽の南中高度を測定すると，Aさんは57.6°，Bさんは53.1°という結果を得た。X市とY市はほぼ真っ直ぐの高速道路で結ばれている。そこで，AさんはBさんを訪問するときに，自動車の距離計で距離を測定したところ，550 kmであった。これらのデータから地球全周の長さを計算すると ア kmとなった。実際の地球全周の長さよりは少し長くなったが，近い値を得ることができた。

① 10500
② 11000
③ 42000
④ 44000

問 2 プレート境界に関する次の文章を読み，[イ]～[エ]に入れる語の組合せとして最も適当なものを，後の①～④のうちから一つ選べ。[2]

プレート境界には，発散(拡大)境界，収束境界，すれ違い境界の 3 種類がある。海底にある発散境界で見られる代表的な地形は[イ]，陸上の発散境界で見られる地形は地溝(リフト)帯である。地震はどの種類の境界でも起こるが，深発地震が起こるのは[ウ]境界である。また，[エ]境界では火山活動は見られない。

	イ	ウ	エ
①	海嶺（かいれい）	収束	すれ違い
②	海嶺	すれ違い	収束
③	海溝（かいこう）	収束	すれ違い
④	海溝	すれ違い	収束

B　地層に関する次の文章を読み，後の問い（**問３**・**問４**）に答えよ。

互いに離れた地域Ａと地域Ｂで地質調査を行い，次の図１に示すような地層の柱状図を作成した。両地域でＸとＹの２枚の凝灰岩層が見つかり，それらを鍵（かぎ）層として地域Ａと地域Ｂの地層を対比した。なお，砂岩層と泥岩層はそれぞれ異なる速さで堆積し，堆積の速さの変化や中断はなかったものとする。

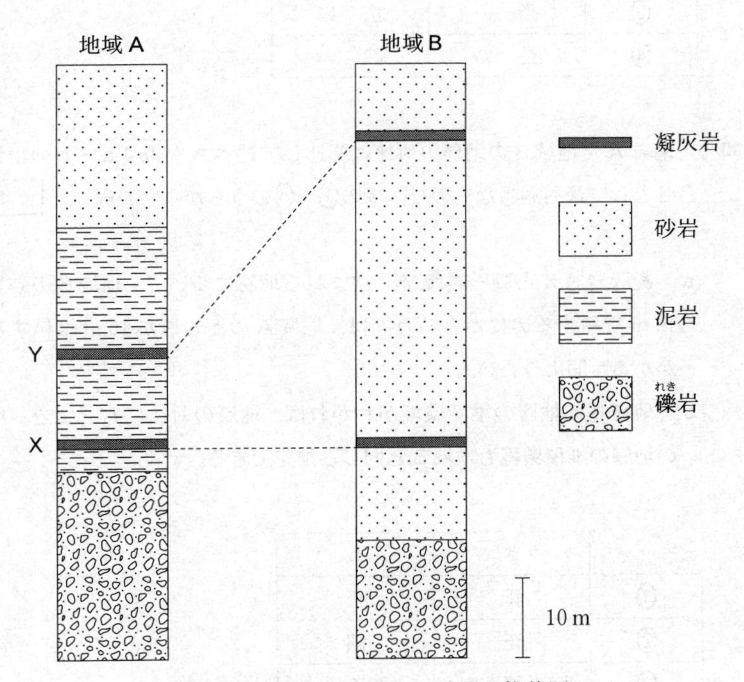

図１　地域Ａと地域Ｂの地層の柱状図

問 3　鍵層に適している地層の特徴の組合せとして最も適当なものを，次の①～④のうちから一つ選べ。 3

	堆積期間	分布範囲
①	短 い	広 い
②	短 い	狭 い
③	長 い	広 い
④	長 い	狭 い

問 4　地域Ａと地域Ｂの地層の対比に関連して述べた次の文ａ・ｂの正誤の組合せとして最も適当なものを，後の①～④のうちから一つ選べ。 4

ａ　凝灰岩層Ｘと凝灰岩層Ｙで挟まれる地層について，地域Ｂの砂岩層が10 m 堆積するのにかかる時間は，地域Ａの泥岩層が10 m 堆積するのにかかる時間より長い。

ｂ　地域Ｂの地層の堆積環境がわかれば，地層の対比にもとづき，地域Ａの地層の堆積環境も地域Ｂと同じと推定できる。

	a	b
①	正	正
②	正	誤
③	誤	正
④	誤	誤

C　鉱物と火山に関する次の問い(**問5**・**問6**)に答えよ。

問5　次の文章を読み，［オ］・［カ］に入れる語と記号の組合せとして最も適当なものを，後の①～⑥のうちから一つ選べ。［5］

次の図2は，ある深成岩Gのプレパラート(薄片)を偏光顕微鏡で観察したスケッチである。マグマの中からはじめに晶出(しょうしゅつ)する鉱物は，自由に成長することができる。したがって，その鉱物は結晶面で囲まれた鉱物本来の形になり，これを［オ］と呼ぶ。このことを考慮すると，この深成岩Gに見られる3種類の鉱物a～cのうち，一番はじめに晶出した鉱物は［カ］と考えられる。

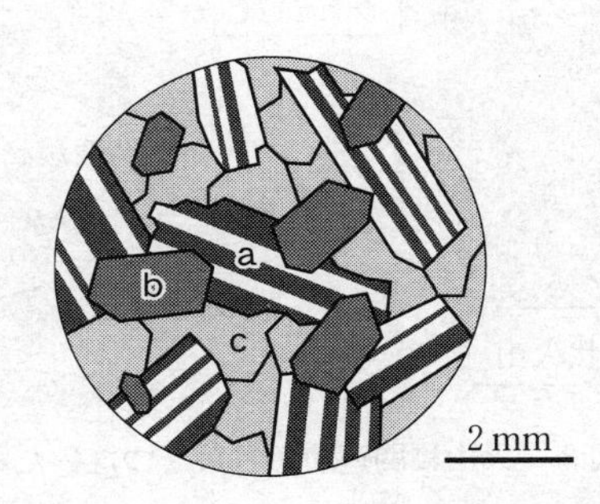

図2　深成岩Gのプレパラート(薄片)を偏光顕微鏡(直交ニコル)で観察したときのスケッチ

	オ	カ
①	自　形	a
②	自　形	b
③	自　形	c
④	他　形	a
⑤	他　形	b
⑥	他　形	c

問 6　Nさんは，火山に関連する言葉をつないだ図を，A：火山の形，B：マグマの分類，C：マグマの粘性，D：マグマの SiO_2 量の四つの項目に着目して描いてみた(図3)。Nさんは，図を見直して，A～Dのうちの一つの項目について，言葉が上下入れ替わっていることに気づいた。どの項目の言葉を入れ替えると図3は正しくなるか。最も適当なものを，後の①～④のうちから一つ選べ。 6

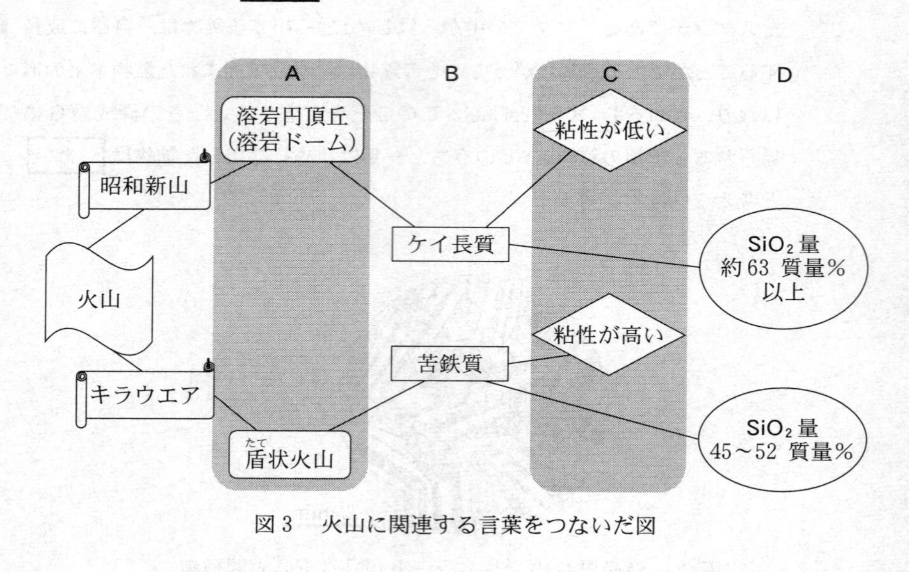

図3　火山に関連する言葉をつないだ図

① A　② B　③ C　④ D

第2問　次の問い(A・B)に答えよ。(配点　7)

A　地上天気図に関する次の問い(**問1**)に答えよ。

問1　次の文章中の［ア］・［イ］に入れる数値と語の組合せとして最も適当なものを，後の①～④のうちから一つ選べ。［7］

図1に日本付近のある日の地上天気図を示す。日本付近は高気圧に覆われている。1020 hPa の等圧線に囲まれた高圧部の形や移動する速さ，方向が変化しないと仮定すると，この高圧部の東端が東経140°を通過し始めてから西端が通過し終わるまでに，およそ［ア］時間かかる。高気圧は［イ］が卓越し，雲ができにくいため，この高圧部が通過するおよそ［ア］時間は晴天が続くと考えられる。

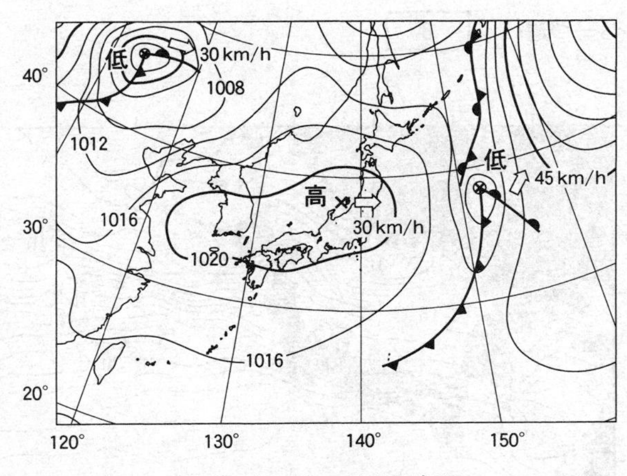

図1　ある日の地上天気図

×は高・低気圧の中心位置を示す。矢印は高・低気圧の移動する方向，数値(km/h)は移動する時速を示す。なお，北緯35°付近において，経度幅10°に相当する距離は約900 km である。

	ア	イ
①	30	上昇流
②	30	下降流
③	60	上昇流
④	60	下降流

B　黒潮に関する次の問い（**問 2**）に答えよ。

問 2　日本近海を流れる黒潮は，大量の暖かい海水を輸送し，その流路の付近では水温が高い。このことは，周辺の気象や海洋生物の分布に大きな影響を与えている。日本近海の年平均海面水温を次の図 2 に示す。図 2 を参考にして，黒潮の典型的な流路の模式図として最も適当なものを，後の①～④のうちから一つ選べ。 8

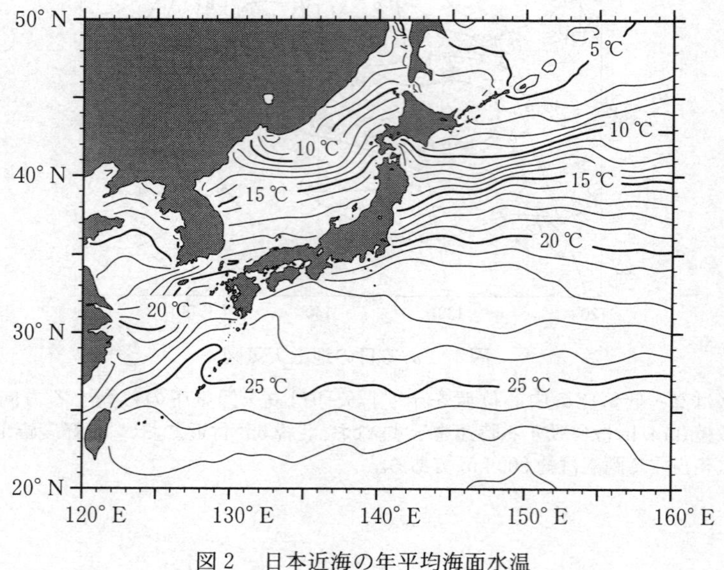

図 2　日本近海の年平均海面水温

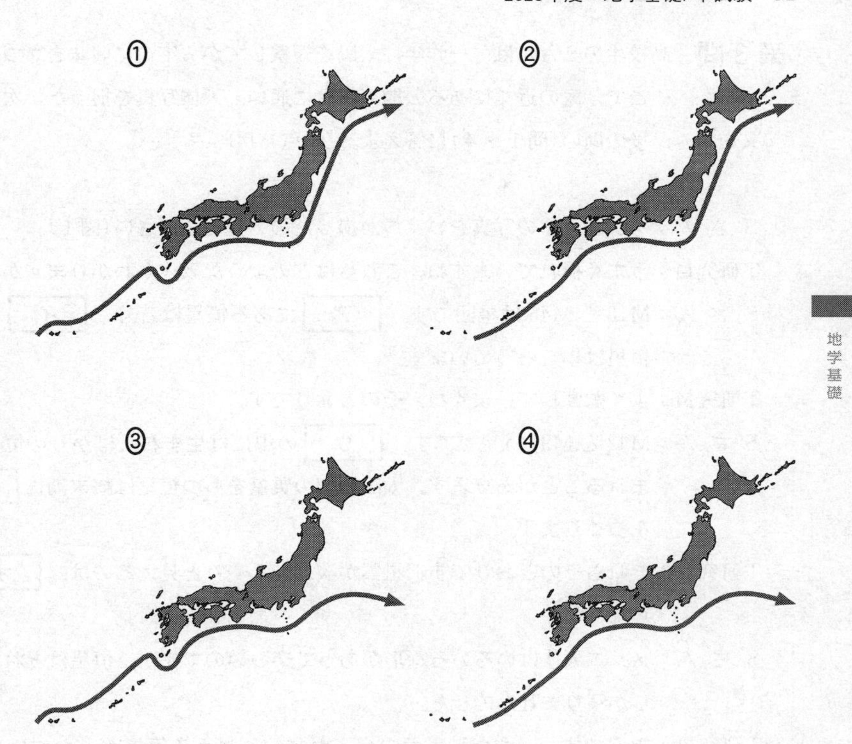
①
②
③
④

第3問　高校生のＳさんは，一昨年に太陽を観察してから宇宙に興味をもつようになった。そこで，家の近くにある公開天文台に通い，天体写真を撮った。次の会話文を読み，後の問い(**問１～４**)に答えよ。(配点　14)

Ｓ さ ん：メシエ天体の写真をいくつか撮ったので見てください(図１)。

Ｔ研究員：うまく撮れていますね。これらはどのような天体かわかりますか？

Ｓ さ ん：M13 と M45 は星団です。［ア］にある恒星は若く，［イ］にある恒星は年をとっています。

Ｔ研究員：よく勉強していますね。そのとおりです。

Ｓ さ ん：M42 と M97 は星雲です。［ウ］の中には生まれたばかりの恒星が含まれることがあります。太陽程度の質量をもつ恒星は終末期に［エ］をつくります。

Ｔ研究員：それもそのとおりです。星雲が淡くぼんやりと見えるのは，［オ］からですね。

Ｓ さ ん：メシエ天体はいろいろな形があって楽しいのですが，恒星はどれも点にしか写りませんでした。

Ｔ研究員：そうですね。ただ，表面の様子が詳しく見える恒星が一つだけあります。太陽です。

Ｓ さ ん：そういえば一昨年に(a)太陽の黒点を観察しました。今度は(b)遠い銀河を観察したいです。

Ｔ研究員：それには大きな望遠鏡が必要です。宇宙を学べる大学に行くといいですよ。

※　メシエ天体とは，フランスの天文学者メシエがつくった星雲星団カタログに記載されている天体である。たとえばM13は，カタログ中の13番目の天体という意味である。カタログには銀河も含まれる。

球状星団 M13
(ヘルクレス座球状星団)

散開星団 M45
(プレアデス星団，すばる)

散光星雲 M42
(オリオン大星雲)

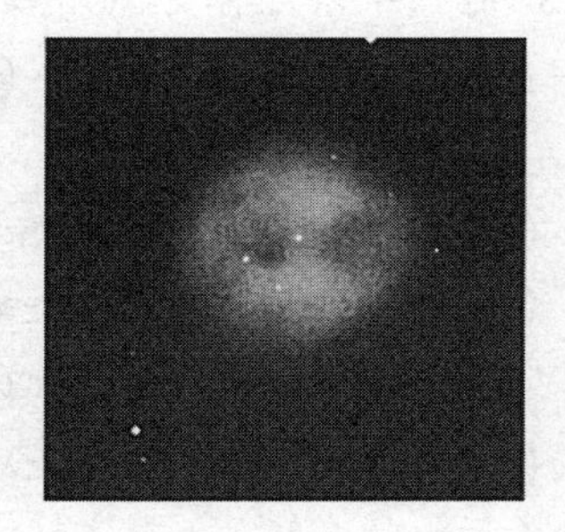

惑星状星雲 M97
(ふくろう星雲)

図1　Sさんが撮影したメシエ天体の写真

問 1　前ページの会話文中の［ア］～［エ］に入れる語の組合せとして最も適当なものを，次の①～④のうちから一つ選べ。［9］

	ア	イ	ウ	エ
①	散開星団	球状星団	散光星雲	惑星状星雲
②	散開星団	球状星団	惑星状星雲	散光星雲
③	球状星団	散開星団	散光星雲	惑星状星雲
④	球状星団	散開星団	惑星状星雲	散光星雲

問 2 52 ページの会話文中の オ に入れる語句として最も適当なものを，次の①～④のうちから一つ選べ。 10

① 星雲が太陽系の中に存在し，太陽の光を受けて輝いている
② 広く分布しているガスや塵（ちり）が輝いている
③ 太陽にあるようなコロナが星雲中の恒星にもあり，それが輝いている
④ 恒星周囲の系外惑星が光を受けて輝いている

問 3 52 ページの会話文中の下線部(a)に関連して，黒点が黒く見える理由として最も適当なものを，次の①～④のうちから一つ選べ。 11

① その部分の磁場が強いため，光を吸収する物質が溜（た）まっているから。
② その部分の磁場が強いため，内部からのエネルギーが表面まで運ばれにくくなって温度が低くなっているから。
③ その部分の磁場が弱いため，ガスが集まり高密度のガスで光が遮られるから。
④ その部分の磁場が弱いため，ガスの密度が低くなり発光するガスが少なくなっているから。

問 4　52ページの会話文中の下線部(b)に関連して，次の文章中の カ ・ キ に入れる数値と語句の組合せとして最も適当なものを，後の①～④のうちから一つ選べ。 12

銀河系の円盤部は直径が カ 光年ほどで，太陽系は円盤部の中に位置しており，地球からは円盤部の星々が帯状の天の川として見える。M31はアンドロメダ銀河とも呼ばれる銀河で，地球からは天の川と異なる方向に見える。図2は銀河系を真横から見た断面の模式図で，銀河系の中心とM31の中心はこの断面を含む面内にある。この図においてM31の方向は キ である。

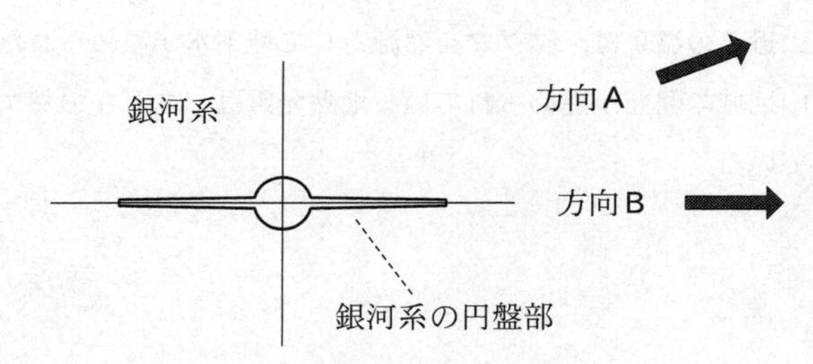

図2　銀河系の断面の模式図

銀河系から見たM31の方向は，方向Aまたは方向Bである。

	カ	キ
①	100万	方向A
②	100万	方向B
③	10万	方向A
④	10万	方向B

第４問　日本列島の地学的な特徴により，私たちはさまざまな自然災害をこうむることがある一方，多くの恵みも受けている。このような自然の恵みに関する次の問い(**問１～３**)に答えよ。(配点　10)

問１　日本は火山の多い国である。日本の火山とその恵みについて述べた文として**適当でないもの**を，次の①～④のうちから一つ選べ。 13

①　マグマ活動に伴う熱水が金属成分を多く含んで上昇すると，鉱物資源をもたらす。

②　石炭などの化石燃料は，過去のマグマ活動により生成されたものである。

③　火山近くの温泉は，マグマを熱源として地下水が温められたものである。

④　火山地域で開発が進められている地熱発電は，マグマの熱エネルギーを利用している。

問 2　次の文章を読み，［ア］～［ウ］に入れる語句の組合せとして最も適当なものを，後の①～④のうちから一つ選べ。［14］

セメントの原料となる石灰岩は，日本国内で100％自給可能な重要な資源である。日本の各地に分布する古生代後期の石灰岩は，おもに，海底に生息していた［ア］などの遺骸（いがい）からなる生物起源の堆積物が［イ］を受けてできたものである。さらに，石灰岩が［ウ］を受けて粗粒になったものが結晶質石灰岩(大理石)で，両者ともに石材や工業原料として広く利用されており，生物活動と地質過程が織りなす恵みを私たちは享受（きょうじゅ）していることになる。

	ア	イ	ウ
①	サンゴやフズリナ	変成作用	続成作用
②	サンゴやフズリナ	続成作用	変成作用
③	放散虫	変成作用	続成作用
④	放散虫	続成作用	変成作用

問 3　日本は世界的にみて降水量が多く，その豊かな降水量は生活用水や農工業用水，水力発電など水資源として幅広く利用される。この降水をもたらす気象現象の説明として**誤っているもの**を，下線部に注意して，次の①～④のうちから一つ選べ。［15］

① 梅雨前線はオホーツク海高気圧と北太平洋高気圧の間にできる温暖前線で，長期間にわたって降水をもたらす。

② 台風は活発な積乱雲を伴い，多量の降水をもたらす。

③ 温帯低気圧では，暖気と寒気の境に温暖前線や寒冷前線が形成され，降水をもたらす。

④ 冬季の季節風に伴い，日本海で大気に大量の水蒸気が供給され，日本海側に大量の降雪をもたらす。

2022

共通テスト
本試験

解答時間　2 科目 60 分

配点　2 科目 100 点

（物理基礎，化学基礎，生物基礎，地学基礎から 2 科目選択）

物　理　基　礎

（解答番号 1 ～ 17）

第1問　次の問い（問1～4）に答えよ。（配点　16）

問1　次の文章中の空欄 ア ・ イ に入れる数値の組合せとして最も適当なものを，次ページの①～⑧のうちから一つ選べ。 1

図1のように，隣りあって平行に敷かれた線路上を，2台の電車（電車AとB）が，反対向きに等速直線運動をしながらすれちがう。電車AとBの長さは，それぞれ，50 m と 100 m であり，電車AとBの速さは，それぞれ，10 m/s と 15 m/s である。電車Aに対する電車Bの相対速度の大きさは ア m/s である。また，電車Aの先頭座席に座っている乗客の真横に，電車Bの先頭が来てから電車Bの最後尾が来るまでに要する時間は イ s である。

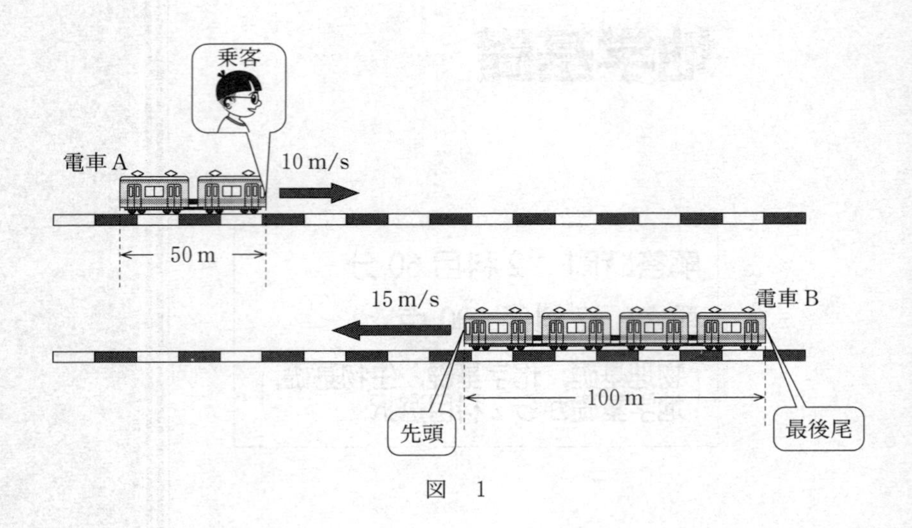

図　1

	①	②	③	④	⑤	⑥	⑦	⑧
ア	5	5	10	10	15	15	25	25
イ	20	30	10	15	6.7	10	4.0	6.0

問 2　図2のように，質量mのおもりに糸を付けて手でつるした。時刻$t=0$でおもりは静止していた。おもりが糸から受ける力をFとする。鉛直上向きを正として，Fが図3のように時間変化したとき，おもりはどのような運動をするか。$0<t<t_1$の区間1，$t_1<t<t_2$の区間2，$t_2<t$の区間3の各区間において，運動のようすを表した次ページの文の組合せとして最も適当なものを，次ページの①～⑦のうちから一つ選べ。ただし，重力加速度の大きさをgとし，空気抵抗は無視できるものとする。 **2**

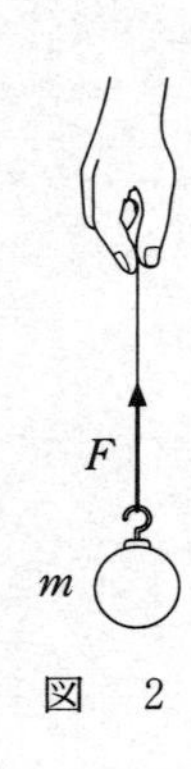

図　2

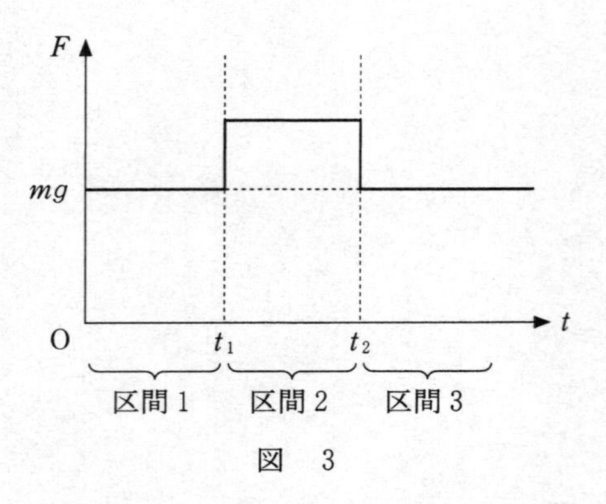

図　3

a　静止している。

b　一定の速さで鉛直方向に上昇している。

c　一定の加速度で速さが増加しながら鉛直方向に上昇している。

d　一定の加速度で速さが減少しながら鉛直方向に上昇している。

	区間 1	区間 2	区間 3
①	a	b	a
②	a	b	d
③	a	c	a
④	a	c	b
⑤	b	c	a
⑥	b	c	b
⑦	b	c	d

問 3　図4のように，鉛直上向きに y 軸をとる。小球を，$y=0$ の位置から鉛直上向きに投げ上げた。この小球は，$y=h$ の位置まで上がったのち，$y=0$ の位置まで戻ってきた。小球が上昇しているときおよび下降しているときの，小球の y 座標と運動エネルギーの関係は，次ページのグラフ(a)，(b)，(c)の実線のうちそれぞれどれか。その組合せとして最も適当なものを，次ページの①～⑨のうちから一つ選べ。ただし，グラフ中の破線は $y=0$ を基準とした重力による位置エネルギーを表している。また，空気抵抗は無視できるものとする。

3

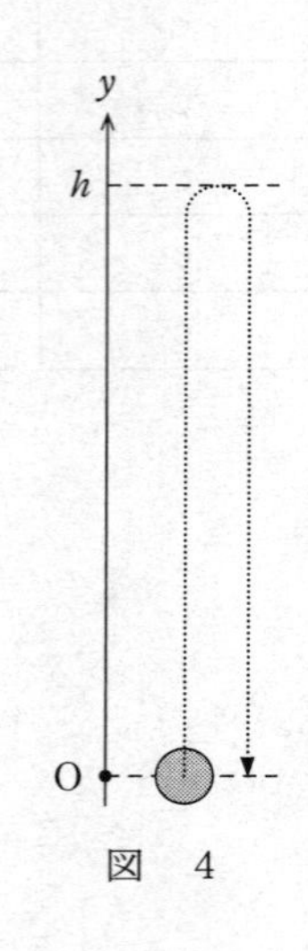

図　4

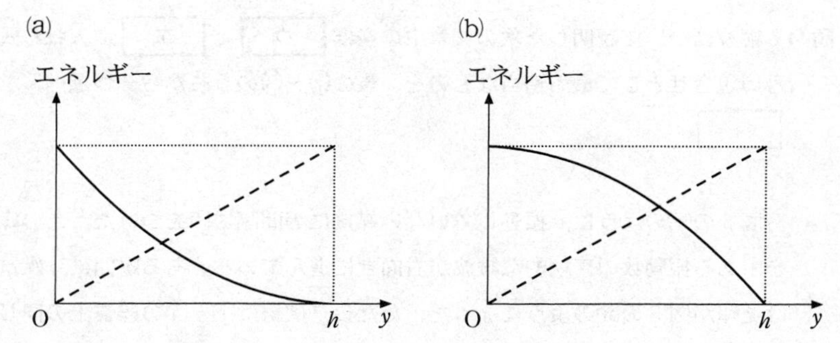

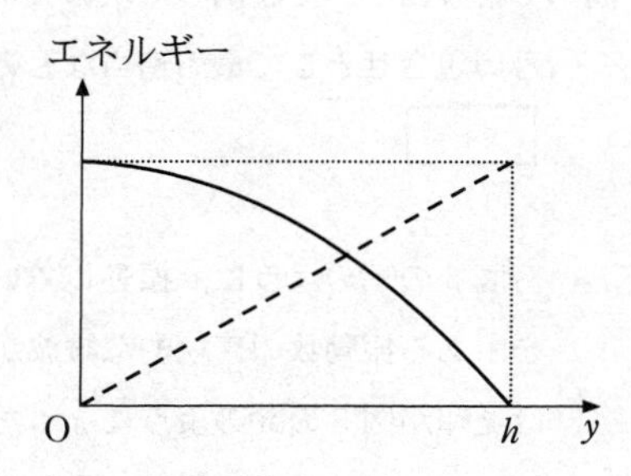

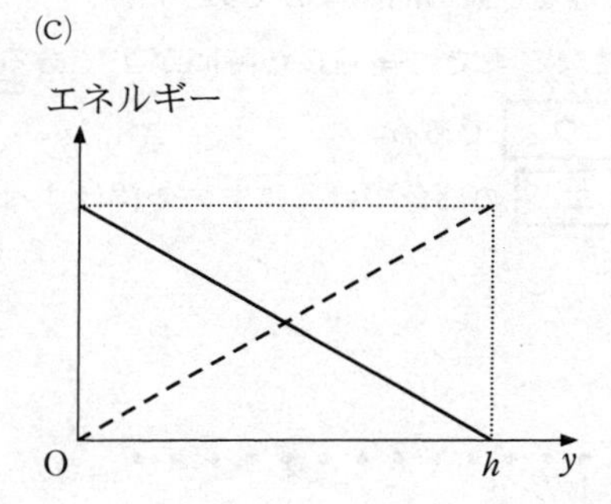

―― 運動エネルギー

- - - 位置エネルギー

	上昇中	下降中
①	(a)	(a)
②	(a)	(b)
③	(a)	(c)
④	(b)	(a)
⑤	(b)	(b)
⑥	(b)	(c)
⑦	(c)	(a)
⑧	(c)	(b)
⑨	(c)	(c)

問 4　縦波について説明した次の文章中の空欄 ウ ・ エ に入れる式と記号の組合せとして最も適当なものを，後の①～⑧のうちから一つ選べ。 4

図5の(i)のように，振動していない媒質に等間隔に印をつけた。この媒質中を，ある振動数の連続的な縦波が右向きに進んでいる。ある瞬間に，媒質につけた印が図5の(ii)のようになった。ただし，破線は(i)と(ii)の媒質上の同じ印を結んでいる。また，媒質が最も密になる位置の間隔は L であった。

そのあと，再び初めて(ii)のようになるまでに経過した時間が T であるならば，縦波が媒質中を伝わる速さは ウ である。

また，(ii)の a，b，c，d のうち エ の部分では，媒質の変位はすべて左向きである。

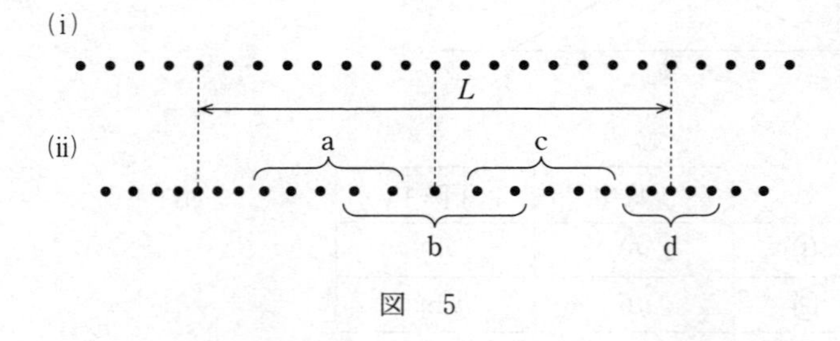

図　5

	①	②	③	④	⑤	⑥	⑦	⑧
ウ	LT	LT	LT	LT	$\frac{L}{T}$	$\frac{L}{T}$	$\frac{L}{T}$	$\frac{L}{T}$
エ	a	b	c	d	a	b	c	d

第２問　次の文章（A・B）を読み，後の問い（問１～４）に答えよ。（配点　16）

A　容器に水と電熱線を入れて，水の温度を上昇させる実験をした。ただし，容器と電熱線の温度上昇に使われる熱量，攪拌（かくはん）による熱の発生，導線の抵抗，および，外部への熱の放出は無視できるものとする。また，電熱線の抵抗値は温度によらず，水の量も変化しないものとする。

問１　図１のように，異なる２本の電熱線A，Bを直列に接続して，それぞれを同じ量で同じ温度の水の中に入れた。接続した電熱線の両端に電圧をかけて水をゆっくりと攪拌しながら，しばらくしてそれぞれの水の温度を測ったところ，電熱線Aを入れた水の温度の方が高かった。

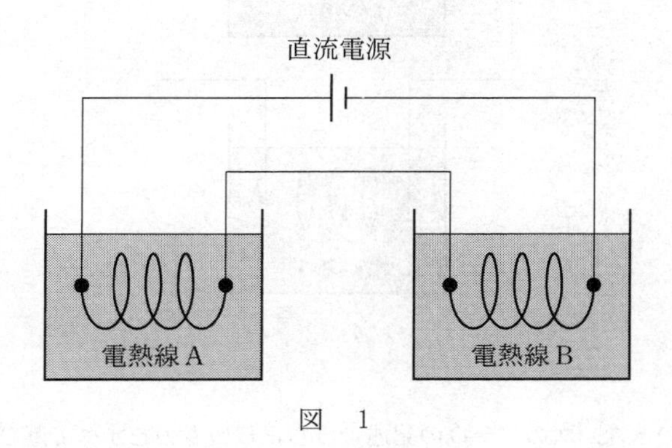

図　1

このとき，次のア～ウの記述のうち正しいものをすべて選び出した組合せとして最も適当なものを，後の①～⑧のうちから一つ選べ。 **5**

ア　電熱線Aを流れる電流が電熱線Bを流れる電流より大きかった。
イ　電熱線Bの抵抗値が電熱線Aの抵抗値より大きかった。
ウ　電熱線Aにかかる電圧が電熱線Bにかかる電圧より大きかった。

①　ア	②　イ	③　ウ
④　アとイ	⑤　イとウ	⑥　アとウ
⑦　アとイとウ	⑧　正しいものはない	

問 2　図 2 のように，別の異なる 2 本の電熱線 C，D を並列に接続して，それぞれを同じ量で同じ温度の水の中に入れた。接続した電熱線の両端に電圧をかけて水をゆっくりと攪拌しながら，しばらくしてそれぞれの水の温度を測ったところ，電熱線 C を入れた水の温度の方が高かった。

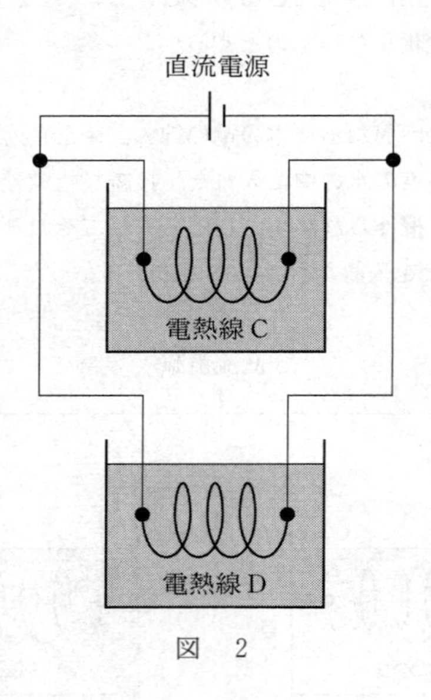

図　2

このとき，次のア～ウの記述のうち正しいものをすべて選び出した組合せとして最も適当なものを，後の①～⑧のうちから一つ選べ。 **6**

ア　電熱線 C を流れる電流が電熱線 D を流れる電流より大きかった。

イ　電熱線 D の抵抗値が電熱線 C の抵抗値より大きかった。

ウ　電熱線 C にかかる電圧が電熱線 D にかかる電圧より大きかった。

①　ア	②　イ	③　ウ
④　アとイ	⑤　イとウ	⑥　アとウ
⑦　アとイとウ	⑧　正しいものはない	

B　ドライヤーで消費される電力を考える。ドライヤーの内部には，図3のように，電熱線とモーターがあり，電熱線で加熱した空気をモーターについたファンで送り出している。ドライヤーの電熱線とモーターは，100 V の交流電源に並列に接続されている。ドライヤーを交流電源に接続してスイッチを入れると，ドライヤーからは温風が噴き出した。ただし，モーターと電熱線以外で消費される電力は無視できるものとする。

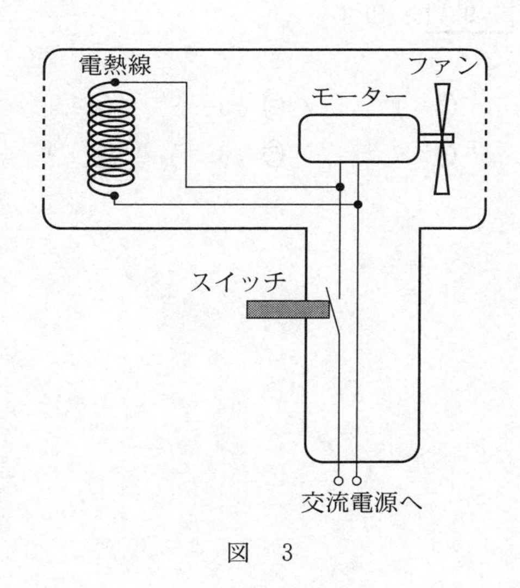

図　3

問 3　ドライヤー全体で消費されている電力 P，電熱線で消費されている電力 P_{h}，モーターで消費されている電力 P_{m} の関係を表わす式として最も適当なものを，次の①～④のうちから一つ選べ。 7

① $P = \dfrac{P_{\mathrm{h}} + P_{\mathrm{m}}}{2}$　　② $P = P_{\mathrm{h}} = P_{\mathrm{m}}$

③ $\dfrac{1}{P} = \dfrac{1}{P_{\mathrm{h}}} + \dfrac{1}{P_{\mathrm{m}}}$　　④ $P = P_{\mathrm{h}} + P_{\mathrm{m}}$

問 4　電熱線の抵抗値が 10 Ω のドライヤーを 2 分間動かし続けるとき，電熱線で消費される電力量は何 J か。次の式中の空欄 [8] ・ [9] に入れる数字として最も適当なものを，次の①～⓪のうちから一つずつ選べ。ただし，同じものを繰り返し選んでもよい。また，ドライヤーの電熱線の抵抗値は，温度によらず一定であるとする。電力量は，交流電源の電圧を 100 V として直流の場合と同じように計算してよい。

[8] . [9] $\times 10^5$ J

① 1　② 2　③ 3　④ 4　⑤ 5
⑥ 6　⑦ 7　⑧ 8　⑨ 9　⓪ 0

第3問　次の文章は，演劇部の公演の一場面を記述したものである。王女の発言は科学的に正しいが，細工師の発言は正しいとは限らないとして，後の問い(**問1～3**)に答えよ。(配点　18)

王女役と細工師役が，図1のスプーンＡとスプーンＢについての言い争いを演じている。

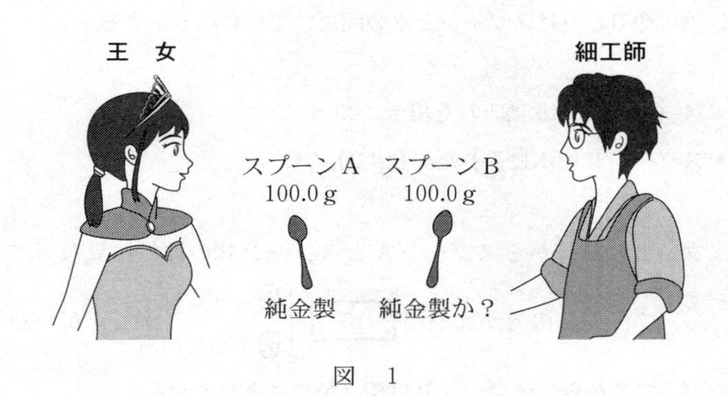

図　1

王　女：ここに純金製のスプーン(スプーンＡ)と，あなたが作ったスプーン(スプーンＢ)があります。どちらも質量は100.0 gですが，色が少し異なっているように見え，スプーンＢは純金に銀が混ぜられているという噂があります。

細工師：いえいえ，スプーンＢは純金製です。純金製ではないという証拠を見せてください。

王女は，スプーンＢが純金製か，銀が混ぜられたものかを判別するために，スプーンＡとＢの物理的な性質を実験で調べることにした。

問 1　次の文章中の空欄 [10] ～ [12] に入れる語句として最も適当なものを，それぞれの直後の｛　｝で囲んだ選択肢のうちから一つずつ選べ。

王女はスプーンＡとスプーンＢの比熱(比熱容量)を比較するために次の実験を行った。スプーンＡとスプーンＢを温度 60.0 ℃ にして，それぞれを温度 20.0 ℃ の水 200.0 g に入れたところ，以下の温度で熱平衡になった。ただし，熱のやりとりはスプーンと水の間だけで行われるとする。

- スプーンＡを水に入れた場合：20.6 ℃
- スプーンＢを水に入れた場合：20.7 ℃

王　女：この結果からスプーンＡとスプーンＢの比熱は異なっており，スプーンＢの方が比熱が [10] ｛① 大きい　② 小さい｝ことがわかります。ですから，スプーンＢは純金製ではありません！

細工師：いえいえ，この実験で温度の違いが 0.1 ℃ というのは，同じ温度のようなものです。どちらも純金製ですよ。

細工師の主張に対して，もしこの実験における水の量を [11] ｛① 2 倍　② 半 分｝にしていれば，あるいは，水に入れる前のスプーンと水の温度差を [12] ｛① 大きく　② 小さく｝していれば，実験結果の温度の違いをより大きくできたであろう。しかし，王女はそこまでは気が付かなかった。

問 2　次の文章中の空欄 13 ～ 15 に入れる語句として最も適当なものを，それぞれの直後の｛　｝で囲んだ選択肢のうちから一つずつ選べ。

王　女：ならば，スプーンAとスプーンBの密度を比較すれば，スプーンBが純金製かどうかわかるはずです。

スプーンAとスプーンBを軽くて細いひもでつなぎ，軽くてなめらかに回転できる滑車にかけると，空気中では，図2(i)のようにつりあって静止した。次に，このままゆっくりとスプーンAとスプーンBを水中に入れたところ，図2(ii)のように，スプーンAが下がり容器の底についた。ただし，空気による浮力は無視できるものとする。

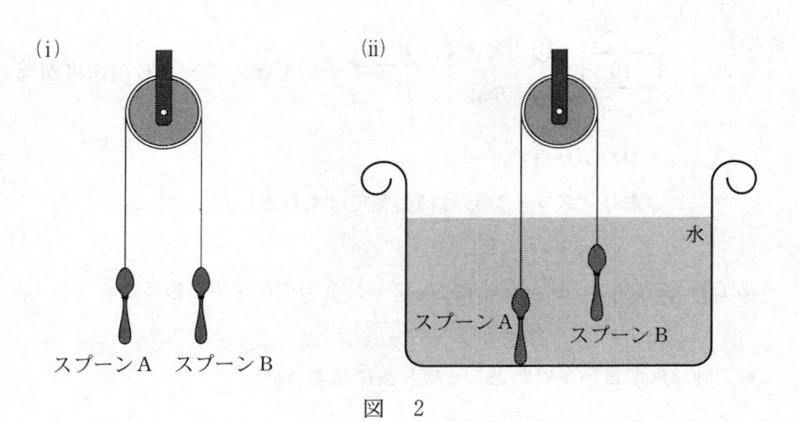

図　2

王　女：スプーンを水中に入れたとき，図 2(ii)のようになった理由は，スプーンBにはたらく**重力**の大きさは，スプーンAにはたらく**重力**の大きさ [13] {① よりも大きく，② よりも小さく，③ と同じであり，}

スプーンBにはたらく**浮力**の大きさは，スプーンAにはたらく**浮力**の大きさ [14] {① よりも大きい ② よりも小さい ③ と同じである} ためです。

このことから，スプーンBの**体積**はスプーンAの**体積**よりも [15] {① 大きく，② 小さく，} スプーンAとスプーンBの密度が違うことがわかります。

つまり，スプーンBは純金製ではありません！

細工師：これは，スプーンAとスプーンBの形状が少し違うから…。

細工師は何か言いかけたところで言葉に詰まった。

問 3　次の文章中の空欄 16 ・ 17 に入れるものとして最も適当なものを，直後の｛　｝で囲んだ選択肢のうちから一つずつ選べ。

王　女：ならば，スプーンAとスプーンBの電気抵抗 R を測定して，さらにはっきりと判別してみせましょう。

王女はスプーンAから針金Aを，スプーンBから針金Bを，形状がいずれも

断面積　$S = 2.0 \times 10^{-8}\,\mathrm{m}^2$　　　**長　さ**　$l = 1.0\,\mathrm{m}$

となるように作製した。この針金の両端に電極をとりつけ，両端の電圧 V と流れた電流 I の関係を調べた。破線を針金A，実線を針金Bとして，その実験結果を図3に示す。

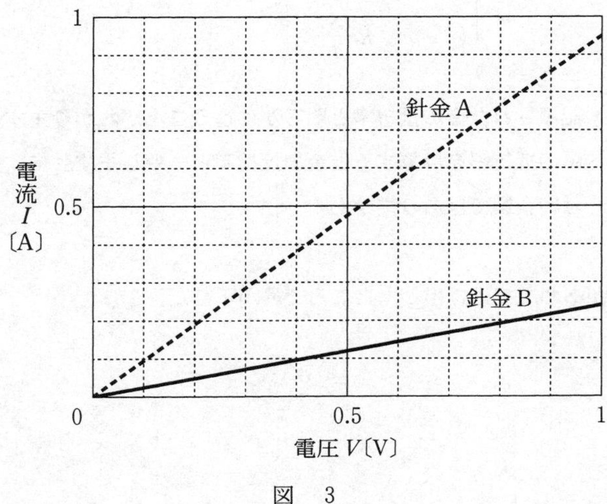

図　3

王　女：図3の結果を見てみなさい。針金Aと針金Bの電気抵抗はまったく違います。この結果から，針金Bの電気抵抗Rはおよそ

16 ｛ ① $4.1 \times 10^{-1}\,\Omega$　② $2.4\,\Omega$　③ $4.1\,\Omega$　④ $2.4 \times 10^{1}\,\Omega$ ｝であることがわかります。また，その抵抗率ρを，ρとRの間の関係式

17 ｛ ① $\rho = \frac{1}{R}\frac{l}{S}$　② $\rho = \frac{1}{R}\frac{S}{l}$　③ $\rho = R\frac{l}{S}$　④ $\rho = R\frac{S}{l}$ ｝を用いて求めると，その値は資料集に記載された金の抵抗率と明らかに違うことがわかります。一方，針金Aの抵抗率を計算すると金の抵抗率と一致します。ですから，針金Bは純金製ではありません！

細工師があわてて逃げ出したところで幕が下りた。

化　学　基　礎

(解答番号 [1] ～ [15])

必要があれば，原子量は次の値を使うこと。

H　1.0　　C　12　　N　14　　O　16

Fe　56

第1問　次の問い(問1～10)に答えよ。(配点　30)

問1　オキソニウムイオン H_3O^+ に関する記述として**誤りを含むもの**はどれか。最も適当なものを，次の①～④のうちから一つ選べ。[1]

① イオン1個がもつ電子の数は11個である。
② 非共有電子対を1組もつ。
③ HとOの間の結合はいずれも共有結合である。
④ 三角錐(すい)形の構造をとる。

問2　ヘリウム He，ネオン Ne，アルゴン Ar に関する記述として**誤りを含むもの**はどれか。最も適当なものを，次の①～④のうちから一つ選べ。[2]

① いずれも，常温・常圧で気体である。
② 原子半径は，He ＜ Ne ＜ Ar の順に大きい。
③ イオン化エネルギーは，He ＜ Ne ＜ Ar の順に大きい。
④ He は空気より密度が小さく，燃えないため，風船や飛行船に使われる。

問 3　臭素 Br には質量数が 79 と 81 の同位体がある。^{12}C の質量を 12 としたときの，それらの相対質量と存在比(%)を表 1 に示す。臭素の同位体に関する記述として**誤りを含むもの**はどれか。最も適当なものを，後の①～④のうちから一つ選べ。 3

表 1　^{79}Br と ^{81}Br の相対質量と存在比

	相対質量	存在比(%)
^{79}Br	78.9	51
^{81}Br	80.9	49

① 臭素の原子量は，^{79}Br と ^{81}Br の相対質量と存在比から求めた平均値である。

② ^{79}Br と ^{81}Br の化学的性質は大きく異なる。

③ ^{79}Br と ^{81}Br の中性子の数は異なる。

④ ^{79}Br と ^{81}Br からなる臭素分子 Br_2 は，おおよそ

$$^{79}\mathrm{Br}^{79}\mathrm{Br} : {}^{79}\mathrm{Br}^{81}\mathrm{Br} : {}^{81}\mathrm{Br}^{81}\mathrm{Br} = 1 : 2 : 1$$

の比で存在する。

問 4　洗剤に関する次の文章中の下線部(a)～(d)に**誤りを含むもの**はどれか。最も適当なものを，後の①～④のうちから一つ選べ。 4

セッケンなどの洗剤の洗浄効果は，その主成分である界面活性剤の構造や性質と関係する。界面活性剤は，水になじみやすい部分と油になじみやすい(水になじみにくい)部分をもつ有機化合物である。そして，水に溶けない油汚れなどを，(a)油になじみやすい(水になじみにくい)部分が包み込み，繊維などから水中に除去する。この洗浄の作用は，界面活性剤の濃度がある一定以上のときに形成される，界面活性剤の分子が集合した粒子と関係する。そのため，(b)界面活性剤の濃度が低いと洗浄の作用は十分にはたらかない。一方，(c)適切な洗剤の使用量があり，それを超える量を使ってもその洗浄効果は高くならない。またセッケンの水溶液は(d)弱酸性を示す。加えて，カルシウムイオンを多く含む水では洗浄力が低下する。洗剤の構造や性質を理解して使用することは，環境への影響に配慮するうえで重要である。

①　(a)　　②　(b)　　③　(c)　　④　(d)

問 5　次の反応**ア**～**エ**のうち，下線を付した分子やイオンが酸としてはたらいているものはどれか。正しく選択しているものを，後の①～⑥のうちから一つ選べ。 5

ア　$\underline{CO_3^{2-}} + H_2O \rightleftarrows HCO_3^- + OH^-$

イ　$CH_3COO^- + \underline{H_2O} \rightleftarrows CH_3COOH + OH^-$

ウ　$\underline{HSO_4^-} + H_2O \rightleftarrows SO_4^{2-} + H_3O^+$

エ　$NH_4^+ + \underline{H_2O} \rightleftarrows NH_3 + H_3O^+$

① **ア**，**イ**　　② **ア**，**ウ**　　③ **ア**，**エ**

④ **イ**，**ウ**　　⑤ **イ**，**エ**　　⑥ **ウ**，**エ**

問 6　ともに質量パーセント濃度が 0.10 % で体積が 1.0 L の硝酸 HNO_3(分子量 63)の水溶液 A と酢酸 CH_3COOH(分子量 60)の水溶液 B がある。これらの水溶液中の HNO_3 の電離度を 1.0，CH_3COOH の電離度を 0.032 とし，溶液の密度をいずれも 1.0 g/cm^3 とする。このとき，水溶液 A と水溶液 B について，電離している酸の物質量の大小関係，および過不足なく中和するために必要な 0.10 mol/L の水酸化ナトリウム NaOH 水溶液の体積の大小関係の組合せとして最も適当なものを，次の①～⑥のうちから一つ選べ。 6

	電離している酸の物質量	中和に必要なNaOH 水溶液の体積
①	$A > B$	$A > B$
②	$A > B$	$A < B$
③	$A > B$	$A = B$
④	$A < B$	$A > B$
⑤	$A < B$	$A < B$
⑥	$A < B$	$A = B$

問 7　濃度のわからない水酸化ナトリウム水溶液 A がある。0.0500 mol/L の希硫酸 10.0 mL をコニカルビーカーにとり，A をビュレットに入れて滴定したところ，A を 8.00 mL 加えたところで中和点に達した。A のモル濃度は何 mol/L か。最も適当な数値を，次の①～④のうちから一つ選べ。［ 7 ］mol/L

① 0.0125　　② 0.0625　　③ 0.125　　④ 0.250

問 8　次の記述のうち，下線を付した物質が酸化を防止する目的で用いられているものはどれか。最も適当なものを，次の①～④のうちから一つ選べ。［ 8 ］

① 鉄板の表面を，<u>亜鉛 Zn</u> でめっきする。
② 飲料用の水を，<u>塩素 Cl_2</u> で処理する。
③ 煎餅(せんべい)の袋に，<u>生石灰 CaO</u> を入れた袋を入れる。
④ パンケーキの生地に，<u>重曹（炭酸水素ナトリウム）$NaHCO_3$</u> を加える。

問 9　鉄 Fe は，式(1)に従って，鉄鉱石に含まれる酸化鉄（Ⅲ）Fe_2O_3 の製錬によって工業的に得られている。

$$Fe_2O_3 + 3\,CO \longrightarrow 2\,Fe + 3\,CO_2 \qquad (1)$$

Fe_2O_3 の含有率（質量パーセント）が 48.0 % の鉄鉱石がある。この鉄鉱石 1000 kg から，式(1)によって得られる Fe の質量は何 kg か。最も適当な数値を，次の①～⑥のうちから一つ選べ。ただし，鉄鉱石中の Fe はすべて Fe_2O_3 として存在し，鉄鉱石中の Fe_2O_3 はすべて Fe に変化するものとする。
［ 9 ］kg

① 16.8　　② 33.6　　③ 84.0　　④ 168　　⑤ 336　　⑥ 480

問10　金属Aの板を入れたAの硫酸塩水溶液と，金属Bの板を入れたBの硫酸塩水溶液を素焼き板で仕切って作製した電池を図1に示す。素焼き板は，両方の水溶液が混ざるのを防ぐが，水溶液中のイオンを通すことができる。この電池の全体の反応は，式(2)によって表される。

$$A + B^{2+} \longrightarrow A^{2+} + B \qquad (2)$$

この電池に関する記述として**誤りを含むもの**はどれか。最も適当なものを，後の①〜④のうちから一つ選べ。 10

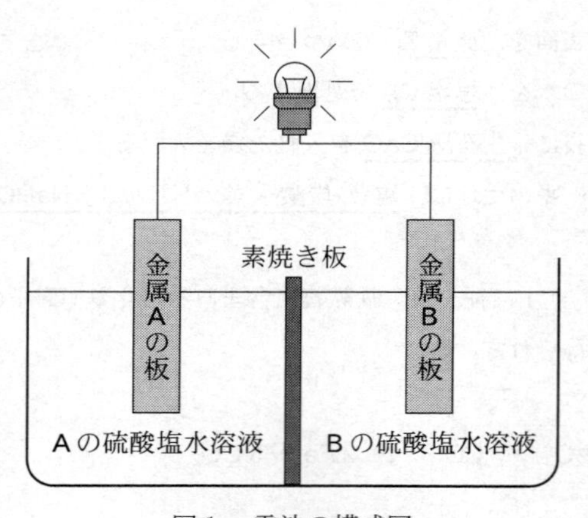

図1　電池の模式図

① 金属Aの板は負極としてはたらいている。
② 2 mol の金属Aが反応したときに，1 mol の電子が電球を流れる。
③ 反応によって，B^{2+} が還元される。
④ 反応の進行にともない，金属Aの板の質量は減少する。

第2問　エタノール C_2H_5OH は世界で年間およそ1億キロリットル生産されており，その多くはアルコール発酵を利用している。アルコール発酵で得られる溶液のエタノール濃度は低く，高濃度のエタノール水溶液を得るには蒸留が必要である。エタノールの性質と蒸留に関する，次の問い(**問1～3**)に答えよ。(配点　20)

問1　エタノールに関する記述として**誤りを含むもの**はどれか。最も適当なものを，次の①～④のうちから一つ選べ。［11］

① 水溶液は塩基性を示す。

② 固体の密度は液体より大きい。

③ 完全燃焼すると，二酸化炭素と水が生じる。

④ 燃料や飲料，消毒薬に用いられている。

問2　文献によると，圧力 1.013×10^5 Pa で 20 ℃ のエタノール 100 g および水 100 g を，単位時間あたりに加える熱量を同じにして加熱すると，それぞれの液体の温度は図1の実線 **a** および **b** のように変化する。t_1，t_2 は残ったエタノールおよび水がそれぞれ 50 g になる時間である。一方，ある濃度のエタノール水溶液 100 g を同じ条件で加熱すると，純粋なエタノールや水と異なり，水溶液の温度は図1の破線 **c** のように沸騰が始まったあとも少しずつ上昇する。この理由は，加熱により水溶液のエタノール濃度が変化するためと考えられる。図1の実線 **a**，**b** および破線 **c** に関する記述として下線部に**誤りを含むもの**はどれか。最も適当なものを，後の①～④のうちから一つ選べ。

［12］

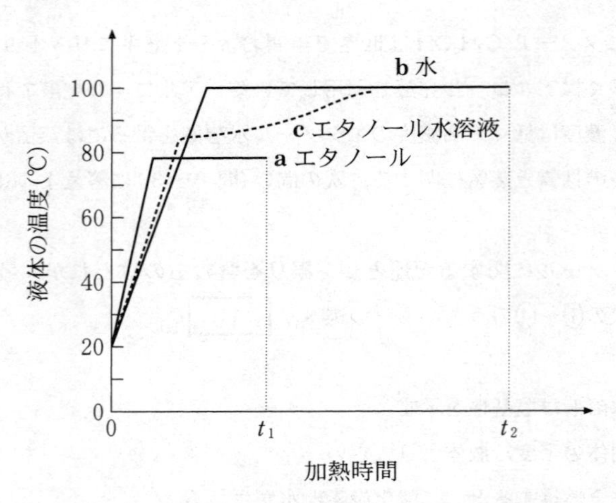

図1　エタノール(実線 **a**)と水(実線 **b**)，ある濃度のエタノール水溶液(破線 **c**)の加熱による温度変化

① エタノールおよび水の温度を 20 ℃ から 40 ℃ へ上昇させるために必要な熱量は，水の方がエタノールよりも大きい。

② エタノール水溶液を加熱していったとき，時間 t_1 においてエタノールは水溶液中に残存している。

③ 純物質の沸点は物質量に依存しないので，水もエタノールも，沸騰開始後に加熱を続けて液体を蒸発させても液体の温度は変わらない。

④ エタノール 50 g が水 50 g より短時間で蒸発することから，1 g の液体を蒸発させるのに必要な熱量は，エタノールの方が水より大きいことがわかる。

問 3　エタノール水溶液(原液)を蒸留すると，蒸発した気体を液体として回収した水溶液(蒸留液)と，蒸発せずに残った水溶液(残留液)が得られる。このとき，蒸留液のエタノール濃度が，原液のエタノール濃度によってどのように変化するかを調べるために，次の**操作Ⅰ～Ⅲ**を行った。

操作Ⅰ　試料として，質量パーセント濃度が10％から90％までの9種類のエタノール水溶液(原液A～I)をつくった。

操作Ⅱ　蒸留装置を用いて，原液A～Iをそれぞれ加熱し，蒸発した気体をすべて回収して，原液の質量の$\frac{1}{10}$の蒸留液と$\frac{9}{10}$の残留液を得た。

原　液 ―加熱→ 蒸留液 ＋ 残留液

操作Ⅲ　得られた蒸留液のエタノール濃度を測定した。

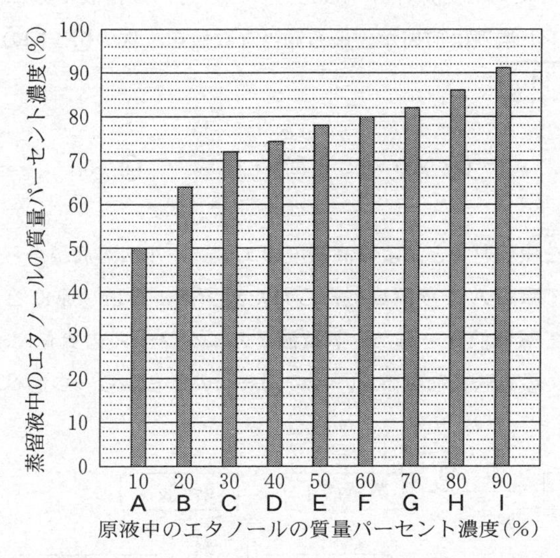

図2　原液A～I中のエタノールの質量パーセント濃度と蒸留液中のエタノールの質量パーセント濃度の関係

図2に，原液A～Iを用いたときの蒸留液中のエタノールの質量パーセント濃度を示す。図2より，たとえば質量パーセント濃度10％のエタノール水溶液(原液A)に対して**操作Ⅱ・Ⅲ**を行うと，蒸留液中のエタノールの質量パーセント濃度は50％と高くなることがわかる。次の問い(**a**～**c**)に答えよ。

a　**操作Ⅰ**で，原液Aをつくる手順として最も適当なものを，次の①～④のうちから一つ選べ。ただし，エタノールと水の密度はそれぞれ $0.79\ g/cm^3$，$1.00\ g/cm^3$ とする。 13

① エタノール100gをビーカーに入れ，水900gを加える。
② エタノール100gをビーカーに入れ，水1000gを加える。
③ エタノール100mLをビーカーに入れ，水900mLを加える。
④ エタノール100mLをビーカーに入れ，水1000mLを加える。

b　原液Aに対して**操作Ⅱ・Ⅲ**を行ったとき，残留液中のエタノールの質量パーセント濃度は何％か。最も適当な数値を，次の①～⑤のうちから一つ選べ。 14 ％

① 4.4　② 5.0　③ 5.6　④ 6.7　⑤ 10

c　蒸留を繰り返すと，より高濃度のエタノール水溶液が得られる。そこで，**操作Ⅱ**で原液Aを蒸留して得られた蒸留液1を再び原液とし，**操作Ⅱ**と同様にして蒸留液2を得た。蒸留液2のエタノールの質量パーセント濃度は何％か。最も適当な数値を，後の①～⑤のうちから一つ選べ。 15 ％

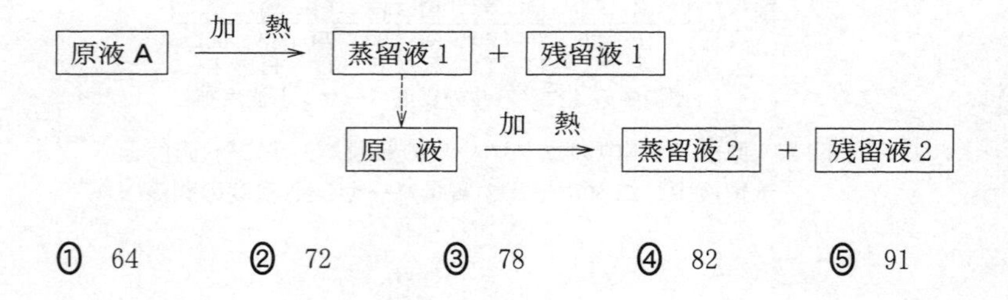

① 64　② 72　③ 78　④ 82　⑤ 91

生　物　基　礎

（解答番号［1］～［17］）

第1問　次の文章（A・B）を読み，後の問い（問1～6）に答えよ。（配点　19）

A　ホタルの腹部にある発光器には，(a)酵素の一つであるルシフェラーゼと，その基質（酵素が作用する物質）となるルシフェリンが多量に存在する。ルシフェリンは，ルシフェラーゼの作用で(b)ATPと反応して光を発する。この発光量を測定することで細胞内のATP量を測定できるキットが作られている。現在はこの方法をさらに応用し，(c)測定されたATP量から，牛乳などの食品内に存在している，あるいは食器に付着している細菌数を推定するキットも開発されている。

問1　下線部(a)に関する記述として**誤っているもの**を，次の①～⑤のうちから一つ選べ。［1］

①　化学反応を促進する触媒として働く。

②　口から摂取した酵素は，そのままの状態で体内の細胞に取り込まれて働くことはない。

③　タンパク質が主成分であり，細胞内で合成される。

④　細胞内で働き，細胞外では働かない。

⑤　反応の前後で変化しないため，繰り返し働くことができる。

問 2　下線部(b)に関連して，次の細胞小器官ⓐ～ⓒのうち，ATPが合成される細胞小器官はどれか。それを過不足なく含むものを，後の①～⑦のうちから一つ選べ。 2

ⓐ　核　　ⓑ　ミトコンドリア　　ⓒ　葉緑体

①　ⓐ　　②　ⓑ　　③　ⓒ　　④　ⓐ，ⓑ
⑤　ⓐ，ⓒ　　⑥　ⓑ，ⓒ　　⑦　ⓐ，ⓑ，ⓒ

問 3　下線部(c)について，次の記述ⓓ～ⓖのうち，ATP量から細菌数を推定するために，前提となる条件はどれか。その組合せとして最も適当なものを，後の①～⑥のうちから一つ選べ。 3

ⓓ　個々の細菌の細胞に含まれるATP量は，ほぼ等しい。
ⓔ　細菌以外に由来するATP量は，無視できる。
ⓕ　細菌は，エネルギー源としてATPを消費している。
ⓖ　ATP量の測定は，細菌が増殖しやすい温度で行う。

①　ⓓ，ⓔ　　②　ⓓ，ⓕ　　③　ⓓ，ⓖ
④　ⓔ，ⓕ　　⑤　ⓔ，ⓖ　　⑥　ⓕ，ⓖ

B　ナツキさんとジュンさんは，DNA の抽出実験について話し合った。

ナツキ：今日の授業で，ブロッコリーの花芽から DNA を抽出したけど，花芽を使ったのはなぜかな。茎からも花芽と同じように抽出できるんじゃないかな。放課後に実験して調べてみようよ。

ジュン：じゃあ，授業と同じ簡易抽出方法(図１)で，花芽と茎を比べてみよう。

図　1

ナツキ：花芽を使ったときと同じように，茎を使っても白い繊維状の物質が出てきたよ。でも，同じ重さの花芽と茎を使ったのに，茎のほうが花芽より少ないね。

ジュン：その理由を考えようよ。花芽と茎の細胞を顕微鏡で観察したら違いが分かるんじゃないかな。

二人は，(d)<u>花芽と茎を酸で処理し，細胞を解離した後，核を染色して，光学顕微鏡で観察した。</u>

ナツキ：濃く染まっているのが核だね。

ジュン：花芽と茎とを比較すると，花芽のほうが，［ア］から，DNA を多く得やすいんだね。だから，花芽を材料にしたんだね。

ナツキ：ところで，この(e)<u>白い繊維状の物質</u>は全部 DNA なのかな。

ジュン：RNA は DNA と同様にヌクレオチドがつながってできた鎖状の物質だから，(f)<u>白い繊維状の物質には DNA のほかに RNA も含まれているん</u>じゃないのかな。調べてみようよ。

問 4　下線部(d)について，図 2 は二人が観察した花芽と茎の細胞の写真である。この写真を踏まえて，DNA の抽出実験の材料に関する上の会話文中の ア に入る文として最も適当なものを，後の①～⑤のうちから一つ選べ。 4

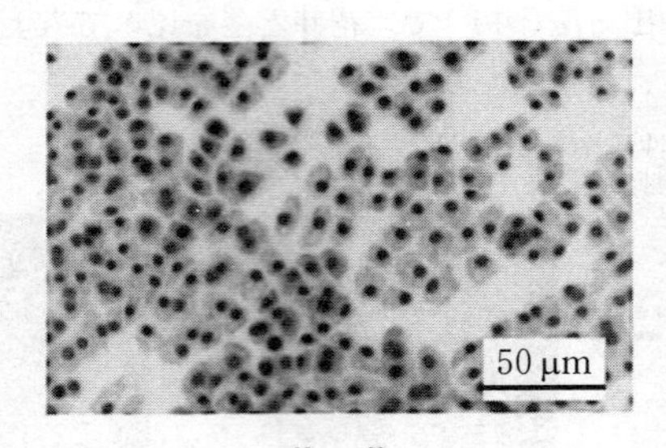

花　芽

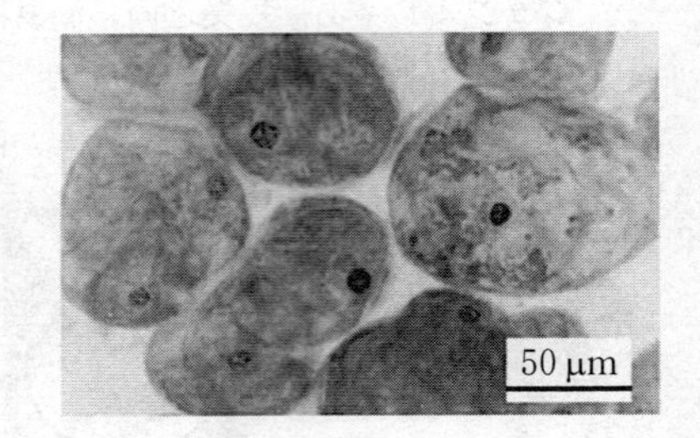

茎

図　2

① 核がより濃く染まっているので，核の DNA の密度が高い

② 核が大きいので，核に含まれている DNA 量が多い

③ 細胞が小さいので，単位重量当たりの細胞の数が多い

④ 一つの細胞に複数の核が存在しているので，単位重量当たりの核の数が多い

⑤ 体細胞分裂が盛んに行われているので，染色体が凝縮している細胞の割合が高い

問 5　下線部(e)に関連して，白い繊維状の物質に含まれるDNA量を，試薬Xを用いて測定した。試薬XはDNAに特異的に結合し，青色光が照射されるとDNA濃度に比例した強さの黄色光を発する。図3は，DNA濃度と黄色光の強さ(相対値)の関係を表したグラフである。

花芽10gから得られた白い繊維状の物質を水に溶かして4mLのDNA溶液を作り，試薬Xを使って調べたところ，0.6(相対値)の強さの黄色光を発した。この実験で花芽10gから得られたDNA量の数値として最も適当なものを，後の①～⑧のうちから一つ選べ。 [5] mg

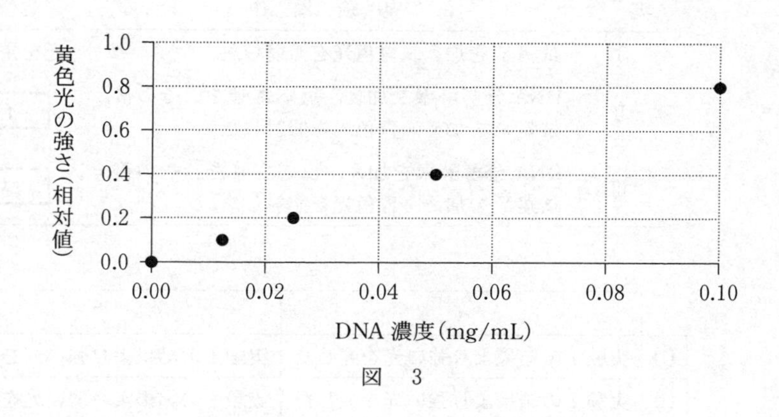

図　3

① 0.019	② 0.030	③ 0.075	④ 0.19
⑤ 0.30	⑥ 0.75	⑦ 1.9	⑧ 3.0

問 6　下線部(f)について，二人はこの仮説を確かめるため，DNA と RNA に結合する試薬 Y を用いた実験を計画した。試薬 Y は青色光が照射されると，DNA および RNA の量に比例した強さの黄色光を発する。白い繊維状の物質を水に溶かした溶液を三等分して，表 1 の実験Ⅰ～Ⅲを行ったところ，仮説を支持する結果が得られた。表 1 中の［イ］・［ウ］に入る結果の組合せとして最も適当なものを，後の①～⑨のうちから一つ選べ。［6］

表　1

実験	実験操作	結果
Ⅰ	試薬 Y を加え，青色光を照射した。	光を発した
Ⅱ	DNA 分解酵素を加え，反応させた。その後，試薬 Y を加え，青色光を照射した。	［イ］
Ⅲ	RNA 分解酵素を加え，反応させた。その後，試薬 Y を加え，青色光を照射した。	［ウ］

	イ	ウ
①	実験Ⅰの結果より強い光を発した	実験Ⅰの結果より強い光を発した
②	実験Ⅰの結果より強い光を発した	実験Ⅰの結果より弱い光を発した
③	実験Ⅰの結果より強い光を発した	全く光を発しなかった
④	実験Ⅰの結果より弱い光を発した	実験Ⅰの結果より強い光を発した
⑤	実験Ⅰの結果より弱い光を発した	実験Ⅰの結果より弱い光を発した
⑥	実験Ⅰの結果より弱い光を発した	全く光を発しなかった
⑦	全く光を発しなかった	実験Ⅰの結果より強い光を発した
⑧	全く光を発しなかった	実験Ⅰの結果より弱い光を発した
⑨	全く光を発しなかった	全く光を発しなかった

第2問　次の文章（A・B）を読み，後の問い（問1～5）に答えよ。（配点　16）

A　ヒトでは，細胞の呼吸に必要な酸素は，赤血球中のヘモグロビン（Hb）に結合して運ばれる。動脈血中の酸素が結合したヘモグロビン（HbO_2）の割合（%）は，図1のような光学式血中酸素飽和度計を用いて，指の片側から赤色光と赤外光とを照射したときのそれぞれの透過量をもとに連続的に調べることができる。図2は，Hb と HbO_2 が様々な波長の光を吸収する度合いの違いを示しており，縦軸の値が大きいほどその波長の光を吸収する度合いが高い。(a)光学式血中酸素飽和度計では，実際の測定値を，あらかじめ様々な濃度で酸素が溶けている血液を使って調べた値と照合することで，動脈血中の HbO_2 の割合を求めている。

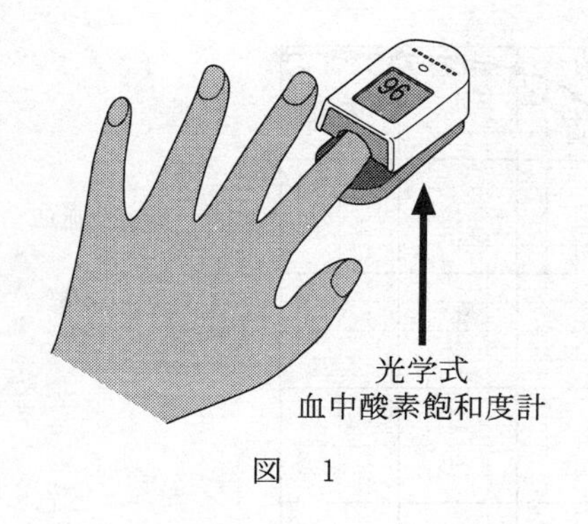

図　1

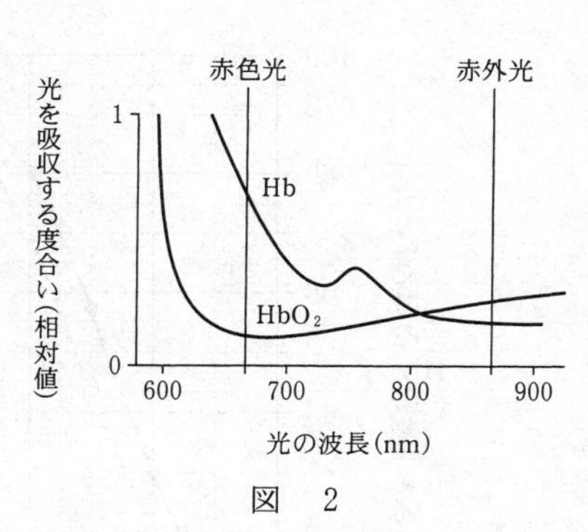

図　2

問1　下線部(a)に関連して，図2を参考に，光学式血中酸素飽和度計を用いた測定に関する記述として最も適当なものを，次の①～④のうちから一つ選べ。　7

① 動脈血では，赤色光に比べて赤外光の透過量が多くなる。

② 組織で酸素が消費された後の血液では，赤色光が透過しやすくなる。

③ 血管内の血流量が変化すると，それに伴い赤色光と赤外光の透過量も変化するため，透過量の時間変化から脈拍の頻度を知ることができる。

④ 赤外光の透過量から，動脈を流れる Hb の総量を知ることができる。

問 2　ある人が富士山に登ったところ，山頂付近(標高 3770 m の地点)で息苦しさを感じた。そこで，光学式血中酸素飽和度計を使って HbO_2 の割合を計測すると，80 % だった。図 3 を踏まえて，山頂付近における動脈血中の酸素濃度(相対値)と，動脈血中の HbO_2 のうち組織で酸素を解離した割合の数値として最も適当なものを，後の①～⑥のうちからそれぞれ一つずつ選べ。なお，山頂付近における組織の酸素濃度(相対値)は 20 であるとする。

山頂付近における

動脈血中の酸素濃度(相対値)　**8**

動脈血中の HbO_2 のうち組織で酸素を解離した割合(%)　**9**

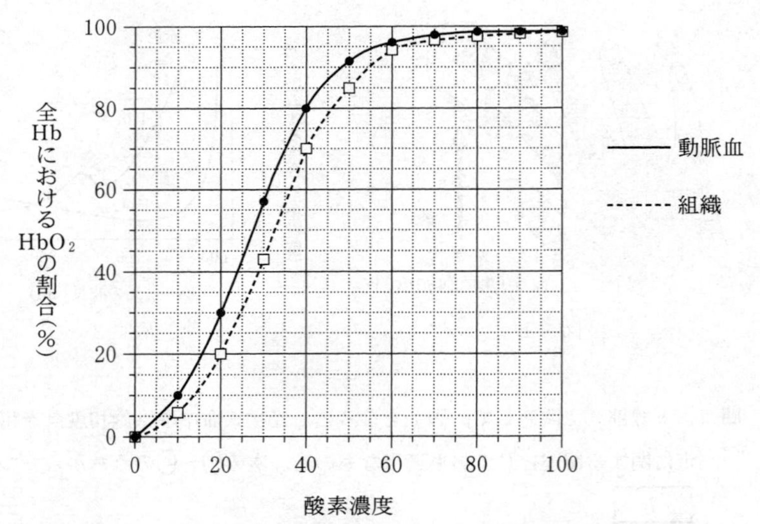

図　3

① 30　　② 40　　③ 60　　④ 75　　⑤ 80　　⑥ 95

B　免疫には，(b)自然免疫と(c)獲得免疫(適応免疫)とがある。獲得免疫には，細胞性免疫と(d)抗原抗体反応の関与する体液性免疫とがある。

問 3　下線部(b)について，細菌感染の防御における役割を調べるため，**実験 1** を行った。**実験 1** の結果から導かれる後の考察文中の［ア］・［イ］に入る語句の組合せとして最も適当なものを，後の①～⑥のうちから一つ選べ。［10］

実験 1　大腸菌を，マウスの腹部の臓器が収容されている空所(以下，腹腔)に注射した。注射前と注射 4 時間後の腹腔内の白血球数を測定したところ，図 4 の実験結果が得られた。

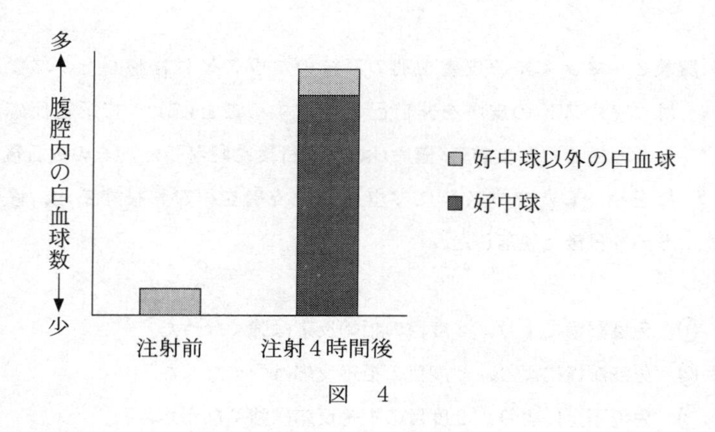

図　4

大腸菌の注射により，多数の好中球が［ア］から周辺の組織を経て腹腔内に移動したと考えられる。好中球は，［イ］とともに，食作用により大腸菌を排除すると推測される。

	ア	イ
①	胸　腺	マクロファージ
②	胸　腺	ナチュラルキラー(NK)細胞
③	血　管	マクロファージ
④	血　管	ナチュラルキラー(NK)細胞
⑤	リンパ節	マクロファージ
⑥	リンパ節	ナチュラルキラー(NK)細胞

問 4　下線部(c)に関連して，移植された皮膚に対する拒絶反応を調べるため，**実験 2** を行った。**実験 2** の結果から導かれる考察として最も適当なものを，後の①～⑥のうちから一つ選べ。 11

実験 2　マウスＸの皮膚を別の系統のマウスＹに移植した。マウスＹでは，マウスＸの皮膚を非自己と認識することによって拒絶反応が起こり，移植された皮膚(移植片)は約 10 日後に脱落した。その数日後，移植片を拒絶したマウスＹにマウスＸの皮膚を再び移植すると，移植片は 5 ～ 6 日後に脱落した。

①　免疫記憶により，２度目の拒絶反応は強くなった。
②　免疫記憶により，２度目の拒絶反応は弱くなった。
③　免疫不全により，２度目の拒絶反応は強くなった。
④　免疫不全により，２度目の拒絶反応は弱くなった。
⑤　免疫寛容により，２度目の拒絶反応は強くなった。
⑥　免疫寛容により，２度目の拒絶反応は弱くなった。

問 5　下線部(d)に関連して，抗体の働きを調べるため，**実験 3** を行った。後の記述ⓐ～ⓓのうち，**実験 3** でマウスが生存できたことについての適当な説明はどれか。それを過不足なく含むものを，後の①～⓪のうちから一つ選べ。
12

実験 3　マウスに致死性の毒素を注射した直後に，毒素を無毒化する抗体を注射したところ，マウスは生存できた。

ⓐ　予防接種の原理が働いた。
ⓑ　血清療法の原理が働いた。
ⓒ　このマウスのＴ細胞が働いた。
ⓓ　このマウスのＢ細胞が働いた。

①　ⓐ　　②　ⓑ　　③　ⓒ　　④　ⓓ
⑤　ⓐ，ⓒ　　⑥　ⓐ，ⓓ　　⑦　ⓑ，ⓒ　　⑧　ⓑ，ⓓ
⑨　ⓐ，ⓒ，ⓓ　　⓪　ⓑ，ⓒ，ⓓ

第3問　次の文章（A・B）を読み，後の問い（問1～5）に答えよ。（配点　15）

A　年降水量の多い日本列島では，主に(a)気温によってバイオームが決まる。中部地方の内陸から東北地方を経て北海道南部にまで主に見られるバイオームは，ブナなどの落葉広葉樹が優占する夏緑樹林と，そこに生息する生物とから成立している。

ブナの葉を食うガであるブナアオシャチホコ（以下，ブナアオ）の幼虫は，しばしば大発生して一帯の葉を食いつくすことがある。(b)この幼虫は，日当たりの良い林冠につくられる陽葉よりも，日当たりの悪い下層につくられる陰葉から食い始める。

(c)ブナアオが大発生すると，その幼虫を食う甲虫のクロカタビロオサムシが追いかけるように大発生する。同様に，ブナアオの蛹（さなぎ）を栄養源とする菌類のサナギタケも大発生する。そのため，ブナアオの大発生は長続きしない。

問1　下線部(a)について，地球温暖化の進行により，今後100年間で年平均気温は2～4℃上昇すると見積もられている。これにより，現在の中部地方において見られる図1のようなバイオームの分布が変化したとするとき，標高500mと標高1500mではそれぞれどのようなバイオームが成立すると予測されるか。予測の組合せとして最も適当なものを，後の①～⑦のうちから一つ選べ。　13

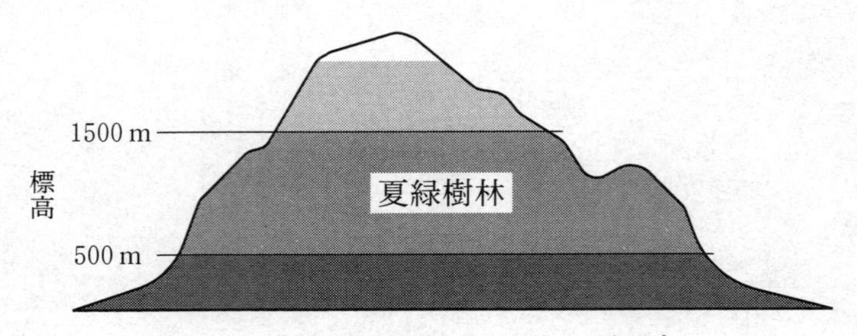

注：濃さの違いは異なるバイオームを示す。

図　1

	標高 500 m	標高 1500 m
①	夏緑樹林	夏緑樹林
②	夏緑樹林	針葉樹林
③	夏緑樹林	照葉樹林
④	針葉樹林	夏緑樹林
⑤	針葉樹林	照葉樹林
⑥	照葉樹林	夏緑樹林
⑦	照葉樹林	針葉樹林

問 2　下線部(b)に関連して，図 2 は陽葉と陰葉における，光の強さと二酸化炭素吸収速度との関係である。図中の下向きの矢印は，陽葉か陰葉のいずれかが日中に受ける平均的な光の強さを示している。大発生したブナアオが陽葉と陰葉を共につけるブナ個体の葉を食い進むと，二酸化炭素吸収速度はどのように変化すると予測されるか。ブナ 1 個体当たりの変化の傾向を示すグラフとして最も適当なものを，後の①～⑥のうちから一つ選べ。 14

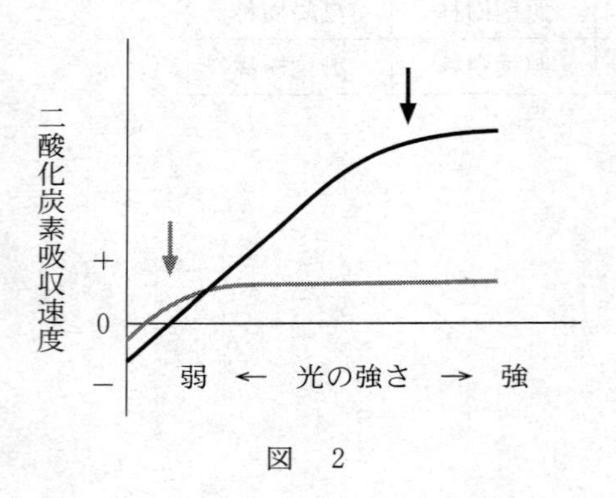

図　2

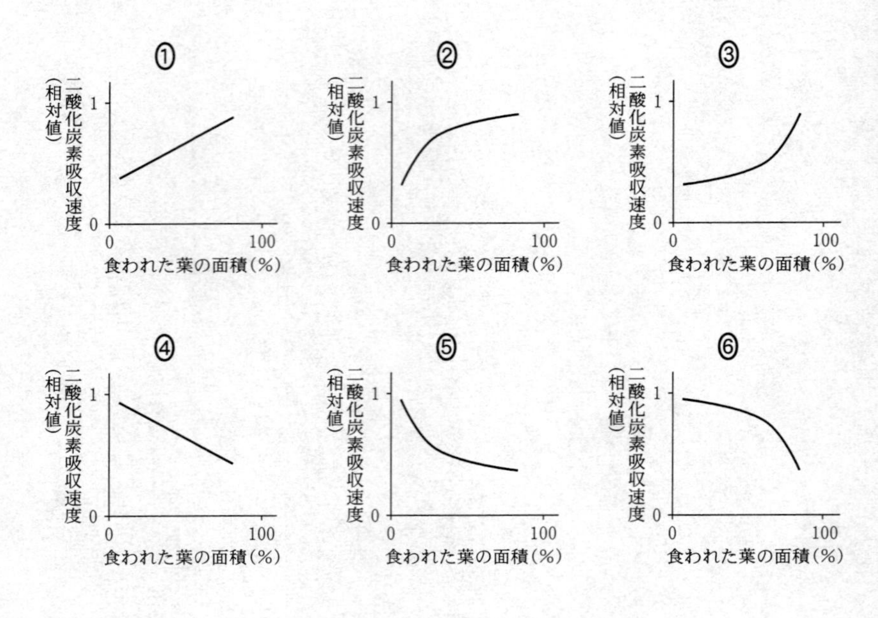

問 3　下線部(c)について，このような食物連鎖を含む生態系におけるブナアオ，クロカタビロオサムシ，およびサナギタケの栄養段階の組合せとして最も適当なものを，次の①～⑥のうちから一つ選べ。 15

	ブナアオ	クロカタビロオサムシ	サナギタケ
①	生産者	一次消費者	一次消費者
②	生産者	一次消費者	二次消費者
③	生産者	一次消費者	三次消費者
④	一次消費者	二次消費者	一次消費者
⑤	一次消費者	二次消費者	二次消費者
⑥	一次消費者	二次消費者	三次消費者

B 自然の生態系内で窒素は循環しているが，人間活動はその経路や量を変化させることがある。農地では，農作物が収穫されて食物として利用される。食物に入っていた窒素は排泄物として下水道に入り，その後，河川に出ていく。この場合，(d)下水中の窒素を取り除かないと，河川や海の富栄養化を引き起こす。また，森林では，(e)樹木の伐採および除草剤の散布による植生の一時的な消失が窒素の循環に影響することが知られている。

問 4 下線部(d)について，下水処理場では，生物を利用して下水から窒素を取り除いている。この下水処理過程の順序として最も適当なものを，次の①～⑤のうちから一つ選べ。 16

① 無機窒素化合物の生成 ⟶ 脱 窒
② 無機窒素化合物の同化 ⟶ 脱 窒
③ 窒素固定 ⟶ 脱 窒
④ 窒素固定 ⟶ 無機窒素化合物の生成
⑤ 窒素固定 ⟶ 無機窒素化合物の同化

問 5　下線部(e)について，人間活動によって森林植生の大部分が一時的に消失した後，そこから流れ出す河川水の窒素濃度の変化に関する記述として最も適当なものを，次の①～⑥のうちから一つ選べ。 17

① 植生が消失すると上昇し，植生の回復後も高い状態が続く。
② 植生が消失すると上昇し，植生の回復後に低下して元に戻る。
③ 植生が消失しても変化しないが，植生の回復後に上昇する。
④ 植生が消失しても変化しないが，植生の回復後に低下する。
⑤ 植生が消失すると低下し，植生の回復後に上昇して元に戻る。
⑥ 植生が消失すると低下し，植生の回復後も低い状態が続く。

地　学　基　礎

（解答番号 1 ～ 15 ）

第1問　次の問い（A～C）に答えよ。（配点　20）

A　固体地球に関する次の問い（**問1**・**問2**）に答えよ。

問1　次の図1に模式的に示した断層の種類と，この断層の周辺の岩盤への力のはたらき方との組合せとして最も適当なものを，後の①～④のうちから一つ選べ。 1

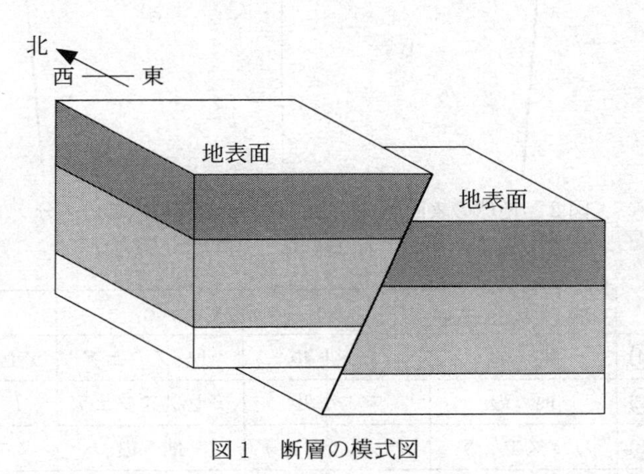

図1　断層の模式図

	断層の種類	力のはたらき方
①	正断層	東西方向の引っぱり
②	正断層	東西方向の圧縮
③	逆断層	東西方向の引っぱり
④	逆断層	東西方向の圧縮

問 2　次の図 2 は，地球の表面から深さ数百 km までの内部を，流動のしやすさの違いと物質の違いとでそれぞれ区分したものである。図 2 中の a ～ d に入れる語の組合せとして最も適当なものを，後の①～④のうちから一つ選べ。 2

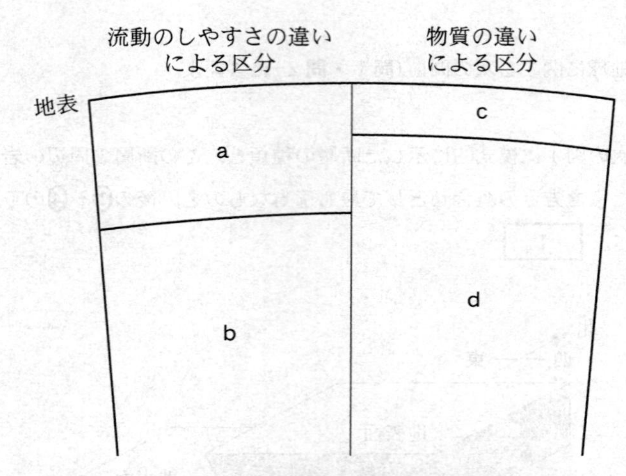

図 2　地球の表面から深さ数百 km までの内部の区分

	a	b	c	d
①	地　殻	マントル	リソスフェア	アセノスフェア
②	地　殻	マントル	アセノスフェア	リソスフェア
③	リソスフェア	アセノスフェア	地　殻	マントル
④	アセノスフェア	リソスフェア	地　殻	マントル

B　地層と化石に関する次の文章を読み，後の問い（**問３**・**問４**）に答えよ。

次の図３は，ある地域の地質を模式的に示した断面図である。この地域では，地層Ｃが花こう岩Ａと地層Ｂを不整合に覆っている。地層Ｂは，石炭の層を挟（はさ）む泥岩からなり，古生代後期の植物化石を含む。ただし，地層Ｂは花こう岩Ａとの境界付近ではホルンフェルスになっている。地層Ｃは，石炭の層を挟む砂岩からなり，その下部にはカヘイ石（ヌンムリテス）の化石を含む礫（れき）が含まれる。また，断層Ｄが認められる。

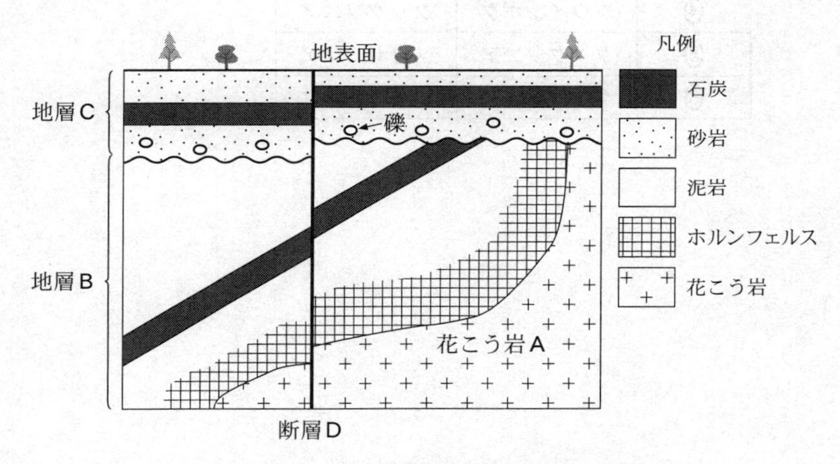

図３　ある地域の地質を模式的に示した断面図

問３　地層Ｂが堆積してから**地層Ｃの堆積が始まるまで**の間に起こったできごとの説明として**誤っているもの**を，次の①～④のうちから一つ選べ。

3

① 地層Ｂが断層Ｄの活動によってずれた。
② 地層Ｂが傾斜した。
③ 地層Ｂに花こう岩Ａが貫入した。
④ 地層Ｂが侵食作用によってけずられた。

問 4　前ページの図３に示される地層Ｂと地層Ｃの石炭の層から産出する可能性のある化石の組合せとして最も適当なものを，次の①～⑥のうちから一つ選べ。 4

	地層Ｂ	地層Ｃ
①	メタセコイア	フウインボク
②	メタセコイア	クックソニア
③	フウインボク	メタセコイア
④	フウインボク	クックソニア
⑤	クックソニア	メタセコイア
⑥	クックソニア	フウインボク

C　鉱物と岩石に関する次の問い（**問5**・**問6**）に答えよ。

問5　次の文章中の ア ・ イ に入れる語の組合せとして最も適当なものを，後の①～④のうちから一つ選べ。 5

火成岩をつくっている鉱物は，有色鉱物と無色鉱物に分けることができる。これらを比較したとき，鉄やマグネシウムをより多く含むのは ア である。また，マントルの上部を構成する岩石は，主として イ からなる。

	ア	イ
①	有色鉱物	有色鉱物
②	有色鉱物	無色鉱物
③	無色鉱物	有色鉱物
④	無色鉱物	無色鉱物

問 6　高校生のSさんは，共通点・相違点の視点から岩石の特徴を比較する課題に取り組んだ。次の図4は，チャートと石灰岩を比較したものである。円が重なっている部分に共通点が，重なっていない部分に相違点が示されている。次ページの図5は，図4と同様の表し方で，花こう岩と流紋岩を比較したものである。図5に示された特徴 **a**～**c** に当てはまる語句の組合せとして最も適当なものを，後の①～④のうちから一つ選べ。 6

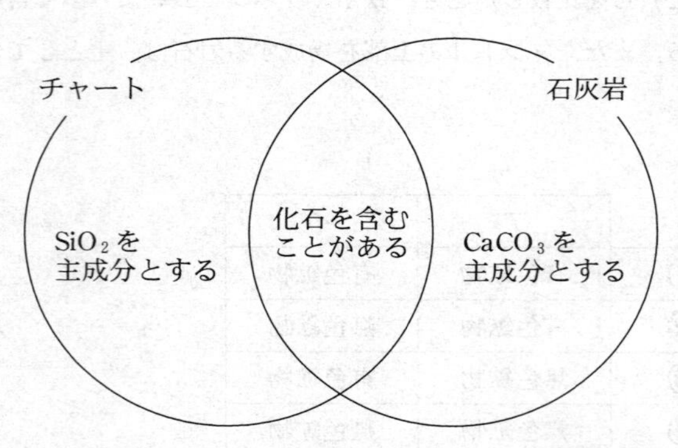

図4　チャートと石灰岩の共通点・相違点

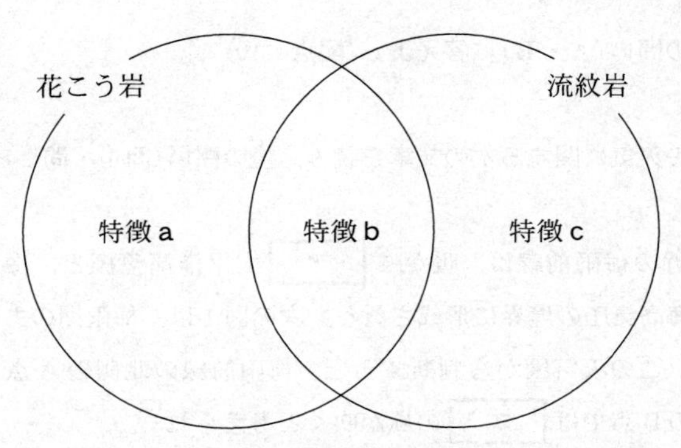

図５　花こう岩と流紋岩の共通点・相違点

	特徴ａ	特徴ｂ	特徴ｃ
①	等粒状組織を示す	石英を含む	斑状(はんじょう)組織を示す
②	等粒状組織を示す	かんらん石を含む	斑状組織を示す
③	斑状組織を示す	石英を含む	等粒状組織を示す
④	斑状組織を示す	かんらん石を含む	等粒状組織を示す

第2問　次の問い(A・B)に答えよ。(配点　10)

A　梅雨期の天気に関する次の文章を読み，後の問い(問1・問2)に答えよ。

日本付近の梅雨前線は，暖かく［ア］太平洋高気圧と，冷たく［イ］オホーツク海高気圧の境界に形成される。次の図1は，梅雨期のある日の地上天気図である。この天気図から判断すると，梅雨前線の北側のA点では［ウ］の風，南側のB点では［エ］の風が吹くと考えられる。

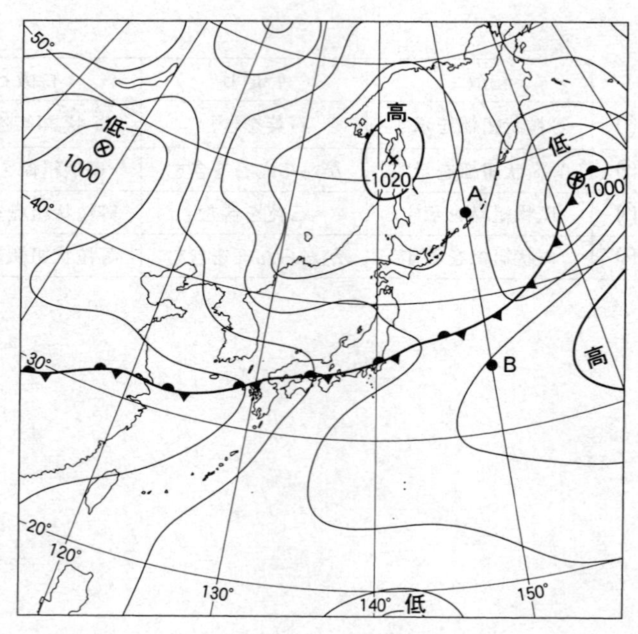

図1　梅雨期のある日の日本付近の地上天気図
×印は低気圧および高気圧の中心位置を，数値はその中心気圧(hPa)を示す。

問 1　前ページの文章中の ア ・ イ に入れる語の組合せとして最も適当なものを，次の①～④のうちから一つ選べ。 7

	ア	イ
①	乾いた	乾いた
②	乾いた	湿った
③	湿った	乾いた
④	湿った	湿った

問 2　前ページの文章中の ウ ・ エ に入れる語の組合せとして最も適当なものを，次の①～④のうちから一つ選べ。 8

	ウ	エ
①	北寄り	北寄り
②	北寄り	南寄り
③	南寄り	北寄り
④	南寄り	南寄り

B　津波に関する次の文章を読み，後の問い(**問 3**)に答えよ。

次の図 2 は，ある海域の鉛直断面を示している。この海域の X 点で津波が発生し，海岸の A 点まで伝わる場合を想定する。津波の伝わる速度は水深によって決まり，X—B 間では水深 2000 m に応じた速度で伝わる。津波が発生してから B 点に到達するまでの所要時間はおよそ［ オ ］分である。その後，津波は B—A 間を水深 150 m に応じた速度で伝わる。津波が B 点に到達してから A 点に到達するまでの所要時間はおよそ［ カ ］分である。

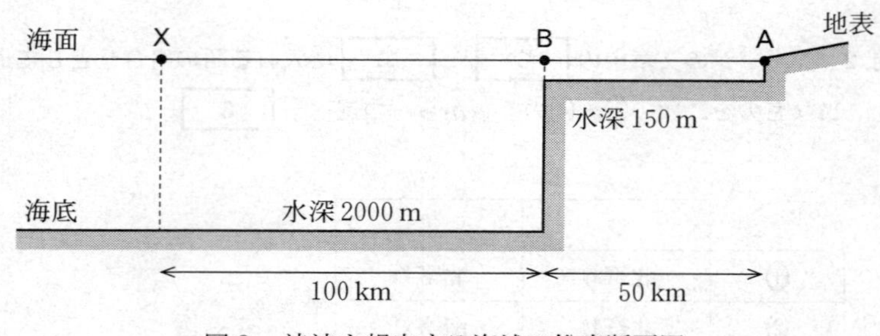

図 2　津波を想定する海域の鉛直断面図

問 3　次の図 3 は，水深と，ある距離を津波が伝わるのに要する時間との関係を示している。図 3 に基づいて，前ページの文章中の **オ** ・ **カ** に入れる数値の組合せとして最も適当なものを，後の①～④のうちから一つ選べ。 9

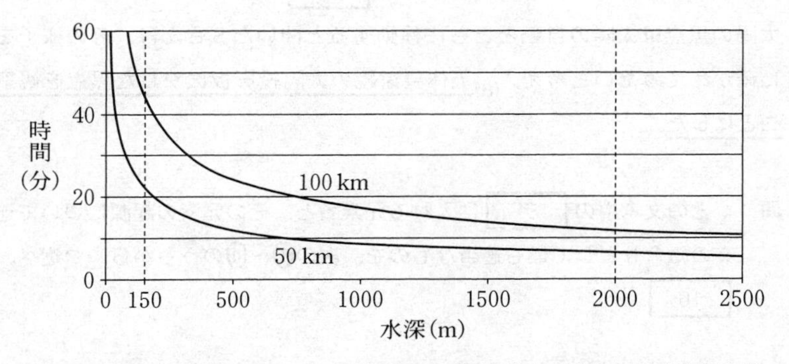

図 3　水深と，距離 50 km および 100 km を津波が伝わるのに要する時間との関係

	オ	カ
①	6	22
②	6	43
③	12	22
④	12	43

第3問 太陽と太陽系に関する次の問い（A・B）に答えよ。（配点 10）

A 太陽に関する次の文章を読み，後の問い（問1・問2）に答えよ。

高校生のSさんは，太陽の主成分は［ア］であることを学んだ。さらに，太陽の黒点は太陽の自転とともに移動すると聞いたSさんは，その様子を実際に確かめてみたいと考え，(a)天体望遠鏡の太陽投影板に映した黒点を観察することにした。

問1 上の文章中の［ア］に入れる元素名と，その元素の起源について述べた文の組合せとして最も適当なものを，次の①～④のうちから一つ選べ。［10］

	元素名	起　源
①	水　素	太陽の内部で核融合反応によりできた。
②	水　素	ビッグバンのときにできた。
③	炭　素	太陽の内部で核融合反応によりできた。
④	炭　素	ビッグバンのときにできた。

問 2　前ページの文章中の下線部(a)について，Sさんは6月上旬に，ある黒点を毎日正午に観察した。次の図1は，観察することができた6月4日と6月6日，6月7日の黒点のスケッチをまとめたものである。この図1から，太陽が自転していることが確認できる。この黒点の大きさと，地球から見た太陽の自転周期について，図1からわかることの組合せとして最も適当なものを，後の①～④のうちから一つ選べ。 11

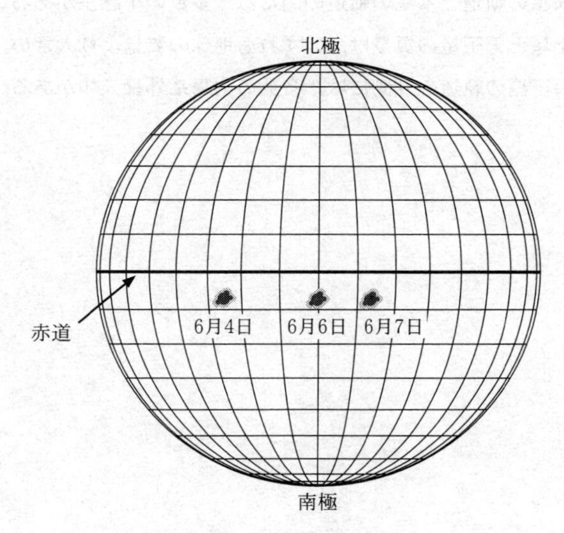

図1　観察した黒点の移動

太陽面の経線と緯線は10°ごとに描かれている。

	黒点の大きさ	地球から見た太陽の自転周期
①	地球の直径の約0.05倍	約13日
②	地球の直径の約0.05倍	約27日
③	地球の直径の約5倍	約13日
④	地球の直径の約5倍	約27日

B　太陽系に関する次の問い（**問 3**）に答えよ。

問 3　太陽系の天体について述べた文として**誤っているもの**を，次の①～④のうちから一つ選べ。 12

① 惑星表面での大気圧は，地球の方が金星より高い。

② 火星の軌道と木星の軌道の間には，多数の小惑星がある。

③ 土星と天王星の質量は，いずれも地球の質量より大きい。

④ 海王星の軌道の外側には，多数の太陽系外縁天体がある。

第4問　自然環境と災害に関する次の問い（問1～3）に答えよ。（配点　10）

問1　地震と火山噴火の予測・予報について述べた文として最も適当なものを，次の①～④のうちから一つ選べ。 13

① すでに地震が発生した活断層では，将来地震が起こることはない。
② 緊急地震速報では，地震の発生直前に地震動の大きさを予測している。
③ 地震は火山の直下では起きないので，噴火の予測には用いられない。
④ 山体の膨張などの地殻変動は，火山の噴火の予測に用いられる。

問2　活火山に近い地域にあるS高校の科学部は，自分たちの地域の火山のハザードマップを作ってみようと考え，その過程で次の方法a・bを計画した。これらの方法について，ハザードマップを作成する上で適した方法であるかどうかを述べた文として最も適当なものを，後の①～④のうちから一つ選べ。
14

<方法>

a　地質調査により，過去の火山噴出物の種類やその分布範囲，層序を調べる。

b　歴史的な資料から，過去の噴火に関する情報を収集して整理する。

① 方法a・bともに適している。
② 方法aは適しているが，方法bは適していない。
③ 方法aは適していないが，方法bは適している。
④ 方法a・bともに適していない。

問 3　気象災害や環境問題に関する文について，下線部に注意して，**誤っているもの**を，次の①～④のうちから一つ選べ。 15

① フロンガスによって成層圏のオゾンが増加すると，地表面まで到達する紫外線の量が増加し，地上の生物に悪影響を及ぼすことがある。

② 人間活動で放出された硫黄酸化物・窒素酸化物が雨水に溶け込んで，強い酸性を示す雨が降り，生態系に影響を及ぼしたり，建築物などに被害をもたらすことがある。

③ 前線や台風の周辺で次々に積乱雲が発生することで，局地的に激しい降雨(集中豪雨)がもたらされ，水害や土砂災害が発生することがある。

④ 春季を中心として，黄砂が偏西風に乗って中国北部や日本に飛来し，健康障害や視界不良による交通障害など人間活動に大きな影響を与えることがある。

2021

共通テスト

本試験
（第１日程）

解答時間　2 科目 60 分

配点　2 科目 100 点

（物理基礎，化学基礎，生物基礎，地学基礎から 2 科目選択）

物　理　基　礎

(解答番号 1 ～ 19)

第１問　次の問い(問１～４)に答えよ。(配点　16)

問１　図１のように，床の上に直方体の木片が置かれ，その木片の上にりんごが置かれている。木片には，地球からの重力，床からの力，りんごからの力がはたらいている。木片にはたらくすべての力を表す図として最も適当なものを，次ページの①～④のうちから一つ選べ。 1

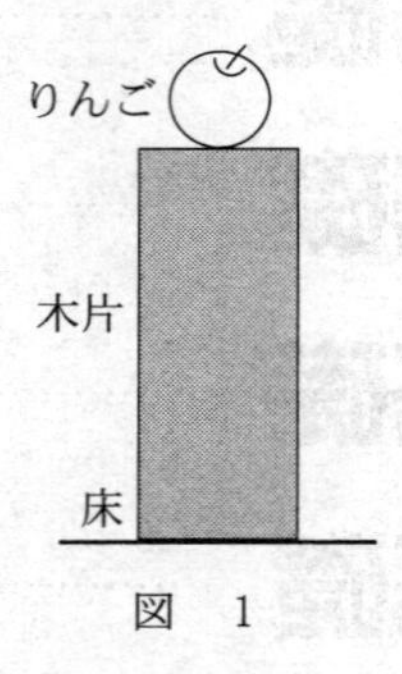

図　1

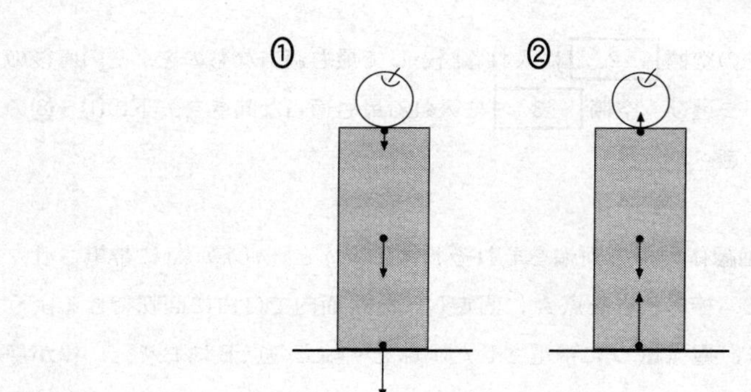
①
②

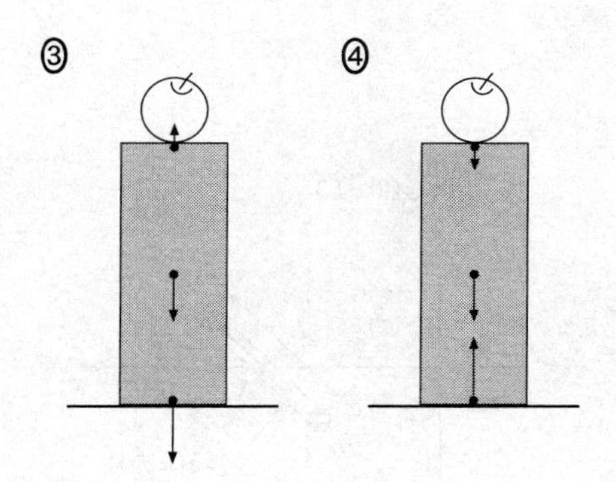
③
④

問 2　次の文章中の空欄 [2] に入れる語として最も適当なものを，その直後の{　　}から一つ選び，空欄 [3] に入れる最も適当な向きを，下の①～⑧のうちから一つ選べ。

長さLの絶縁体の棒の両端をそれぞれ電気量qと$-q(q>0)$に帯電させ，図2のように，棒の中心を点Aに固定し，xy平面内で自由に回転できるようにした。まず，電気量Qに帯電させた小球をy軸上の点Bにおくと，棒が静電気力の作用でゆっくりと回転し，図2に示す向きになったので，Qの符号は [2] { ①　正　②　負 }であることがわかった。次に，小球をy軸に沿って点Cまでゆっくり移動させると，棒に描かれた矢印の向きは [3] になった。

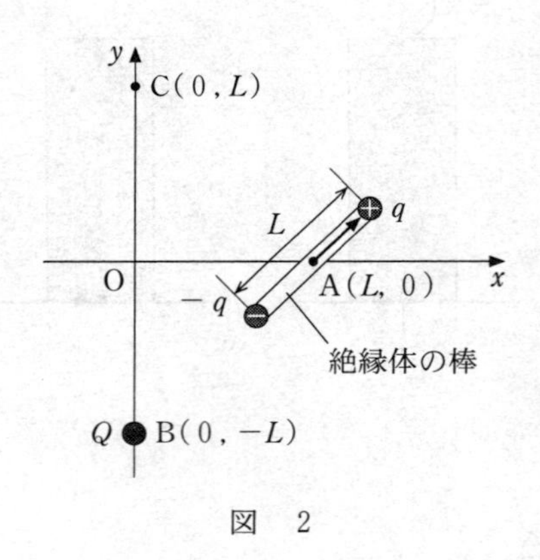

図　2

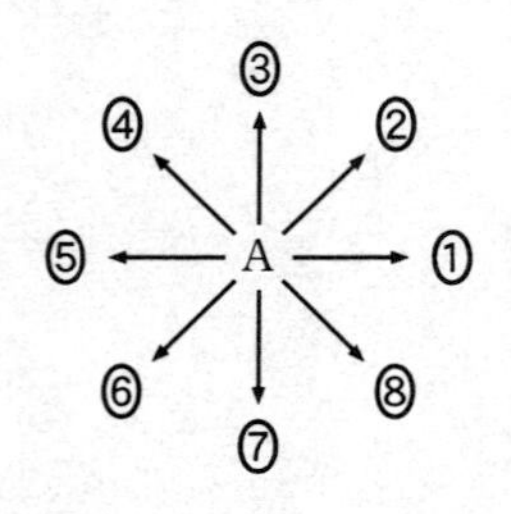

問 3　次の文章中の空欄 ア ～ ウ に入れる語句の組合せとして最も適当なものを，下の①～⑥のうちから一つ選べ。 4

電磁波は電気的・磁気的な振動が波となって空間を伝わる。周波数(振動数)が小さいほうから順に，電波，赤外線，可視光線，紫外線，X 線，γ 線のように大まかに分類される。これらは，私たちの生活の中でそれぞれの特徴を活かして利用されている。 ア は日焼けの原因であり，また殺菌作用があるため殺菌灯に使われている。携帯電話，全地球測位システム(GPS)，ラジオは イ を利用して情報を伝えている。X 線はレントゲン写真に使われている。 ウ はがん細胞に照射する放射線治療に使われている。

	ア	イ	ウ
①	可視光線	γ 線	電　波
②	可視光線	電　波	γ 線
③	赤外線	γ 線	電　波
④	赤外線	電　波	γ 線
⑤	紫外線	γ 線	電　波
⑥	紫外線	電　波	γ 線

問 4　プールから帰ってきたＡさんが，同級生のＢさんと熱に関する会話を交わしている。次の会話文を読み，下線部に**誤りを含むもの**を①～⑤のうちから**二つ**選べ。ただし，解答番号の順序は問わない。　[5]・[6]

Ａさん：プールで泳ぐのはすごくいい運動になるよね。ちょっと泳いだだけでヘトヘトだよ。水中で手足を動かすのに使ったエネルギーは，いったいどこにいってしまうんだろう？

Ｂさん：水の流れや体が進む運動エネルギーもあるし，①手足が水にした仕事で，その水の温度が少し上昇するぶんもあると思うよ。仕事は，熱エネルギーになったりもするからね。たしか，エネルギーは，②熱エネルギーになってしまうと，その一部でも仕事に変えられないんだったね。

Ａさん：物理基礎の授業で，熱が関係するような現象は不可逆変化だって習ったよ。でも，③不可逆変化のときでも熱エネルギーを含めたすべてのエネルギーの総和は保存されているんだよね。

Ｂさん：授業で，物体の温度は熱運動と関係しているっていうことも習ったよね。たとえば，④１気圧のもとで水の温度を上げていったとき，水分子の熱運動が激しくなって，やがて沸騰するわけだね。

Ａさん：それじゃ逆に温度を下げたら，熱運動は穏やかになるんだね。冷凍庫の中の温度は－20℃とか，業務用だともっと低いらしいよ。太陽から遠く離れた惑星の表面温度なんて，きっと，ものすごく低いんだろうね。

Ｂさん：そうだね，天王星とか，海王星の表面だと－200℃より低い温度らしいね。もっと遠くでは，⑤－300℃よりも低い温度になることもあるはずだよ。そんなところじゃ，宇宙服を着ないと，すぐに凍ってしまうね。

第2問　次の文章(A・B)を読み，下の問い(問1～5)に答えよ。(配点　18)

A　図1のようにクラシックギターの音の波形をオシロスコープで観察したところ，図2のような波形が観測された。図2の横軸は時間，縦軸は電気信号の電圧を表している。また，表1は音階と振動数の関係を示している。

図　1

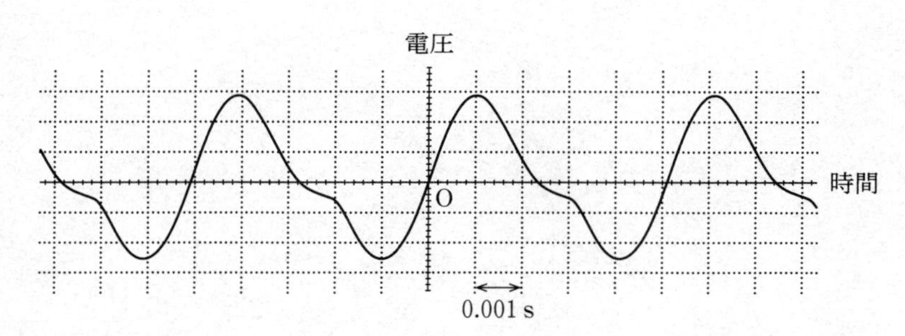

図　2

表 1

音 階	ド	レ	ミ	ファ	ソ	ラ	シ
振動数	131 Hz 262 Hz	147 Hz 294 Hz	165 Hz 330 Hz	175 Hz 349 Hz	196 Hz 392 Hz	220 Hz 440 Hz	247 Hz 494 Hz

問 1 図2の波形の音の周期は何sか。最も適当な数値を，次の①～④のうちから一つ選べ。 7 s

① 0.0023　② 0.0028　③ 0.0051　④ 0.0076

また，表1をもとにして，この音の音階として最も適当なものを，次の①～⑦のうちから一つ選べ。 8

① ド　② レ　③ ミ　④ ファ
⑤ ソ　⑥ ラ　⑦ シ

問 2　図2の波形には，基本音だけでなく，2倍音や3倍音などたくさんの倍音が含まれている。ここでは，図3に示す基本音と2倍音のみについて考える。基本音と2倍音の混ざった波形として最も適当なものを，次ページの①～④のうちから一つ選べ。ただし，図3の目盛りと解答群の図の目盛りは同じとする。　9

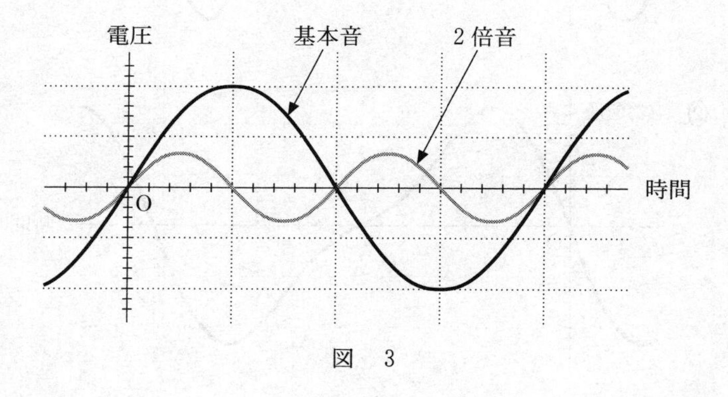

図　3

①

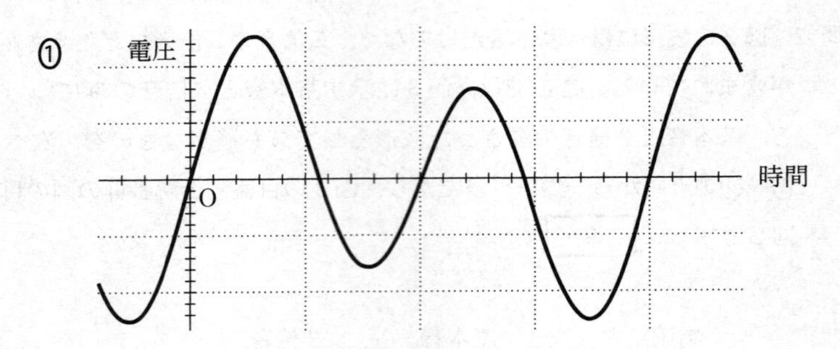

②

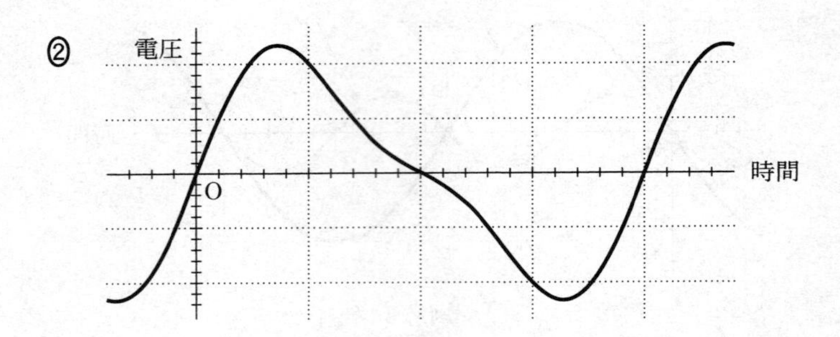

③

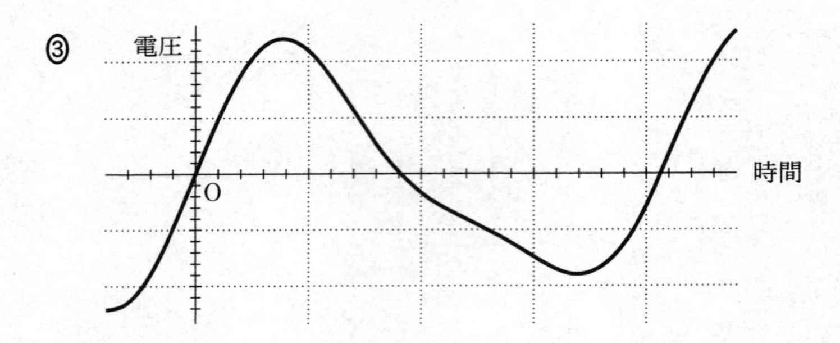

④

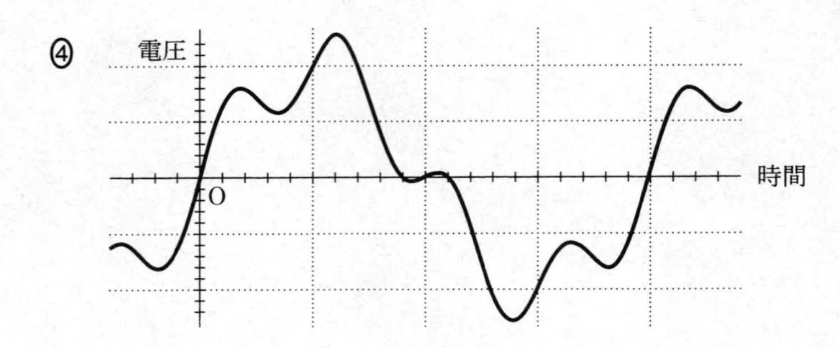

B　図4は変圧器の模式図である。その一次コイルを家庭用コンセントにつなぎ，交流電圧計で調べたところ，一次コイル側の電圧は100 V，二次コイル側の電圧は8.0 Vだった。

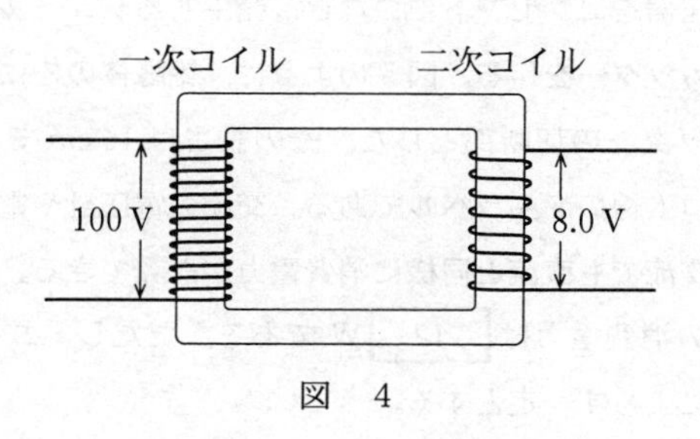

図　4

問 3　次の文中の空欄 [10] に入れる数値として最も適当なものを，下の①～⑤のうちから一つ選べ。

この変圧器の一次コイルと二次コイルの巻き数を比較すると，二次コイルの巻き数は一次コイルの [10] 倍になる。

①　0.08　　②　0.8　　③　8　　④　12.5　　⑤　100

問 4　次の文章中の空欄 [11] に入れる数値として最も適当なものを，下の①～⑤のうちから一つ選べ。

この変圧器の二次コイルの端子間に抵抗を接続し，一次コイルと二次コイルに流れる電流の大きさを交流電流計で比較する。変圧器内部で電力の損失がなく，一次コイル側と二次コイル側の電力が等しく保たれるものとすると，二次コイル側の電流は一次コイル側の [11] 倍になる。

①　0.08　　②　0.8　　③　8　　④　12.5　　⑤　100

問 5　次の文章中の空欄 12 に入れる数値として最も適当なものを，下の①～⑥のうちから一つ選べ。

この変圧器をコンセントにつなぎ，発生するジュール熱でペットボトルを切断するカッターを作る。図5のように，絶縁体の枠にニクロム線を取り付けて，カッターの切断部とした。その長さは16 cmであった。図6は使用したニクロム線の商品ラベルである。交流の電圧計や電流計が表示する値を使うと，交流でも直流と同様に消費電力が計算できる。それによれば，このカッターの消費電力は 12 Wである。ただし，ニクロム線の電気抵抗は，温度によらず一定とする。

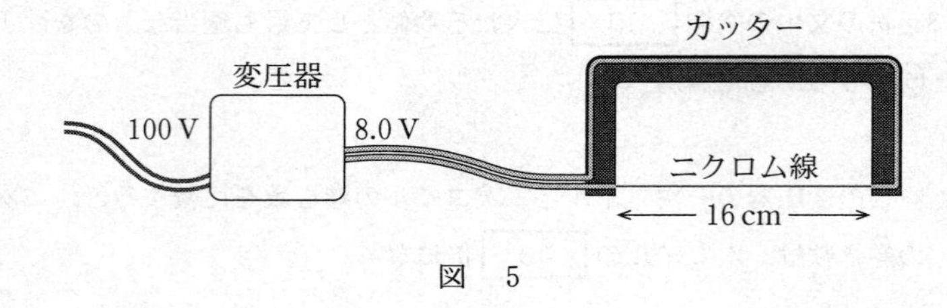

図　5

品　名　ニクロム線(ニッケルクロム)
直　径　0.4 mm　全体の長さ　1 m
最高使用温度　1100 ℃
長さ1 mあたりの抵抗値　8.0 Ω

図　6

※実際の商品ラベルをもとに作成。数値を一部変更した。

① 0.5　　② 1.3　　③ 8
④ 50　　⑤ 82　　⑥ 800

第3問　次の文章を読み，下の問い(**問1～5**)に答えよ。(配点　16)

水平な実験台の上で，台車の加速度運動を調べる実験を，2通りの方法で行った。

まず，記録タイマーを使った方法では，図1のように，台車に記録タイマーに通した記録テープを取りつけ，反対側に軽くて伸びないひもを取りつけて，軽くてなめらかに回転できる滑車を通しておもりをつり下げた。このおもりを落下させ，台車を加速させた。ただし，記録テープも記録タイマーも台車の運動には影響しないものとする。

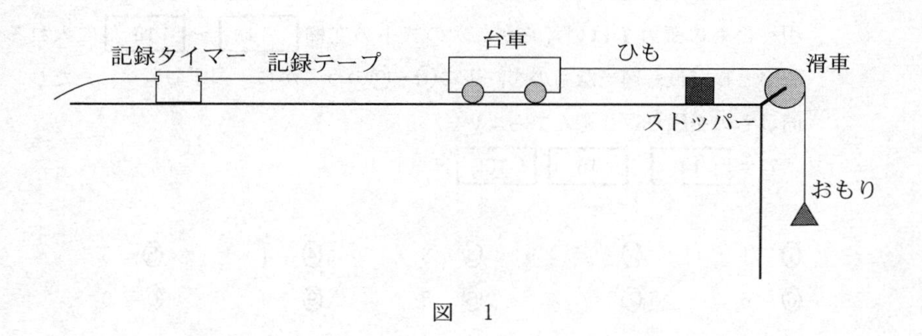

図　1

図2のように，得られた記録テープの上に定規を重ねて置いた。この記録タイマーは毎秒60回打点する。記録テープには6打点ごとの点の位置に線が引いてある。

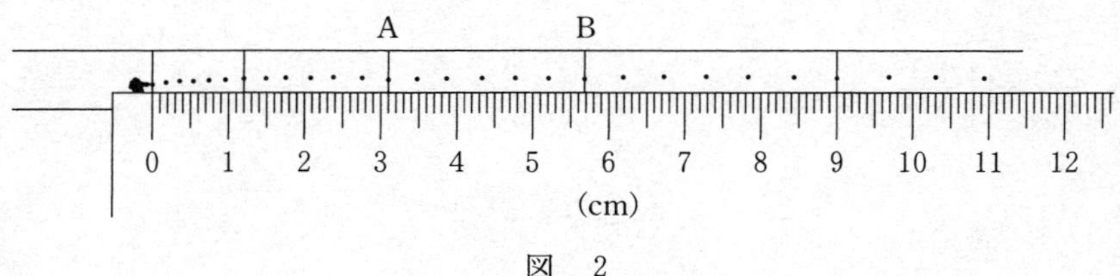

図　2

問 1　図2の線Aから線Bまでの台車の平均の速さ $\overline{v}_{AB}$ はいくらか。次の式の空欄 [13] に入れる数値として最も適当なものを，下の①～⑥のうちから一つ選べ。

$\overline{v}_{AB}$ = [13] m/s

① 0.017　② 0.026　③ 0.17
④ 0.26　⑤ 1.7　⑥ 2.6

問 2　速度と時間のグラフ(v-t グラフ)を作ると，傾きが一定になっていた。この傾きから加速度を計算すると，0.72 m/s^2 となった。質量が 0.50 kg の台車を引くひもの張力 T はいくらか。次の式中の空欄 [14] ～ [16] に入れる数字として最も適当なものを，下の①～⓪のうちから一つずつ選べ。ただし，同じものを繰り返し選んでもよい。

T = [14] . [15] [16] N

① 1　② 2　③ 3　④ 4　⑤ 5
⑥ 6　⑦ 7　⑧ 8　⑨ 9　⓪ 0

次に，台車から記録テープを取りはずし，図3のように加速度測定機能のついたスマートフォンを台車に固定し，加速度を測定した。

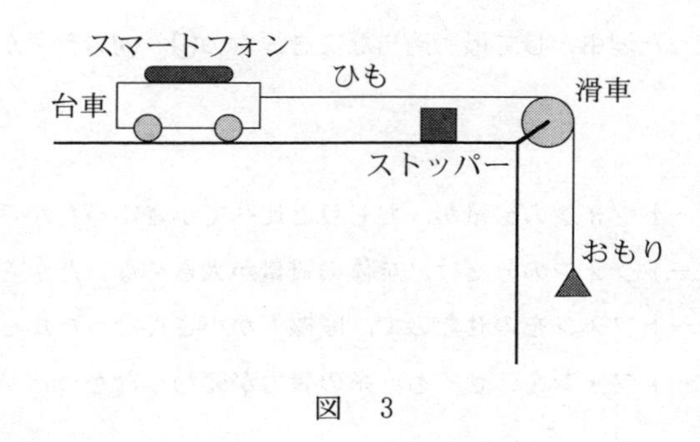

図　3

測定を開始してからおもりを落下させ，台車がストッパーによって停止したことを確認して測定を終了した。

スマートフォンには図4のような画面が表示された。図4は縦軸が加速度，横軸が時間である。ただし，スマートフォンは台車の進む向きを正とした加速度を測定している。また，台車が停止する直前の加速度はグラフの表示範囲を超えていた。

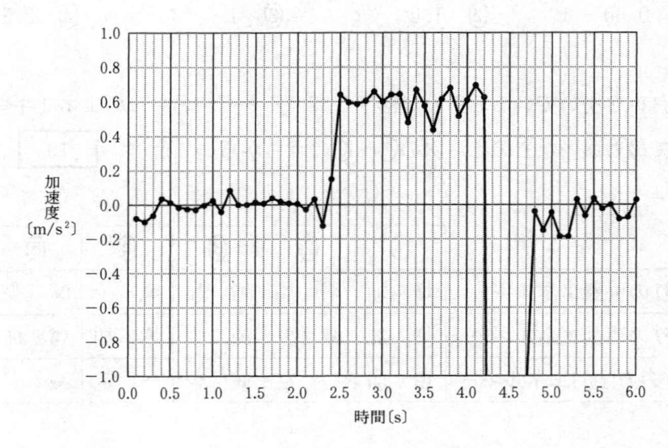

図　4

問 3　測定したデータにはわずかな乱れが含まれているが，走行中の台車は等加速度運動をしているものとする。測定結果を見ると，加速度は記録テープによる測定値 $0.72\ \mathrm{m/s^2}$ より小さい $0.60\ \mathrm{m/s^2}$ であることがわかった。加速度が小さくなった理由として最も適当な文を，次の①～④のうちから一つ選べ。 17

① スマートフォンの質量が，おもりと比べて小さかったから。
② スマートフォンの分だけ，全体の質量が大きくなったから。
③ スマートフォンをのせたので，摩擦力が小さくなったから。
④ スマートフォンをのせても，糸の張力が変わらなかったから。

問 4　図4から等加速度運動をしている時間を読み取り，加速度の値 $0.60\ \mathrm{m/s^2}$ を用いると，台車がストッパーに接触する直前の速さ v_1 を求めることができる。v_1 はいくらか。次の式の空欄 18 に入れる数値として最も適当なものを，下の①～④のうちから一つ選べ。

$v_1 =$ 18 m/s

① 0.40　　② 1.0　　③ 1.6　　④ 2.2

問 5　台車を引いているおもりが落下しているとき，おもりのエネルギーの変化として最も適当なものを，次の①～⑥のうちから一つ選べ。 19

	①	②	③	④	⑤	⑥
おもりの位置エネルギー	増 加	増 加	増 加	減 少	減 少	減 少
おもりの運動エネルギー	増 加	減 少	減 少	増 加	増 加	減 少
おもりの力学的エネルギー	増 加	一 定	減 少	一 定	減 少	減 少

化　学　基　礎

(解答番号 1 ～ 17)

必要があれば，原子量は次の値を使うこと。

H　1.0　　C　12　　O　16　　Cl　35.5

Ca　40

第1問　次の問い(問1～8)に答えよ。(配点　30)

問1　空気，メタンおよびオゾンを，単体，化合物および混合物に分類した。この分類として最も適当なものを，次の①～⑥のうちから一つ選べ。 1

	単　体	化合物	混合物
①	空　気	メタン	オゾン
②	空　気	オゾン	メタン
③	メタン	オゾン	空　気
④	メタン	空　気	オゾン
⑤	オゾン	空　気	メタン
⑥	オゾン	メタン	空　気

問 2　次の記述で示された酸素のうち，含まれる酸素原子の物質量が最も小さいものはどれか。正しいものを，次の①～④のうちから一つ選べ。 **2**

① 0 ℃，1.013×10^5 Pa の状態で体積が 22.4 L の酸素

② 水 18 g に含まれる酸素

③ 過酸化水素 1.0 mol に含まれる酸素

④ 黒鉛 12 g の完全燃焼で発生する二酸化炭素に含まれる酸素

問 3　図1は原子番号が1から19の各元素について，天然の同位体存在比が最も大きい同位体の原子番号と，その原子の陽子・中性子・価電子の数の関係を示す。次ページの問い(**a**・**b**)に答えよ。

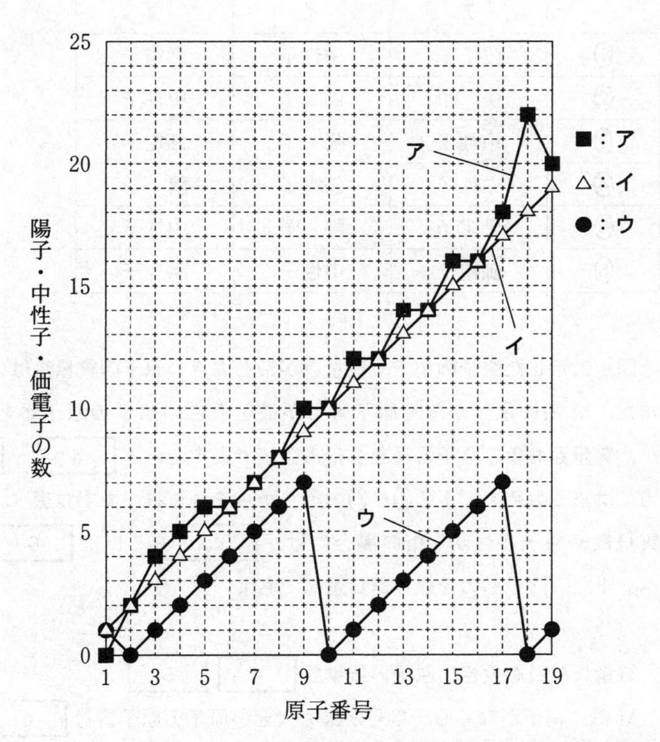

図1　原子番号と，その原子の陽子・中性子・価電子の数の関係

a 図1の**ア**～**ウ**に対応する語の組合せとして正しいものを，次の①～⑥のうちから一つ選べ。 3

	ア	イ	ウ
①	陽　子	中性子	価電子
②	陽　子	価電子	中性子
③	中性子	陽　子	価電子
④	中性子	価電子	陽　子
⑤	価電子	陽　子	中性子
⑥	価電子	中性子	陽　子

b 図1に示した原子の中で，質量数が最も大きい原子の質量数はいくつか。また，M殻に電子がなく原子番号が最も大きい原子の原子番号はいくつか。質量数および原子番号を2桁の数値で表すとき， 4 ～ 7 に当てはまる数字を，下の①～⓪のうちからそれぞれ一つずつ選べ。ただし，質量数や原子番号が1桁の場合には， 4 あるいは 6 に⓪を選べ。また，同じものを繰り返し選んでもよい。

質量数が最も大きい原子の質量数 4 5

M殻に電子がなく原子番号が最も大きい原子の原子番号 6 7

① 1　② 2　③ 3　④ 4　⑤ 5
⑥ 6　⑦ 7　⑧ 8　⑨ 9　⓪ 0

問 4 結晶の電気伝導性に関する次の文章中の ア ～ ウ に当てはまる語句の組合せとして最も適当なものを，下の①～⑥のうちから一つ選べ。 8

結晶の電気伝導性には，結晶内で自由に動くことのできる電子が重要な役割を果たす。たとえば， ア 結晶は自由電子をもち電気をよく通すが，ナフタレンの結晶のような イ 結晶は，一般に自由電子をもたず電気を通さない。また ウ 結晶は電気を通さないものが多いが， ウ 結晶の一つである黒鉛は，炭素原子がつくる網目状の平面構造の中を自由に動く電子があるために電気をよく通す。

	ア	イ	ウ
①	共有結合の	金　属	分　子
②	共有結合の	分　子	金　属
③	分　子	金　属	共有結合の
④	分　子	共有結合の	金　属
⑤	金　属	分　子	共有結合の
⑥	金　属	共有結合の	分　子

問 5　金属には常温の水とは反応しないが，熱水や高温の水蒸気と反応して水素を発生するものがある。そのため，これらの金属を扱っている場所で火災が発生した場合には，消火方法に注意が必要である。

アルミニウム Al，マグネシウム Mg，白金 Pt のうちで，高温の水蒸気と反応する金属はどれか。すべてを正しく選択しているものとして最も適当なものを，次の①～⑦のうちから一つ選べ。 9

① Al　② Mg　③ Pt　④ Al，Mg
⑤ Al，Pt　⑥ Mg，Pt　⑦ Al，Mg，Pt

問 6　下線を付した物質が酸化剤としてはたらいている化学反応式を，次の①～④のうちから一つ選べ。 10

① $3\,\underline{CO} + Fe_2O_3 \longrightarrow 3\,CO_2 + 2\,Fe$
② $\underline{NH_4Cl} + NaOH \longrightarrow NH_3 + NaCl + H_2O$
③ $\underline{Na_2CO_3} + HCl \longrightarrow NaHCO_3 + NaCl$
④ $\underline{Br_2} + 2\,KI \longrightarrow 2\,KBr + I_2$

問 7　質量パーセント濃度 x(%)，密度 d(g/cm^3)の溶液が 100 mL ある。この溶液に含まれる溶質のモル質量が M(g/mol)であるとき，溶質の物質量を表す式として最も適当なものを，次の①～⑧のうちから一つ選べ。 **11** mol

① $\dfrac{xd}{M}$　② $\dfrac{xd}{100M}$　③ $\dfrac{10xd}{M}$　④ $\dfrac{100xd}{M}$

⑤ $\dfrac{M}{xd}$　⑥ $\dfrac{100M}{xd}$　⑦ $\dfrac{M}{10xd}$　⑧ $\dfrac{M}{100xd}$

問 8　放電時の両極における酸化還元反応が，次の式で表される燃料電池がある。

正極　$O_2 + 4H^+ + 4e^- \longrightarrow 2H_2O$

負極　$H_2 \longrightarrow 2H^+ + 2e^-$

この燃料電池の放電で，2.0 mol の電子が流れたときに生成する水の質量と，消費される水素の質量はそれぞれ何 g か。質量の数値の組合せとして最も適当なものを，次の①～⑨のうちから一つ選べ。ただし，流れた電子はすべて水の生成に使われるものとする。 12

	生成する水の質量(g)	消費される水素の質量(g)
①	9.0	1.0
②	9.0	2.0
③	9.0	4.0
④	18	1.0
⑤	18	2.0
⑥	18	4.0
⑦	36	1.0
⑧	36	2.0
⑨	36	4.0

第2問　陽イオン交換樹脂を用いた実験に関する次の問い(問1・問2)に答えよ。(配点　20)

問1　電解質の水溶液中の陽イオンを水素イオン H^+ に交換するはたらきをもつ合成樹脂を，水素イオン型陽イオン交換樹脂という。

塩化ナトリウム NaCl の水溶液を例にとって，この陽イオン交換樹脂の使い方を図1に示す。粒状の陽イオン交換樹脂を詰めたガラス管に NaCl 水溶液を通すと，陰イオン Cl^- は交換されず，陽イオン Na^+ は水素イオン H^+ に交換され，HCl 水溶液(塩酸)が出てくる。一般に，交換される陽イオンと水素イオンの物質量の関係は，次のように表される。

(陽イオンの価数)×(陽イオンの物質量)＝(水素イオンの物質量)

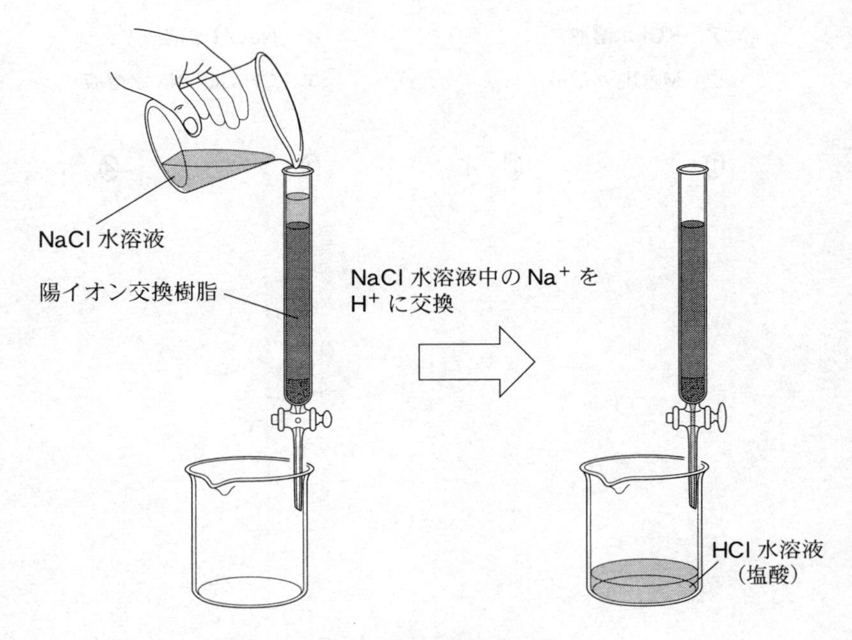

図1　陽イオン交換樹脂の使い方

次の問い（**a**・**b**）に答えよ。

a　NaCl は正塩に分類される。正塩で**ないもの**を，次の①～④のうちから一つ選べ。 13

① $CuSO_4$　　② Na_2SO_4
③ $NaHSO_4$　　④ NH_4Cl

b　同じモル濃度，同じ体積の水溶液**ア**～**エ**をそれぞれ，陽イオン交換樹脂に通し，陽イオンがすべて水素イオンに交換された水溶液を得た。得られた水溶液中の水素イオンの物質量が最も大きいものは**ア**～**エ**のどれか。最も適当なものを，次の①～④のうちから一つ選べ。 14

ア　KCl 水溶液　　**イ**　$NaOH$ 水溶液
ウ　$MgCl_2$ 水溶液　　**エ**　CH_3COONa 水溶液

① ア　　② イ　　③ ウ　　④ エ

問 2　塩化カルシウム $CaCl_2$ には吸湿性がある。実験室に放置された塩化カルシウムの試料 A 11.5 g に含まれる水 H_2O の質量を求めるため，陽イオン交換樹脂を用いて次の**実験Ⅰ～Ⅲ**を行った。この**実験**に関する下の問い（**a ～ c**）に答えよ。

実験Ⅰ　試料 A 11.5 g を 50.0 mL の水に溶かし，(a)$CaCl_2$ 水溶液とした。この水溶液を陽イオン交換樹脂を詰めたガラス管に通し，さらに約 100 mL の純水で十分に洗い流して Ca^{2+} がすべて H^+ に交換された塩酸を得た。

実験Ⅱ　(b)**実験Ⅰ**で得られた塩酸を希釈して 500 mL にした。

実験Ⅲ　**実験Ⅱ**の希釈溶液をホールピペットで 10.0 mL とり，コニカルビーカーに移して，指示薬を加えたのち，0.100 mol/L の水酸化ナトリウム NaOH 水溶液で中和滴定した。中和点に達するまでに滴下した NaOH 水溶液の体積は 40.0 mL であった。

a　下線部(a)の $CaCl_2$ 水溶液の pH と最も近い pH の値をもつ水溶液を，次の①～④のうちから一つ選べ。ただし，混合する酸および塩基の水溶液はすべて，濃度が 0.100 mol/L，体積は 10.0 mL とする。 15

① 希硫酸と水酸化カリウム水溶液を混合した水溶液
② 塩酸と水酸化カリウム水溶液を混合した水溶液
③ 塩酸とアンモニア水を混合した水溶液
④ 塩酸と水酸化バリウム水溶液を混合した水溶液

b 下線部(b)に用いた器具と操作に関する記述として最も適当なものを，次の①～④のうちから一つ選べ。 16

① 得られた塩酸をビーカーで 50.0 mL はかりとり，そこに水を加えて 500 mL にする。

② 得られた塩酸をすべてメスフラスコに移し，水を加えて 500 mL にする。

③ 得られた塩酸をホールピペットで 50.0 mL とり，メスシリンダーに移し，水を加えて 500 mL にする。

④ 得られた塩酸をすべてメスシリンダーに移し，水を加えて 500 mL にする。

c **実験Ⅰ～Ⅲ**の結果より，試料 A 11.5 g に含まれる H_2O の質量は何 g か。最も適当な数値を，次の①～④のうちから一つ選べ。ただし，$CaCl_2$ の式量は 111 とする。 17 g

① 0.4　② 1.5　③ 2.5　④ 2.6

生物基礎

(解答番号 [1] ～ [16])

第1問　次の文章(A・B)を読み，下の問い(問1～6)に答えよ。(配点　18)

A　父が高校生のときに使ったらしい生物の授業用プリント類が，押入れから出てきた。「懐かしいなぁ。(a)カビやバイ菌って，原核生物だったっけ。」と，プリントを見ながら，父が不確かなことを言い出した。私は，一抹の不安を抱きながら何枚かのプリントを見てみたところ，そこには……。

問1　下線部(a)に関連して，**原核生物ではない生物**として最も適当なものを，次の①～④のうちから一つ選べ。[1]

① 酵母菌(酵母)
② 乳酸菌
③ 大腸菌
④ 肺炎双球菌(肺炎球菌)

問 2　図1は，提出されなかった宿題プリントのようである。そのプリント内の解答欄ⓐ〜ⓓの書き込みのうち，**間違っている**のは何箇所か。当てはまる数値として最も適当なものを，下の①〜⑤のうちから一つ選べ。［ 2 ］箇所

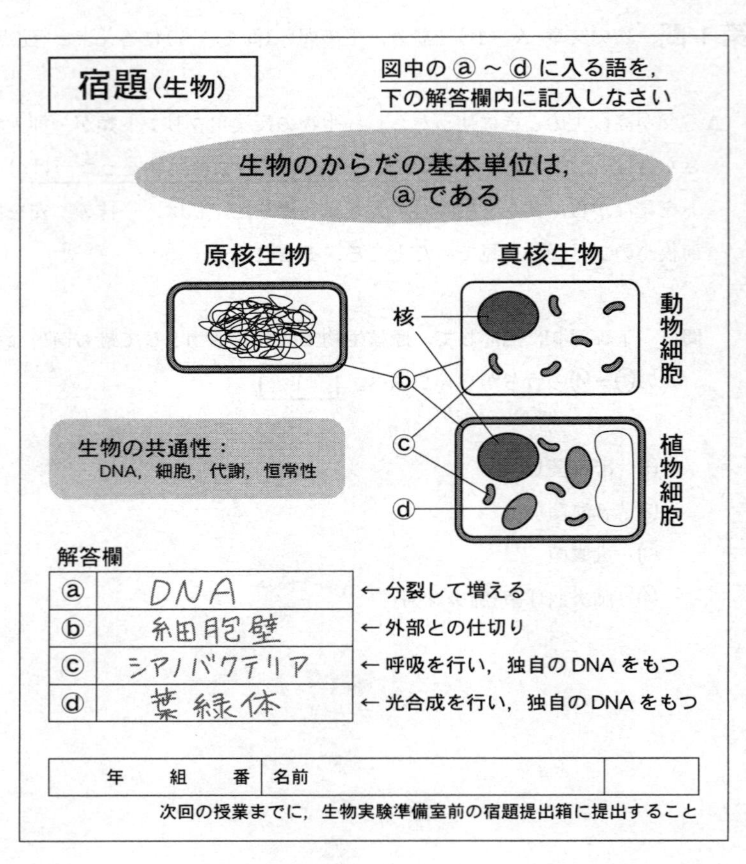

図　1

①　0　　②　1　　③　2　　④　3　　⑤　4

問 3　授業用プリントの一部に，図2のようなATP合成に関連したパズルがあった。図2のⅠ～Ⅲに，下のピースⓐ～ⓕのいずれかを当てはめると，光合成あるいは呼吸の反応についての模式図が完成するとのことだ。図2のⅠ～Ⅲそれぞれに当てはまるピースⓐ～ⓕの組合せとして最も適当なものを，下の①～⑧のうちから一つ選べ。［ 3 ］

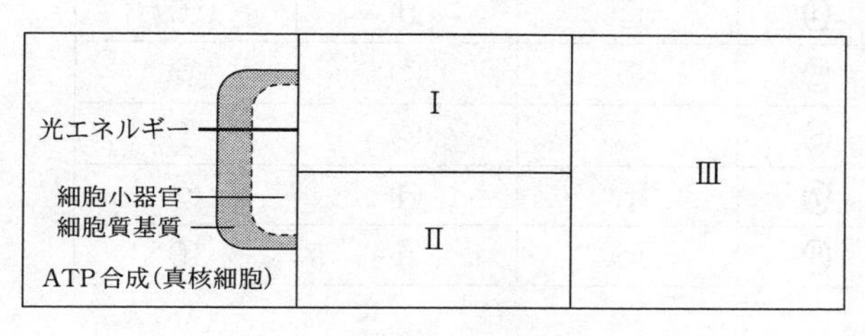

図　2

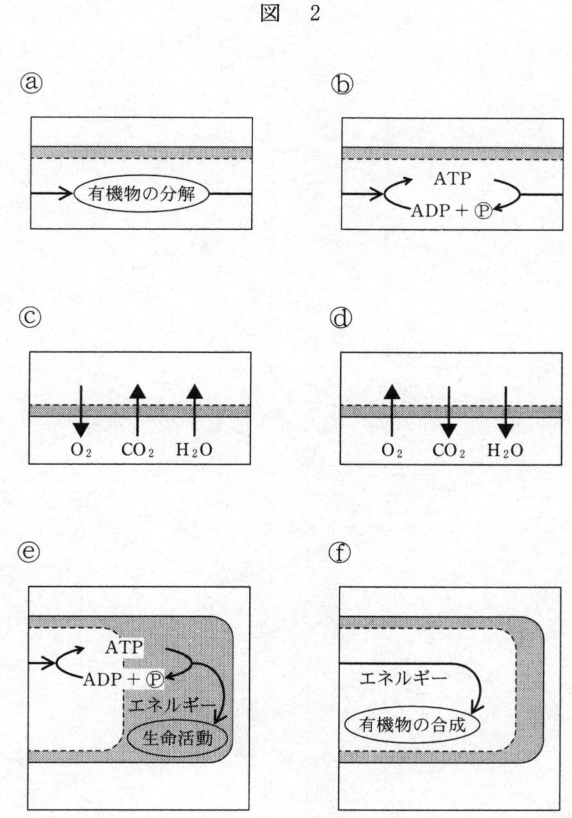

	Ⅰ	Ⅱ	Ⅲ
①	ⓐ	ⓒ	ⓔ
②	ⓐ	ⓒ	ⓕ
③	ⓐ	ⓓ	ⓔ
④	ⓐ	ⓓ	ⓕ
⑤	ⓑ	ⓒ	ⓔ
⑥	ⓑ	ⓒ	ⓕ
⑦	ⓑ	ⓓ	ⓔ
⑧	ⓑ	ⓓ	ⓕ

B　DNAの遺伝情報に基づいてタンパク質を合成する過程は，(b)DNAの遺伝情報をもとにmRNAを合成する転写と，(c)合成したmRNAをもとにタンパク質を合成する翻訳との二つからなる。

問4　下線部(b)に関連して，転写においては，遺伝情報を含むDNAが必要である。それ以外に必要な物質と必要でない物質との組合せとして最も適当なものを，次の①～④のうちから一つ選べ。[4]

	DNAのヌクレオチド	RNAのヌクレオチド	DNAを合成する酵素	mRNAを合成する酵素
①	○	×	○	×
②	○	×	×	○
③	×	○	○	×
④	×	○	×	○

注：○は必要な物質を，×は必要でない物質を示す。

問5　下線部(c)に関連して，翻訳では，mRNAの三つの塩基の並びから一つのアミノ酸が指定される。この塩基の並びが「○○C」の場合，計算上，最大何種類のアミノ酸を指定することができるか。その数値として最も適当なものを，次の①～⑨のうちから一つ選べ。ただし，○はmRNAの塩基のいずれかを，Cはシトシンを示す。[5] 種類

① 4　② 8　③ 9　④ 12　⑤ 16
⑥ 20　⑦ 25　⑧ 27　⑨ 64

問 6 下線部(c)に関連して，転写と翻訳の過程を試験管内で再現できる実験キットが市販されている。この実験キットでは，まず，タンパク質Gの遺伝情報をもつDNAから転写を行う。次に，転写を行った溶液に，翻訳に必要な物質を加えて反応させ，タンパク質Gを合成する。タンパク質Gは，紫外線を照射すると緑色の光を発する。mRNAをもとに翻訳が起こるかを検証するため，この実験キットを用いて，図3のような実験を計画した。図3の［ア］～［ウ］に入る語句の組合せとして最も適当なものを，下の①～⑥のうちから一つ選べ。［6］

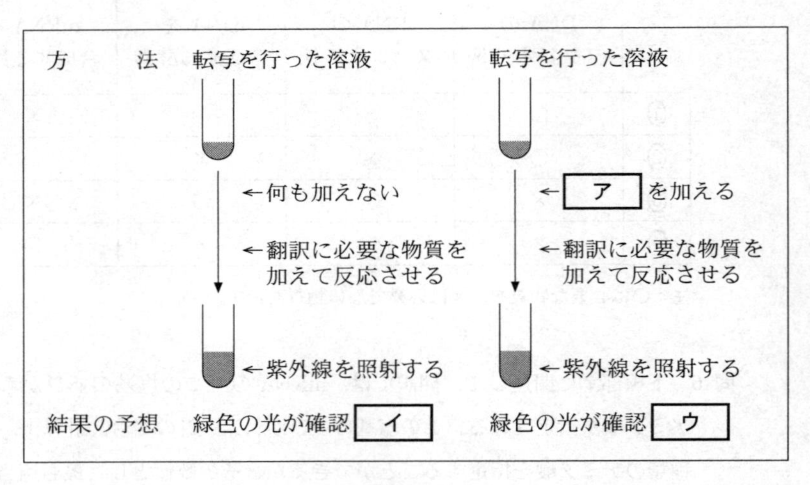

図　3

	ア	イ	ウ
①	DNAを分解する酵素	される	されない
②	DNAを分解する酵素	されない	される
③	mRNAを分解する酵素	される	されない
④	mRNAを分解する酵素	されない	される
⑤	mRNAを合成する酵素	される	されない
⑥	mRNAを合成する酵素	されない	される

第2問　次の文章(A・B)を読み，下の問い(問1～5)に答えよ。(配点　16)

A　ヒトは，体内の水が不足すると，のどが渇いたと感じる。さらに，(a)<u>脳下垂体後葉からバソプレシンが分泌されることで，腎臓で生成する尿の量を減少させ，体内の水を保持する</u>。逆に，体内の水が過剰なときは，過剰な水は腎臓から尿中に排出される。これらの結果として，ヒトは体内の水の量を適切に保っている。

淡水にすむ単細胞生物のゾウリムシでは，細胞内は細胞外よりも塩類濃度が高く，細胞膜を通して水が流入する。ゾウリムシは，体内に入った過剰な水を，収縮胞によって体外に排出している。収縮胞は，図1のように，水が集まって拡張し，収縮して体外に水を排出することを繰り返している。(b)<u>ゾウリムシは，細胞外の塩類濃度の違いに応じて，収縮胞が1回あたりに排出する水の量ではなく，収縮する頻度を変える</u>ことによって，体内の水の量を一定の範囲に保っている。

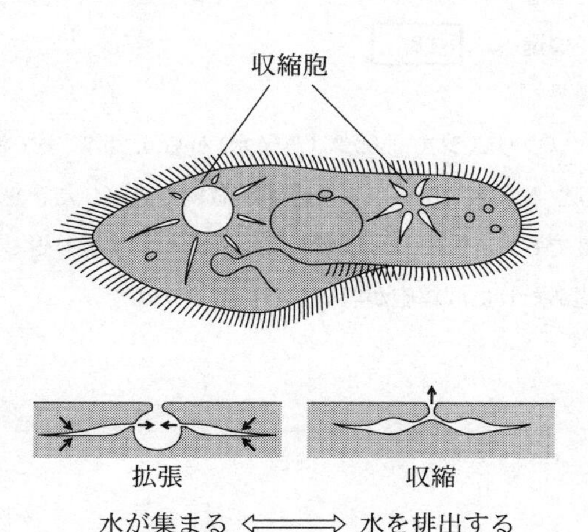

注：矢印(→)は水の動きを示す。

図　1

問1　下線部(a)について，次の文章中の［ア］・［イ］に入る語句の組合せとして最も適当なものを，下の①～④のうちから一つ選べ。［7］

バソプレシンは，血液中の塩類濃度が［ア］なると分泌され，腎臓の［イ］，水の再吸収を促進させる。その結果，尿の量が減少する。

	ア	イ
①	高　く	集合管において水を透過しやすくさせて
②	高　く	細尿管においてナトリウムイオンの再吸収を促進し
③	低　く	集合管において水を透過しやすくさせて
④	低　く	細尿管においてナトリウムイオンの再吸収を促進し

問2　下線部(b)について，ゾウリムシの収縮胞の活動を調べるため，**実験1**を行った。予想される結果のグラフとして最も適当なものを，下の①～⑤のうちから一つ選べ。［8］

実験1　ゾウリムシを0.00％(蒸留水)から0.20％まで濃度の異なる塩化ナトリウム水溶液に入れて，光学顕微鏡で観察した。ゾウリムシはいずれの濃度でも生きており，収縮胞は拡張と収縮を繰り返していた。そこで，1分間あたりに収縮胞が収縮する回数を求めた。

①
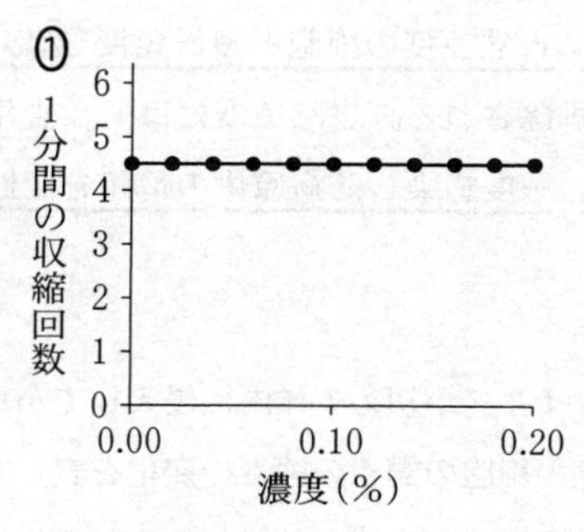
1分間の収縮回数
6
5
4
3
2
1
0
0.00
0.10
0.20
濃度(%)

②
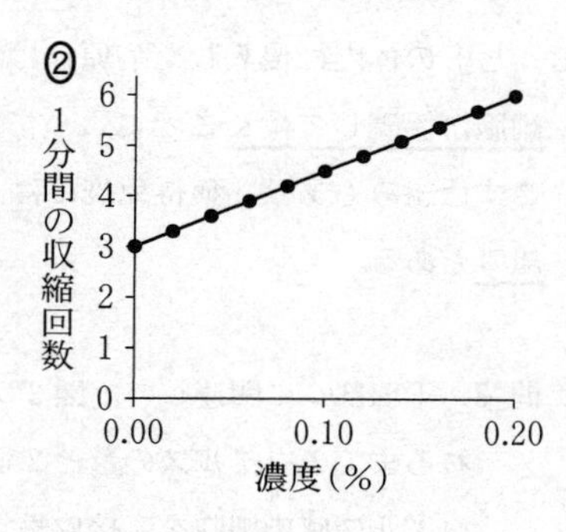
1分間の収縮回数
6
5
4
3
2
1
0
0.00
0.10
0.20
濃度(%)

③
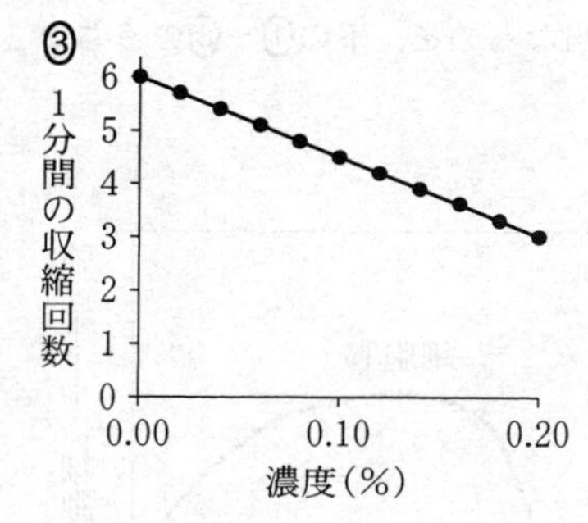
1分間の収縮回数
6
5
4
3
2
1
0
0.00
0.10
0.20
濃度(%)

④
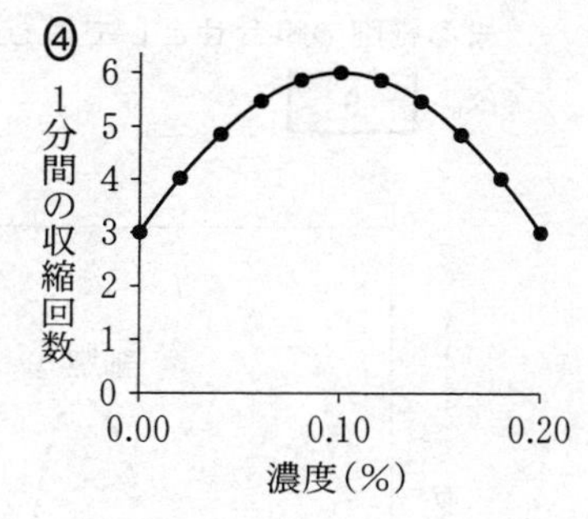
1分間の収縮回数
6
5
4
3
2
1
0
0.00
0.10
0.20
濃度(%)

⑤
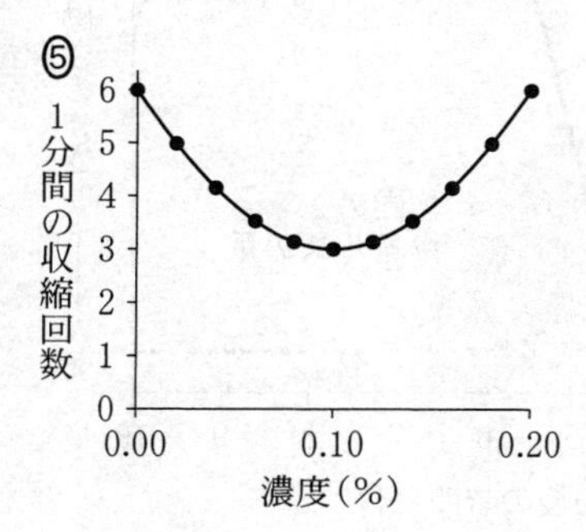
1分間の収縮回数
6
5
4
3
2
1
0
0.00
0.10
0.20
濃度(%)

B　ヒトの体内に侵入した病原体は，(c)自然免疫の細胞と獲得免疫(適応免疫)の細胞が協調して働くことによって，排除される。自然免疫には，(d)食作用を起こす仕組みもあり，獲得免疫には，(e)一度感染した病原体の情報を記憶する仕組みもある。

問 3　下線部(c)に関連して，図2はウイルスが初めて体内に侵入してから排除されるまでのウイルスの量と2種類の細胞の働きの強さの変化を表している。ウイルス感染細胞を直接攻撃する図2の細胞ⓐと細胞ⓑのそれぞれに当てはまる細胞の組合せとして最も適当なものを，下の①～⑧のうちから一つ選べ。 9

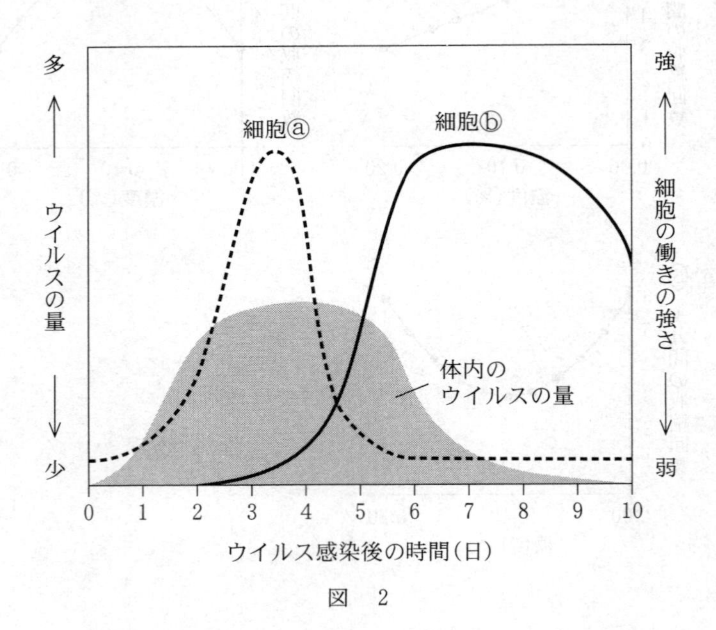

図　2

	細胞ⓐ	細胞ⓑ
①	キラーT細胞	マクロファージ
②	キラーT細胞	ナチュラルキラー細胞
③	ヘルパーT細胞	マクロファージ
④	ヘルパーT細胞	ナチュラルキラー細胞
⑤	マクロファージ	キラーT細胞
⑥	マクロファージ	ヘルパーT細胞
⑦	ナチュラルキラー細胞	キラーT細胞
⑧	ナチュラルキラー細胞	ヘルパーT細胞

問 4　下線部ⓓに関連して，次のⓒ～ⓔのうち，食作用をもつ白血球を過不足なく含むものを，下の①～⑦のうちから一つ選べ。 **10**

ⓒ　好中球　　　ⓓ　樹状細胞　　　ⓔ　リンパ球

①　ⓒ　　　②　ⓓ　　　③　ⓔ　　　④　ⓒ，ⓓ
⑤　ⓒ，ⓔ　　　⑥　ⓓ，ⓔ　　　⑦　ⓒ，ⓓ，ⓔ

問 5　下線部(e)に関連して，以前に抗原を注射されたことがないマウスを用いて，抗原を注射した後，その抗原に対応する抗体の血液中の濃度を調べる実験を行った。1回目に抗原Aを，2回目に抗原Aと抗原Bとを注射したときの，各抗原に対する抗体の濃度の変化を表した図として最も適当なものを，次の①～④のうちから一つ選べ。 11

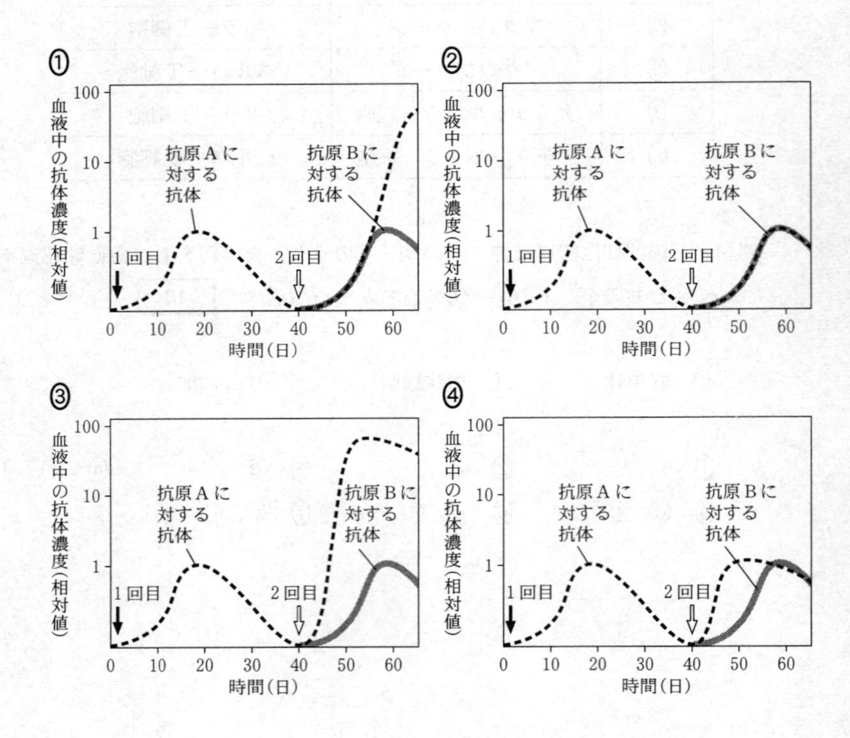

第3問　次の文章(A・B)を読み，下の問い(問1～5)に答えよ。(配点　16)

A　図1は，世界の気候とバイオームを示す図中に，日本の4都市(青森，仙台，東京，大阪)と，二つの気象観測点XとYが占める位置を書き入れたものである。図中のQとRは，それぞれの矢印が指す位置の気候に相当するバイオームの名称である。

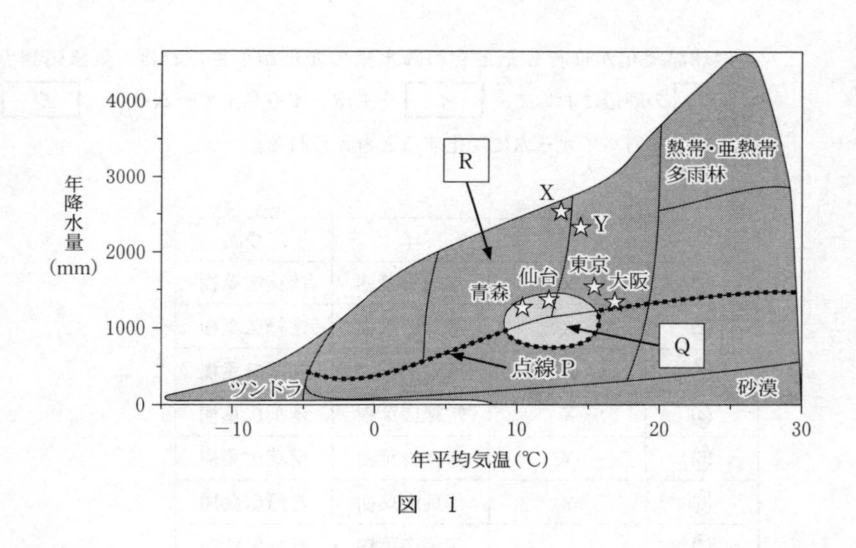

図　1

問1　図1の点線Pに関する記述として最も適当なものを，次の①～⑤のうちから一つ選べ。 12

① 点線Pより上側では，森林が発達しやすい。

② 点線Pより上側では，雨季と乾季がある。

③ 点線Pより上側では，常緑樹が優占しやすい。

④ 点線Pより下側では，樹木は生育できない。

⑤ 点線Pより下側では，サボテンやコケのなかましか生育できない。

問 2　図1に示した気象観測点XとYは，同じ地域の異なる標高にあり，それぞれの気候から想定される典型的なバイオームが存在する。次の文章は，今後，地球温暖化が進行した場合の，観測点XまたはYの周辺で生じるバイオームの変化についての予測である。文章中の［ア］～［ウ］に入る語句の組合せとして最も適当なものを，下の①～⑧のうちから一つ選べ。［13］

地球温暖化が進行したときの降水量の変化が小さければ，気象観測点［ア］の周辺において，［イ］を主体とするバイオームから，［ウ］を主体とするバイオームに変化すると考えられる。

	ア	イ	ウ
①	X	常緑針葉樹	落葉広葉樹
②	X	落葉広葉樹	常緑広葉樹
③	X	落葉広葉樹	常緑針葉樹
④	X	常緑広葉樹	落葉広葉樹
⑤	Y	常緑針葉樹	落葉広葉樹
⑥	Y	落葉広葉樹	常緑広葉樹
⑦	Y	落葉広葉樹	常緑針葉樹
⑧	Y	常緑広葉樹	落葉広葉樹

問 3　青森と仙台は，図1ではバイオームQの分布域に入っているが，実際にはバイオームRが成立しており，日本ではバイオームQは見られない。このバイオームQの特徴を調べるため，青森，仙台，およびバイオームQが分布するローマとロサンゼルスについて，それぞれの夏季(6～8月)と冬季(12～2月)の降水量(降雪量を含む)と平均気温を比較した図2と図3を作成した。図1，図2，および図3をもとに，バイオームQの特徴をまとめた下の文章中の エ ～ カ に入る語句の組合せとして最も適当なものを，下の①～⑧のうちから一つ選べ。 14

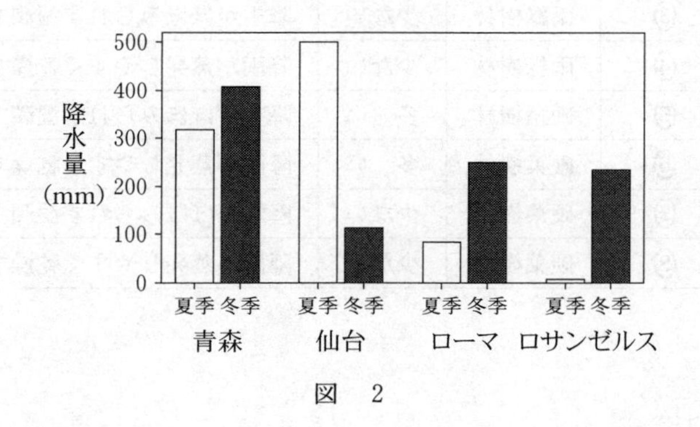

図　2

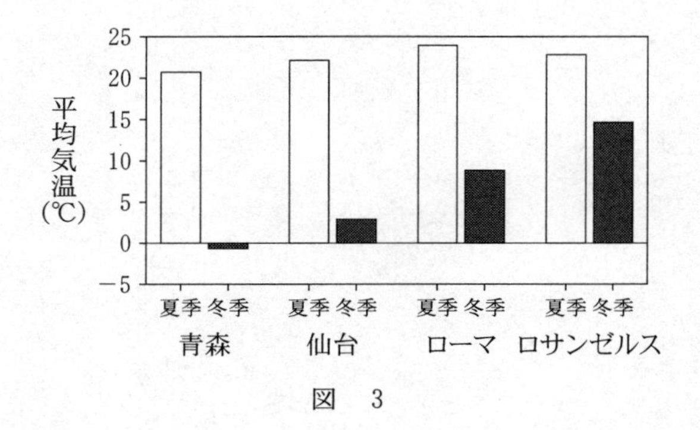

図　3

バイオームＱは［　エ　］であり，オリーブやゲッケイジュなどの樹木が優占する。このバイオームの分布域では，夏に降水量が［　オ　］ことが特徴である。また，冬は比較的気温が高いため，［　カ　］ことも気候的な特徴である。

	エ	オ	カ
①	雨緑樹林	多　い	降雪がほぼみられず湿潤である
②	雨緑樹林	多　い	降雨が蒸発しやすく乾燥する
③	雨緑樹林	少ない	降雪がほぼみられず湿潤である
④	雨緑樹林	少ない	降雨が蒸発しやすく乾燥する
⑤	硬葉樹林	多　い	降雪がほぼみられず湿潤である
⑥	硬葉樹林	多　い	降雨が蒸発しやすく乾燥する
⑦	硬葉樹林	少ない	降雪がほぼみられず湿潤である
⑧	硬葉樹林	少ない	降雨が蒸発しやすく乾燥する

B　アフリカのセレンゲティ国立公園には，草原と小規模な森林，そして，ウシ科のヌーを中心とする動物群から構成される生態系がある。この国立公園の周辺では，18 世紀から畜産業が始まり，同時に牛疫（ぎゅうえき）という致死率の高い病気が持ち込まれた。牛疫は牛疫ウイルスが原因であり，高密度でウシが飼育されている環境では感染が続くため，ウイルスが継続的に存在する。そのため，家畜ウシだけでなく，国立公園のヌーにも感染し，大量死が頻発していた。1950 年代に，一度の接種で，生涯，牛疫に対して抵抗性がつく効果的なワクチンが開発された。そのワクチンを，1950 年代後半に，国立公園の周辺の家畜ウシに集中的に接種することによって，家畜ウシだけでなく，ヌーにも牛疫が蔓延（まんえん）することはなくなり，牛疫はこの地域から(a)根絶された。そのため，図 4 のように(b)ヌーの個体数は 1960 年以降急増した。図 4 には，牛疫に対する抵抗性をもつヌーの割合も示している。

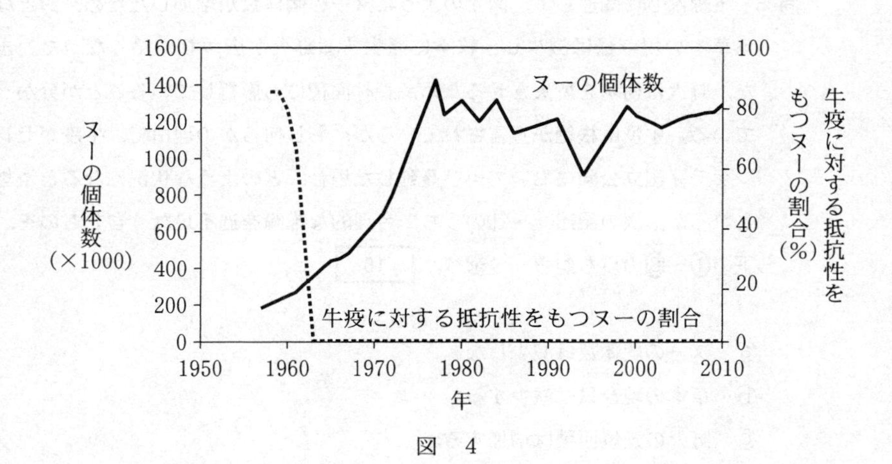

図　4

問4　下線部(a)に関連して，ワクチンの世界的な普及によって，2001年以降，牛疫の発生は確認されておらず，2011年には国際機関によって根絶が宣言された。牛疫を根絶した仕組みとして最も適当なものを，次の①～④のうちから一つ選べ。 15

① 全てのウシ科動物が，牛疫に対する抵抗性をもつようになった。

② ワクチンの接種によって，牛疫に対する抵抗性をもつ家畜ウシが増えたため，ウイルスの継続的な感染や増殖ができなくなった。

③ ワクチンの接種によって，牛疫に対する抵抗性がウシ科動物の子孫にも引き継がれるようになった。

④ 接種したワクチンが，ウイルスを無毒化した。

問5　下線部(b)に関連して，図4のようにヌーの個体数が増加したため，餌となる草本の現存量は減少し，乾季に発生する野火が広がりにくくなった。また，野火は樹木を焼失させるため，森林面積にも影響していることが分かっている。牛疫は根絶が宣言されているが，もし何らかの理由で，牛疫がセレンゲティ国立公園において再び蔓延した場合，どのような状況になると予想されるか。次の記述ⓐ～ⓓのうち，合理的な推論を過不足なく含むものを，下の①～⑧のうちから一つ選べ。 16

ⓐ ヌーの個体数は減少しない。
ⓑ 草本の現存量は減少する。
ⓒ 野火の延焼面積は増加する。
ⓓ 森林面積は減少する。

① ⓐ　② ⓑ　③ ⓒ　④ ⓓ
⑤ ⓑ，ⓒ　⑥ ⓒ，ⓓ　⑦ ⓑ，ⓓ　⑧ ⓑ，ⓒ，ⓓ

地　学　基　礎

(解答番号 1 ～ 15)

第１問　次の問い(A～C)に答えよ。(配点　24)

A　地球の活動に関する次の問い(**問１**・**問２**)に答えよ。

問１　地震について述べた文として最も適当なものを，次の①～④のうちから一つ選べ。 1

① 地震による揺れの強さの尺度をマグニチュードという。

② 緊急地震速報では，震源の近くの地震計でＳ波を観測して，Ｐ波に伴う大きな揺れがいつ到着するかを予測する。

③ 地震による揺れの強さは，震源までの距離が同じであれば地盤によらず同じである。

④ 海溝沿いの巨大な地震によって海底の隆起や沈降が起こると，津波が発生する。

問 2　地球の緯度差 1 度に対する子午線の弧の長さは，極付近と赤道付近で異なる。極付近と赤道付近での弧の長さの大小関係と，そのようになる理由の組合せとして最も適当なものを，次の①～④のうちから一つ選べ。 **2**

	弧の長さの大小関係	理　由
①	赤道付近のほうが極付近よりも長い	地球が極方向にふくらんだ回転だ円体であるため
②	赤道付近のほうが極付近よりも長い	地球が赤道方向にふくらんだ回転だ円体であるため
③	極付近のほうが赤道付近よりも長い	地球が極方向にふくらんだ回転だ円体であるため
④	極付近のほうが赤道付近よりも長い	地球が赤道方向にふくらんだ回転だ円体であるため

B　砕屑物の挙動に関する次の図1を参照し，下の問い（**問3**・**問4**）に答えよ。

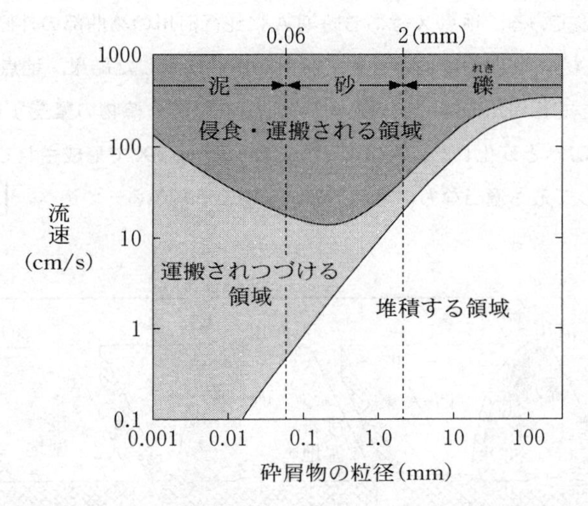

図1　侵食・運搬・堆積作用と砕屑物の粒径および流速との関係

問3　さまざまな流速下における砕屑物の挙動について述べた文として最も適当なものを，次の①～④のうちから一つ選べ。 [3]

① 流速 10 cm/s の流水下では，静止状態にある粒径 0.01 mm の泥は動き出し，運搬される。

② 流速 10 cm/s の流水下では，粒径 10 mm の礫は堆積する。

③ 流速 100 cm/s の流水下では，粒径 0.1 mm の砂は堆積する。

④ 流速 100 cm/s の流水下では，静止状態にある粒径 100 mm の礫は動き出し，運搬される。

問４　前ページの図１に示されるように，砕屑物の挙動には，砕屑物の粒径と流速が関係する。次の図２は，蛇行河川が，時間の経過に伴い移動する様子を示している。地点Ｘはある時期Ａに蛇行河川の湾曲部の外側付近に位置していた。時間の経過とともに河川が東へ移動した結果，地点Ｘの堆積環境は，蛇行河川の湾曲部の内側(時期Ｂ)を経て，植物の繁茂する後背湿地(時期Ｃ)へと変化した。河川の移動に伴って地点Ｘで形成される地層の柱状図として最も適当なものを，下の①～④のうちから一つ選べ。 **4**

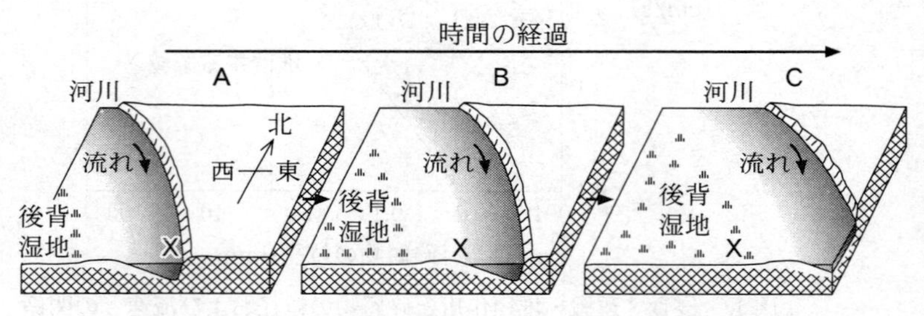

図２　時間の経過に伴う蛇行河川の移動と地点Ｘの堆積環境の変化

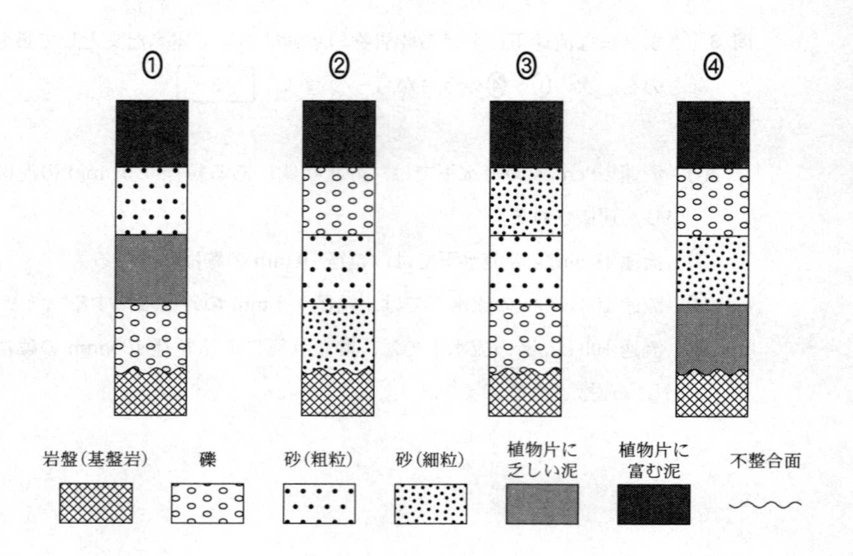

C　岩石に関する次の問い(**問5～7**)に答えよ。

問5　高校生のSさんは，次の方法a～cを用いて，花こう岩と石灰岩，チャート，斑(はん)れい岩の四つの岩石標本を特定する課題に取り組んだ。下の図3は，その手順を模式的に示したものである。図3中の［ア］～［ウ］に入れる方法a～cの組合せとして最も適当なものを，下の①～⑥のうちから一つ選べ。［5］

<方法>

a　希塩酸をかけて，発泡がみられるかどうかを確認する。

b　ルーペを使って，粗粒の長石が観察できるかどうかを確認する。

c　質量と体積を測定して，密度の大きさを比較する。

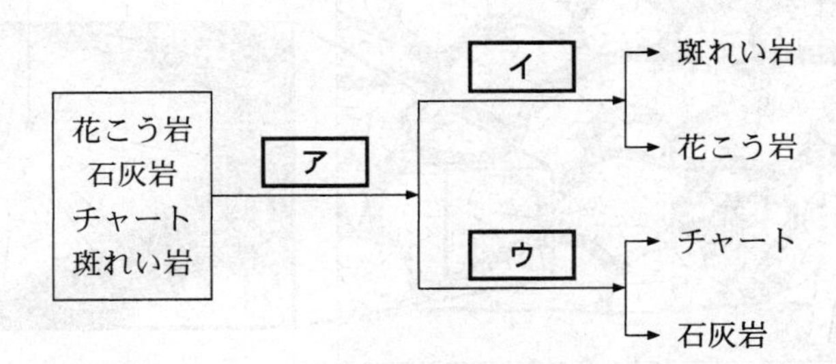

図3　四つの岩石標本の特定の手順

	ア	イ	ウ
①	a	b	c
②	a	c	b
③	b	a	c
④	b	c	a
⑤	c	a	b
⑥	c	b	a

問 6　次の文章中の［　エ　］・［　オ　］に入れる語の組合せとして最も適当なものを，下の①～④のうちから一つ選べ。［　6　］

枕状(まくらじょう)溶岩は，マグマが水中に噴出すると形成される。次の図4は，積み重なった枕状溶岩の断面が見える露頭をスケッチしたものである。マグマの表面が水に直接触れたため，右の拡大した図中で，表面に近い部分aは，内部の部分bよりも冷却速度が［　エ　］と予想できる。冷却速度の違いは，部分aの方が部分bより石基の鉱物が［　オ　］ことから確かめられる。

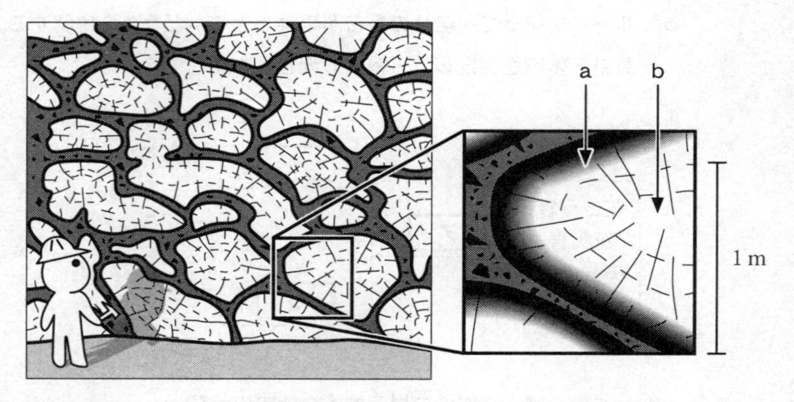

図4　積み重なった枕状溶岩の断面が見える露頭とその一部を拡大したスケッチ

	エ	オ
①	速　い	粗　い
②	速　い	細かい
③	遅　い	粗　い
④	遅　い	細かい

問 7　溶岩 X～Z の性質(岩質，温度，粘度)について調べたところ，次の表1の結果が得られた。表1中の粘度(Pa・s)の値が大きいほど，溶岩の粘性は高い。この表に基づいて，「**SiO_2含有量が多い溶岩ほど，粘性は高い**」と予想した。この予想をより確かなものにするには，表1の溶岩に加えて，どのような溶岩を調べるとよいか。その溶岩として最も適当なものを，下の①～④のうちから一つ選べ。 7

表1　溶岩 X～Z の性質

	岩　質	温度(℃)	粘度(Pa・s)
溶岩 X	玄武岩質	1100	1×10^2
溶岩 Y	デイサイト質	1000	1×10^8
溶岩 Z	玄武岩質	1000	1×10^5

① 1050 ℃ の玄武岩質の溶岩
② 1000 ℃ の安山岩質の溶岩
③ 950 ℃ の玄武岩質の溶岩
④ 900 ℃ の安山岩質の溶岩

第2問　次の問い(A・B)に答えよ。(配点　13)

A　台風と高潮に関する次の文章を読み，下の問い(**問1**・**問2**)に答えよ。

台風はしばしば高潮の被害をもたらす。これは，(a)気圧低下によって海水が吸い上げられる効果と，(b)強風によって海水が吹き寄せられる効果とを通じて海面の高さが上昇するからである。次の図1は台風が日本に上陸したある日の18時と21時の地上天気図である。

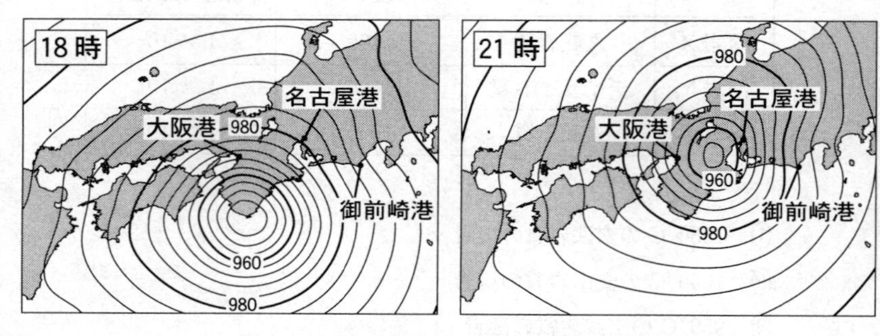

図1　ある日の18時と21時の地上天気図
等圧線の間隔は4 hPaである。

問1　図1の台風において**下線部(a)の効果のみ**が作用しているとき，名古屋港における18時から21時にかけての海面の高さの上昇量を推定したものとして最も適当なものを，次の①～④のうちから一つ選べ。なお，気圧が1 hPa低下すると海面が1 cm上昇するものと仮定する。 [8] cm

①　9　　②　18　　③　36　　④　54

問 2 次の表1は，前ページの図1の台風が上陸した日の18時と21時のそれぞれにおいて，前ページの文章中の**下線部(b)の効果のみ**によって生じた海面の高さの平常時からの変化を示す。X，Y，Zは，大阪港，名古屋港，御前崎港のいずれかである。各地点に対応するX～Zの組合せとして最も適当なものを，下の①～⑥のうちから一つ選べ。 9

表1 下線部(b)の効果による海面の高さの平常時からの変化(cm)
＋は上昇，－は低下を表す。

	18時	21時
X	－66	＋5
Y	＋63	＋215
Z	＋31	＋32

	大阪港	名古屋港	御前崎港
①	X	Y	Z
②	X	Z	Y
③	Y	X	Z
④	Y	Z	X
⑤	Z	X	Y
⑥	Z	Y	X

B　地球温暖化に関する次の問い(**問3**・**問4**)に答えよ。

問3　次の文章中の［ア］・［イ］に入れる語の組合せとして最も適当なものを，下の①～④のうちから一つ選べ。［10］

地球温暖化には，その影響を抑制もしくは促進させるしくみがはたらくことが考えられている。例えば，地球温暖化により雲の量が増加したと仮定する。雲の量が増加し，雲による太陽放射の反射が［ア］すると，地表気温の上昇が抑制されると予想される。一方，雲の量が増加し，雲による地表面方向の赤外放射が［イ］すると，地表気温の上昇が促進されると予想される。

	ア	イ
①	減　少	増　加
②	減　少	減　少
③	増　加	増　加
④	増　加	減　少

問4　地球温暖化に関連した温室効果について述べた文として最も適当なものを，次の①～④のうちから一つ選べ。［11］

① 現在の地球全体の平均地表気温は，温室効果の影響がなければ0℃を下まわる。

② 温室効果によってペルー沖の海面水温が上昇する現象をエルニーニョ(現象)と呼ぶ。

③ 温室効果は，太陽系の惑星の中で地球でしかみられない。

④ 二酸化炭素は温室効果ガスであるが，メタンは温室効果ガスではない。

第3問　次の問い(A・B)に答えよ。(配点　13)

A　太陽と宇宙の進化に関する次の問い(問1・問2)に答えよ。

問1　現在の太陽は，その進化段階のうち，どれに分類されるか。最も適当なものを，次の①～④のうちから一つ選べ。 12

① 原始星　② 主系列星　③ 赤色巨星　④ 白色矮星

問2　宇宙の進化について述べた文として最も適当なものを，次の①～④のうちから一つ選べ。 13

① 宇宙の誕生から約3秒後までに，水素とヘリウムの原子核がつくられた。
② 宇宙の誕生から約38万年後に，水素の原子核が電子と結合した。
③ 宇宙の誕生から約45億年後に，最初の恒星が誕生した。
④ 宇宙の誕生から現在までに，約318億年経過した。

B　天体の観測に関する次の文章を読み，下の問い（**問3**・**問4**）に答えよ。

ある年の1月15日に，図1の左図に示す天体を観測した。図1の右図は左図中の四角形で囲まれた領域における星の明るさと分布を示した図であり，天体像が大きいほど明るいことを示す。時間をおいて，この天体を観測したところ，図2(a)，(b)に示すように，急に明るい天体Xが現れ，徐々に暗くなっていった。

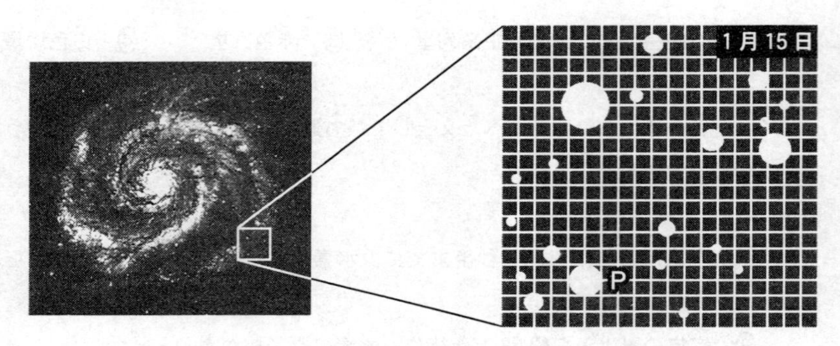

図1　天体全体の画像（左図）と星の分布図（右図）
右図は左図中の四角形で囲まれた領域における星の明るさと分布を示す。

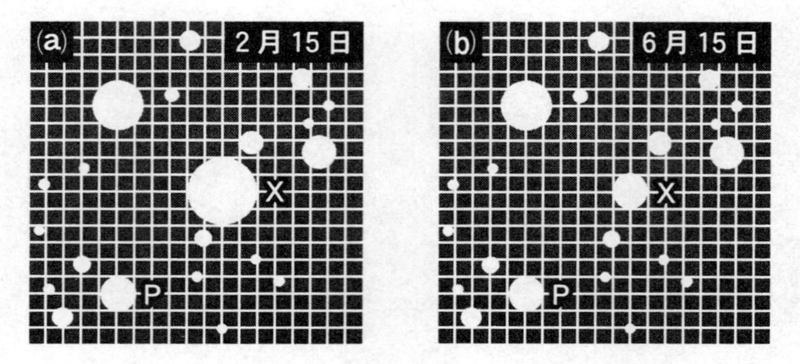

図2　図1の右図の領域における天体像の時間変化
(a)，(b)はそれぞれ同じ年の2月15日，6月15日における星の明るさと分布を示す。

問 3　前ページの図 1 の左図に示された天体の種類として最も適当なものを，次の①～④のうちから一つ選べ。 14

① 惑星状星雲　② 散開星団　③ 球状星団　④ 渦巻銀河

問 4　前ページの図 2 (a)，(b)において，天体 P の明るさを表す等級(見かけの等級)は 20.0 等で一定であった。図 2 中の天体像の面積と等級の間には，次の図 3 のような関係があった。天体 X の等級は，6 月 15 日には天体 P と等しかった。2 月 15 日における天体 X の等級を表す数値として最も適当なものを，下の①～④のうちから一つ選べ。 15

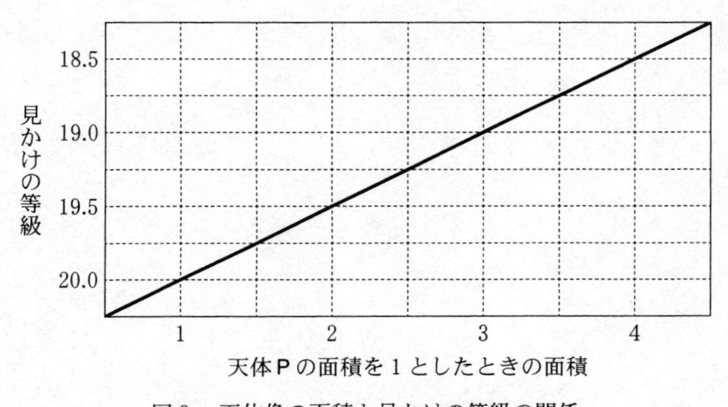

図 3　天体像の面積と見かけの等級の関係

① 18.5　② 19.0　③ 19.5　④ 20.0

2021

共通テスト

本試験
（第２日程）

解答時間　２科目 60 分

配点　２科目 100 点

（物理基礎，化学基礎，生物基礎，地学基礎から２科目選択）

物　理　基　礎

(解答番号 [1] ～ [15])

第1問　次の問い(問1～4)に答えよ。(配点　16)

問1　次の文章中の空欄 [1] に入れる指数として最も適当な数字を，下の①～⑤のうちから一つ選べ。

水圧は水面からの深さによって変化する。水深 1.0 m の場所の水圧と，水深 2.0 m の場所の水圧を比べた場合，水圧は $9.8 \times 10^{\boxed{1}}$ Pa だけ異なる。ただし，水の密度を $1.0 \times 10^3\ \mathrm{kg/m^3}$，重力加速度の大きさを $9.8\ \mathrm{m/s^2}$ とする。また，$1\ \mathrm{Pa} = 1\ \mathrm{N/m^2}$ である。

① 1　　② 2　　③ 3　　④ 4　　⑤ 5

問 2　円柱状の金属導線を流れる電流の大きさは導線の断面を単位時間に通過する自由電子の電気量の大きさである。図1は，断面積Sの導線の一部分であり，自由電子がすべて同じ速さuで同じ向きに進んでいる様子を模式的に表している。同様に表1の図のA～Fは，導線の断面積が$2S$，$\frac{S}{2}$の2通り，自由電子の速さが$2u$，u，$\frac{u}{2}$の3通りからなる6通りの組合せを示している。図1と表1の図の導線内の単位体積あたりの自由電子の個数がすべて同じであるとして，電流の大きさが図1と同じになるものの組合せを，下の①～⑤のうちから一つ選べ。 **2**

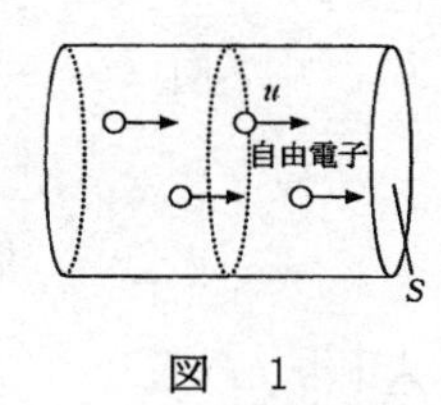

図　1

表　1

		自由電子の速さ		
		$2u$	u	$\frac{u}{2}$
導線の断面積	$2S$	A	B	C
	$\frac{S}{2}$	D	E	F

①　AとF　　②　BとE　　③　CとD

④　すべて　　⑤　なし

問 3　図２は，x 軸上を正の向きに速度 2 cm/s で進むパルス波の変位 y を表している。$x = 10$ cm の位置で，パルス波は固定端反射する。このパルス波の，図２の状態から 5 s 後の波形として最も適当なものを，下の①～④のうちから一つ選べ。 **3**

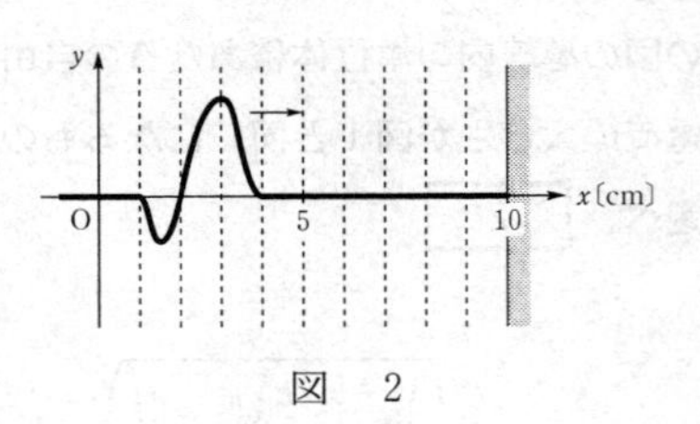

図　2

①

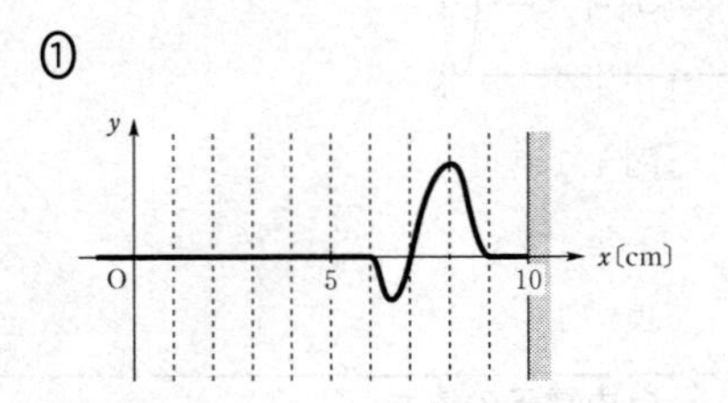

②

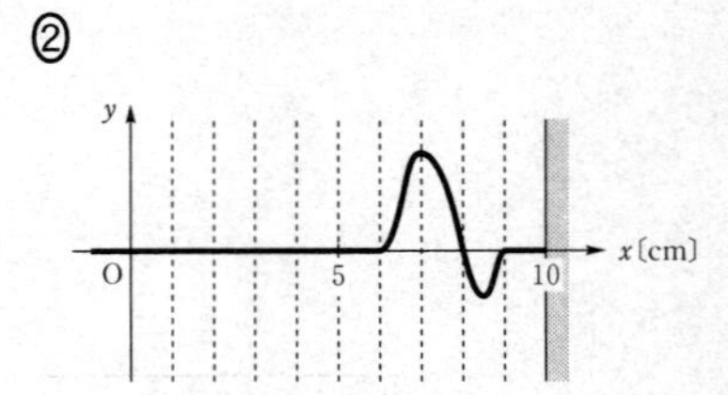

③

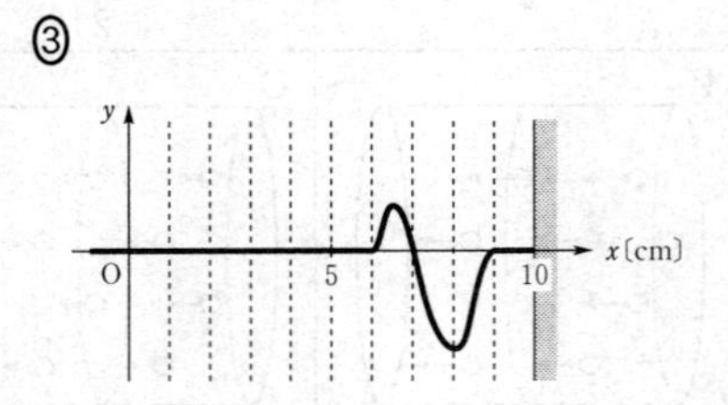

④

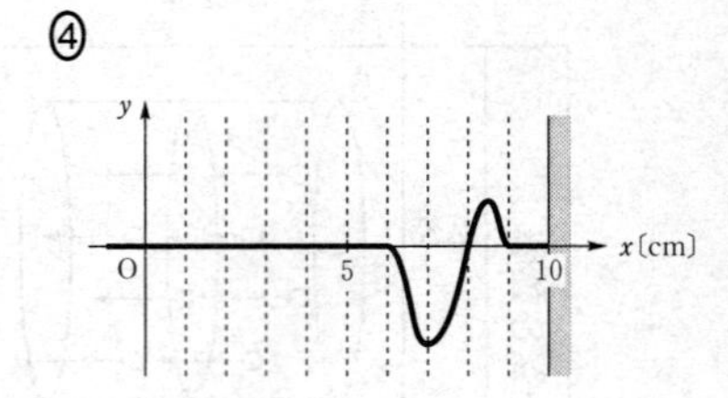

問 4　次の文章中の空欄 ア ・ イ に入れる語句および数値の組合せとして最も適当なものを，下の①～⑥のうちから一つ選べ。 4

アルミニウムの比熱(比熱容量)が 0.90 J/(g・K) であることを確認する実験をしたい。図3(a)のように，温度 $T_1 = 42.0$ ℃，質量 100 g のアルミニウム球を，温度 $T_2 = 20.0$ ℃，質量 M の水の中に入れ，図3(b)のように，アルミニウム球と水が同じ温度になったとき，水の温度 T_3 を測定する。水の質量 M が ア なるほど，温度上昇 $T_3 - T_2$ が小さくなる。

温度上昇 $T_3 - T_2$ が 1.0 ℃ になるようにするためには，$M =$ イ g としなければならない。ただし，水の比熱は 4.2 J/(g・K) であり，熱はアルミニウム球と水の間だけで移動し，水およびアルミニウムの比熱は温度によらず一定とする。

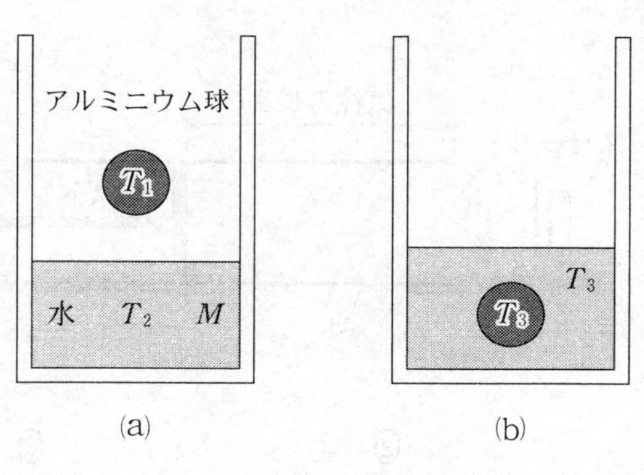

図　3

	①	②	③	④	⑤	⑥
ア	大きく	大きく	大きく	小さく	小さく	小さく
イ	450	500	630	450	500	630

第2問　次の文章(A・B)を読み，下の問い(問1～5)に答えよ。(配点　19)

A　気体の共鳴と音速について考える。

問1　次の文章中の空欄 **5** に入れる式として正しいものを，下の①～⑥のうちから一つ選べ。

　実験室内に，図1のような一端がピストンで閉じられ，気柱の長さが自由に変えられる管がある。管の開口部でスピーカーから振動数 f の音を出し，ピストンを開口端から徐々に動かして，最初に共鳴が起こるときの長さを測定すると L_1 であった。さらにピストンを動かし，次に共鳴する長さを測定したところ L_2 であった。これより音速は **5** と求められる。ただし，開口端補正は無視できるものとする。

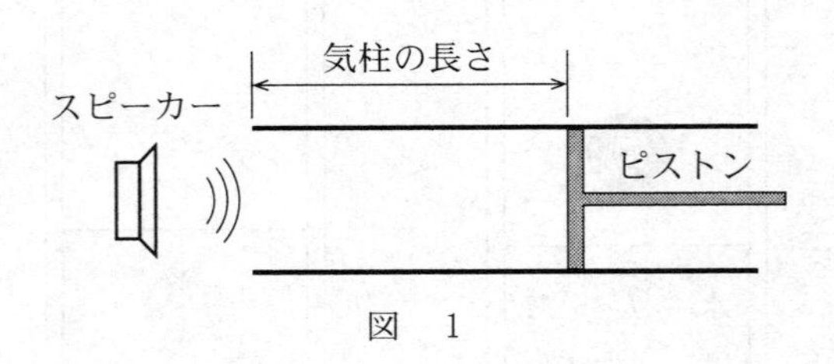

図　1

① fL_2　② $2fL_2$　③ $f(L_2-L_1)$

④ $2f(L_2-L_1)$　⑤ $f(L_2-L_1)\dfrac{L_2}{L_1}$　⑥ $f(L_2-L_1)\dfrac{L_1}{L_2}$

問 2　次の文章中の空欄 [6] ・ [7] に入れる語句として最も適当なものを，それぞれの直後の｛　｝で囲んだ選択肢のうちから一つずつ選べ。

気柱の長さを L_2 に保ったまま，共鳴が起こらなくなるまで実験室の気温を徐々に下げた。共鳴が起こらなくなったのは，管内の空気の温度が下がったため，

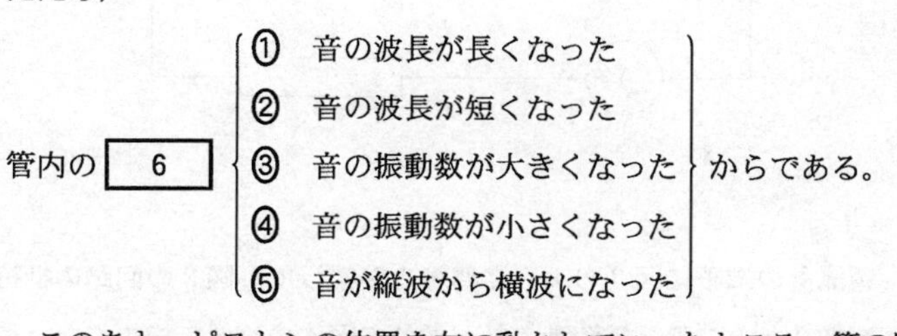

管内の [6] ｛
① 音の波長が長くなった
② 音の波長が短くなった
③ 音の振動数が大きくなった
④ 音の振動数が小さくなった
⑤ 音が縦波から横波になった
｝からである。

このあと，ピストンの位置を左に動かしていったところ，管の開口端に達

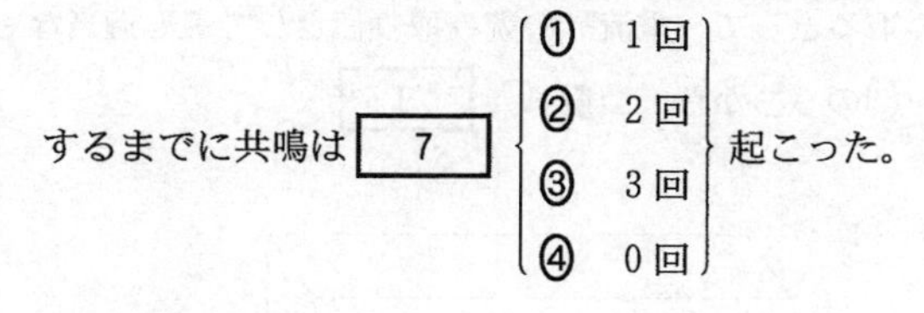

するまでに共鳴は [7] ｛
① 1回
② 2回
③ 3回
④ 0回
｝起こった。

B　オームの法則を確かめるために図2のような回路で抵抗に電圧を加え，流れる電流を電流計で測定した。

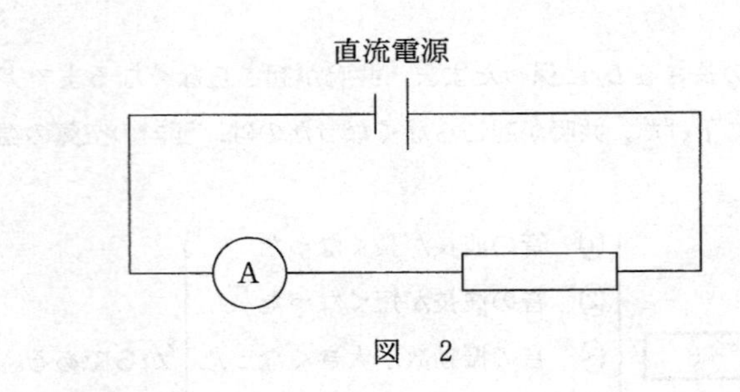

図　2

問 3　電流計の端子に図3のように導線を接続して，図2の回路の抵抗にある電圧を加えたところ，電流計の針が振れて図4の位置で静止した。最小目盛りの$\frac{1}{10}$まで読み取るとして，電流計の読み取り値として最も適当なものを，次ページの①～⑨のうちから一つ選べ。**8**

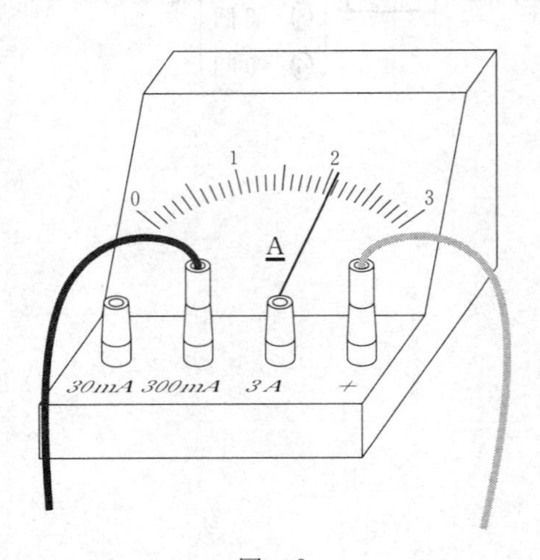

図　3

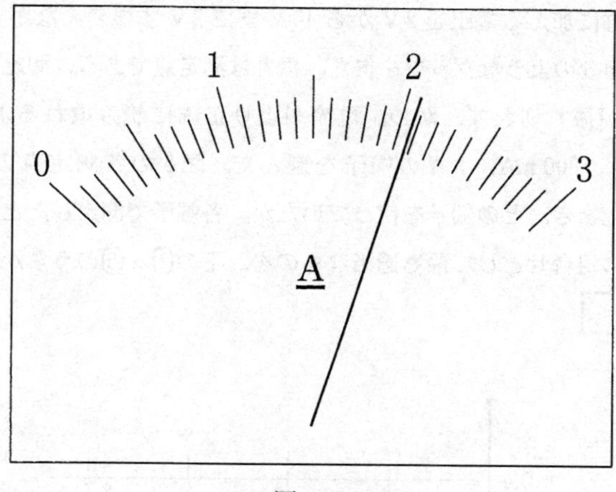

図　4

① 0.02 A　② 0.2 A　③ 2 A

④ 0.021 A　⑤ 0.21 A　⑥ 2.1 A

⑦ 0.0207 A　⑧ 0.207 A　⑨ 2.07 A

問 4　抵抗に加える電圧を 2 V から 40 V まで 2 V ずつ変えながら電流を測定して，図 5 のようなグラフを得た。黒丸は測定点である。測定のとき，電流計の針が振り切れず，かつ，電流がより正確に読み取れるように電流計の 30 mA，300 mA， 3 A の端子を選んだ。図 5 の各測定点の電流値を読み取ったとき，どの端子を使っていたか。各端子で測定したときに加えていた電圧の組合せとして最も適当なものを，下の①～⑥のうちから一つ選べ。

9

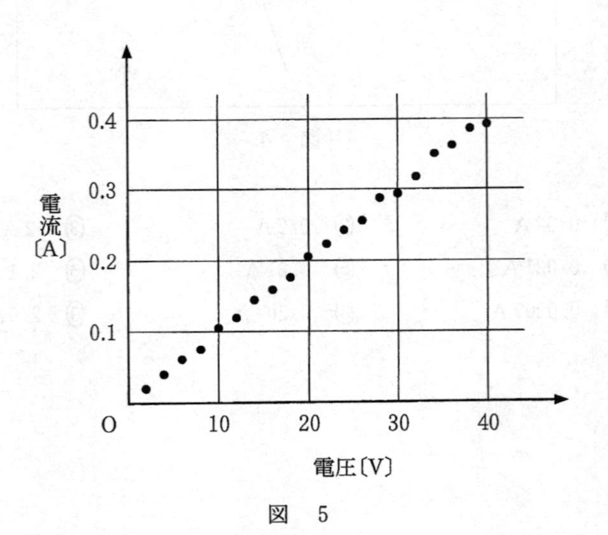

図　5

	30 mA 端子	300 mA 端子	3 A 端子
①	2 V	4 ～30 V	32～40 V
②	2 V	4 ～18 V	20～40 V
③	2 ～ 8 V	10～40 V	使わない
④	2 ～ 8 V	10～30 V	32～40 V
⑤	2 ～ 8 V	10～18 V	20～40 V
⑥	使わない	2 ～30 V	32～40 V

問 5　図5のように，測定された電流は加えた電圧にほぼ比例するのでオームの法則が成り立っていることがわかる。この抵抗値をより正確に決定するためにどのデータを使えばよいか。最も適当なものを，次の①～④のうちから一つ選べ。 10

① 最大の電圧 40 V とそのときの測定電流
② 中央の電圧 20 V とそのときの測定電流
③ 中央の電圧 20 V と最大の電圧 40 V の測定点 2 点を通る直線の傾き
④ 図5でなるべく多くの測定点の近くを通るように引いた直線の傾き

また，得られる抵抗値として最も適当なものを，次の①～⑤のうちから一つ選べ。 11

① 0.01 Ω　② 0.1 Ω　③ 1 Ω　④ 10 Ω　⑤ 100 Ω

第３問　次の問い(問１～４)に答えよ。(配点　15)

電車の運転席には様々な計器がある。電車がＡ駅を出発してからＢ駅に到着するまで，電車の速さ v，電車の駆動用モーターに流れた電流 I，モーターに加わった電圧 V を 2 s ごとに記録したデータがある。図１は v と時刻 t の関係を，図２は I と t の関係をグラフにしたものである。電流が負の値を示しているのは，電車のモーターを発電機にして運動エネルギーを電気エネルギーに変換しているためである。Ａ駅とＢ駅の間の線路は，地図上では直線である。車両全体の質量は 3.0×10^4 kg であり，重力加速度の大きさを $9.8\ \mathrm{m/s^2}$ とする。

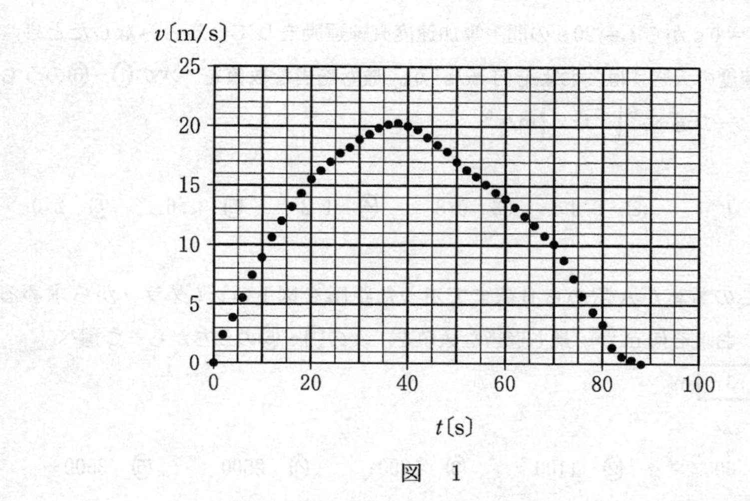
v〔m/s〕
25
20
15
10
5
0
0
20
40
60
80
100
t〔s〕

図　1

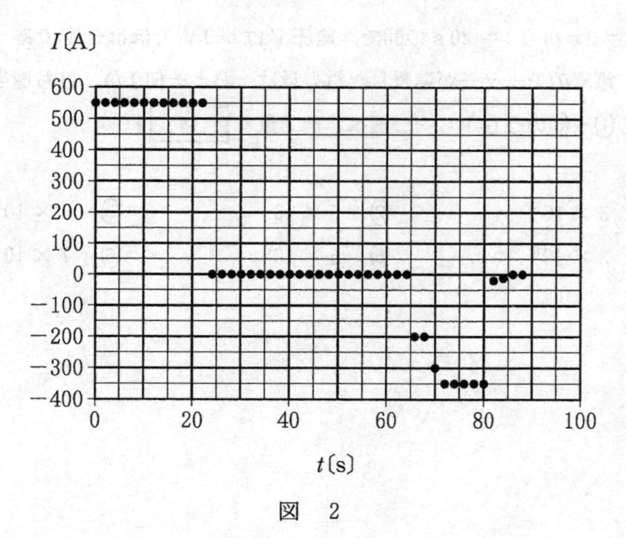
I〔A〕
600
500
400
300
200
100
0
−100
−200
−300
−400
0
20
40
60
80
100
t〔s〕

図　2

問1　$t = 0$ s から $t = 20$ s の間，等加速度直線運動をしているとみなしたとき，加速度の大きさは，およそ何 m/s^2 か。最も適当な数値を，次の①〜⑥のうちから一つ選べ。[12] m/s^2

① 0　② 0.4　③ 0.8　④ 1.2　⑤ 1.6　⑥ 2.0

問2　この電車がA駅からB駅まで走った距離を図1の v–t グラフから求めると，およそ何mか。最も適当な数値を，次の①〜⑤のうちから一つ選べ。
[13] m

① 600　② 1100　③ 1700　④ 2500　⑤ 3500

問3　$t = 0$ s から $t = 20$ s の間で，電圧 V は600 V でほぼ一定であった。この間の，電車のモーターが消費した電力量は，およそ何Jか。最も適当な数値を，次の①〜⑥のうちから一つ選べ。電力量＝[14] J

① 3×10^5　② 5×10^5　③ 7×10^5
④ 3×10^6　⑤ 5×10^6　⑥ 7×10^6

問 4　$t = 40$ s から $t = 60$ s の区間で，電車は勾配のある線路上を運動していた。摩擦や空気抵抗の影響を無視し，力学的エネルギーが保存されるものとすると，この区間の高低差はおよそ何 m か。最も適当な数値を，次の①～⑤のうちから一つ選べ。［15］m

① 1　　② 5　　③ 10　　④ 20　　⑤ 30

化学基礎

(解答番号 [1] ～ [18])

必要があれば，原子量は次の値を使うこと。

N	14	O	16	F	19	Si	28
S	32	Cl	35.5	K	39	Ag	108

第１問　次の問い(問１～９)に答えよ。(配点　30)

問１　図１の**ア**～**オ**は，原子あるいはイオンの電子配置の模式図である。下の問い(**a**・**b**)に答えよ。

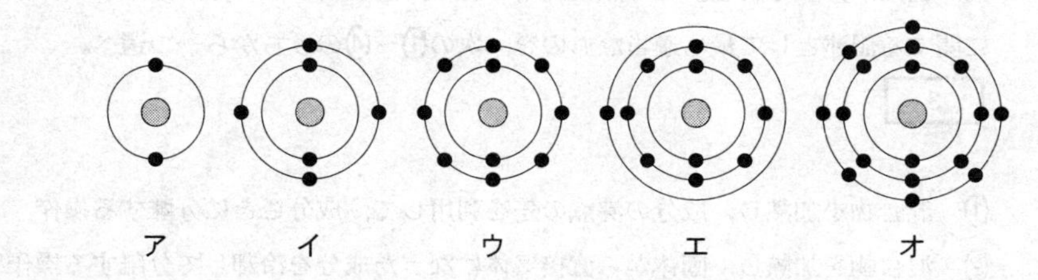

図１　原子あるいはイオンの電子配置の模式図(◎は原子核，●は電子)

a　**ア**の電子配置をもつ１価の陽イオンと，**ウ**の電子配置をもつ１価の陰イオンからなる化合物として最も適当なものを，次の①～⑥のうちから一つ選べ。[1]

① LiF　② LiCl　③ LiBr

④ NaF　⑤ NaCl　⑥ NaBr

b　ア～オの電子配置をもつ原子の性質に関する記述として**誤りを含むもの**を，次の①～⑤のうちから一つ選べ。　[2]

① アの電子配置をもつ原子は，他の原子と結合をつくりにくい。
② イの電子配置をもつ原子は，他の原子と結合をつくる際，単結合だけでなく二重結合や三重結合もつくることができる。
③ ウの電子配置をもつ原子は，常温・常圧で気体として存在する。
④ エの電子配置をもつ原子は，オの電子配置をもつ原子と比べてイオン化エネルギーが大きい。
⑤ オの電子配置をもつ原子は，水素原子と共有結合をつくることができる。

問２　製油所では，石油(原油)から，その成分であるナフサ(粗製ガソリン)，灯油，軽油が分離される。この際に利用される，混合物から成分を分離する操作に関する記述として最も適当なものを，次の①～④のうちから一つ選べ。
[3]

① 混合物を加熱し，成分の沸点の差を利用して，成分ごとに分離する操作
② 混合物を加熱し，固体から直接気体になった成分を冷却して分離する操作
③ 溶媒に対する溶けやすさの差を利用して，混合物から特定の物質を溶媒に溶かし出して分離する操作
④ 温度によって物質の溶解度が異なることを利用して，混合物の溶液から純粋な物質を析出させて分離する操作

問 3　次の物質ア〜オのうち，その結晶内に共有結合があるものはどれか。すべてを正しく選択しているものとして最も適当なものを，下の①〜⑥のうちから一つ選べ。 4

ア　塩化ナトリウム　　イ　ケイ素　　ウ　カリウム

エ　ヨウ素　　オ　酢酸ナトリウム

① ア，オ　　② イ，ウ　　③ イ，エ

④ ア，エ，オ　　⑤ イ，ウ，エ　　⑥ イ，エ，オ

問 4　図2は，熱運動する一定数の気体分子Ａについて，100，300，500 K における A の速さと，その速さをもつ分子の数の割合の関係を示したものである。図2から読み取れる内容および考察に関する記述として**誤りを含むもの**はどれか。最も適当なものを，下の①～⑤のうちから一つ選べ。 5

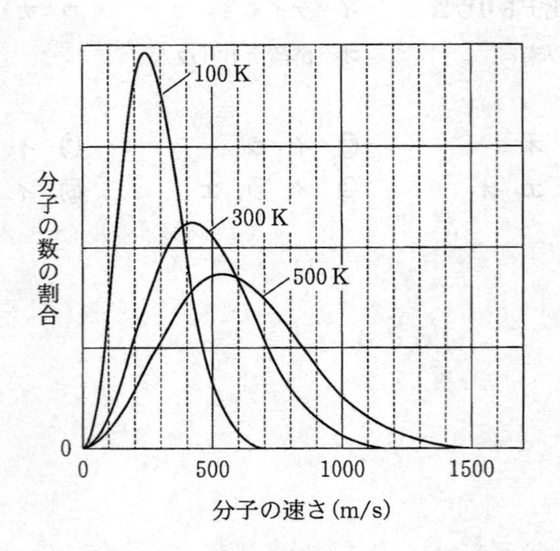

図2　各温度における気体分子Ａの速さと，その速さをもつ分子の数の割合の関係

① 100 K では約 240 m/s の速さをもつ分子の数の割合が最も高い。

② 100 K から 300 K，500 K に温度が上昇すると，約 240 m/s の速さをもつ分子の数の割合が減少する。

③ 100 K から 300 K，500 K に温度が上昇すると，約 800 m/s の速さをもつ分子の数の割合が増加する。

④ 500 K から 1000 K に温度を上昇させると，分子の速さの分布が幅広くなると予想される。

⑤ 500 K から 1000 K に温度を上昇させると，約 540 m/s の速さをもつ分子の数の割合は増加すると予想される。

問 5 配位結合に関する次の記述(Ⅰ～Ⅲ)について，正誤の組合せとして最も適当なものを，下の①～⑧のうちから一つ選べ。 6

Ⅰ　アンモニアと水素イオンH^+が配位結合をつくると，アンモニウムイオンが形成される。

Ⅱ　アンモニウムイオンの四つのN−H結合は，すべて同等で，どれが配位結合であるかは区別できない。

Ⅲ　アンモニウムイオンは非共有電子対をもたないので，金属イオンと配位結合をつくらない。

	Ⅰ	Ⅱ	Ⅲ
①	正	正	正
②	正	正	誤
③	正	誤	正
④	正	誤	誤
⑤	誤	正	正
⑥	誤	正	誤
⑦	誤	誤	正
⑧	誤	誤	誤

問 6 濃度不明の希硫酸10.0 mLに，0.50 mol/Lの水酸化ナトリウム水溶液20.0 mLを加えると，その溶液は塩基性となった。さらに，その混合溶液に0.10 mol/Lの塩酸を加えていくと，20.0 mL加えたときに過不足なく中和した。もとの希硫酸の濃度は何mol/Lか。最も適当な数値を，次の①～⑤のうちから一つ選べ。 7 mol/L

①　0.30　　②　0.40　　③　0.50　　④　0.60　　⑤　0.80

化学基礎

問 7　鉄の酸化に関する次の文章中の［ア］～［ウ］に当てはまる数値の組合せとして正しいものを，下の①～⑧のうちから一つ選べ。［8］

鉄の酸化反応は，化学カイロや，食品の酸化を防ぐために使われる脱酸素剤に利用されている。次の化学反応式は，鉄の酸化の例を示したものである。

$$4Fe + 3O_2 \longrightarrow 2Fe_2O_3$$

この化学反応式において，鉄原子の酸化数は0から［ア］へ変化し，一方，酸素原子の酸化数は［イ］から［ウ］へ変化している。

	ア	イ	ウ
①	＋2	0	＋2
②	＋2	0	－2
③	＋2	－2	0
④	＋2	－2	－1
⑤	＋3	0	＋2
⑥	＋3	0	－2
⑦	＋3	－2	0
⑧	＋3	－2	－1

問8　金属ア・イは，銅 Cu，亜鉛 Zn，銀 Ag，鉛 Pb のいずれかである。次の記述(Ⅰ・Ⅱ)に当てはまる金属として最も適当なものを，下の①～④のうちから一つずつ選べ。ただし，同じものを選んでもよい。

ア [9]

イ [10]

Ⅰ　アは二次電池の電極や放射線の遮蔽材(しゃへいざい)などとして用いられる。アの化合物には，毒性を示すものが多い。

Ⅱ　イの電気伝導性，熱伝導性はすべての金属元素の単体の中で最大である。イのイオンは，抗菌剤に用いられている。

① Cu　② Zn　③ Ag　④ Pb

問９　鉱物試料中の二酸化ケイ素 SiO_2 を，フッ化水素酸(フッ化水素 HF の水溶液)を用いてすべて除去することで，試料の質量の減少量からケイ素 Si の含有量を求めることができる。このときの反応は次式で表され，SiO_2 は気体の四フッ化ケイ素 SiF_4 と気体の水として除去される。

$$SiO_2 + 4\,HF \longrightarrow SiF_4 + 2\,H_2O$$

適切な前処理をして乾燥した，ある鉱物試料 2.00 g から，すべての SiO_2 を除去したところ，残りの乾燥した試料の質量は 0.80 g となった。この前処理をした鉱物試料中のケイ素の含有率(質量パーセント)は何％か。最も適当な数値を，次の①～⑥のうちから一つ選べ。ただし，前処理をした試料中のケイ素はすべて SiO_2 として存在し，さらに，SiO_2 以外の成分はフッ化水素酸と反応しないものとする。［ 11 ］％

① 2.8　② 5.6　③ 6.0　④ 28　⑤ 56　⑥ 60

第2問　イオン結晶の性質に関する次の問い（問1・問2）に答えよ。（配点　20）

問1　次の文章を読み，下の問い（**a**・**b**）に答えよ。

(a)イオン結晶の性質は，イオン結晶を構成する陽イオンと陰イオンの組合せにより決まる。硝酸カリウム KNO_3 や硝酸カルシウム $Ca(NO_3)_2$ などのイオン結晶は水によく溶ける。

a　下線部(a)に関連して，イオン結晶中の金属イオンの大きさの違いを説明した次の文章中の［ア］～［ウ］に当てはまる語として最も適当なものを，下の①～⑦のうちから一つずつ選べ。

カリウムイオン K^+ とカルシウムイオン Ca^{2+} はアルゴンと同じ電子配置をもつが，イオンの大きさ（半径）は Ca^{2+} の方が K^+ よりも小さい。これは，Ca^{2+} では，原子核中に存在する粒子である陽子の数が K^+ より［ア］，原子核の［イ］電荷が大きいためである。その結果，Ca^{2+} では［ウ］が静電気的な引力によって強く原子核に引きつけられる。

ア［12］
イ［13］
ウ［14］

①　少なく　　②　多　く　　③　正　　④　負
⑤　電　子　　⑥　陽　子　　⑦　中性子

b　KNO_3(式量 101)の溶解度は，図１に示すように，温度による変化が大きい。40 ℃ の KNO_3 の飽和水溶液 164 g を 25 ℃ まで冷却するとき，結晶として析出する KNO_3 の物質量は何 mol か。最も適当な数値を，次の①～⑥のうちから一つ選べ。 15 mol

① 0.26　② 0.38　③ 0.63　④ 1.0　⑤ 1.3　⑥ 1.6

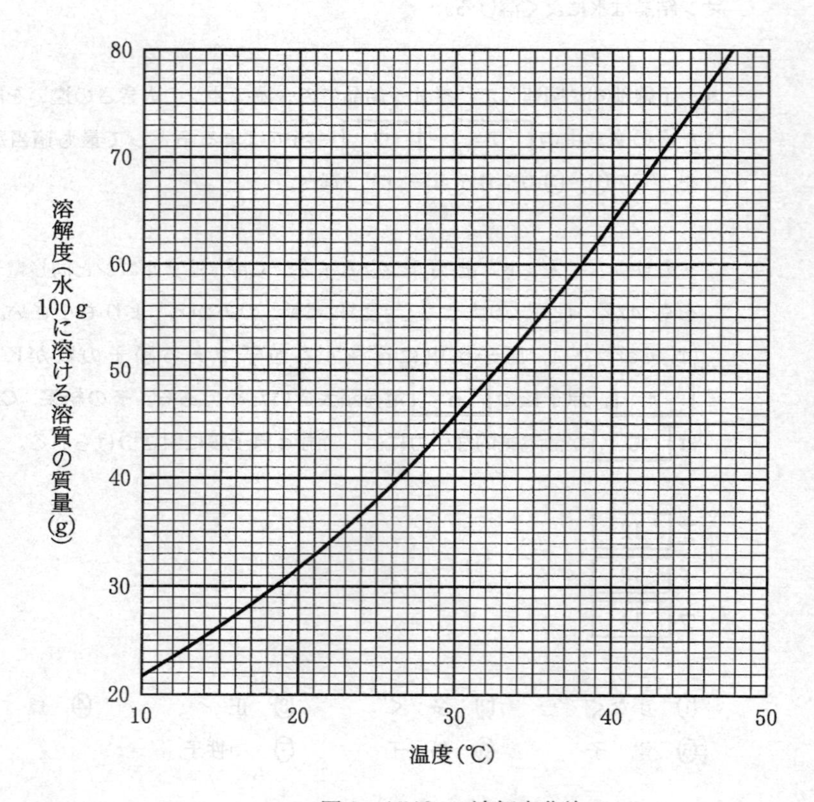

図１　KNO_3 の溶解度曲線

問 2　水溶液中のイオンの濃度は，電気の通しやすさで測定することができる。硫酸銀 Ag_2SO_4 および塩化バリウム $BaCl_2$ は，水に溶解して電解質水溶液となり電気を通す。一方，Ag_2SO_4 水溶液と $BaCl_2$ 水溶液を混合すると，次の反応によって塩化銀 AgCl と硫酸バリウム $BaSO_4$ の沈殿が生じ，水溶液中のイオンの濃度が減少するため電気を通しにくくなる。

$$Ag_2SO_4 + BaCl_2 \longrightarrow BaSO_4\downarrow + 2\,AgCl\downarrow$$

この性質を利用した次の**実験**に関する次ページ以降の問い(**a** ～ **c**)に答えよ。

実験　0.010 mol/L の Ag_2SO_4 水溶液 100 mL に，濃度不明の $BaCl_2$ 水溶液を滴下しながら混合溶液の電気の通しやすさを調べたところ，表 1 に示す電流(μA)が測定された。ただし，$1\ \mu A = 1 \times 10^{-6}\ A$ である。

表 1　$BaCl_2$ 水溶液の滴下量と電流の関係

$BaCl_2$ 水溶液の滴下量(mL)	電流(μA)
2.0	70
3.0	44
4.0	18
5.0	13
6.0	41
7.0	67

a　この実験において，Ag_2SO_4 を完全に反応させるのに必要な $BaCl_2$ 水溶液は何 mL か。最も適当な数値を，次の①～⑤のうちから一つ選べ。必要があれば，下の方眼紙を使うこと。 16 mL

①　3.6　　②　4.1　　③　4.6　　④　5.1　　⑤　5.6

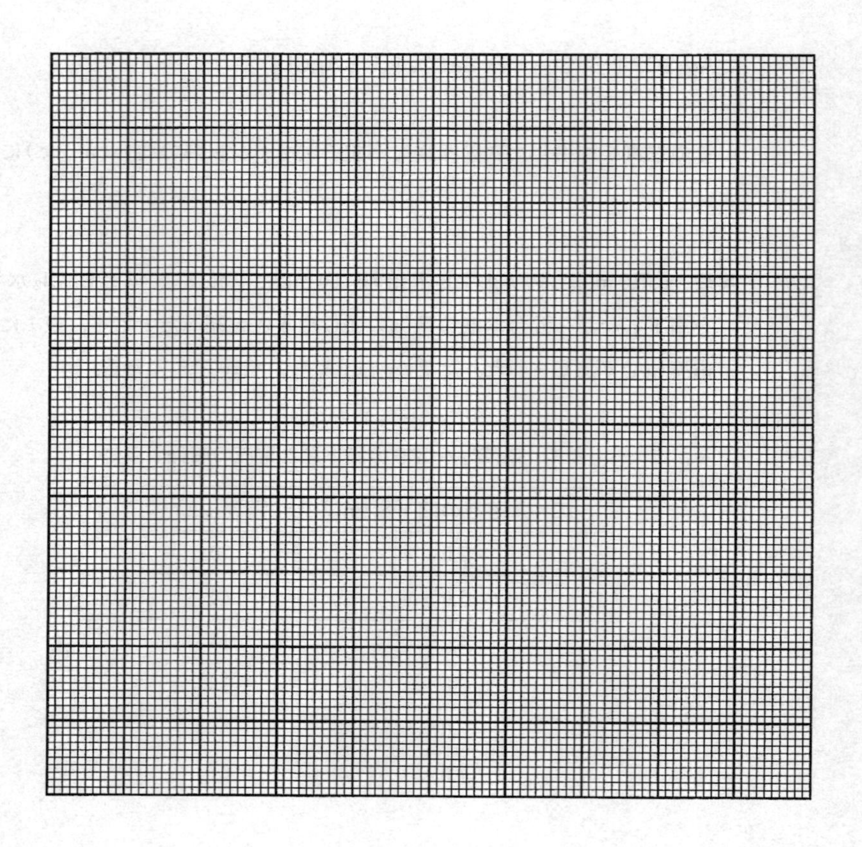

b　十分な量の $BaCl_2$ 水溶液を滴下したとき，生成する AgCl (式量 143.5) の沈殿は何 g か。最も適当な数値を，次の①〜④のうちから一つ選べ。 [17] g

①　0.11　　②　0.14　　③　0.22　　④　0.29

c　用いた $BaCl_2$ 水溶液の濃度は何 mol/L か。最も適当な数値を，次の①〜⑥のうちから一つ選べ。 [18] mol/L

①　0.20　　②　0.22　　③　0.24　　④　0.39　　⑤　0.44　　⑥　0.48

生　物　基　礎

(解答番号 1 ～ 18)

第1問　次の文章(A・B)を読み，下の問い(問1～6)に答えよ。(配点　18)

A　ミドリさんとアキラさんは，サンゴの白化現象について資料を見ながら議論した。

ミドリ：サンゴの白化現象が起こるのは，サンゴの個体であるポリプ(図1)の細胞内に共生している褐虫藻が，高温ストレスなどの原因でサンゴの細胞からいなくなるからなんだって。サンゴの色は，褐虫藻に由来しているんだね。

アキラ：えっ，褐虫藻は，単細胞生物だよね。

ミドリ：そのとおり。褐虫藻が共生しているサンゴの胃壁細胞の図(図2)を見つけたんだけど，褐虫藻には核も葉緑体もあるみたいだし，そもそも(a)<u>宿主のサンゴの細胞と大きさがあまり変わらない</u>ようだよ。

アキラ：つまり，褐虫藻が共生しているサンゴの細胞は， ア ということだね。

ミドリ：そのとおりだね。ところで，褐虫藻が細胞からいなくなるとサンゴが死んでしまうのは，なぜなのかな。

アキラ：あっ，褐虫藻が共生したサンゴは，餌だけではなく，光合成でできた有機物も利用しているんだって。

ミドリ：へえ。つまり，サンゴは イ ということでよいのかな。

アキラ：そういうことだね。シャコガイやゾウリムシのなかまにも，藻類を共生させて，光合成でできた有機物を利用しているものがいるみたいだよ。

ミドリ：へえ，そうなんだ。生物って本当に多様なんだね。

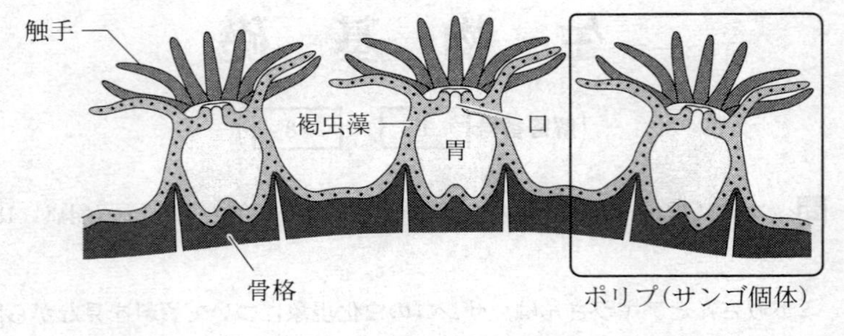

図　1

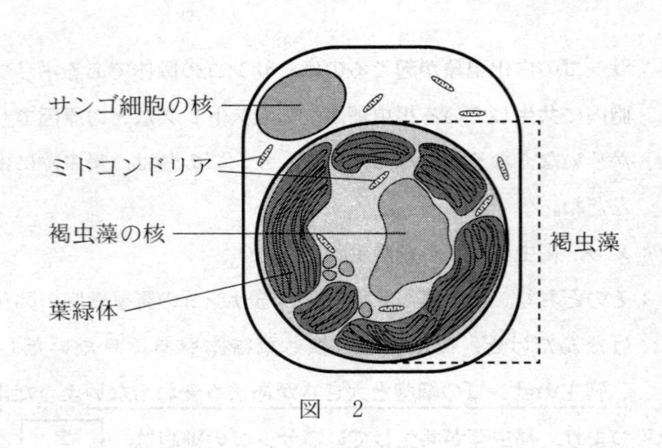

図　2

問 1　下線部(a)に関連して，褐虫藻とサンゴの細胞の大きさは，図2のように大きな違いはない。これらの細胞と同じくらいの大きさのものとして最も適当なものを，次の①～⑥のうちから一つ選べ。 1

① インフルエンザウイルス　　② 酵母(酵母菌)
③ カエルの卵　　④ 大腸菌
⑤ T_2ファージ　　⑥ ヒトの座骨神経

問 2　会話文中の［ア］に入る記述として最も適当なものを，次の①～⑤のうちから一つ選べ。［2］

① 真核細胞を細胞内に取り込んだ植物細胞
② 原核細胞を細胞内に取り込んだ植物細胞
③ 真核細胞を細胞内に取り込んだ動物細胞
④ 原核細胞を細胞内に取り込んだ動物細胞
⑤ 葉緑体を取り込んで，植物細胞に進化しつつある動物細胞

問3　会話文中の イ に入る文として最も適当なものを，次の①～⑥のうちから一つ選べ。 3

① 同化をする能力を全くもたないので，共生している褐虫藻が同化した有機物のみを利用している

② 異化をする能力を全くもたないので，共生している褐虫藻が異化した有機物のみを利用している

③ 食物からも有機物を得ているが，これだけでは不足しており，共生している褐虫藻が同化した有機物も併せて利用している

④ 食物からも有機物を得ているが，これだけでは不足しており，共生している褐虫藻が異化した有機物も併せて利用している

⑤ 褐虫藻から取り込んだ葉緑体を用いて同化を行い，有機物を得て利用している

⑥ 褐虫藻から取り込んだ葉緑体を用いて異化を行い，有機物を得て利用している

B (b)DNAは遺伝子の本体であり，真核生物では染色体を構成している。近年，DNAや遺伝子に関わる学問や技術は飛躍的に進歩し，様々な生物種で(c)ゲノムが解読された。しかしながら，ゲノムの解読は，その生物の成り立ちを完全に解明したことを意味しない。例えば，(d)多細胞生物の個体を構成する細胞には様々な種類があり，これらは異なる性質や働きをもつ。

問 4　下線部(b)に関連して，DNAや染色体の構造に関する記述として最も適当なものを，次の①～⑤のうちから一つ選べ。 4

① DNAの中で，隣接するヌクレオチドどうしは，糖と糖の間で結合している。

② DNAの中で，隣接するヌクレオチドどうしは，リン酸とリン酸の間で結合している。

③ 二重らせん構造を形成しているDNAでは，二本のヌクレオチド鎖の塩基配列は互いに同じである。

④ 染色体は，間期には糸状に伸びて核全体に分散しているが，体細胞分裂の分裂期には凝縮される。

⑤ 体細胞分裂の間期では，凝縮した染色体が複製される。

問 5　下線部(c)について，次のⓐ～ⓓのうち，ゲノムに含まれる情報を過不足なく含むものを，下の①～⑧のうちから一つ選べ。 5

ⓐ　遺伝子の領域の全ての情報
ⓑ　遺伝子の領域の一部の情報
ⓒ　遺伝子以外の領域の全ての情報
ⓓ　遺伝子以外の領域の一部の情報

① ⓐ　② ⓑ　③ ⓒ　④ ⓓ
⑤ ⓐ，ⓒ　⑥ ⓐ，ⓓ　⑦ ⓑ，ⓒ　⑧ ⓑ，ⓓ

問 6　下線部(d)について，このことの一般的な理由として最も適当なものを，次の①～⑤のうちから一つ選べ。 6

①　DNA の量が異なる。
②　働いている遺伝子の種類が異なる。
③　ゲノムが大きく異なる。
④　細胞分裂時に複製される染色体が異なる。
⑤　ミトコンドリアには，核とは異なる DNA がある。

第2問　次の文章(A・B)を読み，下の問い(問1～5)に答えよ。(配点　16)

A　腎臓では，まず(a)血液が糸球体でろ過されて原尿が生成される。その後，水分や塩類など多くの物質が血中に再吸収されることで，尿がつくられている。その際，尿中の様々な物質は濃縮されるが，その割合は物質の種類によって大きく異なっている。表1は，健康なヒトの静脈に多糖類の一種であるイヌリンを注入した後の，血しょう，原尿，および尿中の主な成分の質量パーセント濃度を示している。

(b)副腎皮質から分泌された鉱質コルチコイドが働くと，原尿からのナトリウムイオンの再吸収が促進され，恒常性が維持されている。なお，イヌリンは，全て糸球体でろ過されると，細尿管では分解も再吸収もされない。また，尿は毎分1 mL生成され，血しょう，原尿，および尿の密度は，いずれも1 g/mLとする。

表　1

成　分	質量パーセント濃度(%)		
	血しょう	原　尿	尿　中
タンパク質	7	0	0
グルコース	0.1	0.1	0
尿　素	0.03	0.03	2
ナトリウムイオン	0.3	0.3	0.3
イヌリン	0.01	0.01	1.2

問1　下線部(a)について，表1から導かれる，1分間あたりに生成される原尿の量として最も適当な数値を，次の①～⑤のうちから一つ選べ。［7］mL

①　0.008　　②　1　　③　60　　④　120　　⑤　360

問 2　下線部(b)について，表1から導かれる，1分間あたりに再吸収されるナトリウムイオンの量として最も適当な数値を，次の①～⑤のうちから一つ選べ。[8] mg

① 1　② 60　③ 118　④ 357　⑤ 420

問 3　下線部(b)に関連して，鉱質コルチコイドの作用に関する次の文章中の [ア] ～ [ウ] に入る語句の組合せとして最も適当なものを，下の①～⑧のうちから一つ選べ。[9]

鉱質コルチコイドの作用でナトリウムイオンの再吸収が促進されると，尿中のナトリウムイオン濃度は [ア] なる。このとき，腎臓での水の再吸収量が [イ] してくると，体内の細胞外のナトリウムイオン濃度が維持される。その結果，徐々に体内の細胞外液(体液)の量が [ウ] し，それに伴って血圧が上昇してくると考えられる。

	ア	イ	ウ
①	低　く	増　加	増　加
②	低　く	増　加	減　少
③	低　く	減　少	増　加
④	低　く	減　少	減　少
⑤	高　く	増　加	増　加
⑥	高　く	増　加	減　少
⑦	高　く	減　少	増　加
⑧	高　く	減　少	減　少

B (c)心臓は，心房と心室が交互に収縮と弛緩(しかん)をすること(拍動)で血液を送り出すポンプである。図1は，ヒトの心臓を腹側から見た断面を模式的に示したものである。AとBの位置には，それぞれ弁が存在しており，Aの位置にある弁は心房の内圧が心室の内圧よりも高いときに開き，低いときに閉じる。図2は，一回の拍動における，体循環での動脈内，心室内，および心房内それぞれの圧力と，心室内の容量の変化を示したものである。

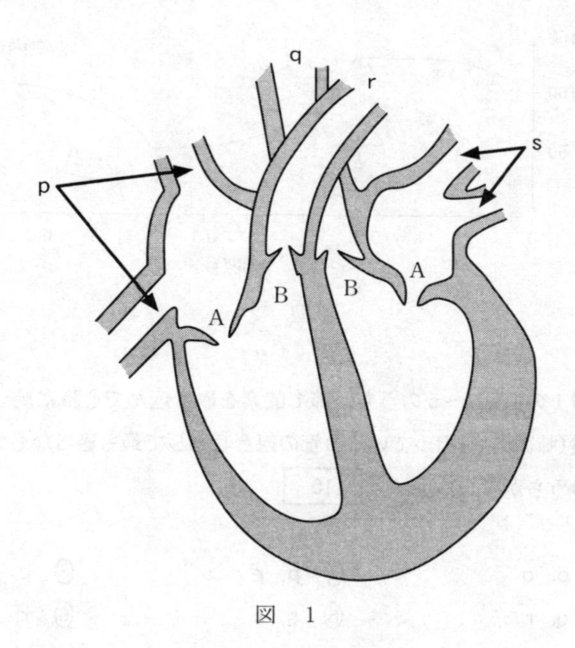

図　1

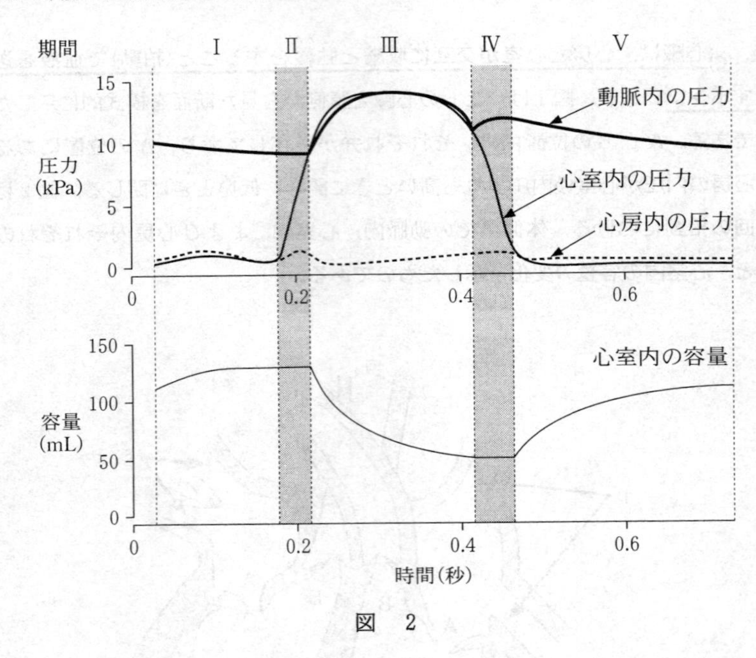

図　2

問 4　図1の血管p～sのうち，肺で酸素を取り込んで心臓に戻ってくる血液の循環(肺循環)を担っている血管の組合せとして最も適当なものを，次の①～⑥のうちから一つ選べ。 10

① p, q　　② p, r　　③ p, s
④ q, r　　⑤ q, s　　⑥ r, s

問 5　下線部(c)について，心臓がポンプとして働くためには，心臓に備わっている弁が，心房と心室の収縮と弛緩に連動した適切なタイミングで開閉する必要がある。図2に示した期間Ⅰ～Ⅴの中で，図1の弁Aが開いている期間として適当なものを，次の①～⑤のうちから二つ選べ。ただし，解答の順序は問わない。 11 ・ 12

① 期間Ⅰ　② 期間Ⅱ　③ 期間Ⅲ　④ 期間Ⅳ　⑤ 期間Ⅴ

第3問　次の文章(A・B)を読み，下の問い(問1～5)に答えよ。(配点　16)

A　現実にみられる植生は，気温と降水量から考えられるバイオームとは異なっていることがある。(a)シベリアには，カラマツやダケカンバのなかまの落葉樹林が広がっている場所も多い。また，(b)森林を人間が利用することでも植生や物質循環が変化することもある。

問1　下線部(a)について，次の文章中の ア ～ ウ に入る語句の組合せとして最も適当なものを，下の①～⑧のうちから一つ選べ。 13

シベリアの落葉樹林は陽樹の林であり，自然の山火事によって遷移の進行が妨げられることで維持されている。高木は林冠に達してから ア を行うため，陽樹が林冠を占めた後，陰樹が林冠に到達する前に山火事が起きると陰樹が次の世代を残せない。ここでは，山火事後に出現する明るい裸地で イ や落葉樹の種子が発芽し， ウ が始まる。

	ア	イ	ウ
①	光合成	草　本	一次遷移
②	光合成	草　本	二次遷移
③	光合成	陰　樹	一次遷移
④	光合成	陰　樹	二次遷移
⑤	種子生産	草　本	一次遷移
⑥	種子生産	草　本	二次遷移
⑦	種子生産	陰　樹	一次遷移
⑧	種子生産	陰　樹	二次遷移

問 2　下線部(b)について，西日本の低地などにみられる落葉広葉樹の林に，その一例を見ることができる。このような植生は，人間が樹木を伐採することで維持されてきた。また，落ち葉は肥料として使うために林から搬出されていた。この落葉広葉樹の林の利用を止めて長い期間放置したときに成立する植生と，放置されている間に起こる窒素の循環量の変化との組合せとして最も適当なものを，次の①～⑥のうちから一つ選べ。 14

	成立する植生	窒素の循環量の変化
①	針葉樹の林	増加する
②	針葉樹の林	減少する
③	照葉樹の林	増加する
④	照葉樹の林	減少する
⑤	落葉広葉樹の林	増加する
⑥	落葉広葉樹の林	減少する

問 3　山火事にも人間による利用にも関係なく，森林が成立しないこともある。日本の海岸沿いには，そのような植生が維持されている場所がある。その理由となる環境要因として最も適当なものを，次の①～⑤のうちから一つ選べ。 15

① サバンナのように，降水量が少なく，平均気温が高い。
② ツンドラのように，降水量が少なく，平均気温が低い。
③ 高山草原のように，降水量が多く，平均気温が低い。
④ 土壌形成が進んでいる。
⑤ 継続的に貧栄養の砂が運ばれてくる。

B (c)外来生物は，在来生物を捕食したり食物や生息場所を奪ったりすることで，在来生物の個体数を減少させ，絶滅させることもある。そのため，外来生物は生態系を乱し，生物多様性に大きな影響を与えうる。

問 4 下線部(c)に関する記述として最も適当なものを，次の①～⑤のうちから一つ選べ。 16

① 捕食性の生物であり，それ以外の生物を含まない。

② 国外から移入された生物であり，同一国内の他地域から移入された生物を含まない。

③ 移入先の生態系に大きな影響を及ぼす生物であり，移入先の在来生物に影響しない生物を含まない。

④ 人間の活動によって移入された生物であり，自然現象に伴って移動した生物を含まない。

⑤ 移入先に天敵がいない生物であり，移入先に天敵がいるため増殖が抑えられている生物を含まない。

問5　図1は，在来魚であるコイ・フナ類，モツゴ類，およびタナゴ類が生息するある沼に，肉食性（動物食性）の外来魚であるオオクチバスが移入される前と，その後の魚類の生物量（現存量）の変化を調査した結果である。この結果に関する記述として適当なものを，下の①～⑥のうちから二つ選べ。ただし，解答の順序は問わない。 17 ・ 18

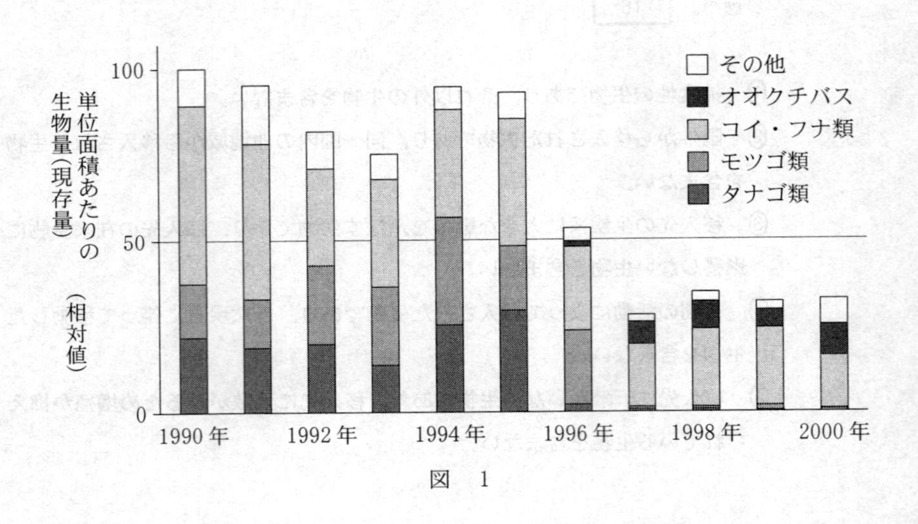

図　1

① オオクチバスの移入後，魚類全体の生物量（現存量）は，2000年には移入前の3分の2にまで減少した。

② オオクチバスの移入後の生物量（現存量）の変化は，在来魚の種類によって異なった。

③ オオクチバスは，移入後に一次消費者になった。

④ オオクチバスの移入後に，魚類全体の生物量（現存量）が減少したが，在来魚の多様性は増加した。

⑤ オオクチバスの生物量（現存量）は，在来魚の生物量（現存量）の減少が全て捕食によるとしても，その減少量ほどには増えなかった。

⑥ オオクチバスの移入後，沼の生態系の栄養段階の数は減少した。

地 学 基 礎

（解答番号 1 ～ 15 ）

第1問 次の問い（A～C）に答えよ。（配点 27）

A 地球の変遷（へんせん）と活動に関する次の問い（問1～3）に答えよ。

問1 地球形成初期の地球の大気と海洋について述べた次の文a・bの正誤の組合せとして最も適当なものを，下の①～④のうちから一つ選べ。 1

a 原始地球の地表の温度が下がると，原始大気中の水蒸気が凝結して雨として地表に降り，原始海洋ができた。

b 原始大気に含まれていた大量の二酸化炭素は，原始海洋に溶け込んで減少した。

	a	b
①	正	正
②	正	誤
③	誤	正
④	誤	誤

問 2　プレート境界で起こる現象について述べた文として最も適当なものを，次の①～④のうちから一つ選べ。 2

① 中央海嶺(かいれい)では，噴出した流紋岩質溶岩が冷えて固まり，新しい海洋地殻がつくられる。

② 沈み込み帯では，海溝から火山前線(火山フロント)までの間に多数の火山が分布する。

③ 震源の深さが 100 km より深い地震のほとんどは，トランスフォーム断層で起こる。

④ 海溝沿いで規模の大きな地震がくり返し発生するのは，海洋プレートの沈み込みが原因である。

問 3　一つの地震で放出されるエネルギーは，地震の規模(マグニチュード)とともに大きくなる。一方，マグニチュードが大きい地震ほど数が少ない。次の図1は，マグニチュードと地震の数の関係を示している。マグニチュード5.3の全地震で放出されたエネルギーの総和は，マグニチュード4.3の全地震で放出されたエネルギーの総和の約何倍か。最も適当な数値を，下の①～④のうちから一つ選べ。約 [3] 倍

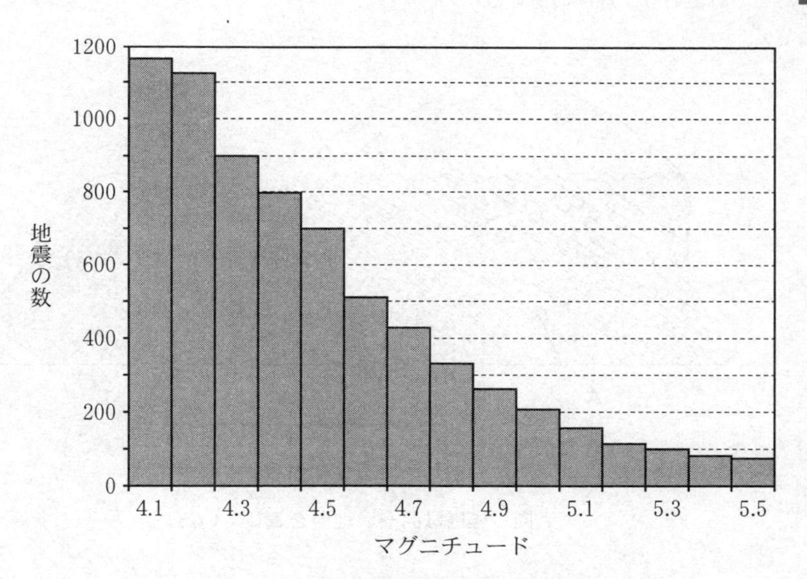

図1　マグニチュードと地震の数の関係

2000年から2016年までに日本周辺で発生した震源の深さが30 kmより浅い地震。

① 0.1　　② 3.6　　③ 32　　④ 288

B　地質と地質時代の生物に関する次の文章を読み，下の問い(**問**4～6)に答えよ。

次の図2は，ある地域の模式的な地質断面図である。地層Xからはイノセラムス，地層Yからはフズリナ，地層Zからは三葉虫の化石がそれぞれ産出した。また，不整合面と断層Ⅰ，断層Ⅱが見られた。断層はその傾斜方向にのみずれており，地層の逆転はない。

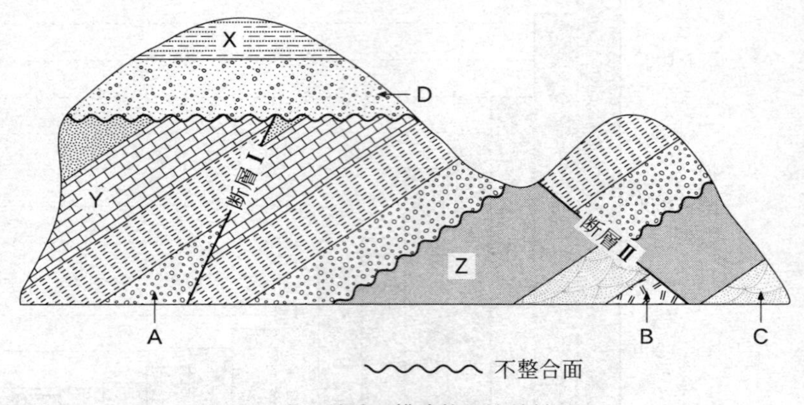

図2　ある地域の模式的な地質断面図
同じ模様は同一の地層を表している。

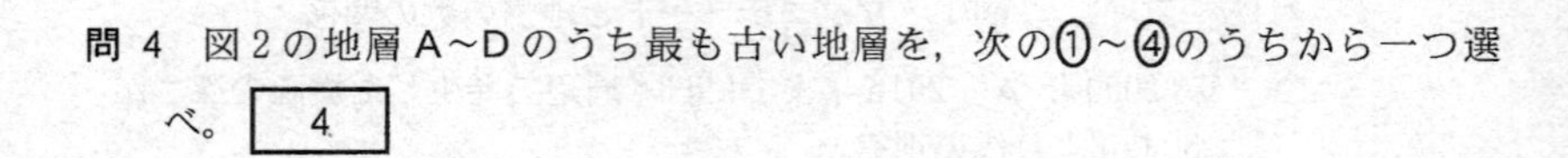

問4　図2の地層A～Dのうち最も古い地層を，次の①～④のうちから一つ選べ。 4

①　地層A　　②　地層B　　③　地層C　　④　地層D

問5　前ページの図2の断層Iの種類と活動の時期の組合せとして最も適当なものを，次の①～⑥のうちから一つ選べ。 5

	断層の種類	活動の時期
①	正断層	三畳紀
②	正断層	古第三紀
③	正断層	オルドビス紀
④	逆断層	三畳紀
⑤	逆断層	古第三紀
⑥	逆断層	オルドビス紀

問6　前ページの図2には複数の不整合面が示されている。不整合の事例や成因を説明した次の文a・bの正誤の組合せとして最も適当なものを，下の①～④のうちから一つ選べ。 6

a　古生代の地層の直上に新生代の地層が堆積した関係は不整合である。

b　不整合は海水準の大きな変動で形成されるもので，地殻変動で形成されることはない。

	a	b
①	正	正
②	正	誤
③	誤	正
④	誤	誤

C　岩石と鉱物に関する次の問い(**問7**・**問8**)に答えよ。

問7　歴史好きのSさんは，城の石垣に使われている岩石を観察し，地域ごとに特色があることに興味をもった。次の表1は，Sさんが訪れたA城～C城の石垣の岩石の観察結果と，それに基づいてSさんが判断した岩石名を記している。しかし，岩石名には**誤っているものもある**。A城～C城の石垣の岩石名の正誤の組合せとして最も適当なものを，下の①～⑥のうちから一つ選べ。 7

表1　各城の石垣の岩石の観察結果と，判断した岩石名

	石垣の岩石の観察結果	岩石名
A城	全体的に緑っぽく，鉱物が一定方向に配列し，片理が発達した組織がみられる	ホルンフェルス
B城	全体的に白っぽく，石英・斜長石・カリ長石・黒雲母(くろうんも)などからなり，等粒状組織がみられる	花こう岩
C城	全体的に灰色っぽく，火山礫(れき)や火山灰などの火山砕屑(さいせつ)物が固結してできている	石灰岩

	A城の石垣の岩石名	B城の石垣の岩石名	C城の石垣の岩石名
①	正	正	誤
②	正	誤	正
③	正	誤	誤
④	誤	正	正
⑤	誤	正	誤
⑥	誤	誤	正

問 8　次の文章中の ア ・ イ に入れる語の組合せとして最も適当なものを，下の①～④のうちから一つ選べ。 8

鉱物の結晶が特定方向の面に沿って割れやすい性質を ア という。この性質は，結晶構造の骨組みをつくる SiO_4 四面体のつながり方に強く影響を受けており，造岩鉱物を区別するのに利用される。例えば， イ は，SiO_4 四面体がシート状(平面的な網目(あみめ)状)につながった結晶構造であるため，薄くはがれやすい。

	ア	イ
①	へき開	黒雲母
②	へき開	石　英
③	自　形	黒雲母
④	自　形	石　英

第2問　次の問い(A・B)に答えよ。(配点　13)

A　地球のエネルギー収支と熱の輸送に関する次の文章を読み，下の問い(**問1**・**問2**)に答えよ。

太陽から放射される電磁波のエネルギーは［ア］の波長域で最も強い。一方，地球は主に［イ］の波長域の電磁波を宇宙に向けて放射している。地球が太陽から受け取るエネルギー量と，地球が宇宙に放出するエネルギー量は，地球全体ではつり合っているが，緯度ごとには必ずしもつり合っていない。これは，(a)大気と海洋の循環により熱が南北方向に輸送されていることと関係している。

問1　上の文章中の［ア］・［イ］に入れる語の組合せとして最も適当なものを，次の①～⑥のうちから一つ選べ。［9］

	ア	イ
①	紫外線	可視光線
②	紫外線	赤外線
③	可視光線	紫外線
④	可視光線	赤外線
⑤	赤外線	紫外線
⑥	赤外線	可視光線

問 2　前ページの下線部(a)に関して，次の図1は大気と海洋による南北方向の熱輸送量の緯度分布を，北向きを正として示したものである。海洋による熱輸送量は実線と破線の差で示される。大気と海洋による熱輸送量に関して述べた文として最も適当なものを，下の①～④のうちから一つ選べ。 10

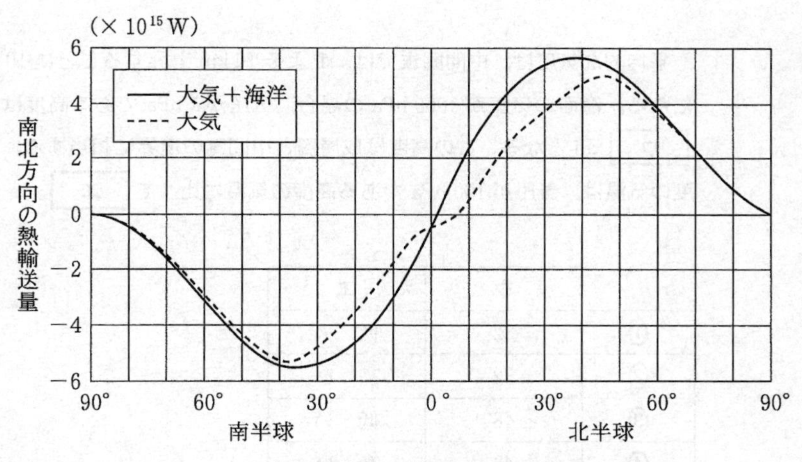

図1　大気と海洋による熱輸送量の和(実線)と
大気による熱輸送量(破線)の緯度分布

① 大気と海洋による熱輸送量の和は，北半球では南向き，南半球では北向きである。

② 北緯10°では，海洋による熱輸送量の方が大気による熱輸送量よりも大きい。

③ 海洋による熱輸送量は，北緯45°付近で最大となる。

④ 大気による熱輸送量は，北緯70°よりも北緯30°の方が小さい。

B　地球における大気と海洋の温度に関する次の問い(**問3**・**問4**)に答えよ。

問 3　気圧と気温の鉛直分布に関して述べた次の文章中の ウ ・ エ に入れる数値と語の組合せとして最も適当なものを，下の①～④のうちから一つ選べ。 11

平均的な気圧は，中間圏までは，およそ16 km上昇するごとに10分の1になる。海面の気圧が1000 hPaの場合，気圧が1 hPaである高度はおよそ ウ kmとなる。この高度は成層圏と中間圏の境界に相当する。この高度の気温は，気圧が100 hPaである高度の気温に比べて エ 。

	ウ	エ
①	32	低　い
②	32	高　い
③	48	低　い
④	48	高　い

問 4　中緯度の海洋における水温の鉛直分布に関して述べた次の文a・bの正誤の組合せとして最も適当なものを，下の①～④のうちから一つ選べ。 12

a　表層混合層の水温は深層の水温よりも低い。

b　表層混合層と深層との間には，水温が深さとともに大きく変化する水温躍層(やくそう)(主水温躍層)が存在する。

	a	b
①	正	正
②	正	誤
③	誤	正
④	誤	誤

第３問　次の会話文を読み，下の問い(問１～３)に答えよ。(配点　10)

生徒：太陽系には，どんな元素がどれくらいありますか？

先生：太陽系の元素の中で個数比の多いものから順に並べると次の表１のようになります。

生徒：元素 x とヘリウムは，他よりずいぶんと多いですね。３番目の元素 y は何ですか？

先生：元素 y は地球の大気で２番目に多い元素です。元素 z は，ダイヤモンドにもなりますし，天王星や海王星が青く見えることにも関係します。

生徒：なるほど。地球の核に含まれる元素で最も多い［　ア　］は，太陽系の中で個数比が多い上位４番目までの元素には入らないのですね。この元素組成の違いの原因は何でしょうか？

先生：地球の形成過程を反映しているのかもしれません。

生徒：地球は［　イ　］誕生したのですよね。ところで，［　ア　］は，そもそも，どこでつくられるのですか？

先生：太陽より質量のかなり大きい恒星でつくられることもありますし，恒星の進化の最後に起こる爆発現象でつくられることもあります。

生徒：私も将来，星の誕生や進化と元素の関係を調べてみたいと思います。

表１　太陽系の中で個数比が多い上位４番目までの元素

元素名	個数比
x	1.2×10^{1}
ヘリウム	1
y	5.7×10^{-3}
z	3.2×10^{-3}

個数比はヘリウムを１としたときの値を示す。

問 1　前ページの会話文中の ア ・ イ に入れる語句の組合せとして最も適当なものを，次の①～⑥のうちから一つ選べ。 13

	ア	イ
①	鉄	原始太陽に微惑星が衝突して
②	鉄	原始太陽のまわりのガスが自分の重力で収縮して
③	鉄	原始太陽のまわりの微惑星が衝突・合体して
④	ニッケル	原始太陽に微惑星が衝突して
⑤	ニッケル	原始太陽のまわりのガスが自分の重力で収縮して
⑥	ニッケル	原始太陽のまわりの微惑星が衝突・合体して

問 2　前ページの表1のxとy，zの元素名の組合せとして最も適当なものを，次の①～⑥のうちから一つ選べ。 14

	x	y	z
①	水　素	酸　素	炭　素
②	水　素	炭　素	酸　素
③	酸　素	水　素	炭　素
④	酸　素	炭　素	水　素
⑤	炭　素	水　素	酸　素
⑥	炭　素	酸　素	水　素

問 3　太陽系の起源や天体の化学組成などを調べるために，日本の探査機「はやぶさ 2」のように，太陽系の小天体に探査機を送り，岩石試料を地球に持ち帰り直接分析することが試みられている。太陽系の小天体の一種である小惑星の画像の例として最も適当なものを，次の①～④のうちから一つ選べ。 15

＊①～④の写真は，編集の都合上，類似の写真に差し替え。
写真提供　①：NASA/JPL　②：JAXA　③：国立天文台
④：NASA

NOTE

NOTE

理科　解答用紙

注意事項

1　左右の解答欄で同一の科目を解答してはいけません。
2　訂正は，消しゴムできれいに消し，消しくずを残してはいけません。
3　所定欄以外にはマークしたり，記入したりしてはいけません。
4　汚したり，折りまげたりしてはいけません。

・下の解答欄で解答する科目を，１科目だけマークしなさい。
・解答科目欄が無マーク又は複数マークの場合は，0点となります。

解答科目欄	
物理基礎	◯
化学基礎	◯
生物基礎	◯
地学基礎	◯

解答番号	解答欄											
	1	2	3	4	5	6	7	8	9	0	a	b
1	①	②	③	④	⑤	⑥	⑦	⑧	⑨	⓪	ⓐ	ⓑ
2	①	②	③	④	⑤	⑥	⑦	⑧	⑨	⓪	ⓐ	ⓑ
3	①	②	③	④	⑤	⑥	⑦	⑧	⑨	⓪	ⓐ	ⓑ
4	①	②	③	④	⑤	⑥	⑦	⑧	⑨	⓪	ⓐ	ⓑ
5	①	②	③	④	⑤	⑥	⑦	⑧	⑨	⓪	ⓐ	ⓑ
6	①	②	③	④	⑤	⑥	⑦	⑧	⑨	⓪	ⓐ	ⓑ
7	①	②	③	④	⑤	⑥	⑦	⑧	⑨	⓪	ⓐ	ⓑ
8	①	②	③	④	⑤	⑥	⑦	⑧	⑨	⓪	ⓐ	ⓑ
9	①	②	③	④	⑤	⑥	⑦	⑧	⑨	⓪	ⓐ	ⓑ
10	①	②	③	④	⑤	⑥	⑦	⑧	⑨	⓪	ⓐ	ⓑ
11	①	②	③	④	⑤	⑥	⑦	⑧	⑨	⓪	ⓐ	ⓑ
12	①	②	③	④	⑤	⑥	⑦	⑧	⑨	⓪	ⓐ	ⓑ
13	①	②	③	④	⑤	⑥	⑦	⑧	⑨	⓪	ⓐ	ⓑ
14	①	②	③	④	⑤	⑥	⑦	⑧	⑨	⓪	ⓐ	ⓑ
15	①	②	③	④	⑤	⑥	⑦	⑧	⑨	⓪	ⓐ	ⓑ
16	①	②	③	④	⑤	⑥	⑦	⑧	⑨	⓪	ⓐ	ⓑ
17	①	②	③	④	⑤	⑥	⑦	⑧	⑨	⓪	ⓐ	ⓑ
18	①	②	③	④	⑤	⑥	⑦	⑧	⑨	⓪	ⓐ	ⓑ
19	①	②	③	④	⑤	⑥	⑦	⑧	⑨	⓪	ⓐ	ⓑ
20	①	②	③	④	⑤	⑥	⑦	⑧	⑨	⓪	ⓐ	ⓑ
21	①	②	③	④	⑤	⑥	⑦	⑧	⑨	⓪	ⓐ	ⓑ
22	①	②	③	④	⑤	⑥	⑦	⑧	⑨	⓪	ⓐ	ⓑ
23	①	②	③	④	⑤	⑥	⑦	⑧	⑨	⓪	ⓐ	ⓑ
24	①	②	③	④	⑤	⑥	⑦	⑧	⑨	⓪	ⓐ	ⓑ
25	①	②	③	④	⑤	⑥	⑦	⑧	⑨	⓪	ⓐ	ⓑ

・下の解答欄で解答する科目を，１科目だけマークしなさい。
・解答科目欄が無マーク又は複数マークの場合は，0点となります。

解答科目欄	
物理基礎	◯
化学基礎	◯
生物基礎	◯
地学基礎	◯

解答番号	解答欄											
	1	2	3	4	5	6	7	8	9	0	a	b
1	①	②	③	④	⑤	⑥	⑦	⑧	⑨	⓪	ⓐ	ⓑ
2	①	②	③	④	⑤	⑥	⑦	⑧	⑨	⓪	ⓐ	ⓑ
3	①	②	③	④	⑤	⑥	⑦	⑧	⑨	⓪	ⓐ	ⓑ
4	①	②	③	④	⑤	⑥	⑦	⑧	⑨	⓪	ⓐ	ⓑ
5	①	②	③	④	⑤	⑥	⑦	⑧	⑨	⓪	ⓐ	ⓑ
6	①	②	③	④	⑤	⑥	⑦	⑧	⑨	⓪	ⓐ	ⓑ
7	①	②	③	④	⑤	⑥	⑦	⑧	⑨	⓪	ⓐ	ⓑ
8	①	②	③	④	⑤	⑥	⑦	⑧	⑨	⓪	ⓐ	ⓑ
9	①	②	③	④	⑤	⑥	⑦	⑧	⑨	⓪	ⓐ	ⓑ
10	①	②	③	④	⑤	⑥	⑦	⑧	⑨	⓪	ⓐ	ⓑ
11	①	②	③	④	⑤	⑥	⑦	⑧	⑨	⓪	ⓐ	ⓑ
12	①	②	③	④	⑤	⑥	⑦	⑧	⑨	⓪	ⓐ	ⓑ
13	①	②	③	④	⑤	⑥	⑦	⑧	⑨	⓪	ⓐ	ⓑ
14	①	②	③	④	⑤	⑥	⑦	⑧	⑨	⓪	ⓐ	ⓑ
15	①	②	③	④	⑤	⑥	⑦	⑧	⑨	⓪	ⓐ	ⓑ
16	①	②	③	④	⑤	⑥	⑦	⑧	⑨	⓪	ⓐ	ⓑ
17	①	②	③	④	⑤	⑥	⑦	⑧	⑨	⓪	ⓐ	ⓑ
18	①	②	③	④	⑤	⑥	⑦	⑧	⑨	⓪	ⓐ	ⓑ
19	①	②	③	④	⑤	⑥	⑦	⑧	⑨	⓪	ⓐ	ⓑ
20	①	②	③	④	⑤	⑥	⑦	⑧	⑨	⓪	ⓐ	ⓑ
21	①	②	③	④	⑤	⑥	⑦	⑧	⑨	⓪	ⓐ	ⓑ
22	①	②	③	④	⑤	⑥	⑦	⑧	⑨	⓪	ⓐ	ⓑ
23	①	②	③	④	⑤	⑥	⑦	⑧	⑨	⓪	ⓐ	ⓑ
24	①	②	③	④	⑤	⑥	⑦	⑧	⑨	⓪	ⓐ	ⓑ
25	①	②	③	④	⑤	⑥	⑦	⑧	⑨	⓪	ⓐ	ⓑ

理 科　　解 答 用 紙

注意事項

1　左右の解答欄で同一の科目を解答してはいけません。
2　訂正は，消しゴムできれいに消し，消しくずを残してはいけません。
3　所定欄以外にはマークしたり，記入したりしてはいけません。
4　汚したり，折りまげたりしてはいけません。

・下の解答欄で解答する科目を，１科目だけマークしなさい。
・解答科目欄が無マーク又は複数マークの場合は，０点となります。

解答科目欄	
物理基礎	◯
化学基礎	◯
生物基礎	◯
地学基礎	◯

解答番号	解答欄											
	1	2	3	4	5	6	7	8	9	0	a	b
1	1	2	3	4	5	6	7	8	9	0	a	b
2	1	2	3	4	5	6	7	8	9	0	a	b
3	1	2	3	4	5	6	7	8	9	0	a	b
4	1	2	3	4	5	6	7	8	9	0	a	b
5	1	2	3	4	5	6	7	8	9	0	a	b
6	1	2	3	4	5	6	7	8	9	0	a	b
7	1	2	3	4	5	6	7	8	9	0	a	b
8	1	2	3	4	5	6	7	8	9	0	a	b
9	1	2	3	4	5	6	7	8	9	0	a	b
10	1	2	3	4	5	6	7	8	9	0	a	b
11	1	2	3	4	5	6	7	8	9	0	a	b
12	1	2	3	4	5	6	7	8	9	0	a	b
13	1	2	3	4	5	6	7	8	9	0	a	b
14	1	2	3	4	5	6	7	8	9	0	a	b
15	1	2	3	4	5	6	7	8	9	0	a	b
16	1	2	3	4	5	6	7	8	9	0	a	b
17	1	2	3	4	5	6	7	8	9	0	a	b
18	1	2	3	4	5	6	7	8	9	0	a	b
19	1	2	3	4	5	6	7	8	9	0	a	b
20	1	2	3	4	5	6	7	8	9	0	a	b
21	1	2	3	4	5	6	7	8	9	0	a	b
22	1	2	3	4	5	6	7	8	9	0	a	b
23	1	2	3	4	5	6	7	8	9	0	a	b
24	1	2	3	4	5	6	7	8	9	0	a	b
25	1	2	3	4	5	6	7	8	9	0	a	b

・下の解答欄で解答する科目を，１科目だけマークしなさい。
・解答科目欄が無マーク又は複数マークの場合は，０点となります。

解答科目欄	
物理基礎	◯
化学基礎	◯
生物基礎	◯
地学基礎	◯

解答番号	解答欄											
	1	2	3	4	5	6	7	8	9	0	a	b
1	1	2	3	4	5	6	7	8	9	0	a	b
2	1	2	3	4	5	6	7	8	9	0	a	b
3	1	2	3	4	5	6	7	8	9	0	a	b
4	1	2	3	4	5	6	7	8	9	0	a	b
5	1	2	3	4	5	6	7	8	9	0	a	b
6	1	2	3	4	5	6	7	8	9	0	a	b
7	1	2	3	4	5	6	7	8	9	0	a	b
8	1	2	3	4	5	6	7	8	9	0	a	b
9	1	2	3	4	5	6	7	8	9	0	a	b
10	1	2	3	4	5	6	7	8	9	0	a	b
11	1	2	3	4	5	6	7	8	9	0	a	b
12	1	2	3	4	5	6	7	8	9	0	a	b
13	1	2	3	4	5	6	7	8	9	0	a	b
14	1	2	3	4	5	6	7	8	9	0	a	b
15	1	2	3	4	5	6	7	8	9	0	a	b
16	1	2	3	4	5	6	7	8	9	0	a	b
17	1	2	3	4	5	6	7	8	9	0	a	b
18	1	2	3	4	5	6	7	8	9	0	a	b
19	1	2	3	4	5	6	7	8	9	0	a	b
20	1	2	3	4	5	6	7	8	9	0	a	b
21	1	2	3	4	5	6	7	8	9	0	a	b
22	1	2	3	4	5	6	7	8	9	0	a	b
23	1	2	3	4	5	6	7	8	9	0	a	b
24	1	2	3	4	5	6	7	8	9	0	a	b
25	1	2	3	4	5	6	7	8	9	0	a	b

2025